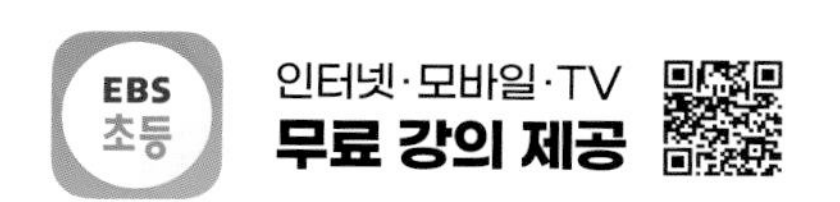

초 | 등 | 부 | 터 EBS

교과서 기본과 응용 문제를 한 번에 잡는 **교과서 기본+응용**

BOOK 1
본책

2-2

교과서 기본과 응용 문제를 한 번에 잡는 **교과서 기본+응용**

BOOK 1
본책

2-2

이 책의 구성과 특징

BOOK 1 본책

단원 도입

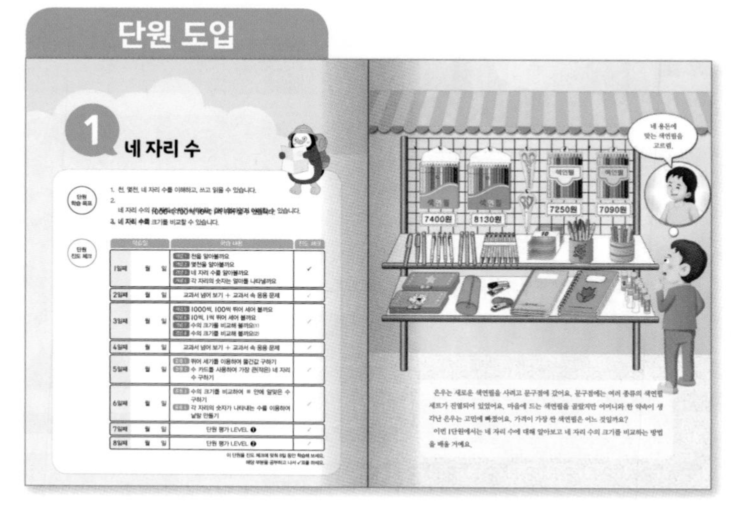

단원을 시작할 때 주어진 그림과 글을 읽으면,
공부할 내용에 대해 흥미를 갖게 됩니다.

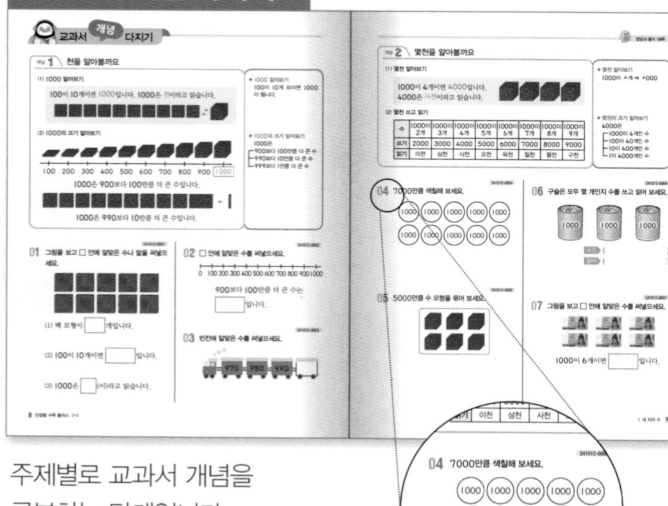

주제별로 교과서 개념을
공부하는 단계입니다.
다양한 예와 그림을 통해 핵심
개념을 쉽게 익힙니다.

주제별로 기본 원리 수준의
쉬운 문제를 풀면서 개념을
확실히 이해합니다.

교과서 넘어 보기

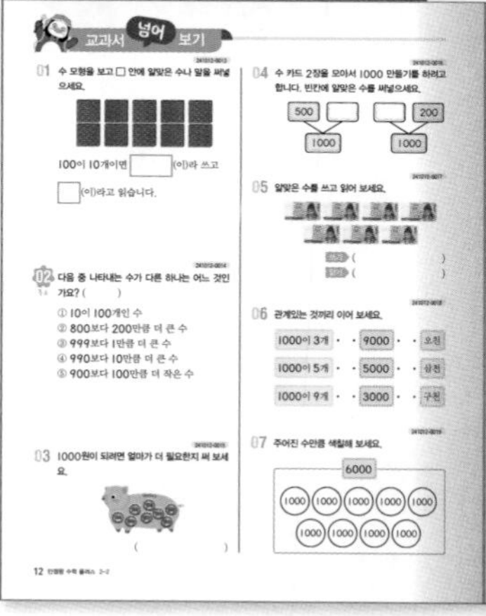

교과서와 익힘책의 기본 + 응용
문제를 풀면서 수학의 기본기를
다지고 문제해결력을 키웁니다.

★교과서 속 응용 문제
교과서와 익힘책 속 응용 수준의
문제를 유형별로 정리하여 풀어
봅니다.

응용력 높이기

단원별 대표 응용 문제와 쌍둥이 문제를 풀어 보며 실력을 완성합니다.

★문제 스케치

문제를 이해하고 해결하기 위한 키포인트를 한눈에 확인할 수 있습니다.

단원 평가 LEVEL1, LEVEL2

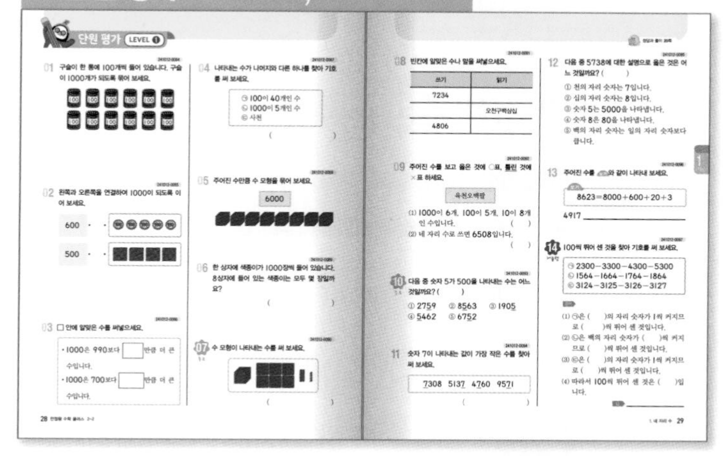

학교 단원 평가에 대비하여 단원에서 공부한 내용을 마무리하는 문제를 풀어 봅니다. 틀린 문제, 실수했던 문제는 반드시 개념을 다시 확인합니다.

BOOK 2 복습책

기본 문제 복습

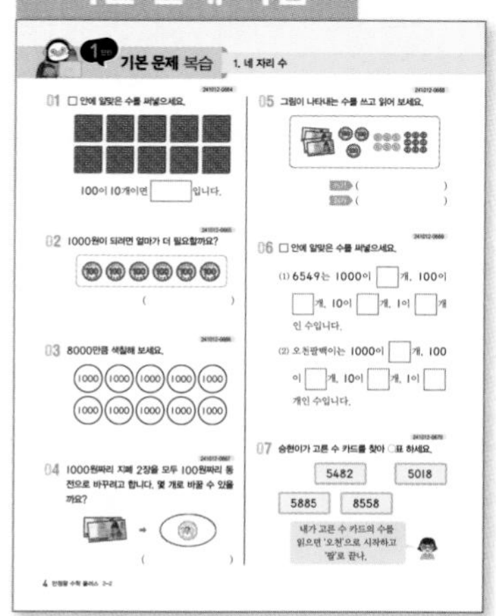

기본 문제를 통해 학습한 내용을 복습하고, 자신의 학습 상태를 확인해 봅니다.

응용 문제 복습

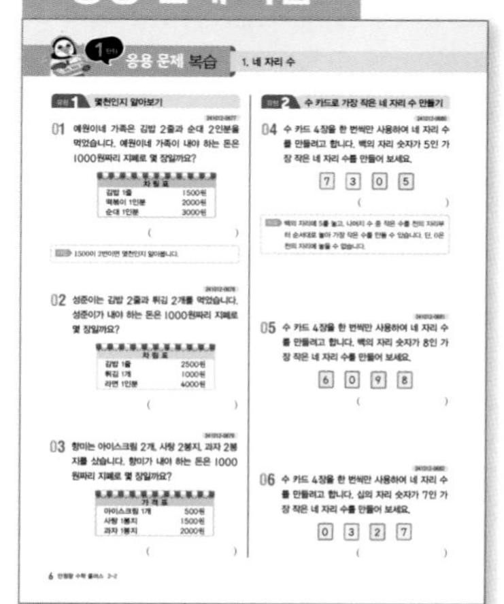

응용 문제를 통해 다양한 유형을 연습함으로써 문제해결력을 기릅니다.

단원 평가

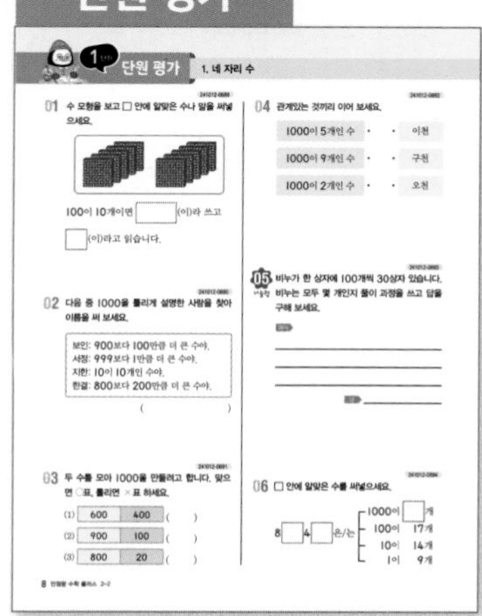

시험 직전에 단원 평가를 풀어 보면서 학교 시험에 철저히 대비합니다.

만점왕 수학 플러스로 기본과 응용을 모두 잡는 공부 비법

만점왕 수학 플러스를 효과적으로 공부하려면?

교재 200% 활용하기

각 단원이 시작될 때마다 나와 있는 **단원 진도 체크**를 참고하여 공부하면 보다 효과적으로 수학 실력을 쑥쑥 올릴 수 있어요!

응용력 높이기에서 단원별 난이도 높은 4개 대표 응용 문제를 **문제 스케치**를 보면서 문제 해결의 포인트를 찾아보세요. 어려운 문제에 이미지를 활용하면 문제를 훨씬 쉽게 해결할 수 있을 거예요!

교재로 혼자 공부했는데, 잘 모르는 부분이 있나요?
만점왕 수학 플러스 강의가 있으니 걱정 마세요!

인터넷(TV) 강의로 공부하기

만점왕 수학 플러스 강의는 TV를 통해 시청하거나 EBS 초등사이트를 통해 언제 어디서든 이용할 수 있습니다.

- 방송 시간 : EBS 홈페이지 편성표 참조
- EBS 초등사이트 : primary.ebs.co.kr

인공지능 DANCHQQ 푸리봇 문|제|검|색

EBS 초등사이트와 **EBS 초등 APP** 하단의 **AI 학습도우미 푸리봇**을 통해 문항코드를 검색하면 푸리봇이 해당 문제의 해설 강의를 찾아 줍니다.

차 례

1 네 자리 수

단원 학습 목표

1. 천, 몇천, 네 자리 수를 이해하고, 쓰고 읽을 수 있습니다.
2. 네 자리 수의 각 자리 숫자가 나타내는 값이 얼마인지 이해할 수 있습니다.
3. 네 자리 수를 1000씩, 100씩, 10씩, 1씩 뛰어 셀 수 있습니다.
4. 네 자리 수의 크기를 비교할 수 있습니다.

단원 진도 체크

학습일	학습 내용	진도 체크
1일째 월 일	개념 1 천을 알아볼까요 개념 2 몇천을 알아볼까요 개념 3 네 자리 수를 알아볼까요 개념 4 각 자리의 숫자는 얼마를 나타낼까요	✓
2일째 월 일	교과서 넘어 보기 + 교과서 속 응용 문제	✓
3일째 월 일	개념 5 1000씩, 100씩 뛰어 세어 볼까요 개념 6 10씩, 1씩 뛰어 세어 볼까요 개념 7 수의 크기를 비교해 볼까요(1) 개념 8 수의 크기를 비교해 볼까요(2)	✓
4일째 월 일	교과서 넘어 보기 + 교과서 속 응용 문제	✓
5일째 월 일	응용 1 뛰어 세기를 이용하여 물건값 구하기 응용 2 수 카드를 사용하여 가장 큰(작은) 네 자리 수 구하기	✓
6일째 월 일	응용 3 수의 크기를 비교하여 ■ 안에 알맞은 수 구하기 응용 4 각 자리의 숫자가 나타내는 수를 이용하여 낱말 만들기	✓
7일째 월 일	단원 평가 LEVEL ❶	✓
8일째 월 일	단원 평가 LEVEL ❷	✓

이 단원을 진도 체크에 맞춰 8일 동안 학습해 보세요.
해당 부분을 공부하고 나서 ✓표를 하세요.

은우는 새로운 색연필을 사려고 문구점에 갔어요. 문구점에는 여러 종류의 색연필 세트가 진열되어 있었어요. 마음에 드는 색연필을 골랐지만 어머니와 한 약속이 생각난 은우는 고민에 빠졌어요. 가격이 가장 싼 색연필은 어느 것일까요?

이번 1단원에서는 네 자리 수에 대해 알아보고 네 자리 수의 크기를 비교하는 방법을 배울 거예요.

교과서 개념 다지기

개념 1 천을 알아볼까요

(1) 1000 알아보기

100이 10개이면 1000입니다. 1000은 천이라고 읽습니다.

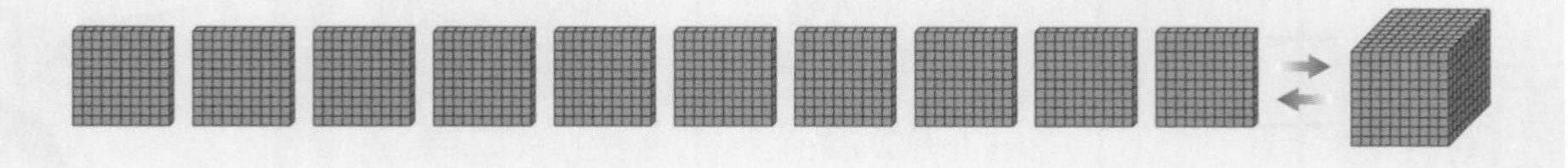

(2) 1000의 크기 알아보기

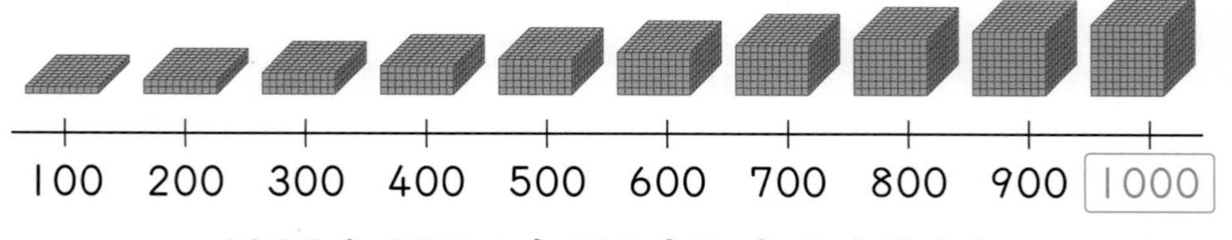

1000은 900보다 100만큼 더 큰 수입니다.

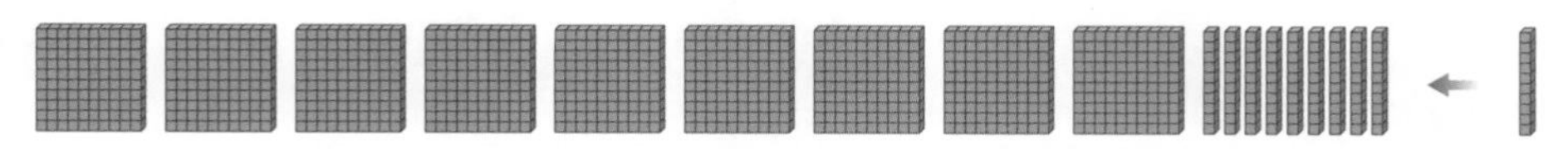

1000은 990보다 10만큼 더 큰 수입니다.

- 1000 알아보기
  100이 10개 모이면 1000이 됩니다.
- 1000의 크기 알아보기
  1000은
  - 900보다 100만큼 더 큰 수
  - 990보다 10만큼 더 큰 수
  - 999보다 1만큼 더 큰 수

241012-0001

01 그림을 보고 □ 안에 알맞은 수나 말을 써넣으세요.

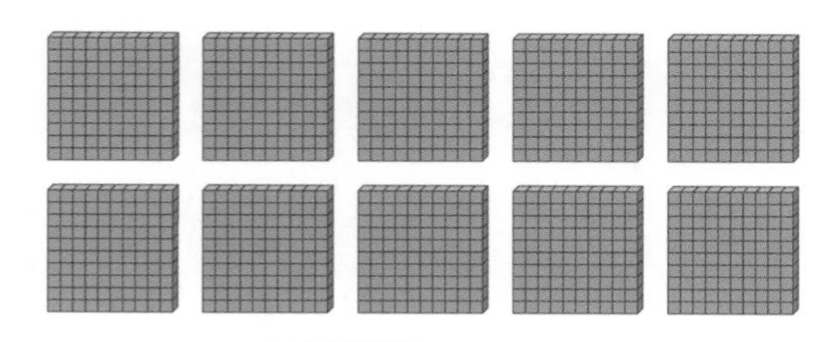

(1) 백 모형이 □개입니다.

(2) 100이 10개이면 □입니다.

(3) 1000은 □(이)라고 읽습니다.

241012-0002

02 □ 안에 알맞은 수를 써넣으세요.

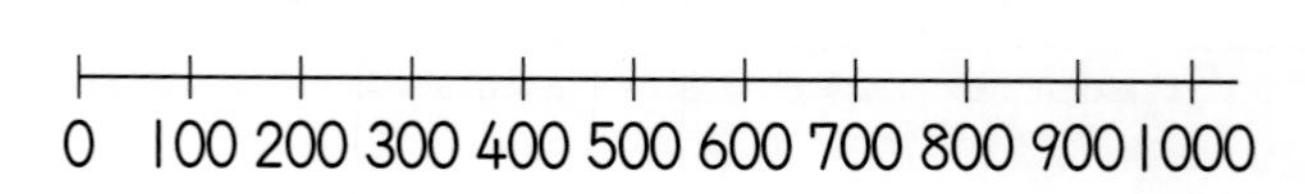

900보다 100만큼 더 큰 수는 □입니다.

241012-0003

03 빈칸에 알맞은 수를 써넣으세요.

개념 2 몇천을 알아볼까요

(1) 몇천 알아보기

1000이 4개이면 4000입니다.
4000은 사천이라고 읽습니다.

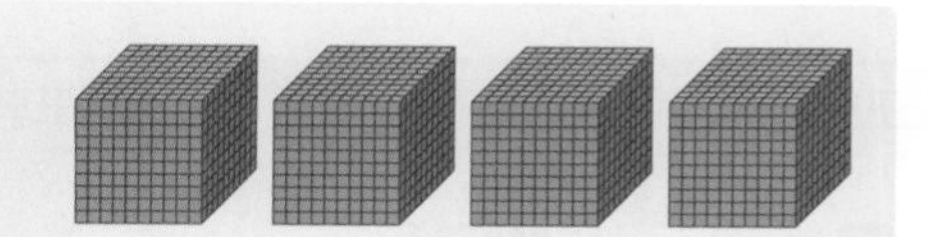

(2) 몇천 쓰고 읽기

수	1000이 2개	1000이 3개	1000이 4개	1000이 5개	1000이 6개	1000이 7개	1000이 8개	1000이 9개
쓰기	2000	3000	4000	5000	6000	7000	8000	9000
읽기	이천	삼천	사천	오천	육천	칠천	팔천	구천

● 몇천 알아보기
1000이 ▲개 ➡ ▲000

● 몇천의 크기 알아보기
4000은
- 1000이 4개인 수
- 100이 40개인 수
- 10이 400개인 수
- 1이 4000개인 수

1 단원

241012-0004

04 7000만큼 색칠해 보세요.

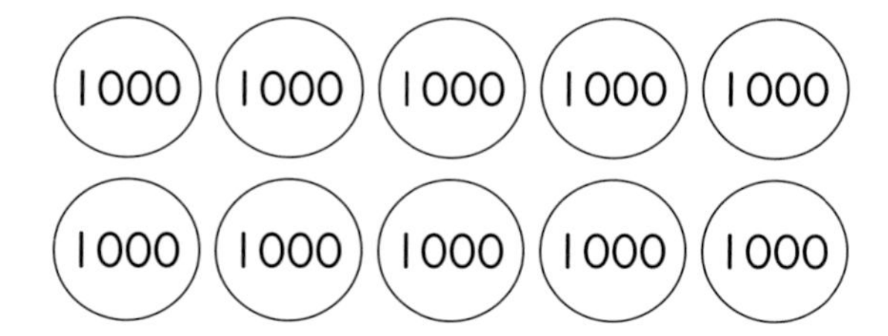

241012-0005

05 5000만큼 수 모형을 묶어 보세요.

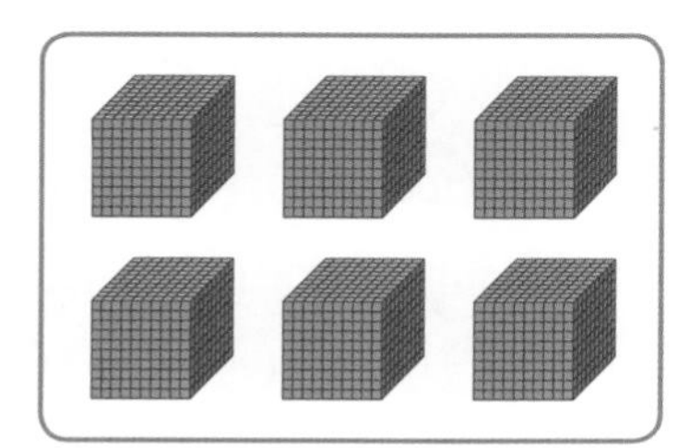

241012-0006

06 구슬은 모두 몇 개인지 수를 쓰고 읽어 보세요.

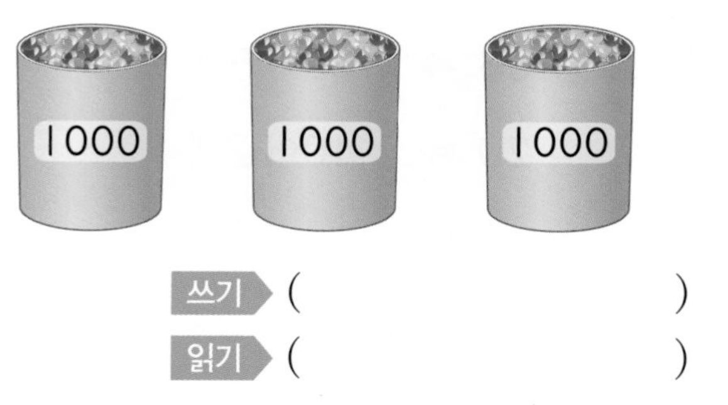

쓰기 (   )

읽기 (   )

241012-0007

07 그림을 보고 □ 안에 알맞은 수를 써넣으세요.

1000이 6개이면 □ 입니다.

개념 3 네 자리 수를 알아볼까요

(1) 네 자리 수 알아보기

천 모형	백 모형	십 모형	일 모형
1000이 2개	100이 3개	10이 6개	1이 4개

1000이 2개, 100이 3개, 10이 6개, 1이 4개이면 2364입니다.
2364는 이천삼백육십사라고 읽습니다.

(2) 네 자리 수를 나타내기

6524는 1000이 6개, 100이 5개, 10이 2개, 1이 4개인 수입니다.

6000 ➡ 1000이 6개
500 ➡ 100이 5개
20 ➡ 10이 2개
4 ➡ 1이 4개

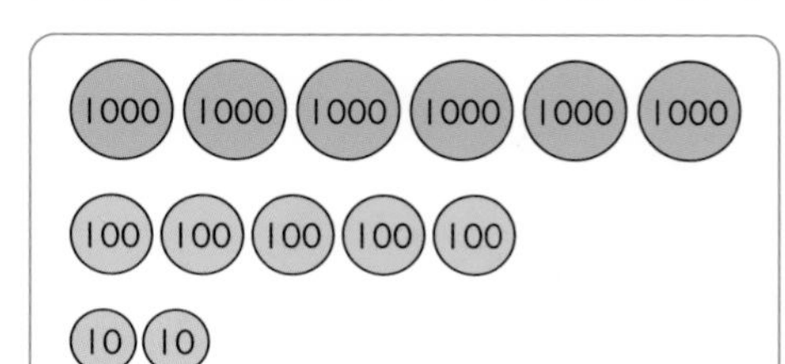

● 네 자리 수 읽는 방법
- 숫자와 자리를 순서대로 읽습니다.
  예 2 3 6 4 → 천 백 십 일 → 이천삼백육십사
- 숫자가 1이면 그 자리만 읽습니다.
  예 5146 ➡ 오천백사십육
- 숫자가 0인 자리는 읽지 않습니다.
  예 1604 ➡ 천육백사

● 0이 있는 네 자리 수 나타내기
예 2083
1000 1000
← 100이 없음
10 10 10 10 10 10 10 10
1 1 1

08 □ 안에 알맞은 수를 써넣으세요. 241012-0008

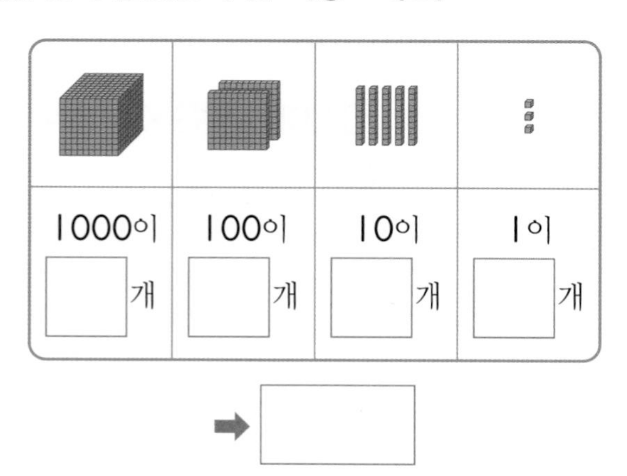

1000이 □개	100이 □개	10이 □개	1이 □개

➡ □

09 수만큼 묶고, □ 안에 알맞은 수를 써넣으세요. 241012-0009

1324

1324는 1000이 □개, 100이 □개,
10이 □개, 1이 □개인 수입니다.

개념 4 각 자리의 숫자는 얼마를 나타낼까요

㉠ 4357에서 각 자리의 숫자가 나타내는 값 알아보기

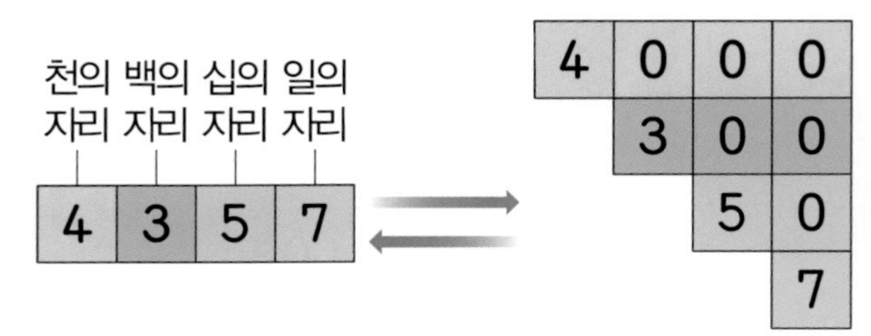

4는 천의 자리 숫자이고, 4000을 나타냅니다.
3은 백의 자리 숫자이고, 300을 나타냅니다.
5는 십의 자리 숫자이고, 50을 나타냅니다.
7은 일의 자리 숫자이고, 7을 나타냅니다.

$4357=4000+300+50+7$

- 숫자가 같더라도 자리에 따라서 나타내는 값이 다릅니다.
  ㉠ 3333의 각 자리의 숫자가 나타내는 값

  3333
  - 3을 나타냅니다.
  - 30을 나타냅니다.
  - 300을 나타냅니다.
  - 3000을 나타냅니다.

1 단원

241012-0010

10 □ 안에 알맞은 수를 써넣으세요.

8453에서
천의 자리 숫자 8은 □을/를,
백의 자리 숫자 4는 □을/를,
십의 자리 숫자 5는 □을/를,
일의 자리 숫자 3은 3을 나타냅니다.

241012-0011

11 밑줄 친 숫자 5가 나타내는 수에 ○표 하세요.

7<u>5</u>16

(5000 500 50 5)

241012-0012

12 각 자리의 숫자가 얼마를 나타내는지 □ 안에 알맞은 수를 써넣으세요.

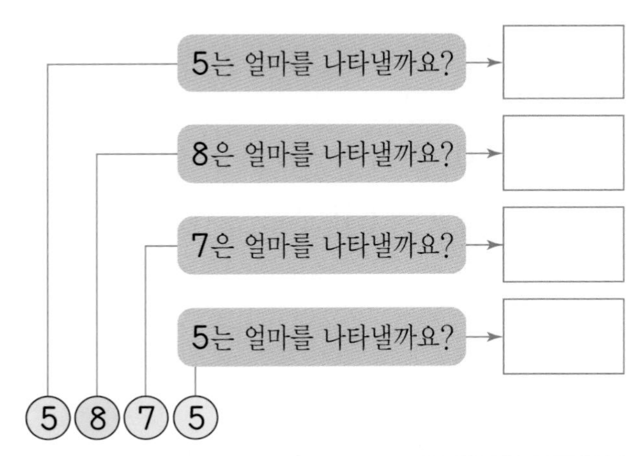

천의 자리	백의 자리	십의 자리	일의 자리
5	8	7	5

241012-0013

01 수 모형을 보고 □ 안에 알맞은 수나 말을 써넣으세요.

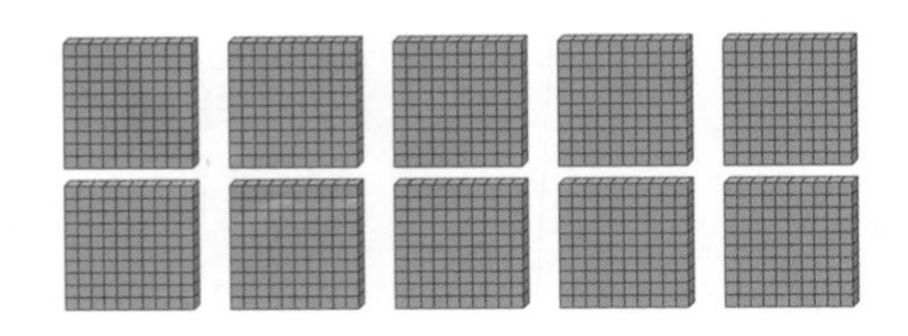

100이 10개이면 □(이)라 쓰고

□(이)라고 읽습니다.

241012-0014

02 다음 중 나타내는 수가 다른 하나는 어느 것인가요? (　　　)

중요

① 10이 100개인 수
② 800보다 200만큼 더 큰 수
③ 999보다 1만큼 더 큰 수
④ 990보다 10만큼 더 큰 수
⑤ 900보다 100만큼 더 작은 수

241012-0015

03 1000원이 되려면 얼마가 더 필요한지 써 보세요.

(　　　　　　　)

241012-0016

04 수 카드 2장을 모아서 1000 만들기를 하려고 합니다. 빈칸에 알맞은 수를 써넣으세요.

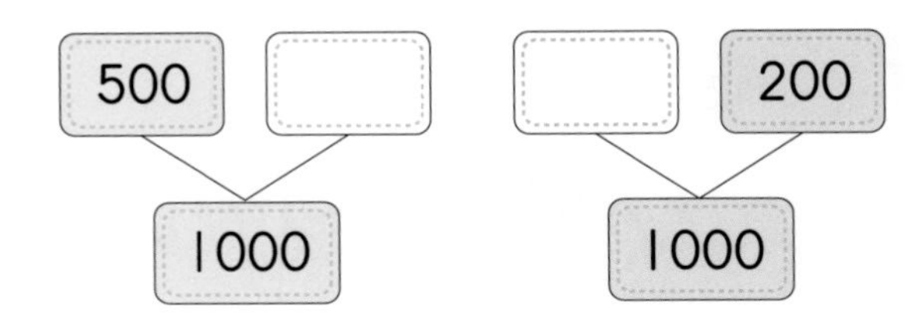

241012-0017

05 알맞은 수를 쓰고 읽어 보세요.

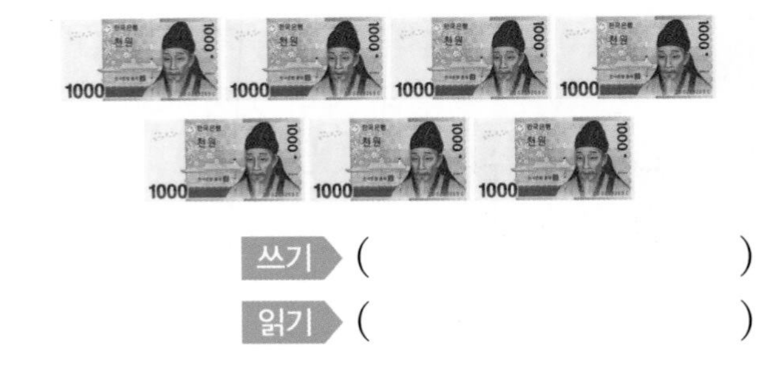

쓰기 (　　　　　　　)

읽기 (　　　　　　　)

241012-0018

06 관계있는 것끼리 이어 보세요.

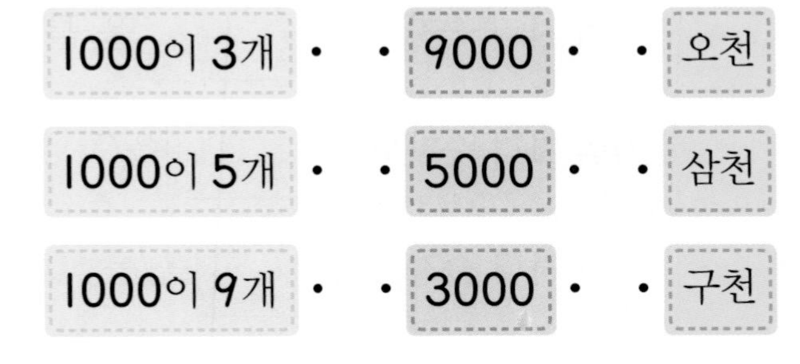

241012-0019

07 주어진 수만큼 색칠해 보세요.

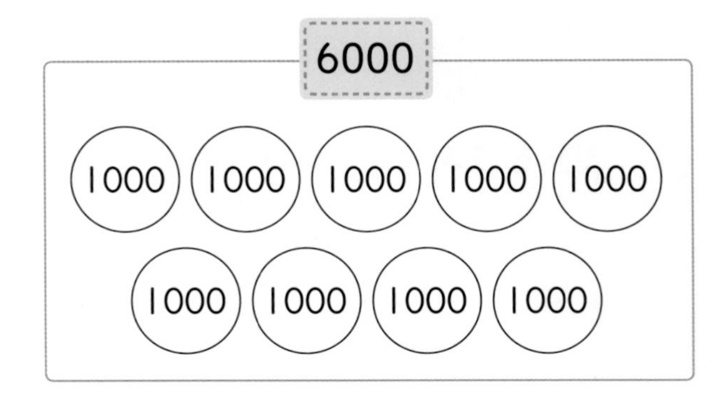

241012-0020

08 바르게 설명한 사람을 찾아 이름을 써 보세요.

성연: 100이 3개이면 3000이야.

준호: 100이 40개이면 400이지.

세진: 100이 70개이면 7000이라고 해.

(　　　　　　　　)

241012-0021

09 나타내는 수가 나머지와 다른 하나를 찾아 기호를 써 보세요.

㉠ 10이 700개인 수
㉡ 1000이 7개인 수
㉢ 70이 10개인 수

(　　　　　　　　)

241012-0022

10 탁구공이 한 상자에 100개씩 들어 있다면 40상자에 들어 있는 탁구공은 모두 몇 개일까요?

(　　　　　　　　)

241012-0023

11 수 모형을 보고 □ 안에 알맞은 수를 써넣으세요.

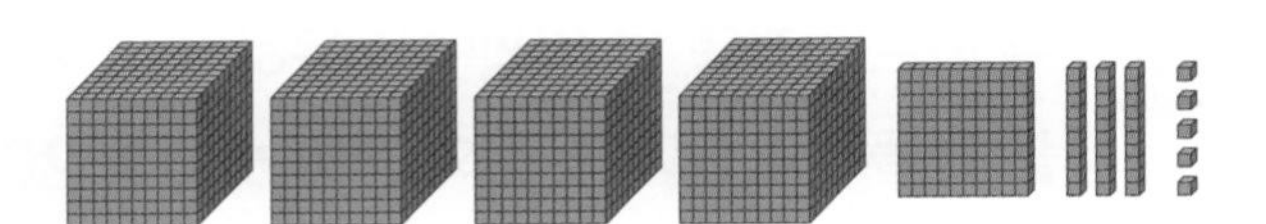

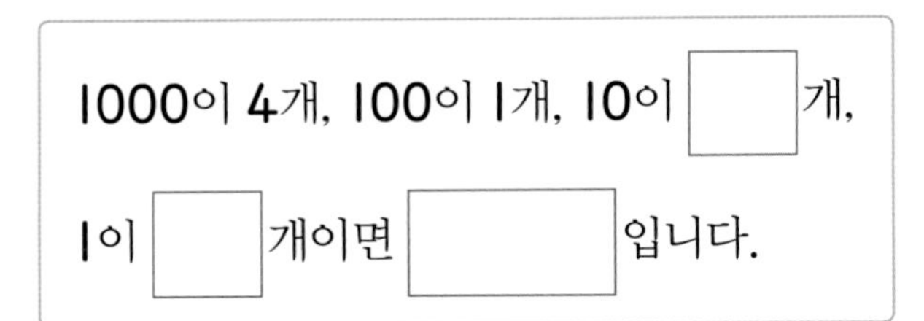
1000이 4개, 100이 1개, 10이 □개,
1이 □개이면 □입니다.

241012-0024

12 중요 수 모형이 나타내는 수를 쓰고 읽어 보세요.

쓰기 (　　　　　　　　)
읽기 (　　　　　　　　)

241012-0025

13 수를 바르게 읽은 사람을 찾아 이름을 써 보세요.

7109

(　　　　　　　　)

241012-0026

14 □ 안에 알맞은 수를 써넣으세요.

(1)
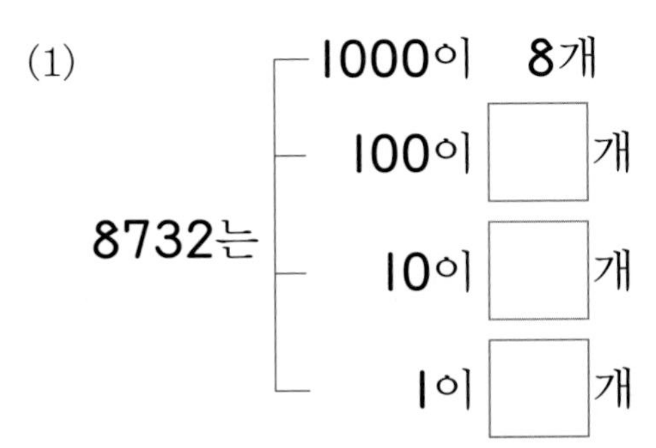
8732는
1000이 8개
100이 □개
10이 □개
1이 □개

(2)

1000이 9개
100이 0개
10이 1개
1이 6개
이면 □

241012-0027

15 ⓵⓪⓪⓪(1000), (100), (10), (1)을 사용하여 5263을 나타내 보세요.

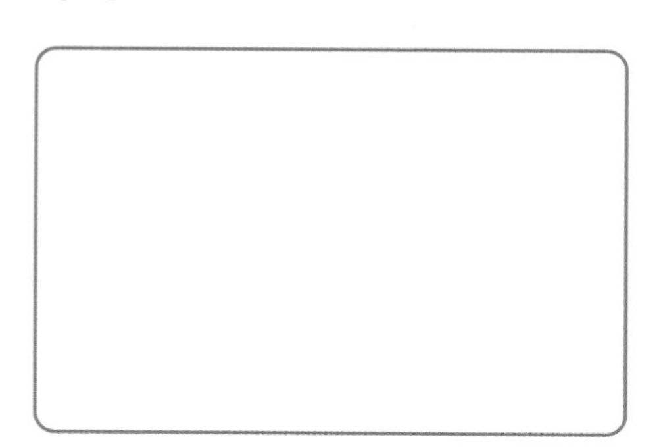

241012-0028

16 십의 자리 숫자가 8인 수는 어느 것인가요?

(　　　　)

① 2834　② 5648
③ 1807　④ 8380
⑤ 8162

241012-0029

17 숫자 2가 나타내는 값을 찾아 이어 보세요.

5239	• •	2000
2186	• •	20
1027	• •	200

241012-0030

18 보기와 같이 나타내려고 합니다. □ 안에 알맞은 수를 써넣으세요.

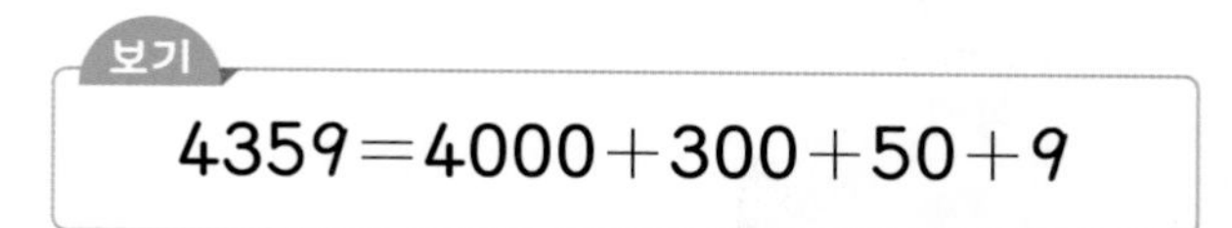

(1) 2198
=2000+□+□+8

(2) 5304
=□+□+□

241012-0031

19 다음 중 숫자 5가 나타내는 값이 500인 수에 ○표 하세요.

6251　1593　5047　4865

241012-0032

20 도전 수 카드 4장을 한 번씩만 사용하여 네 자리 수를 만들려고 합니다. 천의 자리 숫자가 2000, 백의 자리 숫자가 800을 나타내는 네 자리 수를 모두 만들어 보세요.

7　6　8　2

(　　　　　　　　　　)

네 자리 수의 활용

예 민지가 저금통에 모은 돈입니다. 민지가 모은 돈은 모두 얼마일까요?

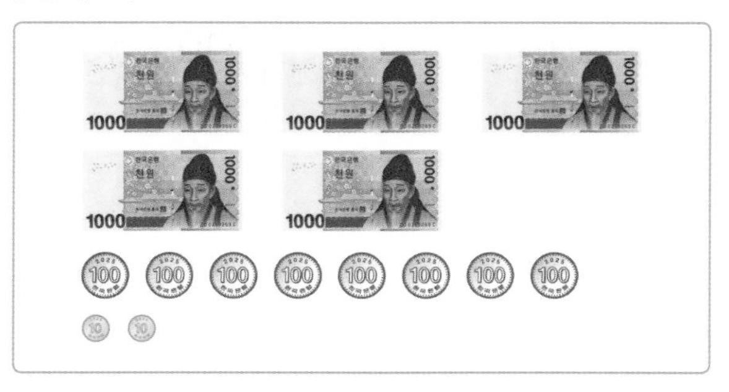

1000원짜리 지폐 5장 ➡ 5000원
100원짜리 동전 8개 ➡ 800원
10원짜리 동전 2개 ➡ 20원
따라서 민지가 모은 돈은 모두 5820원입니다.

241012-0033

21 성우는 빨간색 색종이를 1000장씩 3묶음, 파란색 색종이를 100장씩 5묶음, 노란색 색종이를 10장씩 7묶음 샀습니다. 성우가 산 색종이는 모두 몇 장일까요?

(　　　　)

241012-0034

22 경은이는 친구들과 가게놀이를 하였습니다. 1000원짜리 책을 4권, 100원짜리 연필을 8자루, 10원짜리 지우개를 2개 샀다면 경은이가 내야 할 돈은 모두 얼마일까요?

(　　　　)

241012-0035

23 사탕이 100개씩 들어 있는 봉지가 20봉지, 10개씩 들어 있는 봉지가 15봉지 있습니다. 사탕은 모두 몇 개일까요?

(　　　　)

각 자리 숫자가 나타내는 값

예 다음 중 숫자 3이 나타내는 값이 가장 큰 것을 찾아 기호를 써 보세요.

㉠ 7392　　㉡ 3276　　㉢ 5436

㉠의 3은 백의 자리 숫자이고, 300을 나타냅니다.
㉡의 3은 천의 자리 숫자이고, 3000을 나타냅니다.
㉢의 3은 십의 자리 숫자이고, 30을 나타냅니다.
따라서 숫자 3이 나타내는 값이 가장 큰 것은 ㉡입니다.

241012-0036

24 다음 중 숫자 7이 나타내는 값이 가장 큰 수를 찾아 ○표 하세요.

9075 (　　)　7201 (　　)
8957 (　　)　6750 (　　)

241012-0037

25 다음 중 숫자 6이 나타내는 값이 가장 작은 수를 찾아 △표 하세요.

1694 (　　)　4065 (　　)
6538 (　　)　9136 (　　)

241012-0038

26 ㉠이 나타내는 값은 ㉡이 나타내는 값이 몇 개인 수인지 빈칸에 알맞은 수를 써넣으세요.

	6743 (㉠: 7)	5462 (㉡: 6)
나타내는 값		

㉠은 ㉡이 [　　] 개인 수

개념 5 1000씩, 100씩 뛰어 세어 볼까요

(1) 1000씩 뛰어 세기

1000 — 2000 — 3000 — 4000 — 5000 — 6000

2300 — 3300 — 4300 — 5300 — 6300 — 7300

천의 자리 숫자가 1씩 커집니다.

(2) 100씩 뛰어 세기

5400 — 5500 — 5600 — 5700 — 5800 — 5900

8250 — 8350 — 8450 — 8550 — 8650 — 8750

백의 자리 숫자가 1씩 커집니다.

● 1000씩 거꾸로 뛰어 세기

9600 — 8600 — 7600 — 6600

➡ 천의 자리 숫자가 1씩 작아집니다.

● 100씩 거꾸로 뛰어 세기

7500 — 7400 — 7300 — 7200

➡ 백의 자리 숫자가 1씩 작아집니다.

241012-0039

01 1000씩 뛰어 세어 보세요.

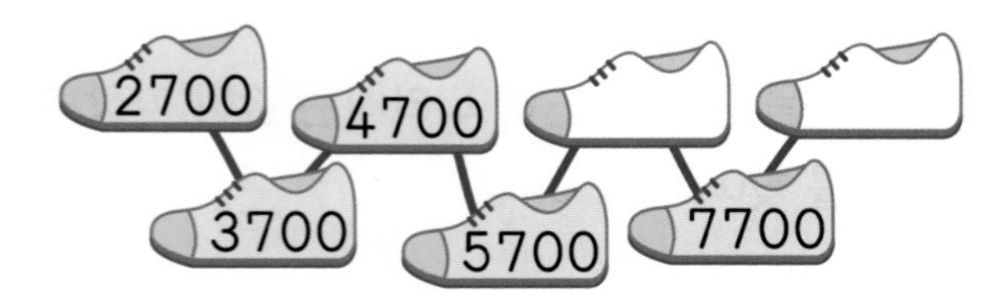

241012-0040

02 100씩 뛰어 세어 보세요.

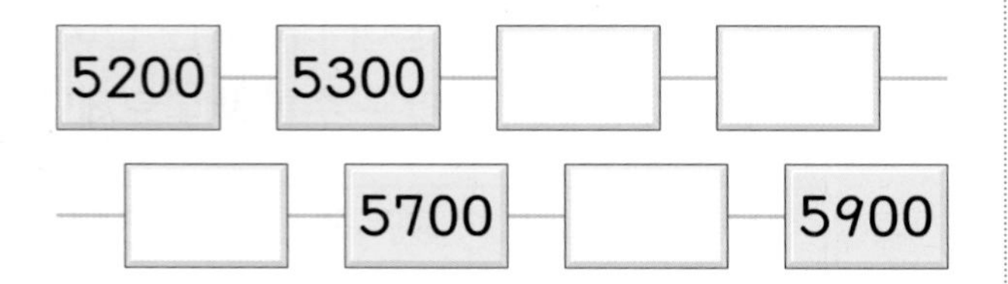

241012-0041

03 뛰어 센 규칙을 찾아 빈칸에 알맞은 수를 써넣으세요.

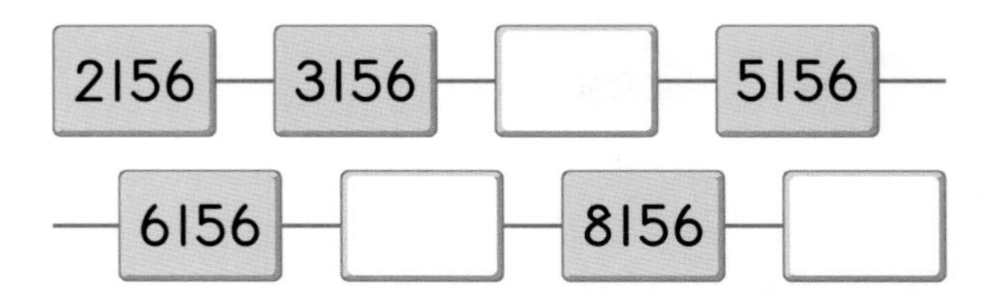

241012-0042

04 천 원짜리 지폐를 세고 이어서 백 원짜리 동전을 세어 보세요.

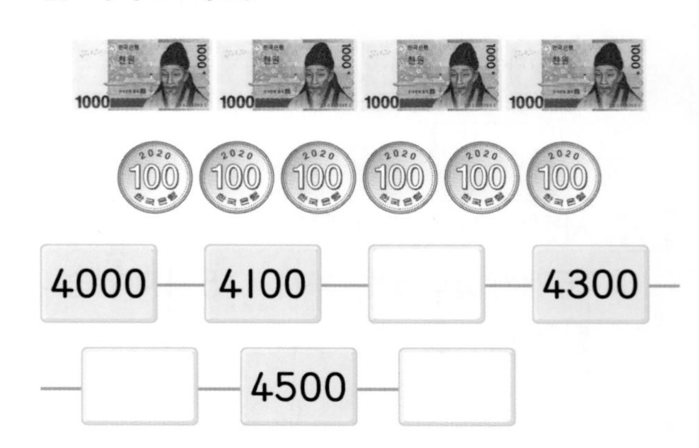

10씩, 1씩 뛰어 세어 볼까요

(1) 10씩 뛰어 세기

8740 — 8750 — 8760 — 8770 — 8780 — 8790

3625 — 3635 — 3645 — 3655 — 3665 — 3675

십의 자리 숫자가 1씩 커집니다.

(2) 1씩 뛰어 세기

일의 자리 숫자가 1씩 커집니다.

● 10씩 거꾸로 뛰어 세기

2760 — 2750 — 2740 — 2730

➡ 십의 자리 숫자가 1씩 작아집니다.

● 1씩 거꾸로 뛰어 세기

3124 — 3123 — 3122 — 3121

➡ 일의 자리 숫자가 1씩 작아집니다.

241012-0043

05 10씩 뛰어 세어 보세요.

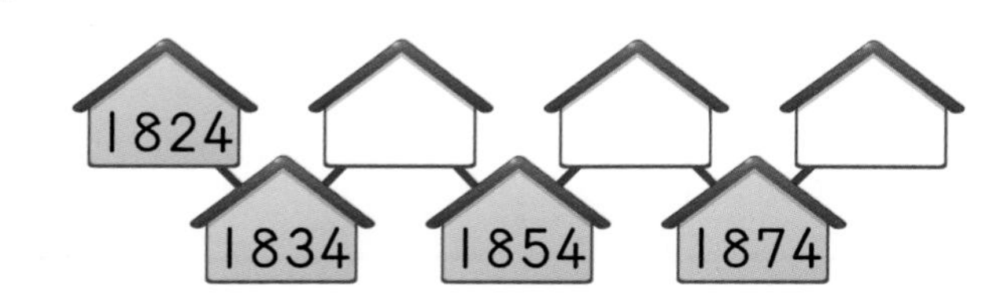

241012-0044

06 1씩 뛰어 세어 보세요.

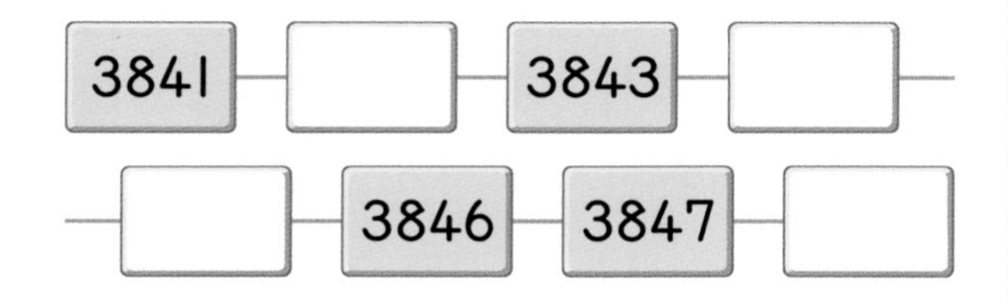

241012-0045

07 뛰어 센 규칙을 찾아 빈칸에 알맞은 수를 써넣으세요.

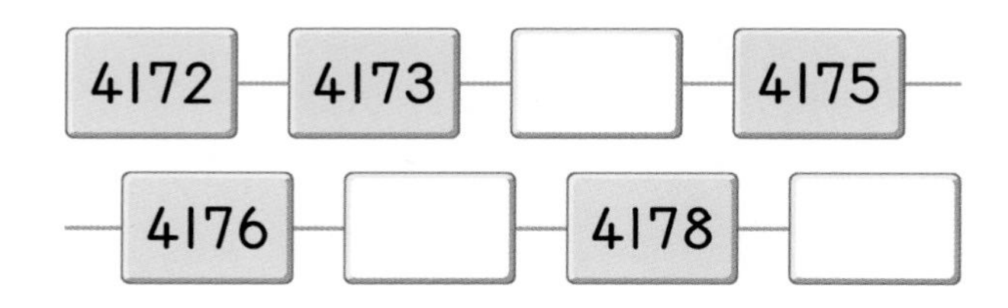

241012-0046

08 □ 안에 알맞은 수를 써넣으세요.

□씩 뛰어 센 규칙입니다.

개념 7 수의 크기를 비교해 볼까요(1)

예 3128과 2435의 크기 비교 → 천의 자리 수가 다른 경우

	천 모형	백 모형	십 모형	일 모형
3128 →				
2435 →				

➡ 3128이 2435보다 천 모형이 더 많으므로 3128이 2435보다 큽니다.

$3128>2435$ (3>2)

예 8296과 8375의 크기 비교 → 천의 자리 수가 같은 경우

	천의 자리	백의 자리	십의 자리	일의 자리
8296 →	8	2	9	6
8375 →	8	3	7	5

➡ 천의 자리 수가 같으므로 백의 자리 수를 비교합니다.

$8296<8375$ (2<3)

● 수의 크기를 $>$ 또는 $<$로 나타내기

- 3729는 1218보다 큽니다.
  ➡ $3729>1218$
- 1218은 3729보다 작습니다.
  ➡ $1218<3729$

● 네 자리 수의 크기 비교하기

- 백의 자리 수까지 같으면 십의 자리 수를 비교합니다.
  ➡ $4529>4518$
- 십의 자리 수까지 같으면 일의 자리 수를 비교합니다.
  ➡ $8398<8399$

241012-0047

09 수 모형을 보고 두 수의 크기를 비교하여 ○ 안에 $>$ 또는 $<$를 알맞게 써넣으세요.

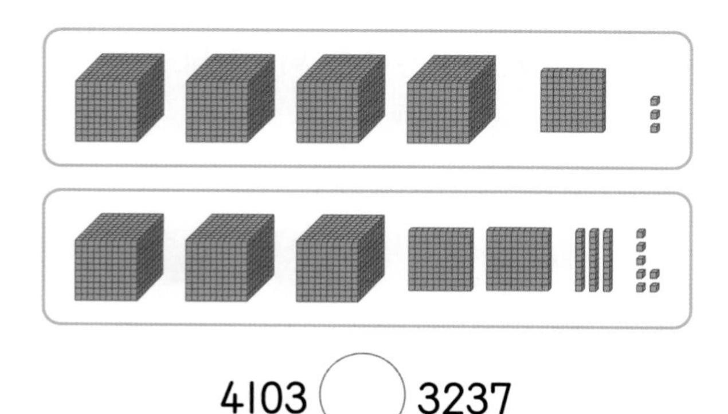

4103 ○ 3237

241012-0048

10 5729와 5871의 크기를 비교해 보세요.

(1) 빈칸에 알맞은 수를 써넣으세요.

	천의 자리	백의 자리	십의 자리	일의 자리
5729	5			
5871	5			

(2) ○ 안에 $>$ 또는 $<$를 알맞게 써넣으세요.

5729 ○ 5871

개념 8 수의 크기를 비교해 볼까요(2)

예 9067, 7298, 9236의 크기 비교 → 세 수의 크기 비교

	천의 자리	백의 자리	십의 자리	일의 자리
9067 ➡	9	0	6	7
7298 ➡	7	2	9	8
9236 ➡	9	2	3	6

➡ 세 수의 천의 자리 수를 비교하면 9067과 9236의 천의 자리 숫자는 9이고, 7298의 천의 자리 숫자는 7이므로 가장 작은 수는 7298입니다.

➡ 9067과 9236은 천의 자리 수가 같으므로 백의 자리 수를 비교하면 9067 < 9236입니다.
따라서 가장 큰 수는 9236입니다.

● **세 수의 크기 비교하기**
- 천의 자리 수를 비교하여 가장 큰 수 또는 가장 작은 수를 먼저 구합니다.
- 천의 자리 수가 같으면 백의 자리, 십의 자리, 일의 자리 수를 순서대로 비교합니다.

241012-0049

11 다음을 보고 □ 안에 알맞은 수를 써넣으세요.

	천의 자리	백의 자리	십의 자리	일의 자리
2871	2	8	7	1
2203	2	2	0	3
1067	1	0	6	7

(1) 세 수의 천의 자리 수를 비교하면 가장 작은 수는 □입니다.

(2) 2871과 2203은 천의 자리 수가 같으므로 백의 자리 수를 비교하면

□ > □입니다.

(3) 세 수 중 가장 큰 수는 □입니다.

241012-0050

12 가장 큰 수가 적힌 푯말을 가지고 있는 친구를 찾아 이름을 써 보세요.

(   )

241012-0051

13 가장 큰 수에 ○표, 가장 작은 수에 △표 하세요.

5671   5719   5760

교과서 넘어 보기

241012-0052

27 1000씩 뛰어 세어 보세요.

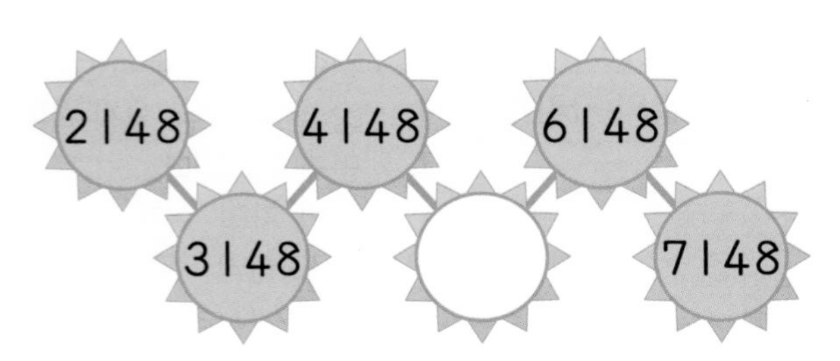

241012-0053

28 100씩 뛰어 세어 보세요.

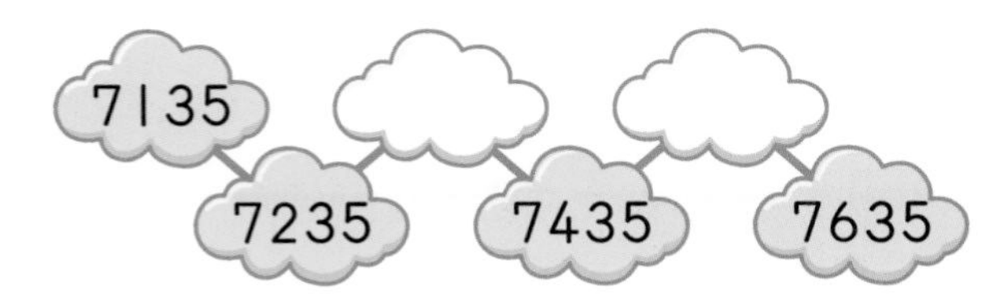

241012-0054

29 몇씩 뛰어서 센 것일까요?

2130 — 2230 — 2330 — 2430

[　　] 씩 뛰어서 세었습니다.

241012-0055

30 1273부터 10씩 커지는 수입니다. 빈칸에 알맞은 수를 써넣으세요.

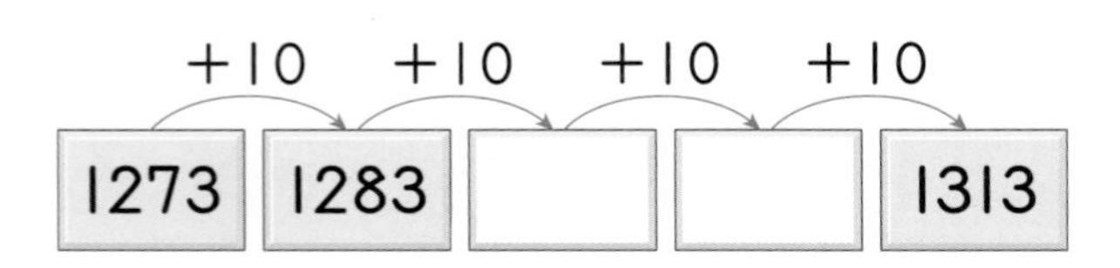

241012-0056

31 수 배열표를 보고 물음에 답하세요.

5200	5300	5400	5500	5600
6200	6300		6500	6600
	7300	7400	7500	
8200	8300	8400	8500	8600

(1) 수 배열표의 빈칸에 알맞은 수를 써넣으세요.

(2) ⬇ 는 [　　] 씩 뛰어 세었습니다.

(3) ➡ 는 [　　] 씩 뛰어 세었습니다.

241012-0057

32 예원이는 5800원을 가지고 있습니다. 아버지와 어머니께서 용돈으로 각각 1000원씩 주신다면 예원이가 가지게 되는 돈은 얼마일까요?

(　　　　　　　　)

241012-0058

33 4710부터 10씩 커지는 수들을 선으로 이어 보세요.

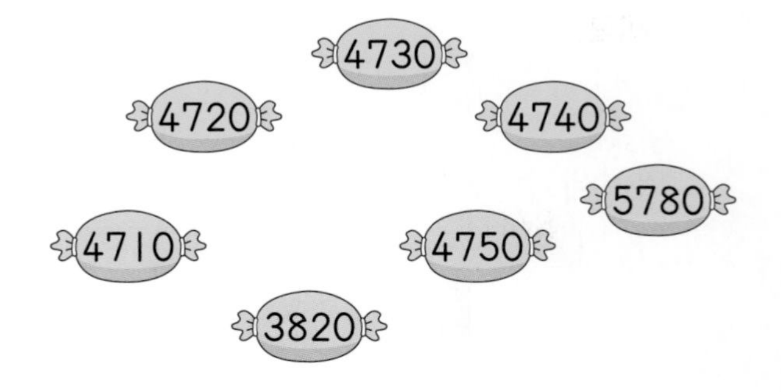

241012-0059

34 7105부터 1씩 거꾸로 뛰어 센 것입니다. 빈칸에 알맞은 수를 써넣으세요.

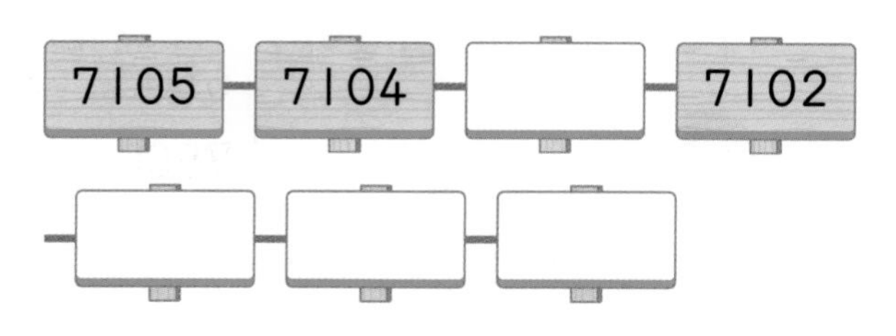

241012-0060

35 보기 와 같은 규칙으로 뛰어 센 것을 찾아 기호를 써 보세요.

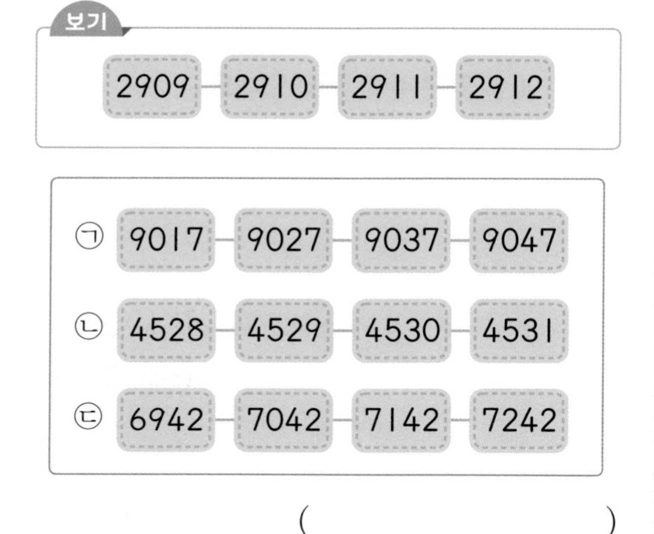

( )

241012-0061

36 8597부터 1씩 커지는 수 카드가 바닥에 떨어졌습니다. 뒤집어진 카드에 알맞은 수를 써넣으세요.

8597 8602
8601 8598
8599 □

241012-0062

37 중요 수 모형으로 나타낸 두 수의 크기를 비교하려고 합니다. □ 안에 알맞은 수를 써넣으세요.

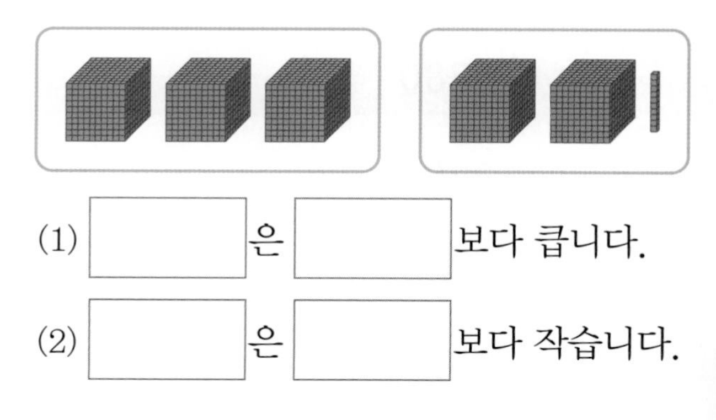

241012-0063

38 빈칸에 알맞은 수를 써넣고, 두 수의 크기를 비교하여 ○ 안에 > 또는 <를 알맞게 써넣으세요.

	천의 자리	백의 자리	십의 자리	일의 자리
2719 ➡	2			
2451 ➡	2			

2719 ○ 2451

241012-0064

39 수아와 동윤이가 저금통에 모은 돈을 보고 더 많이 모은 사람은 누구인지 이름을 써 보세요.

	1000원	100원	10원
수아	8장	5개	2개
동윤	7장	9개	4개

( )

1 단원

241012-0065

40 두 수의 크기를 비교하여 ○ 안에 > 또는 < 를 알맞게 써넣으세요.

(1) 5780 ○ 4970

(2) 3799 ○ 3851

(3) 9010 ○ 9006

241012-0066

41 더 큰 수를 가지고 있는 사람의 이름을 써 보세요.

(　　　　　　)

241012-0067

42 빈칸에 알맞은 수를 써넣고, 가장 큰 수를 구해 보세요.

	천의 자리	백의 자리	십의 자리	일의 자리
5237 ➡	5	2	3	7
5281 ➡	5			1
4196 ➡	4			

가장 큰 수는 □ 입니다.

241012-0068

43 버스 정류장에 3대의 버스가 있습니다. 윤호는 가장 작은 번호의 버스를 타려고 합니다. 윤호가 타야 하는 버스를 찾아 번호를 써 보세요.

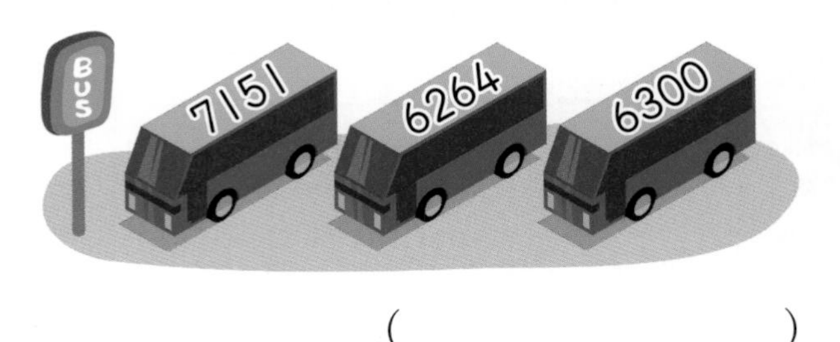

(　　　　　　)

241012-0069

44 도전 주머니에서 뽑은 4개의 수 구슬을 한 번씩만 사용하여 네 자리 수를 만들려고 합니다. □ 안에 알맞은 수를 써넣으세요.

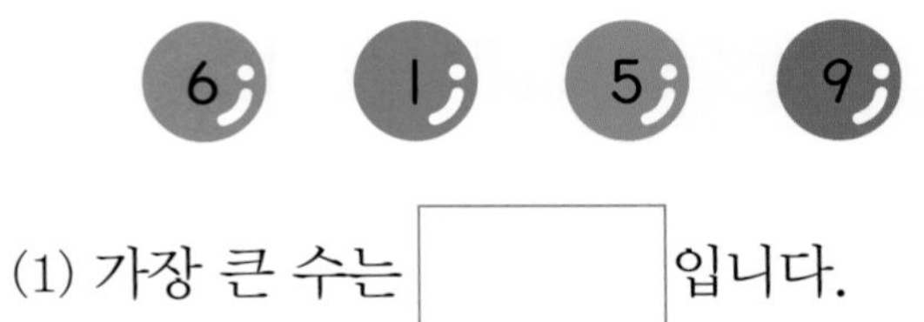

(1) 가장 큰 수는 □ 입니다.

(2) 가장 작은 수는 □ 입니다.

241012-0070

45 마을에 사는 사람의 수를 나타낸 것입니다. 사람이 가장 적게 사는 마을은 어디일까요?

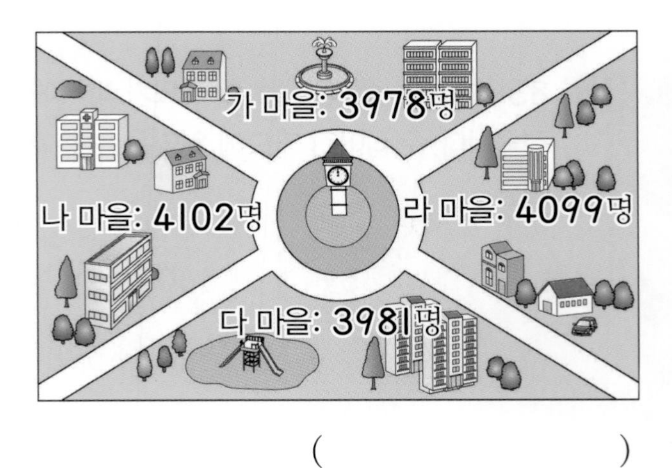

(　　　　　　)

뛰어 세기 응용

예 어떤 수에서 100씩 3번 뛰어 세었더니 4700이 되었습니다. 어떤 수는 얼마일까요?

어떤 수에서 100씩 3번 뛰어 센 수가 4700이므로 어떤 수는 4700에서 100씩 거꾸로 3번 뛰어 센 수입니다.

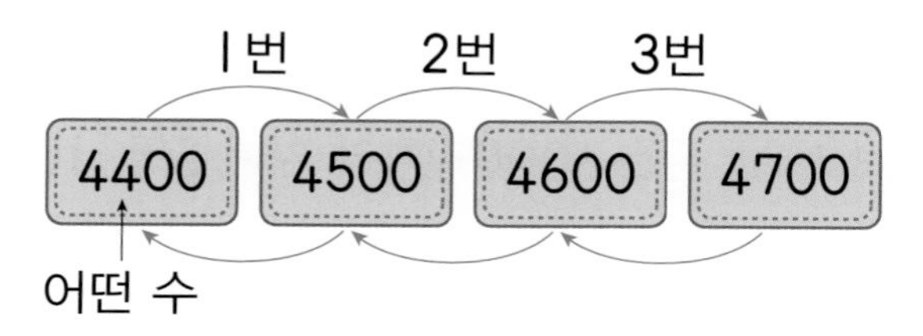

➡ 어떤 수는 4400입니다.

241012-0071

46 어떤 수에서 10씩 5번 뛰어 세었더니 2020이 되었습니다. 어떤 수는 얼마일까요?

( )

241012-0072

47 지아는 4월부터 7월까지 은행에 매달 1000원씩 저금하였더니 통장에 있는 돈이 6630원이 되었습니다. 4월에 저금하기 전에 통장에 있던 돈은 얼마일까요?

( )

241012-0073

48 어떤 수에서 출발하여 1000씩 4번 뛰어 센 수를 구해야 하는데 잘못하여 100씩 4번 뛰어 세었더니 4567이 되었습니다. 바르게 뛰어 센 수는 얼마일까요?

( )

두 수의 크기 비교 응용

예 1부터 9까지의 수 중에서 □ 안에 들어갈 수 있는 수를 모두 써 보세요.

7219 < □524

• 두 수의 천의 자리 숫자가 7로 같다면
7219<7524이므로 □ 안에 7이 들어갈 수 있습니다.

• 두 수의 천의 자리 숫자가 다르다면
7<□이므로 □ 안에 8, 9가 들어갈 수 있습니다.

➡ 7219<□524에서 □ 안에 들어갈 수 있는 수는 7, 8, 9입니다.

[49~50] □ 안에 들어갈 수 있는 수를 모두 찾아 ○표 하세요.

241012-0074

49

836□ > 8365

(1, 2, 3, 4, 5, 6, 7, 8, 9)

241012-0075

50

6528 < □384

(1, 2, 3, 4, 5, 6, 7, 8, 9)

241012-0076

51 1부터 9까지의 수 중에서 □ 안에 들어갈 수 있는 수를 모두 써 보세요.

5764 > 57□9

( )

대표 응용 1 뛰어 세기를 이용하여 물건값 구하기

민석이는 문구점에서 크레파스를 사면서 1000원짜리 지폐 5장, 100원짜리 동전 3개를 냈습니다. 잠시 후 1100원짜리 공책을 3권 더 샀다면 민석이가 산 크레파스와 공책의 가격은 모두 얼마인지 구해 보세요.

문제 스케치

1000원짜리 지폐 ■장
➡ ■000원
100원짜리 동전 ▲개
➡ ▲00원

1000씩 ★번 뛰어 세기
➡ 천의 자리 숫자가 ★ 커집니다.
100씩 ●번 뛰어 세기
➡ 백의 자리 숫자가 ● 커집니다.

해결하기

- 크레파스를 사면서 낸 돈은 1000원짜리 지폐 5장, 100원짜리 동전 3개이므로 [ ] 원입니다.
- 1100원짜리 공책을 3권 더 샀다면 크레파스를 사면서 낸 돈 5300원에서 1100씩 3번 뛰어 센 것이므로 5300에서 천의 자리 숫자와 백의 자리 숫자가 각각 [ ] 씩 커집니다.

따라서 민석이가 산 크레파스와 공책의 가격은 모두 [ ] 원입니다.

241012-0077

1-1 유라는 가게에서 과자를 사면서 1000원짜리 지폐 4장, 100원짜리 동전 1개를 냈습니다. 잠시 후 1100원짜리 사탕을 5봉지 더 샀다면 유라가 산 과자와 사탕의 가격은 모두 얼마인지 구해 보세요.

( )

241012-0078

1-2 동선이는 저금통에 모은 1000원짜리 지폐 9장과 100원짜리 동전 7개, 10원짜리 동전 5개를 가지고 나눔장터에 갔습니다. 1000원짜리 인형을 3개, 100원짜리 연필을 4자루, 10원짜리 지우개를 3개 샀다면 남은 돈은 얼마인지 구해 보세요.

( )

대표 응용 2

수 카드를 사용하여 가장 큰(작은) 네 자리 수 구하기

5장의 수 카드 중에서 4장을 골라 한 번씩만 사용하여 네 자리 수를 만들려고 합니다. 가장 큰 네 자리 수와 가장 작은 네 자리 수를 각각 구해 보세요.

9 4 1 6 5

문제 스케치

해결하기

• $9>6>5>4>1$이므로 만들 수 있는 가장 큰 네 자리 수는 (작은 , 큰) 수부터 4장을 골라서 천의 자리부터 순서대로 놓으면 [ ] 입니다.

• $1<4<5<6<9$이므로 만들 수 있는 가장 작은 네 자리 수는 (작은 , 큰) 수부터 4장을 골라서 천의 자리부터 순서대로 놓으면 [ ] 입니다.

241012-0079

2-1 5장의 수 카드 중에서 4장을 골라 한 번씩만 사용하여 네 자리 수를 만들려고 합니다. 가장 큰 네 자리 수와 가장 작은 네 자리 수를 각각 구해 보세요.

4 9 7 2 3

가장 큰 수 (　　　　　　), 가장 작은 수 (　　　　　　)

241012-0080

2-2 5장의 수 카드 중에서 4장을 골라 한 번씩만 사용하여 네 자리 수를 만들려고 합니다. 가장 큰 네 자리 수와 가장 작은 네 자리 수를 각각 구해 보세요.

8 0 6 1 4

가장 큰 수 (　　　　　　), 가장 작은 수 (　　　　　　)

1 단원

대표 응용 3 수의 크기를 비교하여 ■ 안에 알맞은 수 구하기

1부터 9까지의 수 중에서 ■ 안에 들어갈 수 있는 수를 모두 구해 보세요.

9■52 < 9562

문제 스케치

9=9

9□52 < 9562

□52<562

1, 2, 3, 4, 5, ~~6, 7, 8, 9~~

해결하기

- 두 수의 백의 자리 숫자가 5로 같다면 9552 ◯ 9562 이므로 ■ 안에 5가 들어갈 수 (있습니다 , 없습니다).
- 두 수의 백의 자리 숫자가 다르다면 ■는 5보다 (큰 , 작은) 수이므로 ■ 안에 □, □, □, □가 들어갈 수 있습니다.

따라서 ■ 안에 들어갈 수 있는 수는 □, □, □, □, □입니다.

241012-0081

3-1 1부터 9까지의 수 중에서 □ 안에 들어갈 수 있는 수를 모두 구해 보세요.

84□5 > 8466

(　　　　　　　　)

241012-0082

3-2 1부터 9까지의 수 중에서 □ 안에 들어갈 수 있는 가장 큰 수와 가장 작은 수를 각각 구해 보세요.

4573 < 4□79

가장 큰 수 (　　　　　　　　), 가장 작은 수 (　　　　　　　　)

대표 응용 4

각 자리의 숫자가 나타내는 수를 이용하여 낱말 만들기

밑줄 친 숫자가 나타내는 수를 표에서 찾아 동물의 이름을 완성해 보세요.

1384 ➡ ① 1429 ➡ ② 4830 ➡ ③ 5987 ➡ ④

수	400	80	1000	800	7000	600	5000	30	20	7
글자	도	교	독	플	익	수	박	강	책	치

동물	① 독	②	③	④

문제 스케치

	천의 자리	백의 자리	십의 자리	일의 자리
1384	1	3	8	4
1429	1	4	2	9
4830	4	8	3	0
5987	5	9	8	7

해결하기

• 1429에서 4는 백의 자리 숫자이고 ☐을/를 나타내므로 ②에 들어갈 글자는 ☐입니다.

• 4830에서 3은 십의 자리 숫자이고 ☐을/를 나타내므로 ③에 들어갈 글자는 ☐입니다.

• 5987에서 7은 일의 자리 숫자이고 ☐을/를 나타내므로 ④에 들어갈 글자는 ☐입니다.

따라서 동물의 이름은 ☐입니다.

241012-0083

4-1 밑줄 친 숫자가 나타내는 수를 표에서 찾아 동물의 이름을 완성해 보세요.

2750 ➡ ① 8183 ➡ ② 4912 ➡ ③ 4763 ➡ ④ 9086 ➡ ⑤

수	8000	2000	4000	80	2	900	60	50	700	6
글자	늘	오	람	박	다	마	바	하	생	쥐

동물	①	②	③	④	⑤

241012-0084

01 구슬이 한 통에 100개씩 들어 있습니다. 구슬이 1000개가 되도록 묶어 보세요.

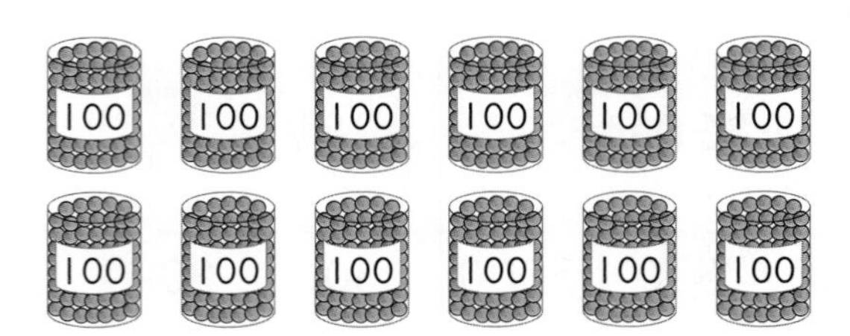

241012-0085

02 왼쪽과 오른쪽을 연결하여 1000이 되도록 이어 보세요.

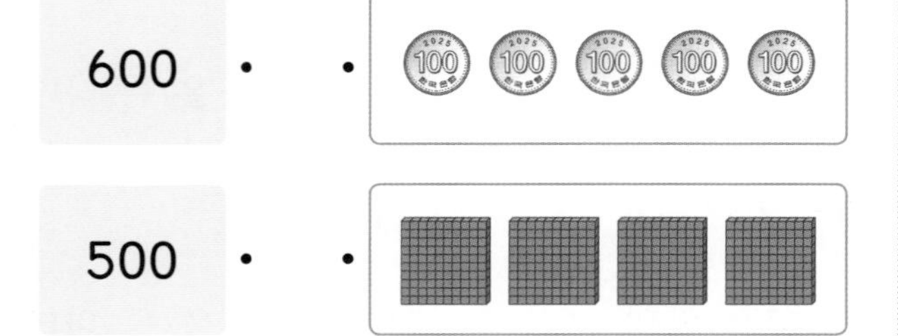

241012-0086

03 □ 안에 알맞은 수를 써넣으세요.

- 1000은 990보다 □ 만큼 더 큰 수입니다.
- 1000은 700보다 □ 만큼 더 큰 수입니다.

241012-0087

04 나타내는 수가 나머지와 다른 하나를 찾아 기호를 써 보세요.

㉠ 100이 40개인 수
㉡ 1000이 5개인 수
㉢ 사천

(　　　　　)

241012-0088

05 주어진 수만큼 수 모형을 묶어 보세요.

6000

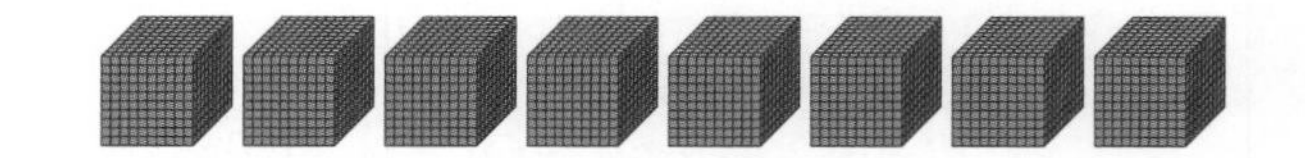

241012-0089

06 한 상자에 색종이가 1000장씩 들어 있습니다. 8상자에 들어 있는 색종이는 모두 몇 장일까요?

(　　　　　)

241012-0090

07 중요 수 모형이 나타내는 수를 써 보세요.

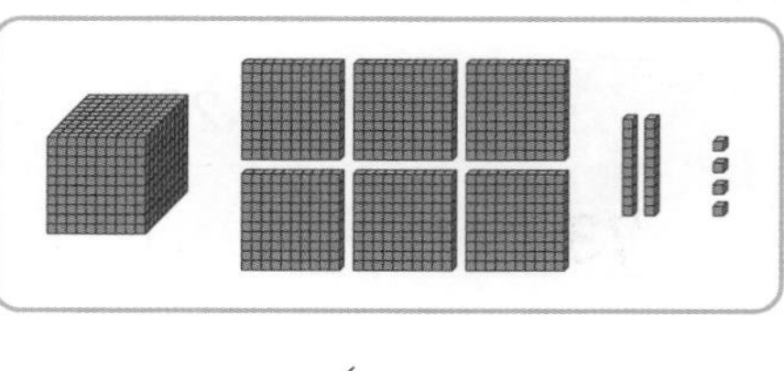

(　　　　　)

241012-0091

08 빈칸에 알맞은 수나 말을 써넣으세요.

쓰기	읽기
7234	
	오천구백삼십
4806	

241012-0092

09 주어진 수를 보고 옳은 것에 ○표, 틀린 것에 ×표 하세요.

육천오백팔

(1) 1000이 6개, 100이 5개, 10이 8개인 수입니다. (　　)

(2) 네 자리 수로 쓰면 6508입니다. (　　)

241012-0093

10 중요 다음 중 숫자 5가 500을 나타내는 수는 어느 것일까요? (　　　)

① 2759　② 8563　③ 1905

④ 5462　⑤ 6752

241012-0094

11 숫자 7이 나타내는 값이 가장 작은 수를 찾아 써 보세요.

7308　5137　4760　9571

(　　　　　　　　)

241012-0095

12 다음 중 5738에 대한 설명으로 옳은 것은 어느 것일까요? (　　　)

① 천의 자리 숫자는 7입니다.

② 십의 자리 숫자는 8입니다.

③ 숫자 5는 5000을 나타냅니다.

④ 숫자 8은 80을 나타냅니다.

⑤ 백의 자리 숫자는 일의 자리 숫자보다 큽니다.

241012-0096

13 주어진 수를  와 같이 나타내 보세요.

보기

8623=8000+600+20+3

4917 ____________________

241012-0097

14  서술형 100씩 뛰어 센 것을 찾아 기호를 써 보세요.

㉠ 2300−3300−4300−5300
㉡ 1564−1664−1764−1864
㉢ 3124−3125−3126−3127

풀이

(1) ㉠은 (　　)의 자리 숫자가 1씩 커지므로 (　　)씩 뛰어 센 것입니다.

(2) ㉡은 백의 자리 숫자가 (　　)씩 커지므로 (　　)씩 뛰어 센 것입니다.

(3) ㉢은 (　　)의 자리 숫자가 1씩 커지므로 (　　)씩 뛰어 센 것입니다.

(4) 따라서 100씩 뛰어 센 것은 (　　)입니다.

 ____________________

1 단원

241012-0098

15 도전 6247에서 110씩 4번 뛰어 센 수는 어느 것일까요? (   )

① 7247 ② 7347
③ 6687 ④ 6357
⑤ 6258

241012-0099

16 어떤 수에서 100씩 5번, 1씩 3번 뛰어 세었더니 8795가 되었습니다. 어떤 수를 구해 보세요.

(   )

241012-0100

17 수직선을 보고 물음에 답하세요.

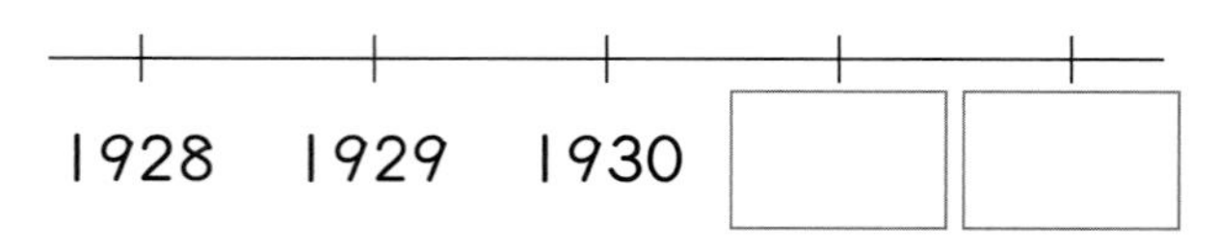

(1) □ 안에 알맞은 수를 써넣으세요.

(2) 1929보다 크고 1932보다 작은 네 자리 수는 모두 몇 개일까요?

(   )

241012-0101

18 빈칸에 들어갈 수가 더 작은 쪽의 기호를 써 보세요.

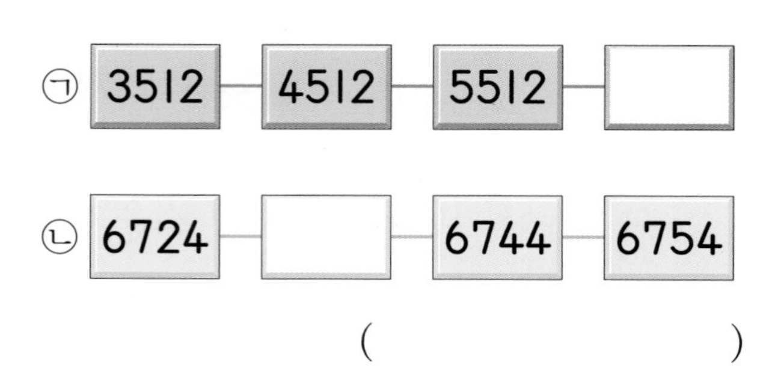

(   )

241012-0102

19 서술형 1부터 9까지의 수 중에서 □ 안에 들어갈 수 있는 수는 모두 몇 개일까요?

7820 < □860

풀이

(1) 두 수의 천의 자리 숫자가 7로 같다면 7820 ◯ 7860이므로 □ 안에 7이 들어갈 수 (있습니다 , 없습니다).

(2) 두 수의 천의 자리 숫자가 다르다면 □는 7보다 (큰 , 작은) 수이므로 □ 안에 (   ), (   )가 들어갈 수 있습니다.

(3) 따라서 □ 안에 들어갈 수 있는 수는 (   ), (   ), (   )로 모두 (   ) 개입니다.

답 ____________

241012-0103

20 다음 수 중에서 6402보다 큰 수를 모두 찾아 써 보세요.

5988	6500	6411
5499	6376	7001

(   )

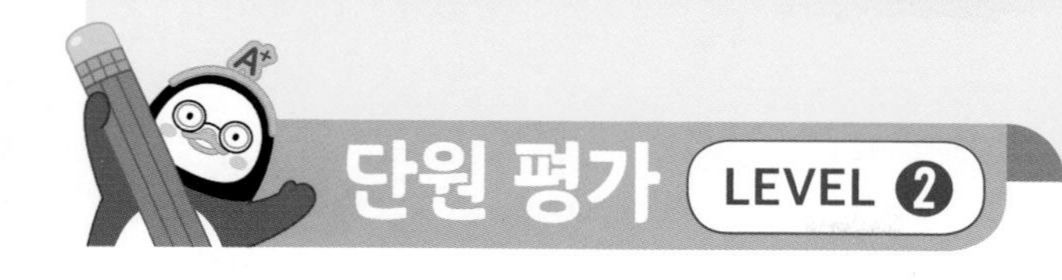

정답과 풀이 21쪽

241012-0104

01 □ 안에 알맞은 수를 써넣으세요.

(1)

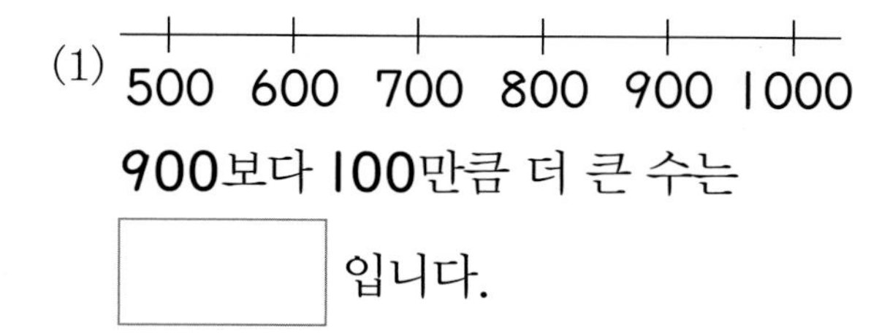

900보다 100만큼 더 큰 수는 □ 입니다.

(2) 996 997 998 999 1000

999보다 □ 만큼 더 큰 수는 1000 입니다.

241012-0105

02 1000을 나타내는 수가 아닌 것은 어느 것인가요? (   )

① 990보다 10만큼 더 큰 수
② 800보다 200만큼 더 큰 수
③ 500보다 50만큼 더 큰 수
④ 999보다 1만큼 더 큰 수
⑤ 100개씩 10묶음인 수

241012-0106

03 수 모형을 보고 □ 안에 알맞은 수를 써넣으세요.

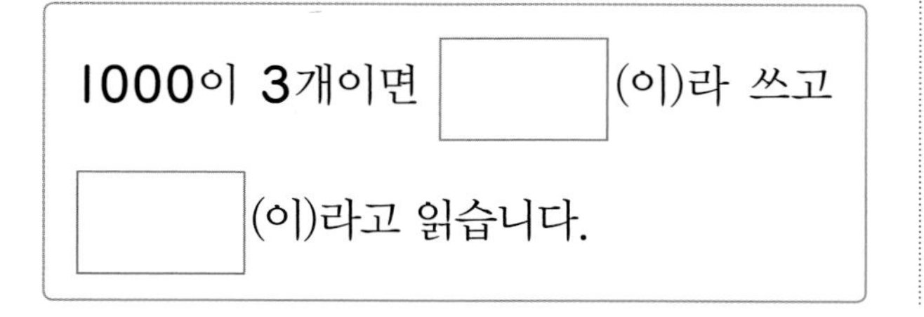
1000이 3개이면 □(이)라 쓰고 □(이)라고 읽습니다.

241012-0107

04 관계있는 것끼리 선으로 이어 보세요.

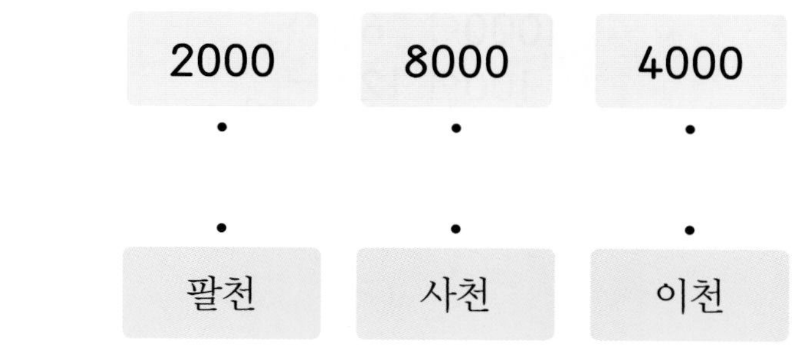

241012-0108

05 한 상자에 색종이가 1000장씩 들어 있습니다. 7상자에 들어 있는 색종이는 모두 몇 장일까요?

(   )

241012-0109

06 그림을 보고 얼마인지 써 보세요.

중요

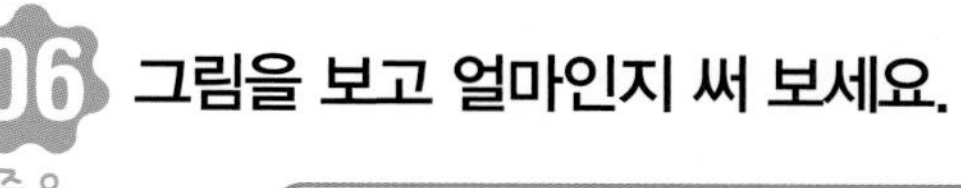

□원

241012-0110

07 네 자리 수를 잘못 읽은 친구를 찾아 이름을 써 보세요.

지민: 6301은 육천삼백일입니다.
경은: 1509는 천오백구입니다.
민지: 7042는 칠백사십이입니다.

(   )

241012-0111

08 다음이 나타내는 수를 구해 보세요.

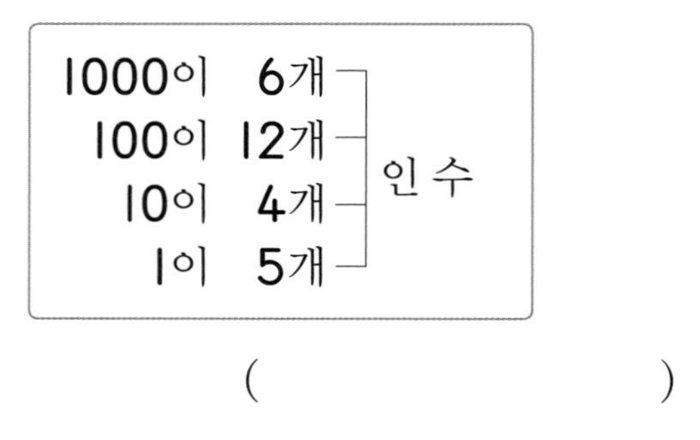

( )

241012-0112

09 네 자리 수를 써 보세요.

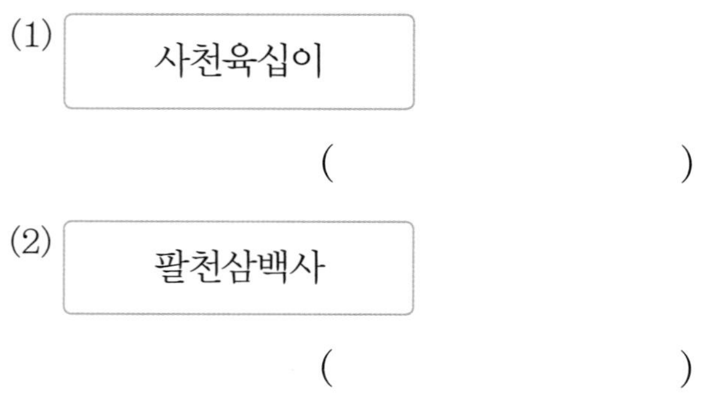

(1) ( )

(2) ( )

241012-0113

10 밑줄 친 숫자가 30을 나타내는 수를 모두 고르세요. ( )

① $2\underline{3}89$ ② $92\underline{3}0$
③ $30\underline{3}3$ ④ $\underline{3}134$
⑤ $567\underline{3}$

241012-0114

11 중요 밑줄 친 숫자가 얼마를 나타내는지 보기 에서 찾아 네 자리 수를 나타내는 덧셈식을 완성해 보세요.

$5\,\underline{8}\,\underline{2}\,4$

보기
8000, 800, 80, 200, 20, 2

$5824=5000+\square+\square+4$

241012-0115

12 숫자 1이 나타내는 값이 가장 큰 수를 찾아 ○표 하세요.

$43\underline{1}0$　$\underline{1}004$　$3\underline{1}99$　$402\underline{1}$

241012-0116

13 ㉠, ㉡, ㉢, ㉣이 각각 나타내는 값을 모두 더하면 얼마인지 구해 보세요.

$37\underline{5}9$ ㉠　$8\underline{2}01$ ㉡
$647\underline{3}$ ㉢　$\underline{9}536$ ㉣

( )

241012-0117

14 정아는 슈퍼마켓에서 우유를 2갑 샀습니다. 같은 돈으로 아이스크림을 몇 개까지 살 수 있을까요?

( )

241012-0118

15 몇씩 뛰어 세었는지 구해 보세요.

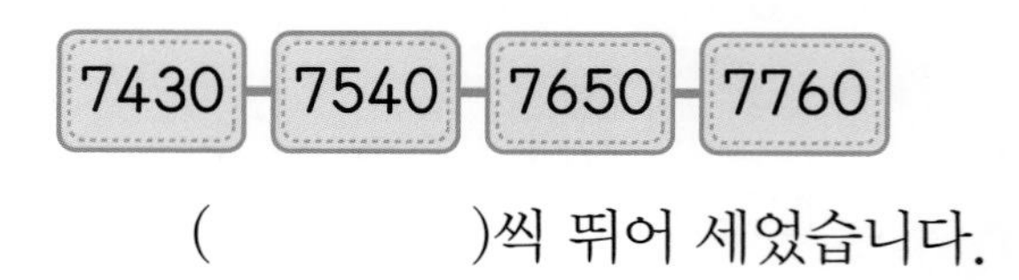

( )씩 뛰어 세었습니다.

241012-0119

16 서술형 2019년에 서연이는 8살이었습니다. 서연이가 12살이 되는 해는 몇 년인지 구해 보세요.

풀이

(1) 2019년부터 1씩 뛰어 세면
2019 − 2020 − 2021 − (　　　)
− (　　　) − (　　　) − (　　　)
로 일의 자리 숫자가 1씩 커집니다.

(2) 8살부터 12살까지는 (　　)년이 걸리므로 2019년부터 1씩 (　　)번 뛰어 센 수는 (　　　)입니다.

(3) 따라서 서연이가 12살이 되는 해는 (　　　)년입니다.

답 ____________

241012-0120

17 다영이의 통장에는 9월 현재 3760원이 있습니다. 10월부터 한 달에 1000원씩 계속 저금한다면 12월에는 얼마가 될까요?

(　　　　　　)

241012-0121

18 아래쪽의 두 수 중 더 큰 수를 찾아 위쪽에 써넣으세요.

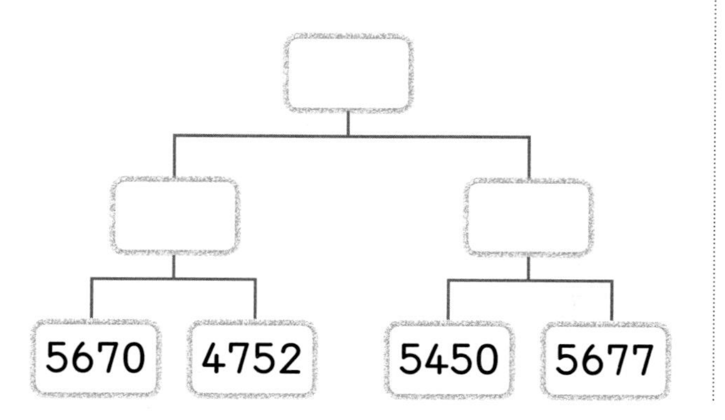

241012-0122

19 서술형 수 카드 4장을 한 번씩만 사용하여 네 자리 수를 만들었습니다. 백의 자리 숫자가 6인 가장 작은 네 자리 수를 구해 보세요.

0　8　3　6

풀이

(1) 백의 자리 숫자가 6인 네 자리 수 □6□□에서 천의 자리에는 0이 올 수 없으므로 두 번째로 작은 (　　)을 씁니다.

(2) 십의 자리에는 (　　), 일의 자리에는 (　　)을 씁니다.

(3) 따라서 백의 자리 숫자가 6인 가장 작은 네 자리 수는 (　　　　)입니다.

답 ____________

241012-0123

20 도전 다음 조건에 알맞은 네 자리 수는 모두 몇 개일까요?

- 6000보다 크고 7000보다 작은 네 자리 수입니다.
- 십의 자리 숫자는 5, 일의 자리 숫자는 2입니다.
- 백의 자리 숫자는 5보다 큽니다.

(　　　　　　)

2 곱셈구구

단원 학습 목표

1. 곱셈구구의 원리를 이해하고 각 단의 곱셈구구를 완성할 수 있습니다.
2. 1단 곱셈구구와 0의 곱을 알 수 있습니다.
3. 곱셈표를 기초로 한 자리 수의 곱셈을 익숙하게 할 수 있습니다.
4. 실생활의 문제를 곱셈구구로 해결할 수 있습니다.

단원 진도 체크

학습일			학습 내용	진도 체크
1일째	월	일	개념 1 2단 곱셈구구를 알아볼까요 개념 2 5단 곱셈구구를 알아볼까요 개념 3 3단, 6단 곱셈구구를 알아볼까요	✓
2일째	월	일	교과서 넘어 보기 + 교과서 속 응용 문제	✓
3일째	월	일	개념 4 4단, 8단 곱셈구구를 알아볼까요 개념 5 7단 곱셈구구를 알아볼까요 개념 6 9단 곱셈구구를 알아볼까요	✓
4일째	월	일	교과서 넘어 보기 + 교과서 속 응용 문제	✓
5일째	월	일	개념 7 1단 곱셈구구와 0의 곱을 알아볼까요 개념 8 곱셈표를 만들어 볼까요 개념 9 곱셈구구를 이용하여 문제를 해결해 볼까요	✓
6일째	월	일	교과서 넘어 보기 + 교과서 속 응용 문제	✓
7일째	월	일	응용 1 어떤 수 구하기 응용 2 곱의 크기를 비교하기	✓
8일째	월	일	응용 3 조건에 알맞은 수 구하기 응용 4 예상하고 확인하기	✓
9일째	월	일	단원 평가 LEVEL ❶	✓
10일째	월	일	단원 평가 LEVEL ❷	✓

이 단원을 진도 체크에 맞춰 10일 동안 학습해 보세요.
해당 부분을 공부하고 나서 ✓표를 하세요.

즐거운 체육 시간에 '과녁판에 콩 주머니 던지기 게임'을 하였어요.

모둠별로 콩 주머니를 8개씩 던진 후, 과녁판의 숫자와 그 숫자에 놓인 콩 주머니의 개수를 곱한 만큼 점수를 얻었어요.

성준이네 모둠이 숫자 7에 콩 주머니 3개를 놓아 얻은 점수는 몇 점일까요?

승현이네 모둠이 숫자 5에 콩 주머니 2개를 놓아 얻은 점수는 몇 점일까요?

성준이네 모둠은 모두 몇 점을 얻었을까요? 승현이네 모둠은 모두 몇 점을 얻었을까요?

이번 2단원에서는 곱셈구구에 대해 배울 거예요.

개념 1 2단 곱셈구구를 알아볼까요

(1) 곱셈식으로 나타내기

$2\times2=4$

$2\times3=6$

➡ 접시가 1개씩 늘어날수록 도넛은 2개씩 많아집니다.

(2) 2단 곱셈구구 알아보기

2 × 1 = 2
2 × 2 = 4
2 × 3 = 6
2 × 4 = 8
2 × 5 = 10
2 × 6 = 12
2 × 7 = 14
2 × 8 = 16
2 × 9 = 18

2×2는 2×1보다 2만큼 더 큽니다.
2×3은 2×2보다 2만큼 더 큽니다.
2×4는 2×3보다 2만큼 더 큽니다.

➡ 2단 곱셈구구에서 곱하는 수가 1씩 커지면 그 곱은 2씩 커집니다.

● 2×3은 2×2보다 얼마나 더 큰지 알아보기

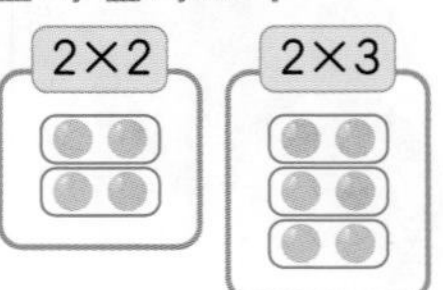

➡ 2×3은 2×2보다 2개씩 1묶음 더 많습니다.
➡ 2×3은 2×2보다 2만큼 더 큽니다.

241012-0124

01 □ 안에 알맞은 수를 써넣으세요.

  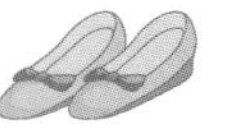

$2+2+2=\square$ $2\times\square=\square$

241012-0125

02 □ 안에 알맞은 수를 써넣으세요.

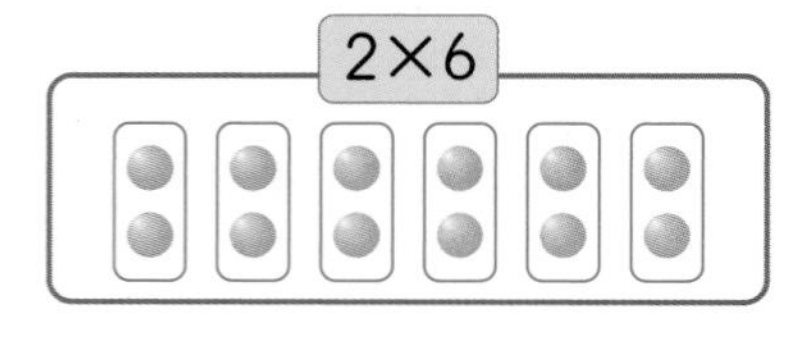

2×6에는 ●가 □개 있습니다.

241012-0126

03 □ 안에 알맞은 수를 써넣으세요.

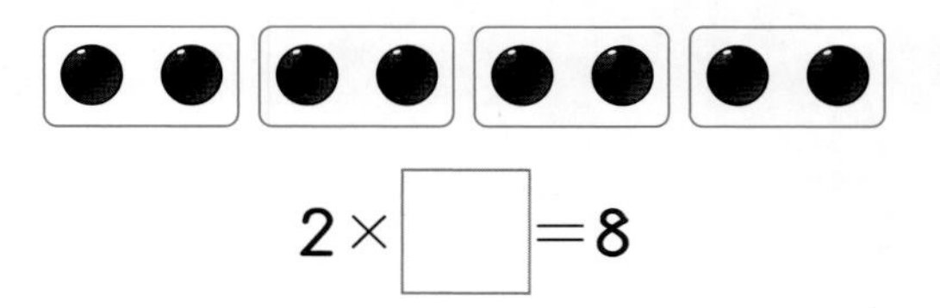

$2\times\square=8$

241012-0127

04 2단 곱셈구구의 값을 찾아 이어 보세요.

2×5 •	• 18
2×7 •	• 10
2×9 •	• 14

개념 2 5단 곱셈구구를 알아볼까요

(1) 곱셈식으로 나타내기

5×2=10

5×3=15

➡ 팔찌가 1개씩 늘어날수록 구슬은 5개씩 많아집니다.

(2) 5단 곱셈구구 알아보기

5 × 1 = 5
5 × 2 = 10
5 × 3 = 15
5 × 4 = 20
5 × 5 = 25
5 × 6 = 30
5 × 7 = 35
5 × 8 = 40
5 × 9 = 45

5×3은 5×2보다 5만큼 더 큽니다.
5×4는 5×3보다 5만큼 더 큽니다.
5×5는 5×4보다 5만큼 더 큽니다.

➡ 5단 곱셈구구에서 곱하는 수가 1씩 커지면 그 곱은 5씩 커집니다.

● 5×3은 5×2보다 얼마나 더 큰지 알아보기

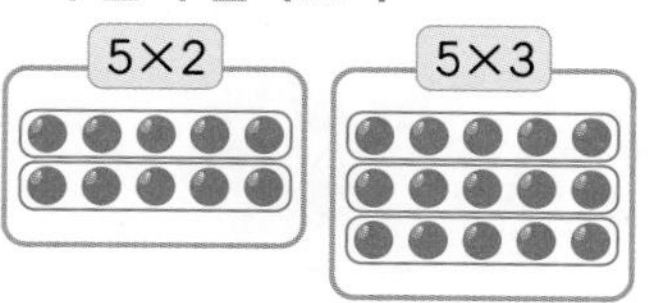

➡ 5×3은 5×2보다 5개씩 1묶음 더 많습니다.
➡ 5×3은 5×2보다 5만큼 더 큽니다.

2 단원

241012-0128

05 공깃돌의 수를 곱셈식으로 나타내 보세요.

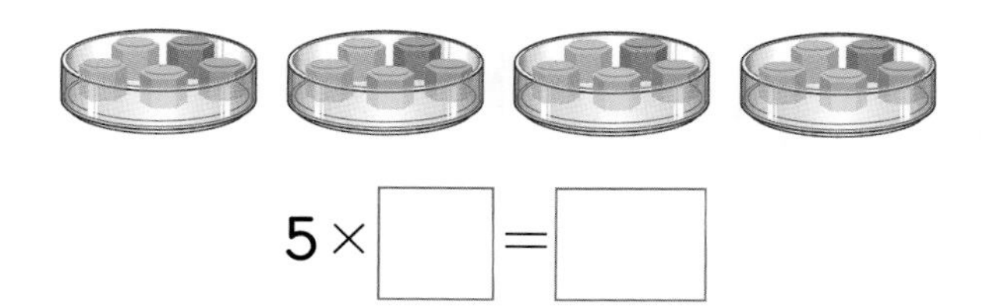

5×□=□

241012-0129

06 □ 안에 알맞은 수를 써넣으세요.

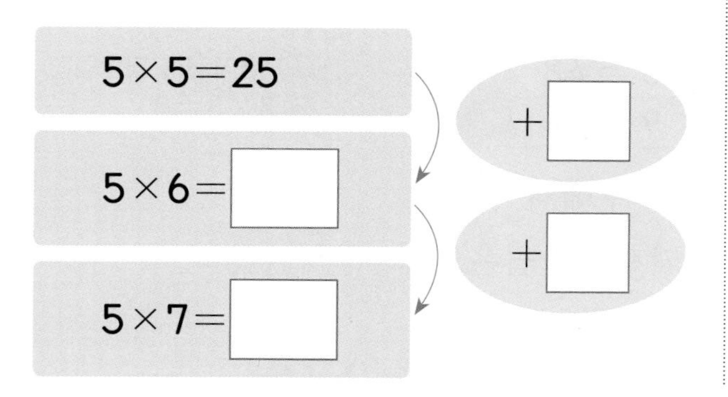

241012-0130

07 □ 안에 알맞은 수를 써넣으세요.

(1) 5×6=□　(2) 5×8=□

241012-0131

08 □ 안에 알맞은 수를 써넣으세요.

(1) 5×3은 5×2보다 □만큼 더 큽니다.

(2) 5×7은 5×6보다 □만큼 더 큽니다.

(3) 5단 곱셈구구에서 곱하는 수가 1씩 커지면 그 곱은 □씩 커집니다.

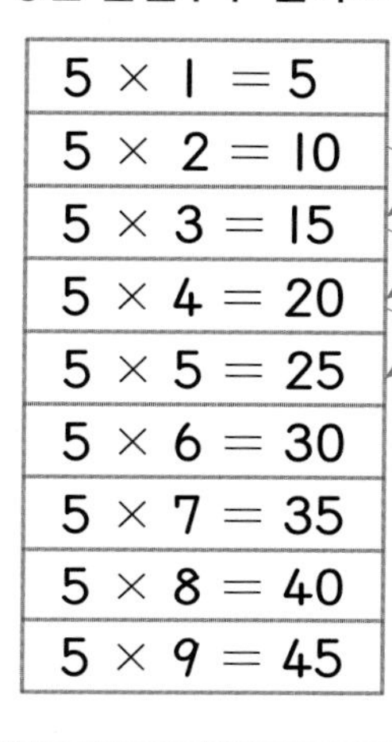

개념 3 3단, 6단 곱셈구구를 알아볼까요

(1) 3단 곱셈구구 알아보기

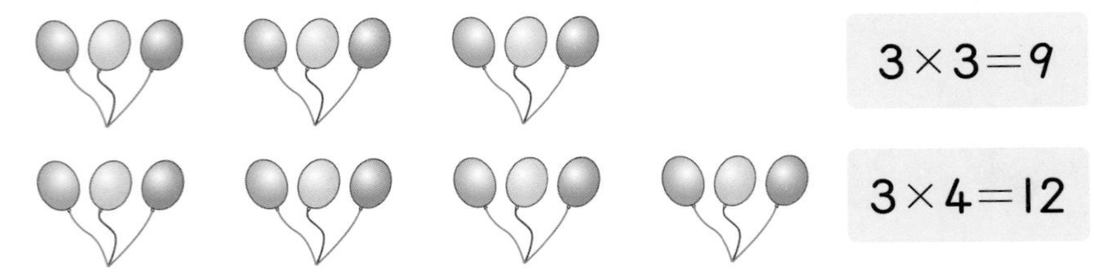

$3\times3=9$

$3\times4=12$

➡ 1묶음씩 늘어날수록 풍선은 3개씩 많아집니다.

(2) 6단 곱셈구구 알아보기

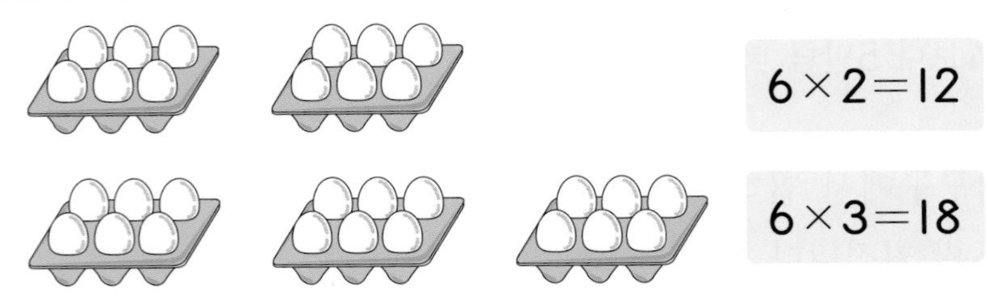

$6\times2=12$

$6\times3=18$

➡ 1판씩 늘어날수록 달걀은 6개씩 많아집니다.

(3) 3단, 6단 곱셈구구

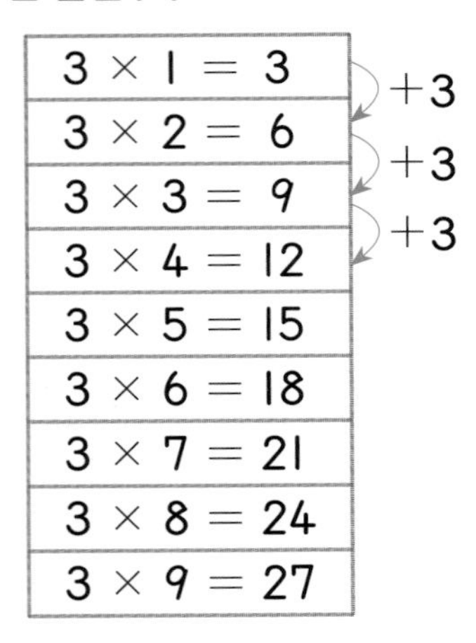

3단
3 × 1 = 3
3 × 2 = 6
3 × 3 = 9
3 × 4 = 12
3 × 5 = 15
3 × 6 = 18
3 × 7 = 21
3 × 8 = 24
3 × 9 = 27

+3, +3, +3

➡ 3단 곱셈구구에서 곱하는 수가 1씩 커지면 그 곱은 3씩 커집니다.

6단
6 × 1 = 6
6 × 2 = 12
6 × 3 = 18
6 × 4 = 24
6 × 5 = 30
6 × 6 = 36
6 × 7 = 42
6 × 8 = 48
6 × 9 = 54

+6, +6, +6

➡ 6단 곱셈구구에서 곱하는 수가 1씩 커지면 그 곱은 6씩 커집니다.

● 3 × 4는 3 × 3보다 얼마나 더 큰지 알아보기

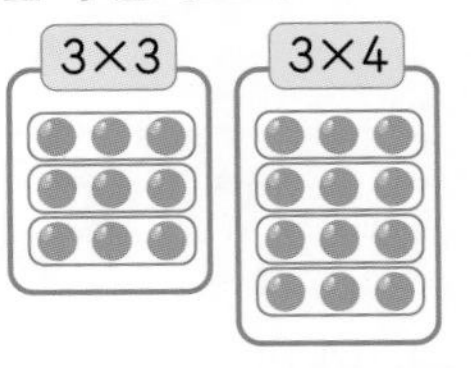

➡ 3 × 4는 3 × 3보다 3개씩 1묶음 더 많습니다.

➡ 3 × 4는 3 × 3보다 3만큼 더 큽니다.

● 6 × 3은 6 × 2보다 얼마나 더 큰지 알아보기

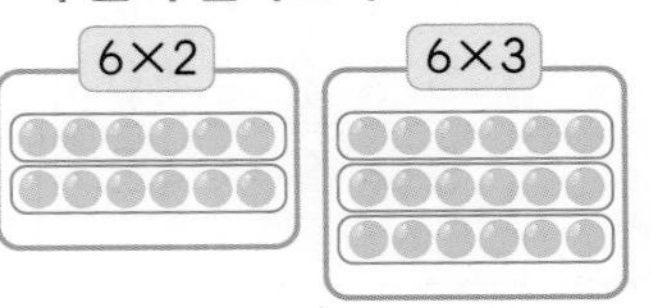

➡ 6 × 3은 6 × 2보다 6개씩 1묶음 더 많습니다.

➡ 6 × 3은 6 × 2보다 6만큼 더 큽니다.

● 3 × 4를 계산하는 방법

- 3씩 4번 더합니다.

  ➡ $3\times4=3+3+3+3$
  $=12$

- 3 × 3에 3을 더합니다.

  ➡ $3\times3=9$) +3
  $3\times4=12$

241012-0132

09 풍선의 개수를 곱셈식으로 나타내 보세요.

(1) 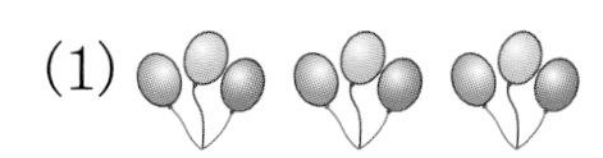

$3\times3=\square$

(2)

$3\times5=\square$

(3)

$3\times7=\square$

241012-0133

10 수직선을 보고 □ 안에 알맞은 수를 써넣으세요.

(1) 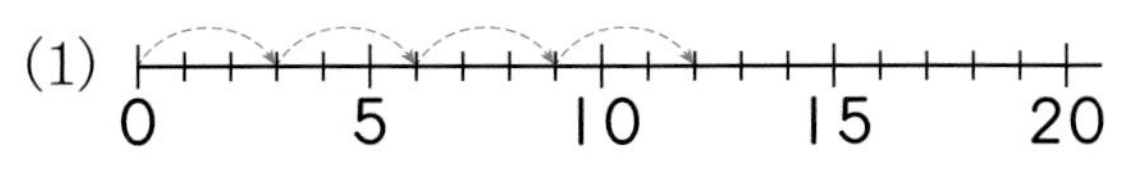

$3\times4=\square$

(2) 0 5 10 15 20

$3\times6=\square$

241012-0134

11 구슬이 모두 몇 개인지 곱셈식으로 나타내 보세요.

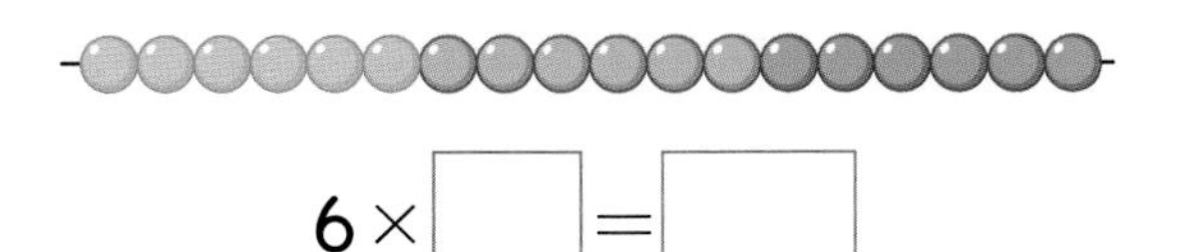

$6\times\square=\square$

241012-0135

12 □ 안에 알맞은 수를 써넣으세요.

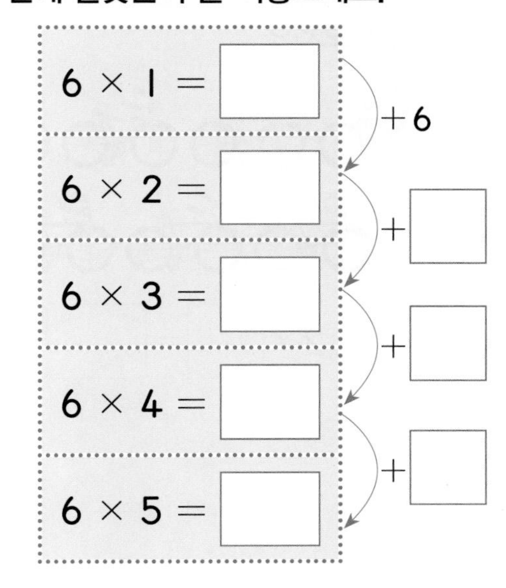

241012-0136

13 딸기의 수를 알아보려고 합니다. □ 안에 알맞은 수를 써넣으세요.

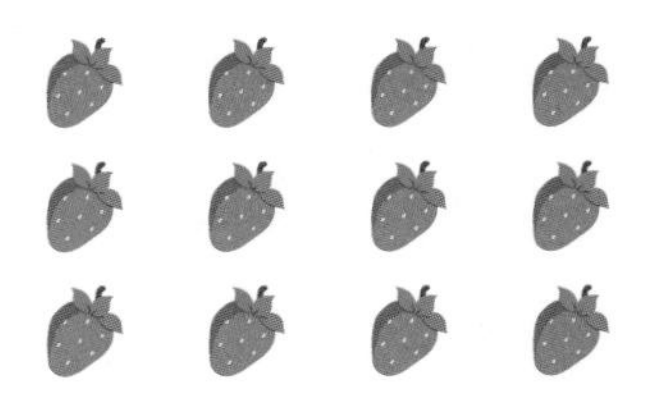

(1) 3단 곱셈구구를 이용하여 딸기의 수를 알아보세요.

$3\times\square=\square$

(2) 6단 곱셈구구를 이용하여 딸기의 수를 알아보세요.

$6\times\square=\square$

2 단원

교과서 넘어 보기

241012-0137

01 두발자전거의 바퀴는 모두 몇 개인지 곱셈식으로 나타내 보세요.

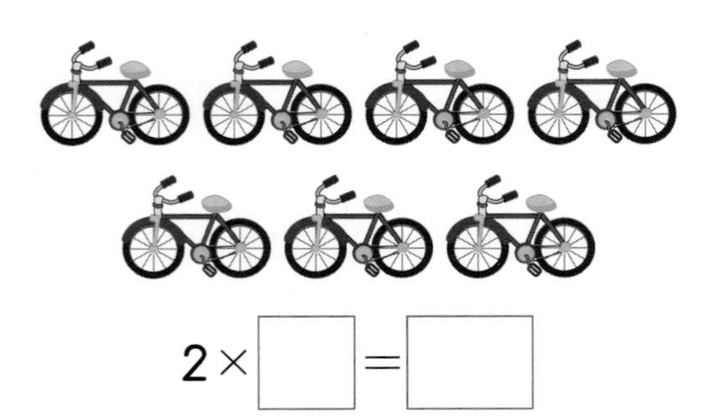

$2 \times \square = \square$

241012-0138

02 접시 한 개에 딸기가 2개씩 있습니다. 접시 4개에 있는 딸기는 모두 몇 개인지 곱셈식으로 나타내 보세요.

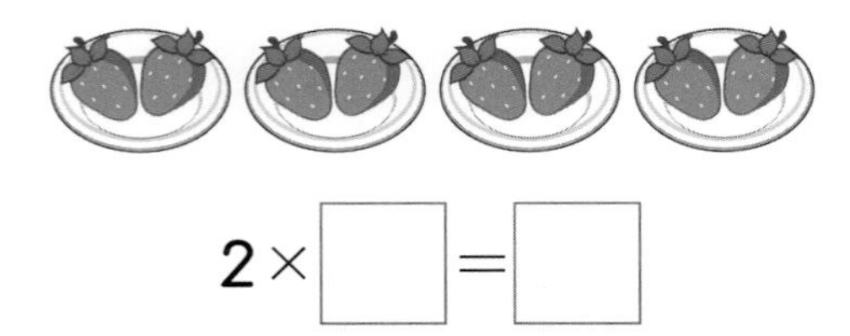

$2 \times \square = \square$

241012-0139

03 2단 곱셈구구의 값을 찾아 이어 보세요.

241012-0140

04 2×5를 계산하는 방법입니다. 잘못된 것을 찾아 기호를 써 보세요.

> ㉠ 2씩 5번 더합니다.
> ㉡ 2씩 5번 곱합니다.
> ㉢ 2×4에 2를 더합니다.

(　　　　　　　　)

241012-0141

05 중요 $2 \times 6 = 12$입니다. 2×7은 2×6보다 얼마나 더 큰지 ○를 그려서 나타내고, □ 안에 알맞은 수를 써넣으세요.

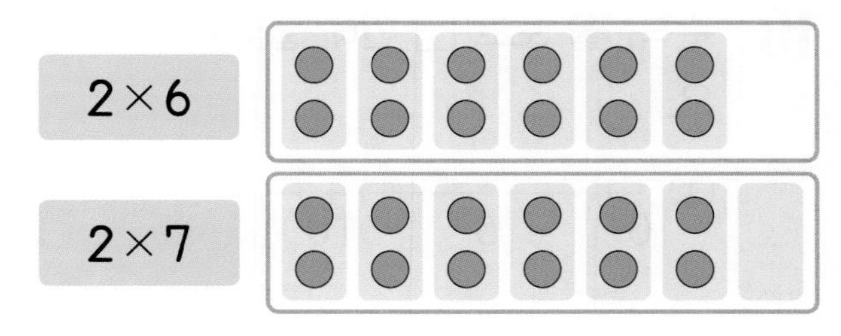

2×7은 2×6보다 □만큼 더 큽니다.

241012-0142

06 그림을 보고 □ 안에 알맞은 수를 써넣으세요.

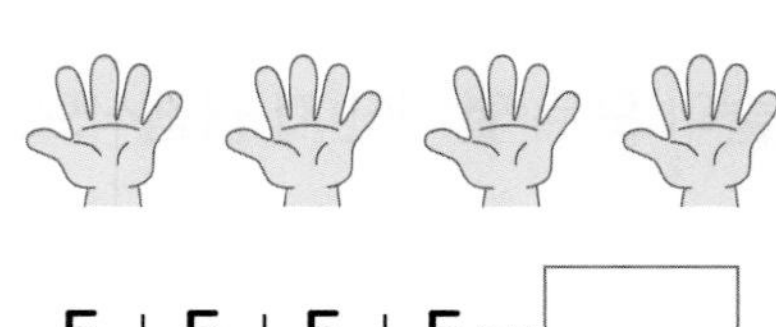

$5+5+5+5=\square$

$5 \times \square = \square$

241012-0143

07 곱셈식에 맞게 △를 그리고 □ 안에 알맞은 수를 써넣으세요.

$5\times3=$□

△ △ △ △ △

241012-0144

08 막대 한 개의 길이는 5 cm입니다. 막대 7개의 길이는 얼마인지 □ 안에 알맞은 수를 써넣으세요.

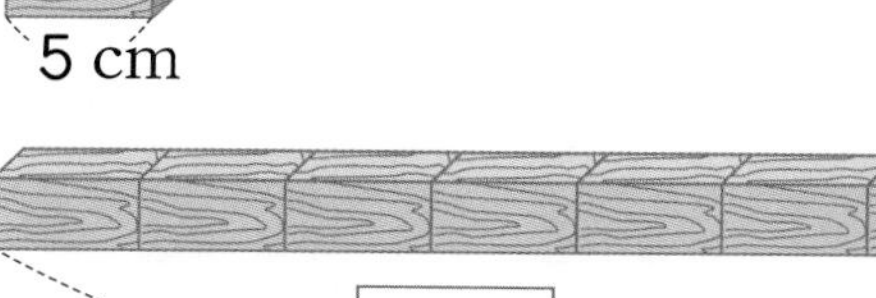

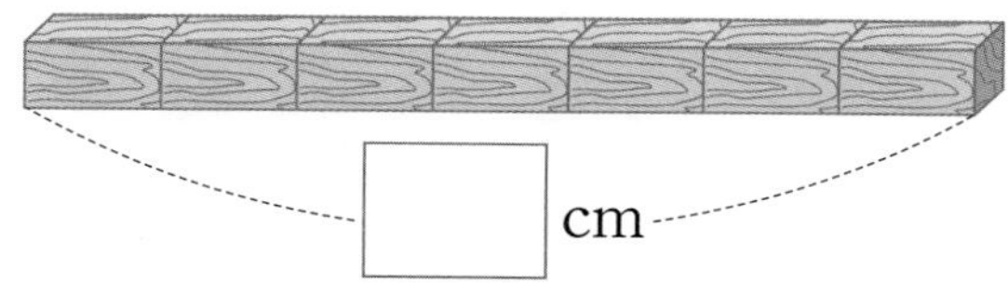

241012-0145

09 그림을 보고 주사위 눈의 수의 합을 곱셈식으로 나타내 보세요.

중요

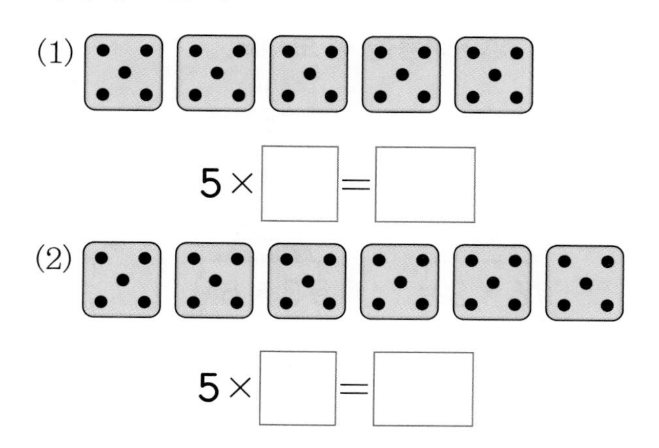

(1)

$5\times$□$=$□

(2)

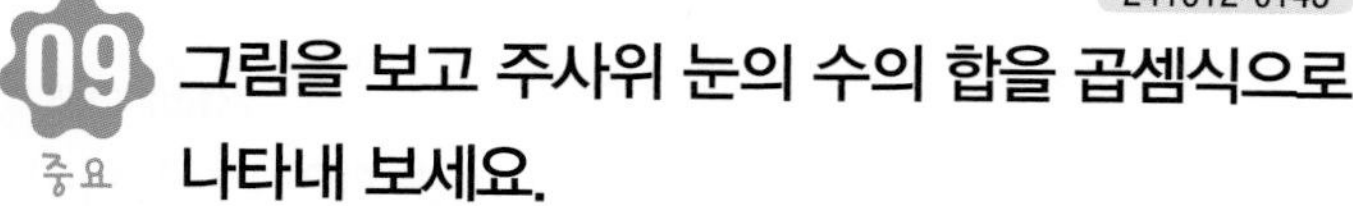

$5\times$□$=$□

241012-0146

10 다음에서 5단 곱셈구구의 곱은 모두 몇 개일까요? (   )

5	10	13	21
25	30	37	42

(   )

241012-0147

11 □ 안에 알맞은 수를 써넣으세요.

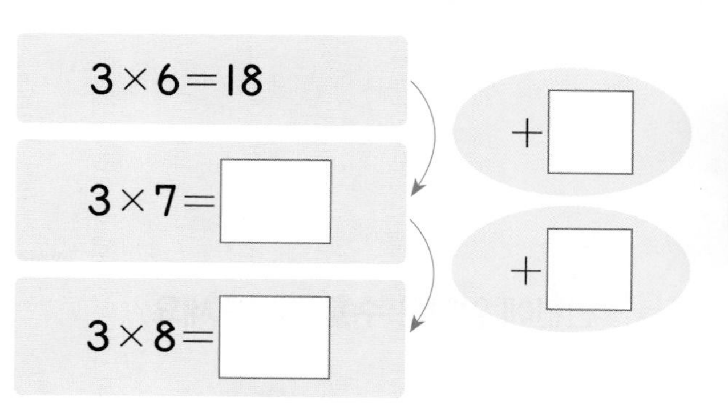

241012-0148

12 빈칸에 알맞은 수를 써넣으세요.

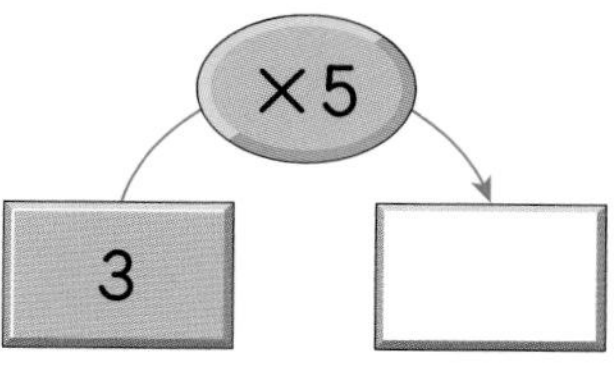

241012-0149

13 만두가 한 접시에 3개씩 놓여 있습니다. 접시 7개에 놓인 만두는 모두 몇 개일까요?

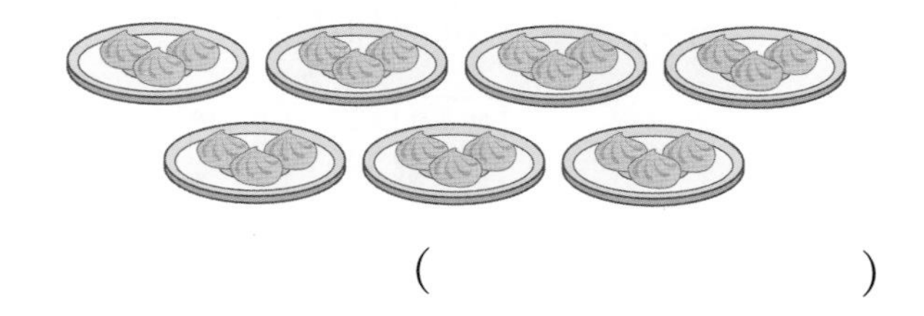

(   )

2 단원

241012-0150

14 3단 곱셈구구의 값을 찾아 이어 보세요.

3×9 •		• 12
3×4 •		• 15
		• 27

241012-0151

15 빈칸에 알맞은 수를 써넣으세요.

6	×	2	=	□
		6		□
		9		□

241012-0152

16 도전 주사위 2개를 굴려 나온 눈입니다. 주사위 눈의 수의 곱을 구해 보세요.

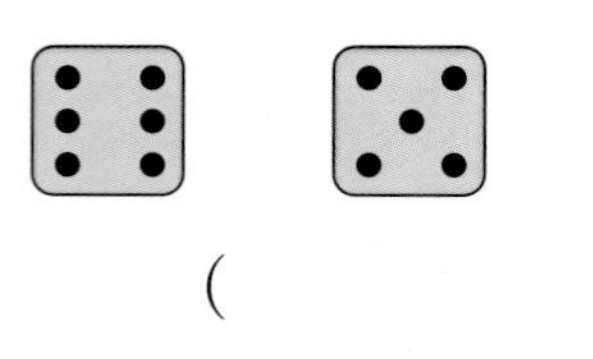

(　　　　　　　　)

241012-0153

17 블록은 모두 몇 개인지 구하려고 합니다. □ 안에 알맞은 수를 써넣으세요.

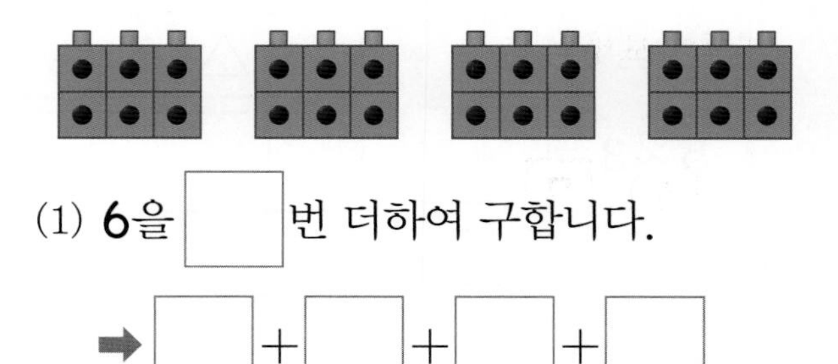

(1) 6을 □번 더하여 구합니다.

➡ □ + □ + □ + □

(2) 6×3에 □을 더합니다.

(3) $6 \times$ □의 곱으로 구합니다.

(4) 블록은 모두 □개입니다.

241012-0154

18 곱셈구구를 이용하여 ♣의 수를 알아보세요.

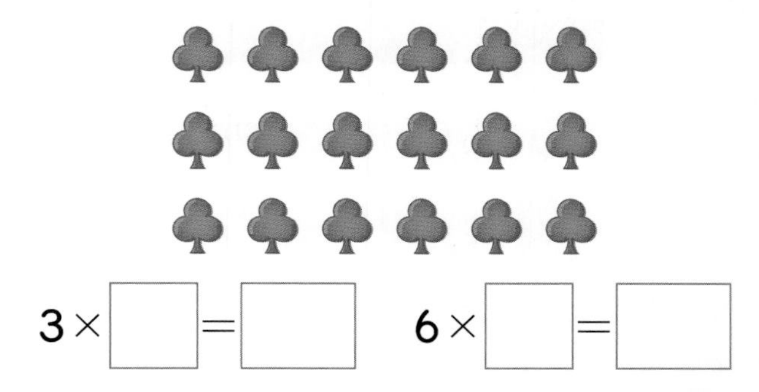

$3 \times$ □ $=$ □　　$6 \times$ □ $=$ □

241012-0155

19 들고 있는 곱셈구구의 값이 나머지와 다른 사람을 찾아 이름을 써 보세요.

(　　　　　　　　)

교과서, 익힘책 속 응용 문제를 유형별로 풀어 보세요.

정답과 풀이 22쪽

수 카드를 이용하여 곱셈식 만들기

예 보기와 같이 수 카드를 한 번씩만 사용하여 곱셈식을 만들어 보세요.

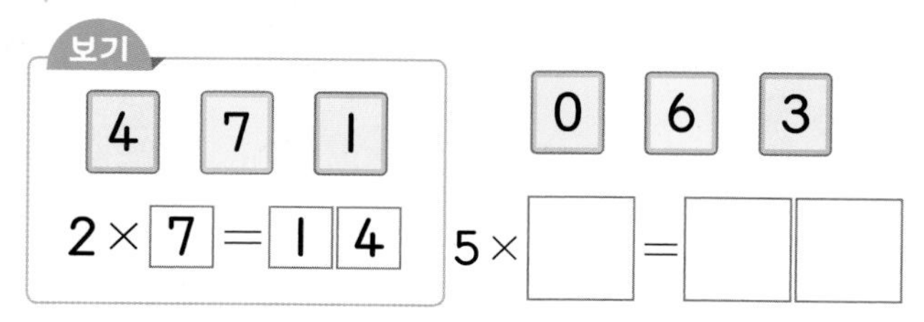

➡ 5 × □이므로 5단 곱셈구구를 이용합니다.

×	1	2	3	4	5	6	7	8	9
5	5	10	15	20	25	30	35	40	45

따라서 곱셈식은 $5 \times 6 = 30$입니다.

241012-0156

20 보기와 같이 수 카드 2, 4, 0을 한 번씩만 사용하여 곱셈식을 만들어 보세요.

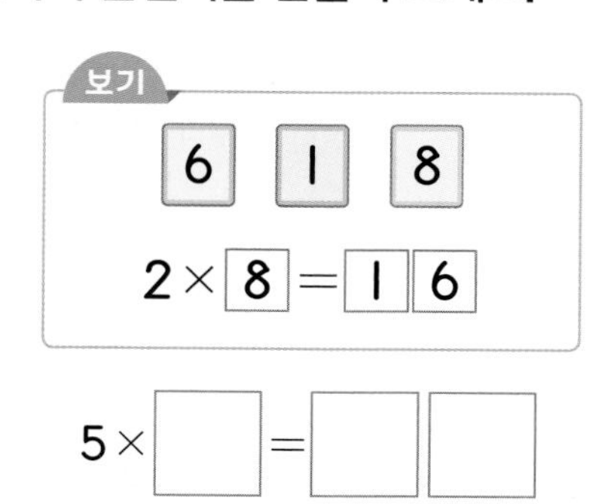

241012-0157

21 보기와 같이 수 카드 8, 3, 1을 한 번씩만 사용하여 곱셈식을 만들어 보세요.

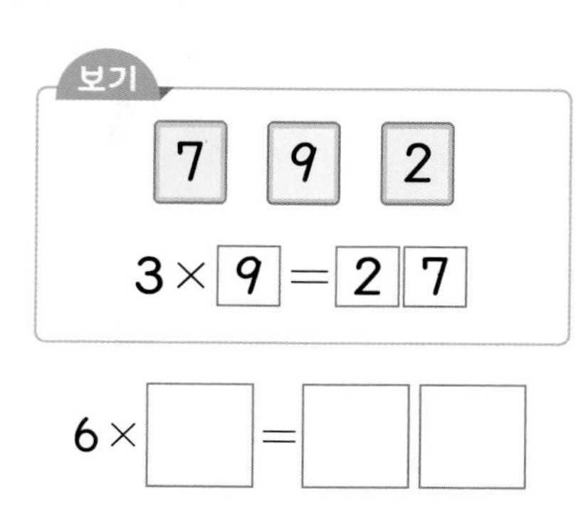

몇 묶음 더 많은지 알아보기

예 2×3은 2×1보다 몇 개씩 몇 묶음 더 많은지 알아보세요.

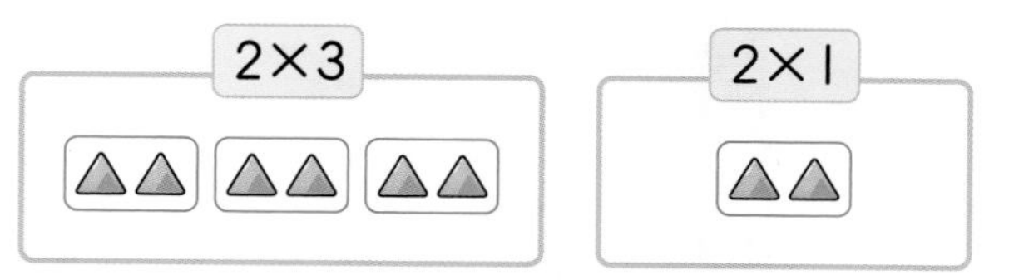

➡ 2×3은 2개씩 3묶음, 2×1은 2개씩 1묶음이므로 2×3은 2×1보다 2개씩 2묶음 더 많습니다.

241012-0158

22 2×6은 2×2보다 몇 개씩 몇 묶음 더 많은지 알아보세요.

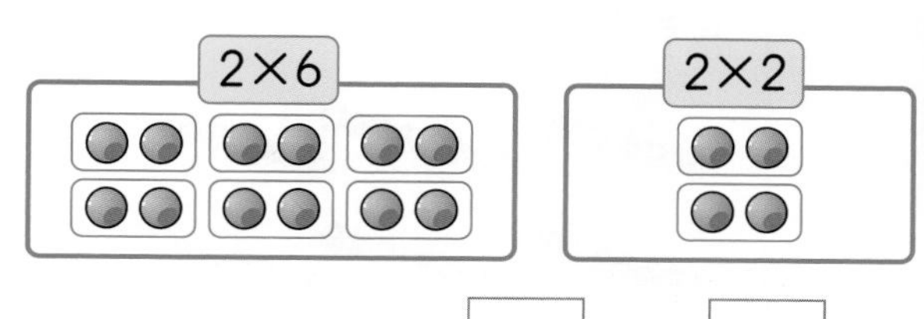

2×6은 2×2보다 □ 개씩 □ 묶음 더 많습니다.

241012-0159

23 3×4는 3×2보다 몇 개씩 몇 묶음 더 많은지 알아보세요.

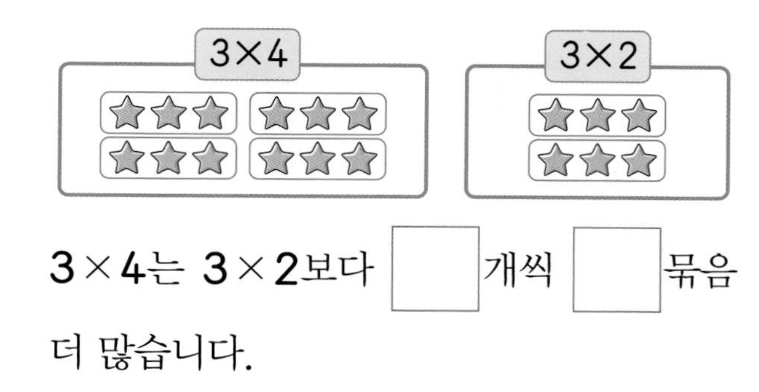

3×4는 3×2보다 □ 개씩 □ 묶음 더 많습니다.

개념 4 4단, 8단 곱셈구구를 알아볼까요

(1) 4단 곱셈구구 알아보기

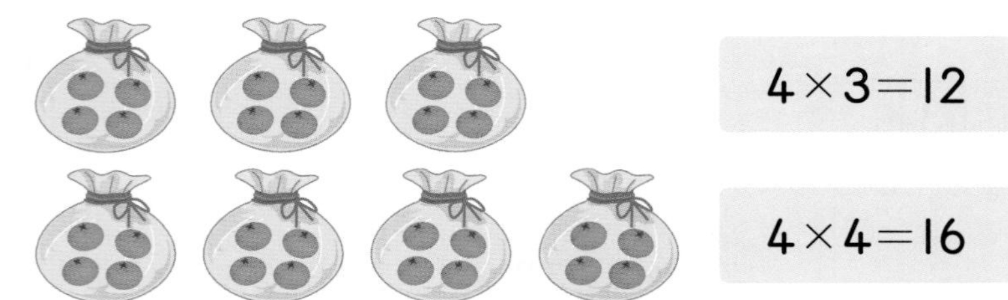

$4 \times 3 = 12$

$4 \times 4 = 16$

➡ 봉지가 1개씩 늘어날수록 귤은 4개씩 많아집니다.

(2) 8단 곱셈구구 알아보기

$8 \times 3 = 24$

$8 \times 4 = 32$

➡ 1줄씩 늘어날수록 곶감은 8개씩 많아집니다.

(3) 4단, 8단 곱셈구구

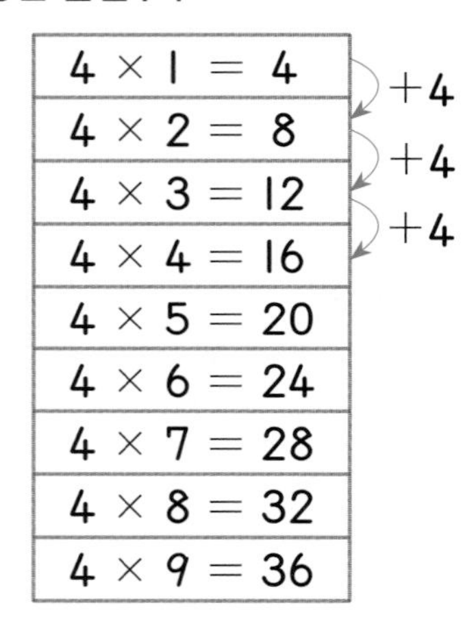

4단	8단
$4 \times 1 = 4$	$8 \times 1 = 8$
$4 \times 2 = 8$	$8 \times 2 = 16$
$4 \times 3 = 12$	$8 \times 3 = 24$
$4 \times 4 = 16$	$8 \times 4 = 32$
$4 \times 5 = 20$	$8 \times 5 = 40$
$4 \times 6 = 24$	$8 \times 6 = 48$
$4 \times 7 = 28$	$8 \times 7 = 56$
$4 \times 8 = 32$	$8 \times 8 = 64$
$4 \times 9 = 36$	$8 \times 9 = 72$

(4단: +4, +4, +4 / 8단: +8, +8, +8)

➡ 4단 곱셈구구에서 곱하는 수가 1씩 커지면 그 곱은 4씩 커집니다.

➡ 8단 곱셈구구에서 곱하는 수가 1씩 커지면 그 곱은 8씩 커집니다.

● 4×4는 4×3보다 얼마나 더 큰지 알아보기

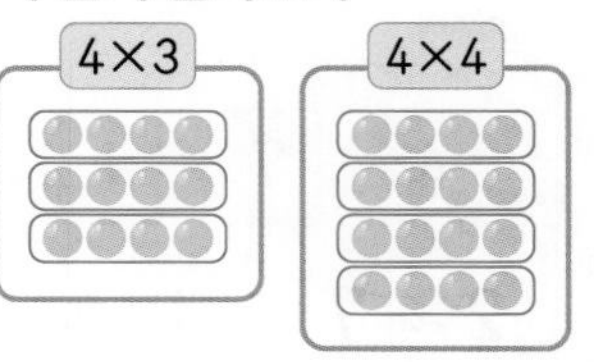

➡ 4×4는 4×3보다 4개씩 1묶음 더 많습니다.

➡ 4×4는 4×3보다 4만큼 더 큽니다.

● 8단 곱셈구구의 계산

• 8씩 계속해서 더합니다.

$8 \times 1 = 8 = 8$

$8 \times 2 = 16 = 8 + 8$

$8 \times 3 = 24 = 8 + 8 + 8$

• 앞의 곱에 8만큼 더합니다.

$8 \times 1 = 8$ ↘ $+8$

$8 \times 2 = 16$ ↘ $+8$

$8 \times 3 = 24$

● 4×4를 계산하는 방법 알아보기

• 4씩 4번 더합니다.

➡ $4 \times 4 = 4 + 4 + 4 + 4 = 16$

• 4×3에 4를 더합니다.

➡ $4 \times 3 = 12$ ↘ $+4$

$4 \times 4 = 16$

241012-0160

01 돼지의 다리는 모두 몇 개인지 곱셈식으로 나타내 보세요.

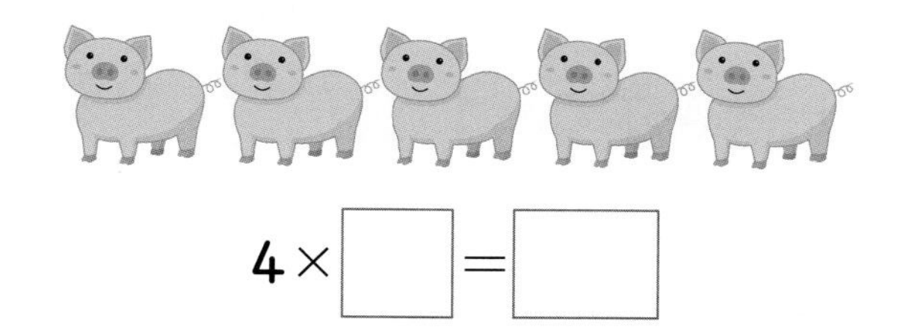

$4 \times \square = \square$

241012-0161

02 □ 안에 알맞은 수를 써넣으세요.

(1)

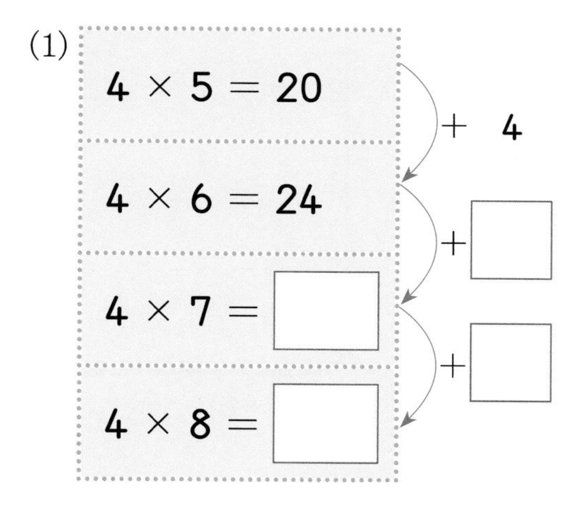

(2) 4단 곱셈구구를 만들려면 앞의 곱에 □만큼 더하면 됩니다.

241012-0162

03 한 대에 8명씩 탈 수 있는 놀이 기구가 있습니다. 이 놀이 기구가 모두 3대라면 한 번에 탈 수 있는 사람은 모두 몇 명일까요?

(　　　　　　　　)

241012-0163

04 8단 곱셈구구를 완성하고 □ 안에 알맞은 수를 써넣으세요.

$8 \times 5 = \square$

$8 \times 6 = \square$

$8 \times 7 = \square$

8단 곱셈구구에서 곱하는 수가 1씩 커지면 그 곱은 □씩 커집니다.

241012-0164

05 빈칸에 알맞은 수를 써넣으세요.

×	1	4	9
4	4		
8			

241012-0165

06 구슬의 수를 알아보려고 합니다. □ 안에 알맞은 수를 써넣으세요.

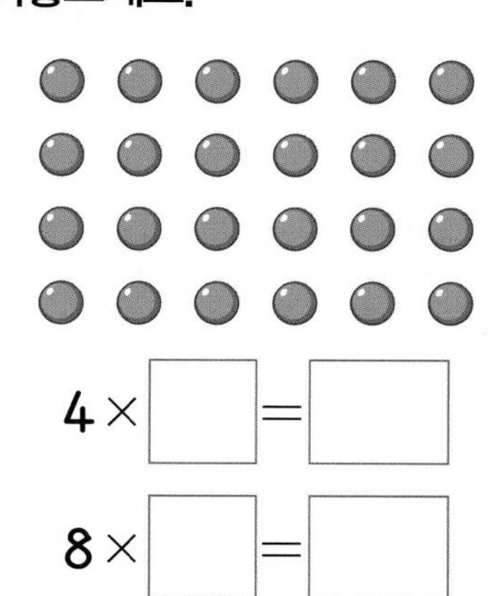

$4 \times \square = \square$

$8 \times \square = \square$

개념 5 7단 곱셈구구를 알아볼까요

(1) 곱셈식으로 나타내기

7×3=21

7×4=28

➡ 1세트씩 늘어날수록 색연필은 7자루씩 많아집니다.

(2) 7단 곱셈구구 알아보기

7 × 1 = 7
7 × 2 = 14
7 × 3 = 21
7 × 4 = 28
7 × 5 = 35
7 × 6 = 42
7 × 7 = 49
7 × 8 = 56
7 × 9 = 63

7×2는 7×1보다 7만큼 더 큽니다.
7×3은 7×2보다 7만큼 더 큽니다.
7×4는 7×3보다 7만큼 더 큽니다.

➡ 7단 곱셈구구에서 곱하는 수가 1씩 커지면 그 곱은 7씩 커집니다.

- 7 × 4는 7 × 3보다 얼마나 더 큰지 알아보기

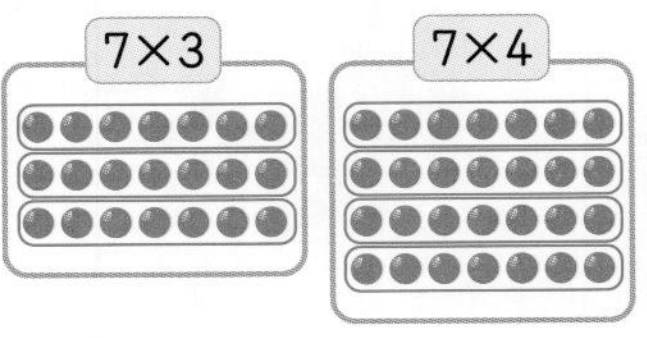

➡ 7 × 4는 7 × 3보다 7개씩 1묶음 더 많습니다.
➡ 7 × 4는 7 × 3보다 7만큼 더 큽니다.

241012-0166

07 빈칸에 알맞은 수를 써넣으세요.

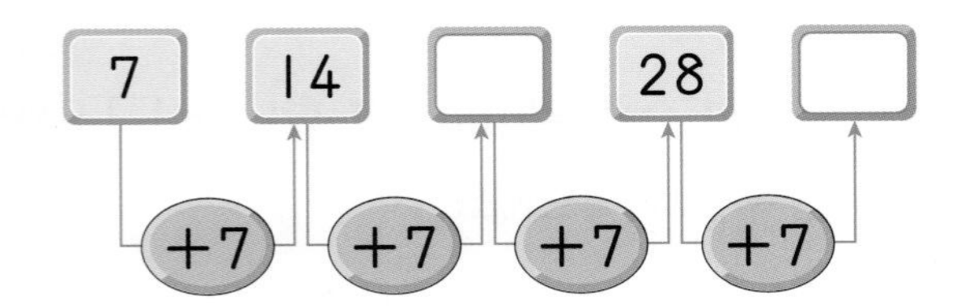

241012-0167

08 곱셈식에 알맞게 ○를 그려서 나타내고 □ 안에 알맞은 수를 써넣으세요.

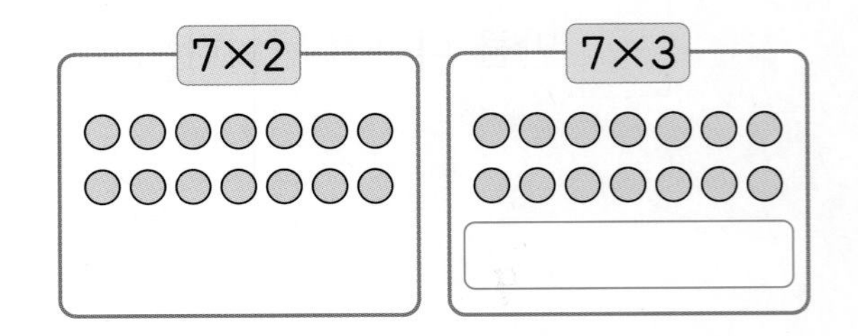

7 × 3은 7 × 2보다 ○를 □개 더 그리면 됩니다.

개념 6 9단 곱셈구구를 알아볼까요

(1) 곱셈식으로 나타내기

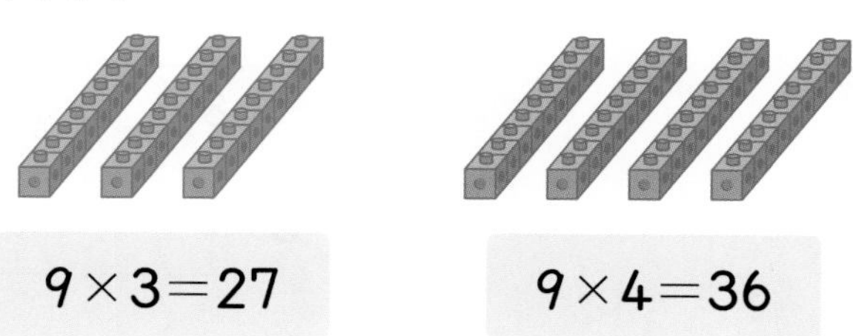

$9 \times 3 = 27$　　$9 \times 4 = 36$

➡ 파란색 연결 큐브는 초록색 연결 큐브보다 1줄 더 많습니다.

➡ 파란색 연결 큐브는 초록색 연결 큐브보다 9개 더 많습니다.

(2) 9단 곱셈구구 알아보기

$9 \times 1 = 9$
$9 \times 2 = 18$
$9 \times 3 = 27$
$9 \times 4 = 36$
$9 \times 5 = 45$
$9 \times 6 = 54$
$9 \times 7 = 63$
$9 \times 8 = 72$
$9 \times 9 = 81$

9×2는 9×1보다 9만큼 더 큽니다.

9×3은 9×2보다 9만큼 더 큽니다.

9×4는 9×3보다 9만큼 더 큽니다.

➡ 9단 곱셈구구에서 곱하는 수가 1씩 커지면 그 곱은 9씩 커집니다.

● 9단 곱셈구구의 규칙

9단 곱셈구구에서 곱하는 수가 1씩 커지면

$9 \times 3 = 27$) +9
$9 \times 4 = 36$) +9
$9 \times 5 = 45$

1씩 커짐　1씩 작아짐

① 그 곱은 9씩 커집니다.
② 곱의 일의 자리 숫자는 1씩 작아집니다.
③ 곱의 십의 자리 숫자는 1씩 커집니다.

241012-0168

09 구슬은 모두 몇 개인지 곱셈식으로 나타내 보세요.

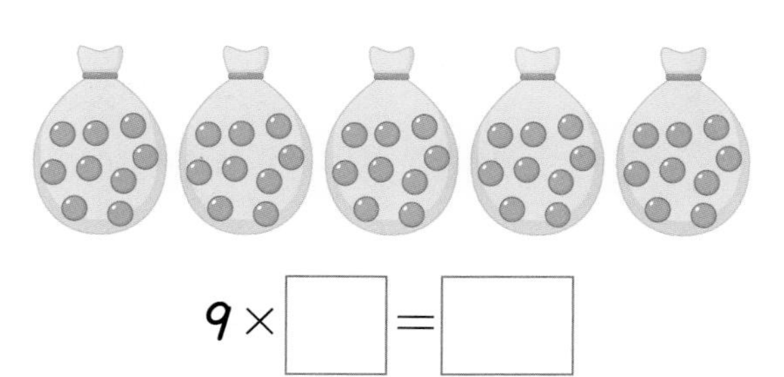

$9 \times \square = \square$

241012-0169

10 9단 곱셈구구를 완성하고 □ 안에 알맞은 수를 써넣으세요.

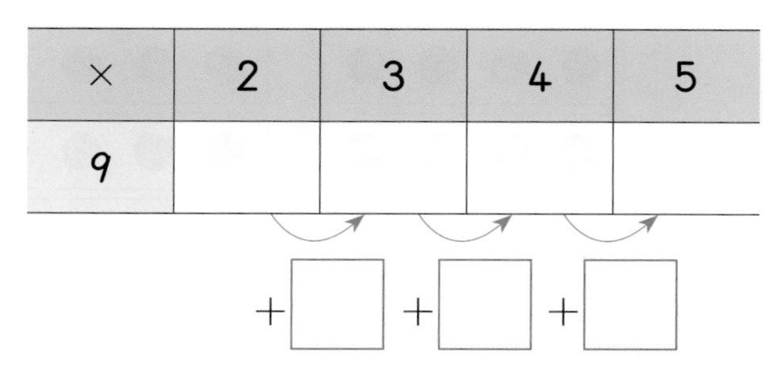

×	2	3	4	5
9				

+□　+□　+□

➡ 9단 곱셈구구에서 곱하는 수가 1씩 커지면 그 곱은 □씩 커집니다.

241012-0170

24 그림을 보고 곱셈식을 만들어 보세요.

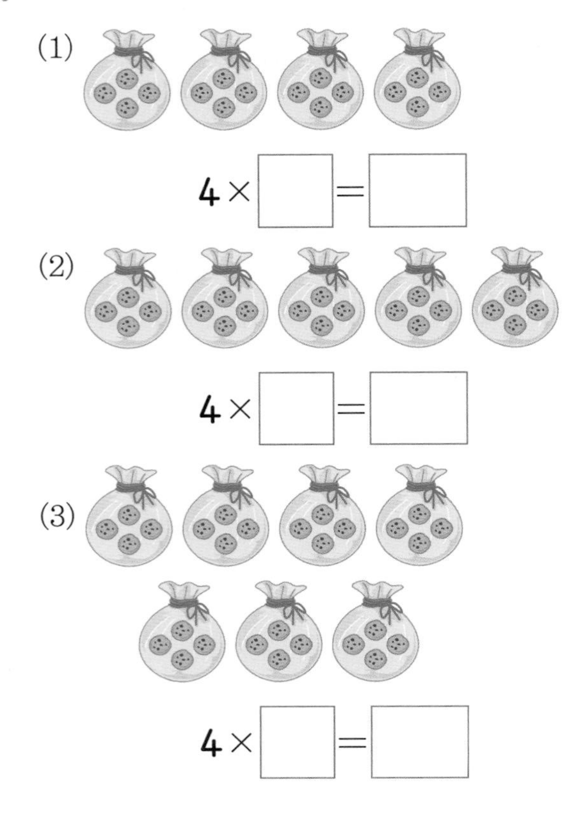

241012-0171

25 곱셈식을 보고 빈 곳에 ○를 그려 보세요.

$4 \times 6 = 24$

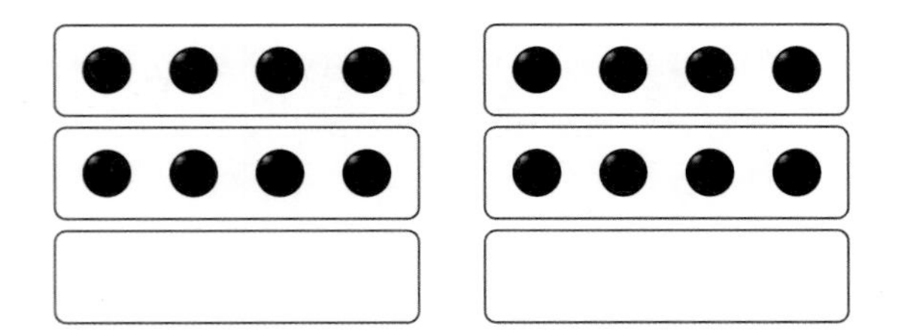

241012-0172

26 접시 한 개에 귤이 4개씩 놓여 있습니다. 접시 8개에 놓여 있는 귤은 모두 몇 개일까요?

(   )

241012-0173

27 중요 □ 안에 알맞은 수를 써넣으세요.

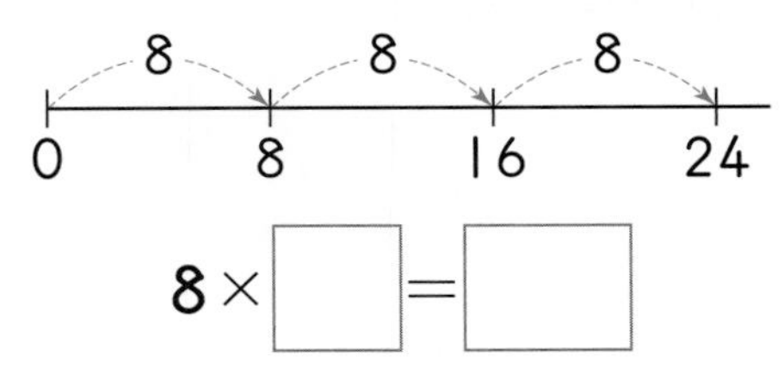

$8 \times \square = \square$

241012-0174

28 바둑돌의 수를 알아보려고 합니다. □ 안에 알맞은 수를 써넣으세요.

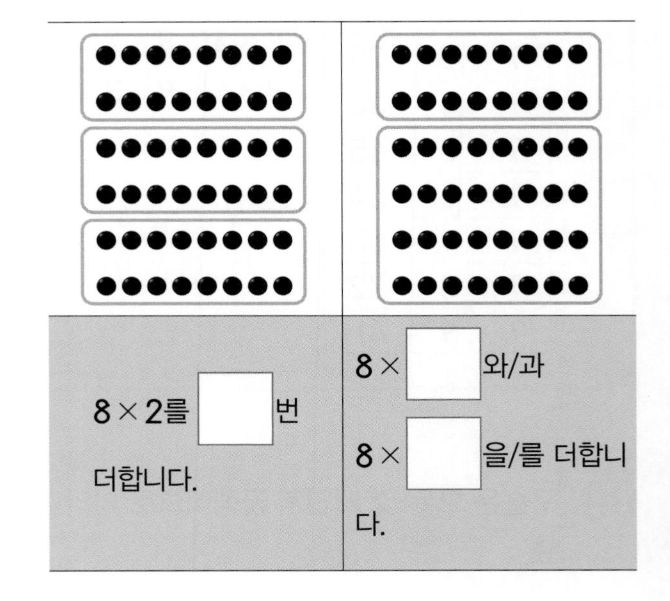

241012-0175

29 8단 곱셈구구의 값에 색칠해 보세요.

12	24	64	18
30	26	48	81
36	72	32	27
10	56	20	7
14	40	16	28

241012-0176

30 보기와 같이 수 카드를 한 번씩만 사용하여 □ 안에 알맞은 수를 써넣으세요.

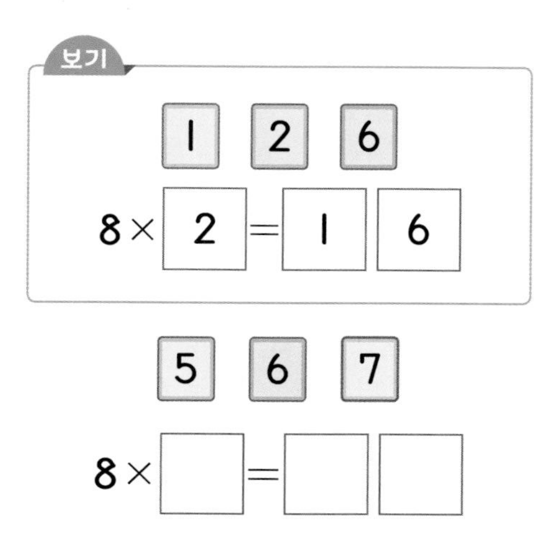

241012-0177

31 쟁반에 있는 과자가 모두 몇 개인지 2가지 곱셈식으로 나타내 보세요.

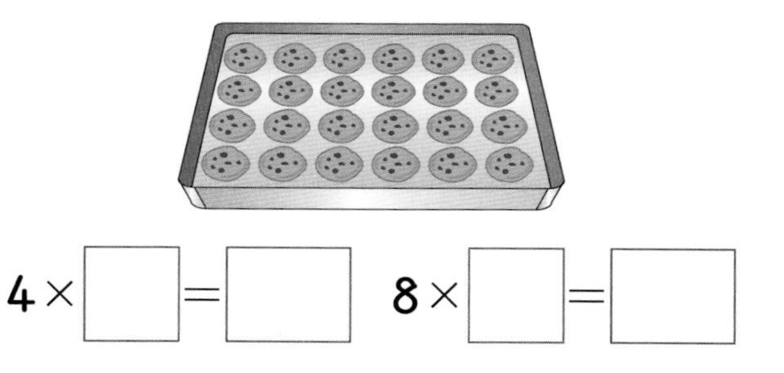

4 × □ = □ 8 × □ = □

241012-0178

32 빈칸에 알맞은 수를 써넣으세요.

중요

(1)

(2)

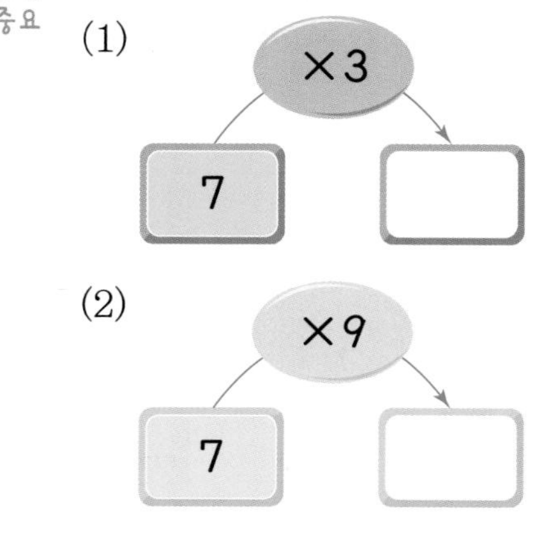

241012-0179

33 7단 곱셈구구의 값을 찾아 이어 보세요.

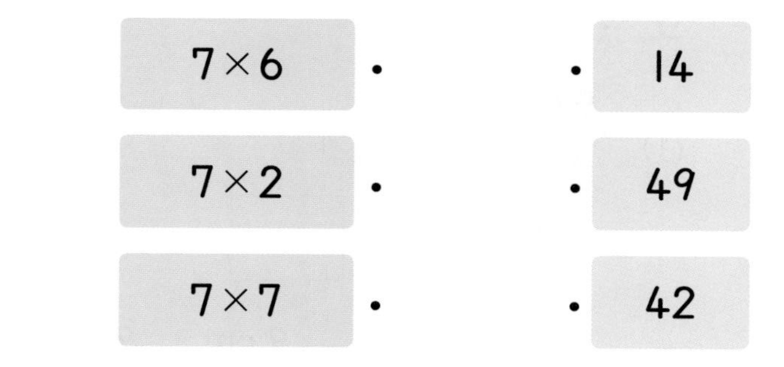

241012-0180

34 색종이는 모두 몇 장인지 알아보려고 합니다. 바른 방법을 말한 사람을 모두 찾아 이름을 써 보세요.

도전

하영: 7을 5번 더해서 구해요.
지연: 5 × 4의 곱으로 구해요.
수희: 7 × 4의 곱에 8을 더해서 구해요.
현우: 7 × 5의 곱으로 구해요.

( )

241012-0181

35 9 × 4를 계산하는 방법을 알아보려고 합니다. □ 안에 알맞은 수를 써넣으세요.

(1) 9 × 2를 □번 더합니다.

(2) 9 × 3에 □를 더합니다.

2 단원

241012-0182

36 9단 곱셈구구로 색 테이프의 길이를 구해 보세요.

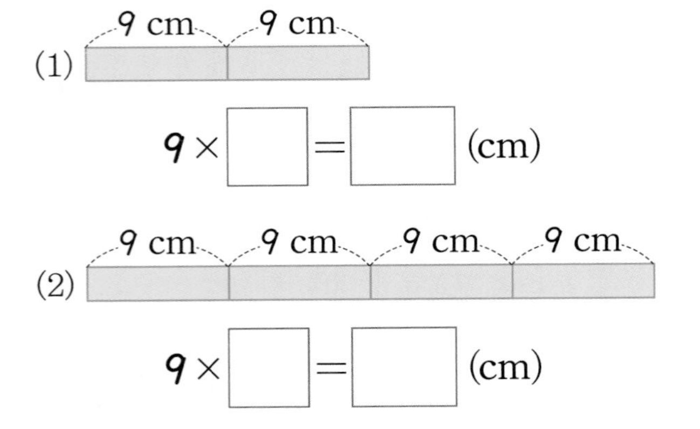

241012-0183

37 4×7보다 곱이 더 큰 것을 모두 찾아 기호를 써 보세요.

㉠ 8×4	㉡ 6×5
㉢ 7×3	㉣ 9×3

(　　　　　　)

241012-0184

38 혜민이의 나이는 9살입니다. 혜민이 어머니의 나이는 혜민이 나이의 4배보다 2살 더 많다고 합니다. 혜민이 어머니는 몇 살일까요?

(　　　　　　)

서로 다른 방법으로 묶어 세기

예 ●가 모두 몇 개인지 여러 가지 곱셈식으로 나타내 보세요.

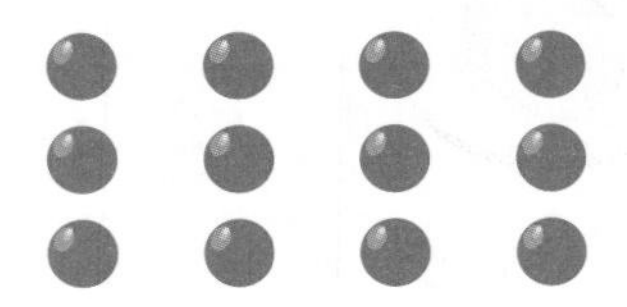

➡ 2개씩 묶으면 6묶음이므로 $2 \times 6 = 12$입니다.
3개씩 묶으면 4묶음이므로 $3 \times 4 = 12$입니다.
4개씩 묶으면 3묶음이므로 $4 \times 3 = 12$입니다.
6개씩 묶으면 2묶음이므로 $6 \times 2 = 12$입니다.

241012-0185

39 ☆이 모두 몇 개인지 여러 가지 곱셈식으로 나타내 보세요.

$3 \times$ □ $=$ □　　$4 \times$ □ $=$ □

$6 \times$ □ $=$ □　　$8 \times$ □ $=$ □

241012-0186

40 ♣이 모두 몇 개인지 여러 가지 곱셈식으로 나타내 보세요.

$2 \times$ □ $=$ □

$4 \times$ □ $=$ □

$8 \times$ □ $=$ □

개념 7 1단 곱셈구구와 0의 곱을 알아볼까요

(1) 1단 곱셈구구 알아보기

•   

➡ 접시 3개에 놓여 있는 참외는 모두 3개입니다.

•    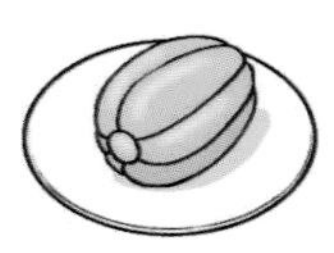

➡ 접시 4개에 놓여 있는 참외는 모두 4개입니다.

•     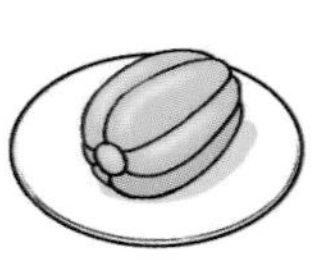

➡ 접시 5개에 놓여 있는 참외는 모두 5개입니다.

•

×	1	2	3	4	5	6	7	8	9
1	1	2	3	4	5	6	7	8	9

➡ 1단 곱셈표에서 곱하는 수와 곱은 서로 같습니다.

1 × (어떤 수) = (어떤 수)

(2) 0의 곱 알아보기

점수판의 수	0	1	2	3	4
맞힌 횟수(번)	4	4	3	1	0
점수	♥	4	6	3	★

• ♥에 알맞은 점수는 0점입니다.

➡ 0과 어떤 수의 곱은 항상 0입니다.

• ★에 알맞은 점수는 0점입니다.

➡ 어떤 수와 0의 곱은 항상 0입니다.

● 1단 곱셈구구의 곱

• 1과 어떤 수의 곱은 항상 어떤 수가 됩니다.

1 × ♥ = ♥

• 어떤 수와 1의 곱은 항상 어떤 수가 됩니다.

♥ × 1 = ♥

● 0의 곱

점수판	점수(점)
0점	0 × 4 = 0
1점	1 × 4 = 4
2점	2 × 3 = 6
3점	3 × 1 = 3
4점	4 × 0 = 0

0 × ■ = 0

▲ × 0 = 0

241012-0187

01 그림을 보고 봉지에 들어 있는 수박은 모두 몇 통인지 곱셈식으로 나타내 보세요.

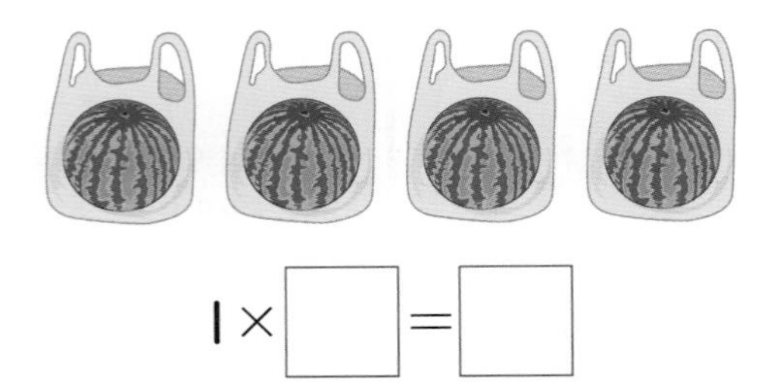

$1 \times \square = \square$

241012-0188

02 빈칸에 알맞은 수를 써넣으세요.

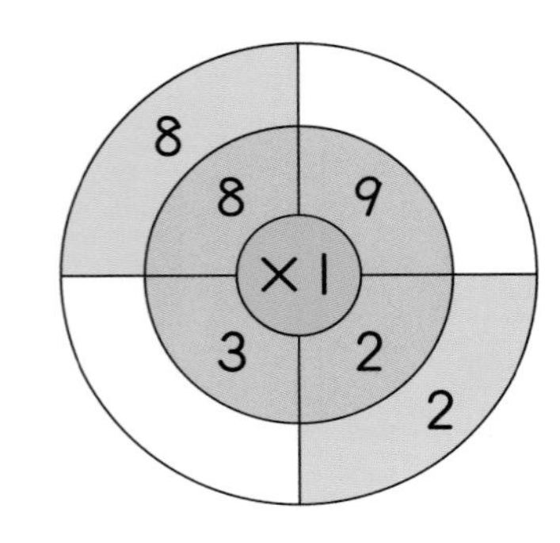

241012-0189

03 □ 안에 공통으로 들어갈 수를 써 보세요.

$2 \times \square = 2$
$\square \times 5 = 5$
$8 \times \square = 8$

(   )

241012-0190

04 빈 어항 5개에 들어 있는 물고기의 수를 곱셈식으로 나타내 보세요.

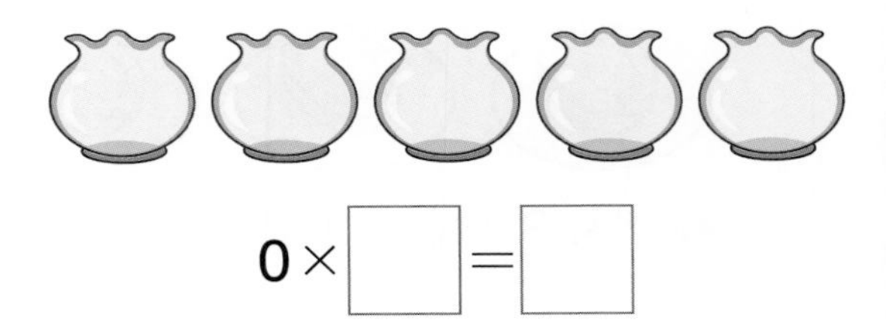

$0 \times \square = \square$

241012-0191

05 원판을 돌려서 멈췄을 때 눈금이 가리키는 수만큼 점수를 얻는 놀이를 하였습니다. 빈칸에 알맞은 곱셈식을 쓰고, 원판을 5번 돌려 얻은 점수를 구해 보세요.

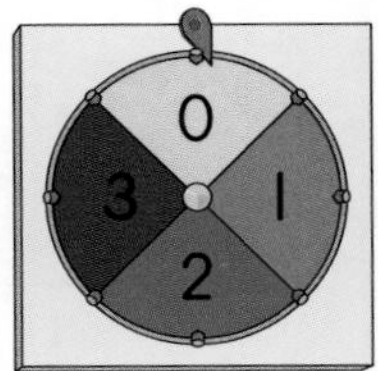

원판의 수	0	1	2	3
나온 횟수(번)	2	2	1	0
점수(점)	$0 \times 2 = 0$			

(   )

241012-0192

06 계산 결과가 나머지와 다른 하나는 어느 것일까요? (   )

① 0×3　② 5×0　③ 4×1
④ 1×0　⑤ 0×7

개념 8 곱셈표를 만들어 볼까요

(1) **곱셈표에서 곱셈구구 살펴보기**

×	1	2	3	4	5	6	7	8	9
1	1	2	3	4	5	6	7	8	9
2	2	4	6	8	10	12	14	16	18
3	3	6	9	12	15	18	21	24	27
4	4	8	12	16	20	24	28	32	36
5	5	10	15	20	25	30	35	40	45
6	6	12	18	24	30	36	42	48	54
7	7	14	21	28	35	42	49	56	63
8	8	16	24	32	40	48	56	64	72
9	9	18	27	36	45	54	63	72	81

3단 곱셈구구에서는 곱이 3씩 커집니다.

- ■단 곱셈구구에서는 곱이 ■씩 커집니다.
- 파란색 점선을 따라 접었을 때 만나는 수는 같습니다.
- 곱이 모두 짝수만으로 이루어진 곱셈구구는 2, 4, 6, 8단입니다.

● **곱셈표에서 규칙 찾기**
- 가로줄과 세로줄의 수는 각각 일정하게 커집니다.
- ■씩 커지는 곱셈구구는 ■단 곱셈구구입니다.

[07~08] 곱셈표를 보고 물음에 답하세요.

×	0	1	2	3	4	5	6	7	8	9
0	0	0	0	0	0	0	0	0	0	0
1	0	1	2	3	4	5	6	7	8	9
2	0	2	4	6	8	10	12	14	16	18
3	0	3	6	9	12	15	18	21	24	27
4	0	4	8	12	16	20	24	28	32	36
5	0	5	10	15	20	25	30	35	40	45
6	0	6	12	18	24	30	36	42	48	54
7	0	7	14	21	28	35	42	49	56	63
8	0	8	16	24	32	40	48	56	64	72
9	0	9	18	27	36	45	54	63	72	81

241012-0193

07 **□ 안에 알맞은 수를 써넣으세요.**

6단 곱셈구구에서는 곱이 □씩 커집니다.

241012-0194

08 **왼쪽 곱셈표에서 3 × 5와 5 × 3을 찾아 색칠하고, 3 × 5와 5 × 3의 곱을 비교해 보세요.**

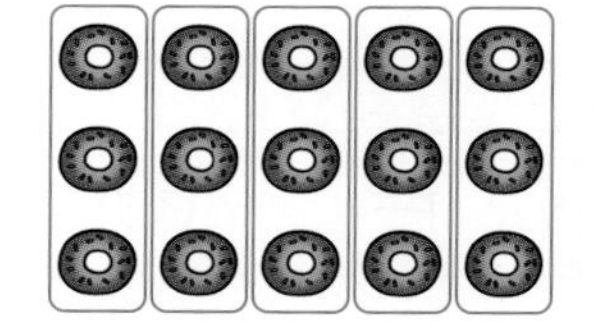

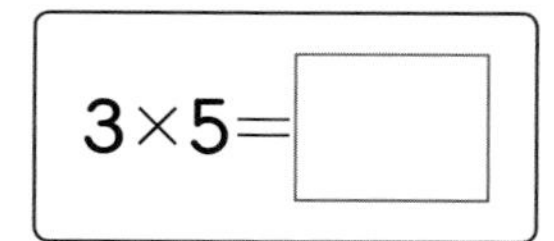
$3\times5=$ □

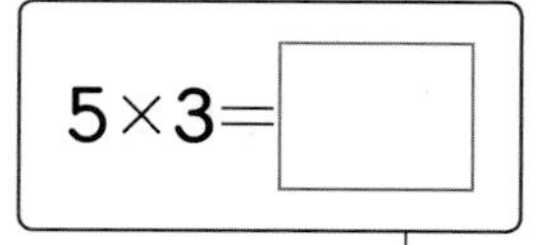
$5\times3=$ □

서로 (같습니다 , 다릅니다).

2 단원

개념 9 곱셈구구를 이용하여 문제를 해결해 볼까요

㉠ 곱셈구구를 이용하여 여러 가지 물건의 개수 세기

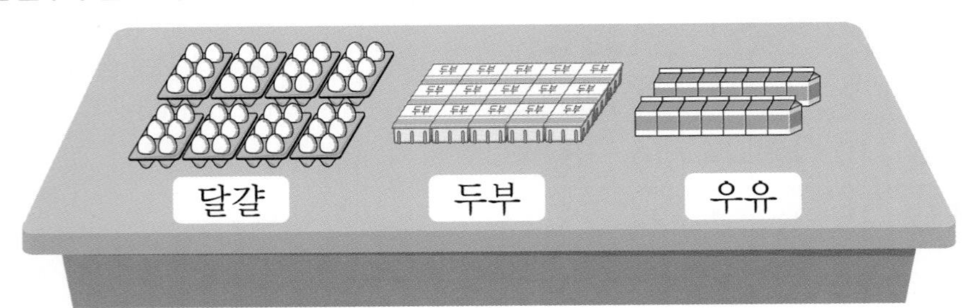

- 달걀이 6개씩 8판이므로 $6 \times 8 = 48$(개)입니다.
- 두부가 5모씩 3줄이므로 $5 \times 3 = 15$(모)입니다.
- 우유가 7갑씩 2줄이므로 $7 \times 2 = 14$(갑)입니다.

● 곱셈구구를 이용한 문제 해결 방법
① 문제에서 구하려고 하는 것이 무엇인지 살펴봅니다.
② 몇 개씩 몇 묶음인지 확인합니다.
③ 알맞은 곱셈식을 세워 답을 구합니다.

241012-0195

09 그림을 보고 □ 안에 알맞은 수를 써넣으세요.

(1) 꽃이 모두 몇 송이인지 곱셈식으로 알아보세요.

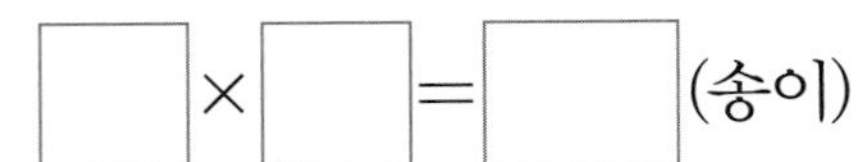

□ × □ = □ (송이)

(2) 책꽂이가 모두 몇 칸인지 곱셈식으로 알아보세요.

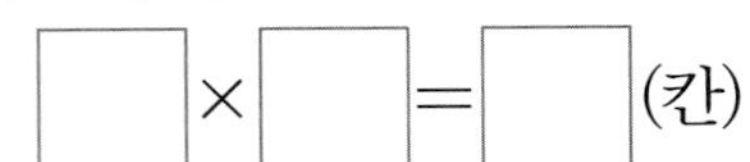

□ × □ = □ (칸)

(3) 책이 모두 몇 권인지 곱셈식으로 알아보세요.

□ × □ = □ (권)

241012-0196

10 영화관에 앉아 있는 사람은 모두 몇 명일까요?

(　　　　　　)

241012-0197

11 색 테이프 한 개의 길이는 7 cm입니다. 색 테이프 5개의 길이는 몇 cm일까요?

7 cm

(　　　　　　)

정답과 풀이 25쪽

241012-0198

41 상자 1개에 야구공이 1개씩 들어 있습니다. 야구공의 수를 구해 보세요.

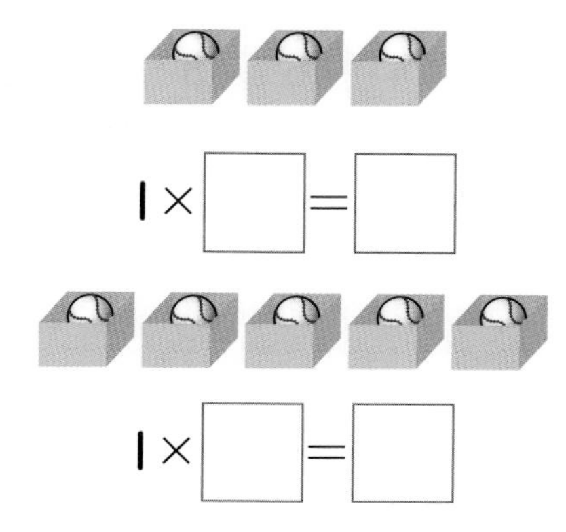

$1 \times \square = \square$

$1 \times \square = \square$

241012-0199

42 사과가 모두 몇 개인지 곱셈식으로 나타내 보세요.

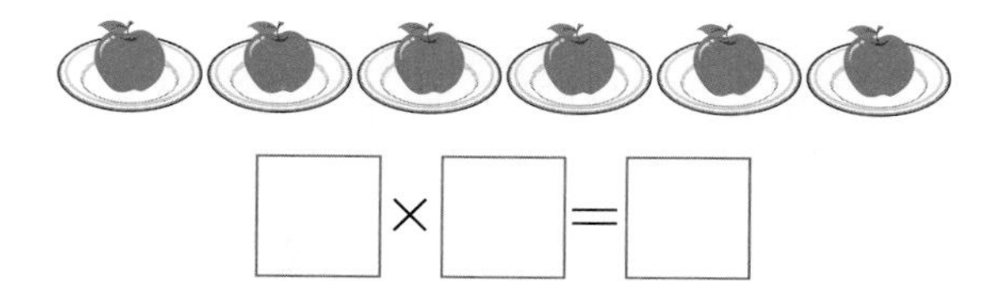

$\square \times \square = \square$

241012-0200

43 □ 안에 알맞은 수를 써넣으세요.

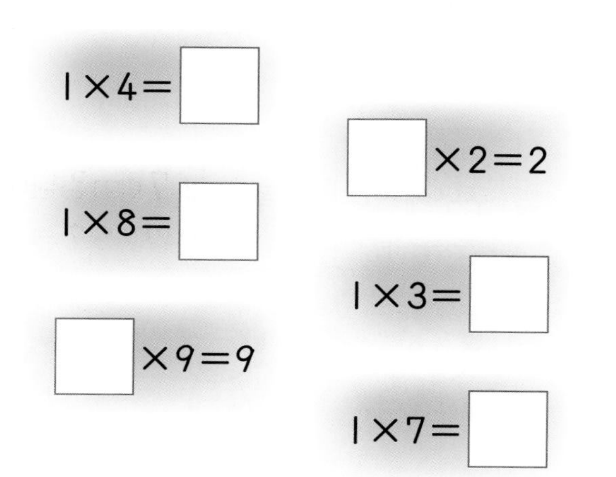

$1 \times 4 = \square$

$\square \times 2 = 2$

$1 \times 8 = \square$

$1 \times 3 = \square$

$\square \times 9 = 9$

$1 \times 7 = \square$

241012-0201

44 □ 안에 공통으로 들어갈 수를 써 보세요.

- 0과 어떤 수의 곱은 항상 □입니다.
- 어떤 수와 0의 곱은 항상 □입니다.

( )

241012-0202

45 공에 적힌 수의 합을 구해 보세요.

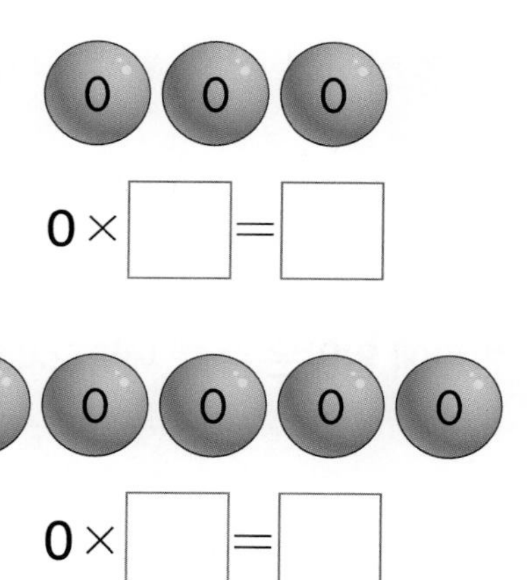

$0 \times \square = \square$

$0 \times \square = \square$

241012-0203

46 중요 곱셈구구의 값을 찾아 이어 보세요.

0×2 •	• 3
3×0 •	• 0
0×5 •	• 2
4×0 •	• 5

2 단원

241012-0204

47 종현이가 과녁에 화살을 5개 쏘아 그림과 같이 맞혔습니다. 물음에 답하세요.

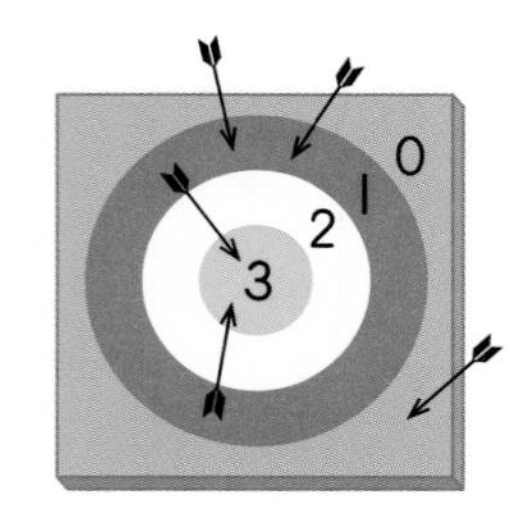

(1) 빈칸에 알맞은 수를 써넣으세요.

과녁의 수	0	1	2	3
맞힌 횟수(번)	1	2	0	2
점수(점)				

(2) 종현이가 얻은 점수는 몇 점일까요?

( )

241012-0205

48 빈칸에 알맞은 수를 써넣으세요.

×	3	4
6		
9		

241012-0206

49 곱셈표에서 ★과 곱이 같은 곱셈구구를 찾아 ♥표 하세요.

중요

×	5	6	7	8	9
5					
6					
7				★	
8					
9					

[50~52] 곱셈표를 보고 물음에 답하세요.

×	2	3	4	5	6
2	4	6	8	10	12
3	6	9	12	15	18
4	8	12	16	20	24
5	10	15	20	25	30
6	12	18	24	30	36

241012-0207

50 2×6과 곱이 같은 곱셈구구를 모두 찾아 써 보세요.

( )

241012-0208

51 위의 곱셈표를 보고 잘못 설명한 것을 찾아 기호를 써 보세요.

㉠ 4단 곱셈구구에서는 곱이 4씩 커집니다.
㉡ 5단 곱셈구구의 곱은 모두 홀수입니다.
㉢ 5×6의 곱과 6×5의 곱은 같습니다.

( )

241012-0209

52 친구들이 설명하고 있는 수를 곱셈표에서 찾아 써 보세요.

3단 곱셈구구에 있는 수야.

6단 곱셈구구에도 있어.

4×4의 곱보다 큰 수야.

( )

정답과 풀이 25쪽

241012-0210

53 4단 곱셈구구의 값을 모두 찾아 이어 보세요.

241012-0211

54 요구르트가 한 묶음에 5개씩 포장되어 있습니다. 요구르트 4묶음은 모두 몇 개일까요?

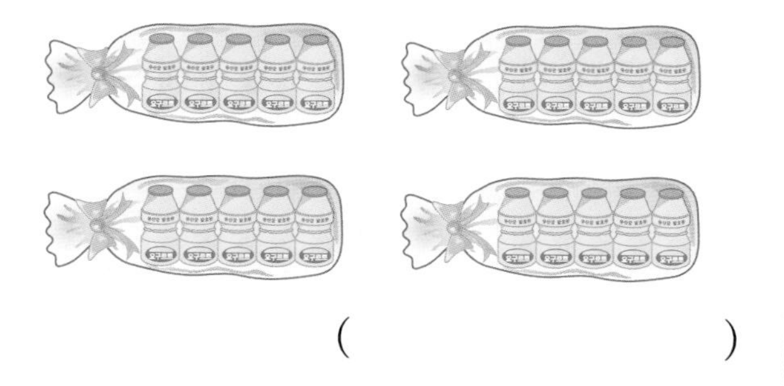

(　　　　　　　　)

241012-0212

55 과일 가게에서 유민이가 귤을 7개씩 7묶음 샀더니 3개를 덤으로 더 주셨습니다. 유민이가 가지고 있는 귤은 모두 몇 개일까요?

(　　　　　　　　)

241012-0213

56 도전 주사위를 던져 눈의 수의 합만큼 점수를 얻는 놀이를 하였습니다. 다음과 같이 눈이 나왔을 때, 얻은 점수를 구해 보세요.

주사위 눈	⚀	⚂	⚄
나온 횟수	3번	4번	2번

(　　　　　　　　)

곱셈구구 활용하기

예 두발자전거의 바퀴는 2개이고 세발자전거의 바퀴는 3개입니다. 두발자전거가 3대, 세발자전거가 5대 있다면 바퀴는 모두 몇 개일까요?

➡ 두발자전거의 바퀴 수는 $2 \times 3 = 6$(개), 세발자전거의 바퀴 수는 $3 \times 5 = 15$(개)입니다.
따라서 바퀴는 모두 $6 + 15 = 21$(개)입니다.

241012-0214

57 빨간색 구슬이 5개씩 들어 있는 주머니가 3개, 초록색 구슬이 3개씩 들어 있는 주머니가 4개 있습니다. 구슬은 모두 몇 개일까요?

(　　　　　　　　)

241012-0215

58 검은 바둑돌이 2개씩 7통, 흰 바둑돌이 5개씩 4통 있습니다. 바둑돌은 모두 몇 개일까요?

(　　　　　　　　)

241012-0216

59 운동장에 서 있는 학생은 모두 몇 명인지 구해 보세요.

- 여학생은 8명씩 5줄로 서 있습니다.
- 남학생은 6명씩 7줄로 서 있고 1명이 더 있습니다.

(　　　　　　　　)

대표응용 1

어떤 수 구하기

어떤 수에 4를 곱한 수는 어떤 수에 5를 곱한 수보다 8만큼 더 작습니다.
어떤 수를 구해 보세요.

문제 스케치

(어떤 수)×4

+8

(어떤 수)×5

해결하기

어떤 수에 곱하는 수가 4에서 5로 1 커질 때 곱은 □만큼 더 커졌으므로 □단 곱셈구구입니다.

따라서 어떤 수는 □입니다.

241012-0217

1-1 어떤 수에 6을 곱한 수는 어떤 수에 7을 곱한 수보다 6만큼 더 작습니다. 어떤 수를 구해 보세요.

( )

241012-0218

1-2 어떤 수에 9를 곱한 수는 어떤 수에 6을 곱한 수보다 12만큼 더 큽니다. 어떤 수를 구해 보세요.

( )

정답과 풀이 26쪽

대표 응용 2

곱의 크기를 비교하기

병수네 반 학생은 긴 의자 한 개에 7명씩 4개의 의자에 앉았고, 아라네 반 학생은 긴 의자 한 개에 5명씩 5개의 의자에 앉았습니다. 어느 반 학생이 몇 명 더 많은지 구해 보세요.

문제 스케치

병수네 반　　아라네 반

해결하기

병수네 반의 학생 수는 $7 \times 4 =$ □(명)입니다.

아라네 반의 학생 수는 $5 \times 5 =$ □(명)입니다.

따라서 □네 반의 학생 수가 □명 더 많습니다.

241012-0219

2-1 수지는 빨간색 색종이를 한 봉지에 8장씩 7봉지 가지고 있고, 파란색 색종이를 한 봉지에 6장씩 9봉지 가지고 있습니다. 수지는 무슨 색 색종이를 몇 장 더 많이 가지고 있는지 구해 보세요.

(　　　　　　), (　　　　　　)

241012-0220

2-2 공깃돌이 42개 들어 있는 노란색 주머니에서 공깃돌을 4개씩 8번 꺼냈고, 공깃돌이 48개 들어 있는 초록색 주머니에서 공깃돌을 6개씩 7번 꺼냈습니다. 공깃돌은 무슨 색 주머니에 몇 개 더 많이 남았는지 구해 보세요.

(　　　　　　), (　　　　　　)

대표 응용 3 조건에 알맞은 수 구하기

다음 조건을 모두 만족하는 수를 구해 보세요.

> ㉠ 6단 곱셈구구의 값입니다.
> ㉡ 8×4보다 작습니다.
> ㉢ 27보다 큽니다.

문제 스케치

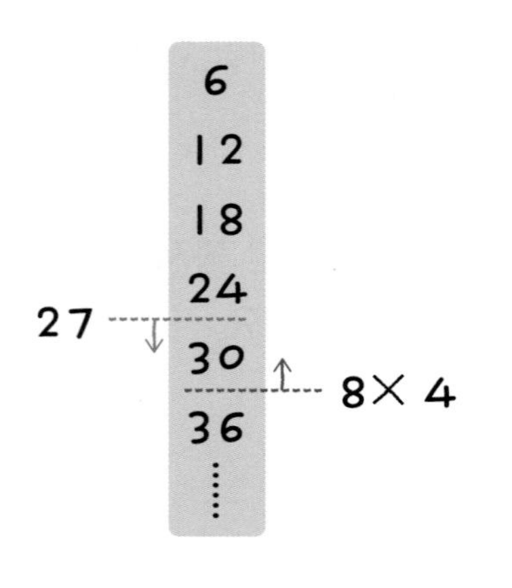

해결하기

㉠ 6단 곱셈구구의 값은 6, 12, ☐, 24, ☐, ☐, 42, 48, 54입니다.

㉡ $8 \times 4 =$ ☐ 이므로 이 수보다 작은 6단 곱셈구구의 값은 ☐, ☐, ☐, ☐, ☐ 입니다.

㉢ 27보다 크고 32보다 작은 6단 곱셈구구의 값은 ☐ 입니다.

241012-0221

3-1 다음 조건을 모두 만족하는 수를 구해 보세요.

> ㉠ 7단 곱셈구구의 값입니다.
> ㉡ 6×4보다 큽니다.
> ㉢ 33보다 작습니다.

( )

241012-0222

3-2 다음 조건을 모두 만족하는 수를 구해 보세요.

> ㉠ 8단 곱셈구구의 값입니다.
> ㉡ 7×7보다 작습니다.
> ㉢ 5×9보다 큽니다.

( )

대표 응용 4

예상하고 확인하기

예지네 농장에서는 소와 닭을 합하여 8마리 키우고 있습니다. 소와 닭의 다리 수가 모두 20개일 때 농장에 있는 닭은 몇 마리인지 구해 보세요.

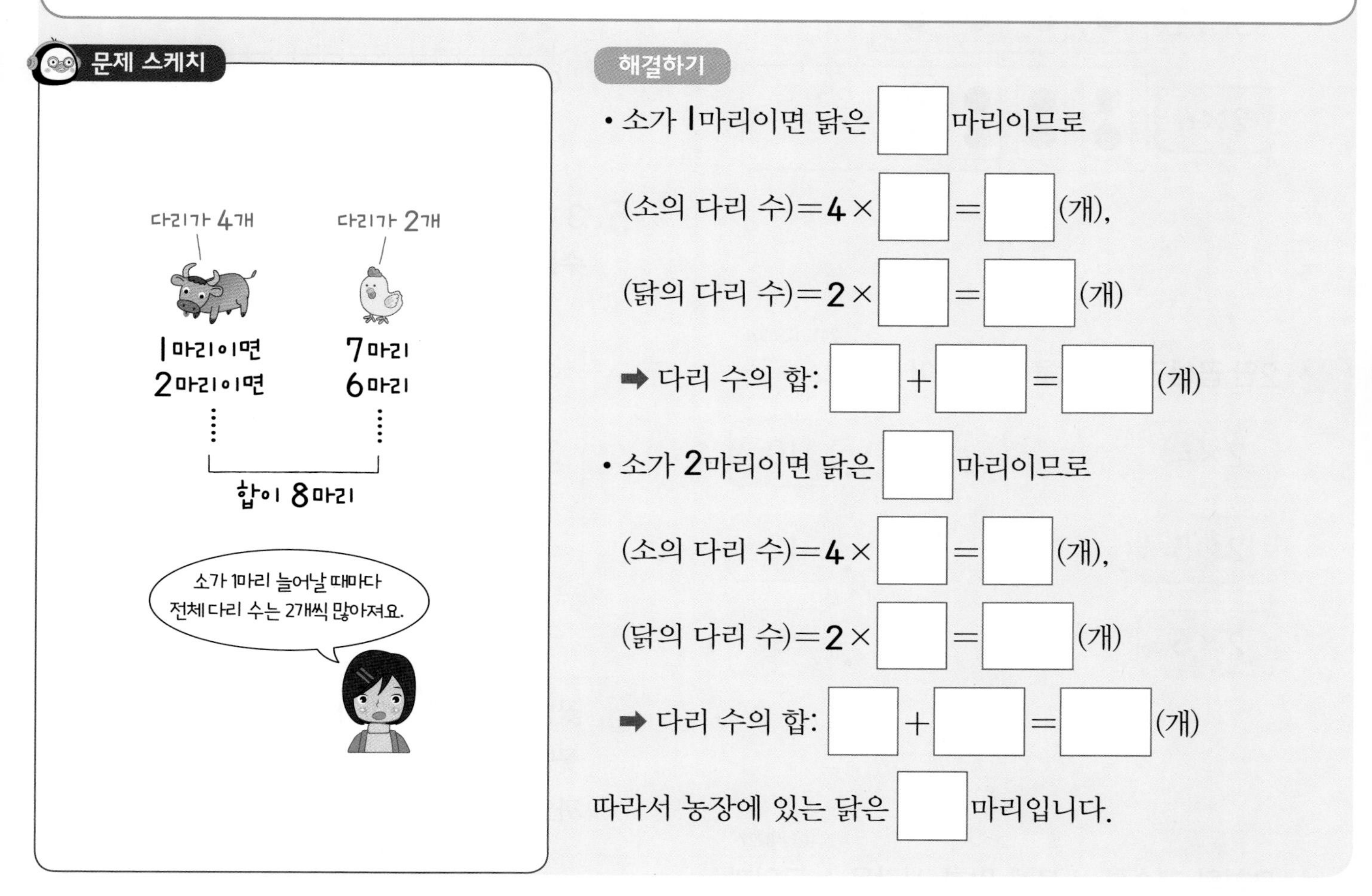

해결하기

- 소가 1마리이면 닭은 □마리이므로

  (소의 다리 수)=4×□=□(개),

  (닭의 다리 수)=2×□=□(개)

  ➡ 다리 수의 합: □+□=□(개)

- 소가 2마리이면 닭은 □마리이므로

  (소의 다리 수)=4×□=□(개),

  (닭의 다리 수)=2×□=□(개)

  ➡ 다리 수의 합: □+□=□(개)

따라서 농장에 있는 닭은 □마리입니다.

241012-0223

4-1 경수네 농장에서는 양과 오리를 합하여 8마리 키우고 있습니다. 양과 오리의 다리 수가 모두 24개일 때 농장에 있는 양은 몇 마리인지 구해 보세요.

(　　　　　　　　)

241012-0224

4-2 은정이네 집에서는 강아지와 병아리를 합하여 7마리 키우고 있습니다. 강아지와 병아리의 다리 수가 모두 24개일 때 강아지는 병아리보다 몇 마리 더 많은지 구해 보세요.

(　　　　　　　　)

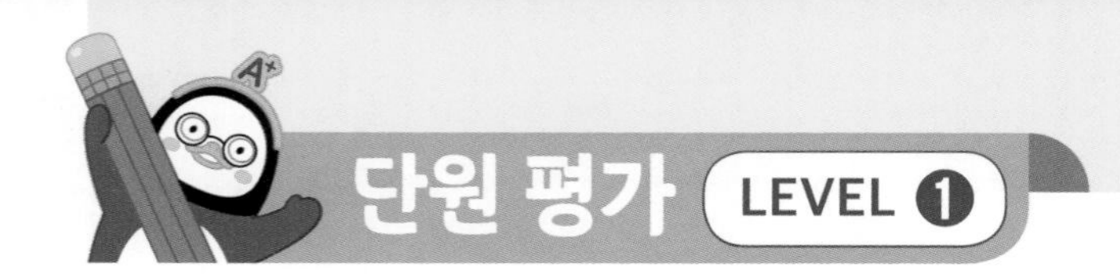

241012-0225

01 2×6은 2×4보다 얼마다 더 큰지 ○를 그려서 나타내 보세요.

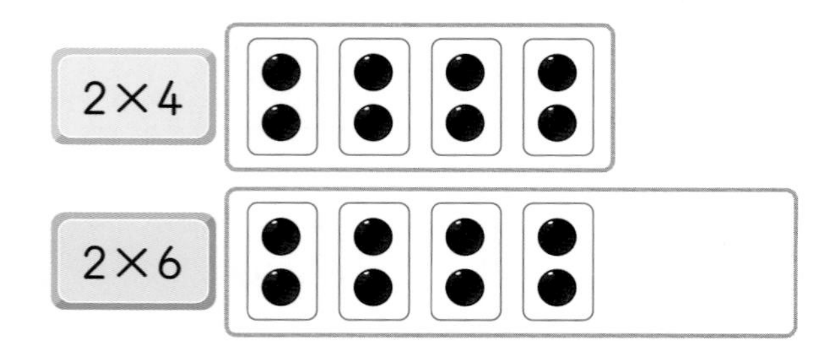

241012-0226

02 2단 곱셈구구의 값을 찾아 이어 보세요.

2×4 •	• 10
2×5 •	• 12
2×6 •	• 8

241012-0227

03 모형의 개수를 바르게 말한 사람은 누구일까요?

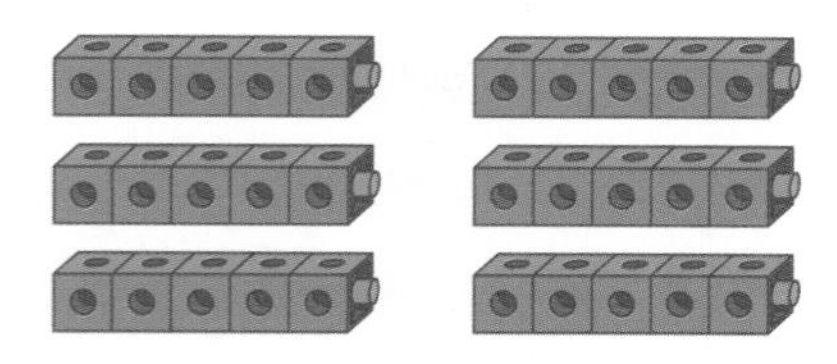

수민: 5×4에 5를 더해서 구할 수 있어.
재현: 5를 7번 더해서 구할 수 있어.
희주: 5×6으로 구할 수 있어.

( )

241012-0228

04 곱셈식을 수직선에 나타내고 □ 안에 알맞은 수를 써넣으세요.
중요

$5 \times 3 = \square$

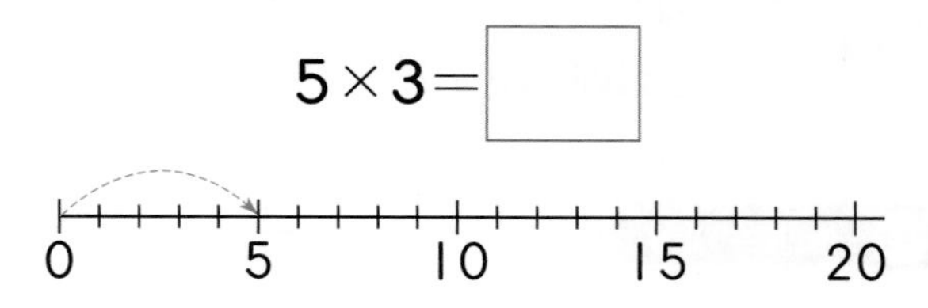

241012-0229

05 3×5를 계산하는 방법입니다. □ 안에 알맞은 수를 써넣으세요.

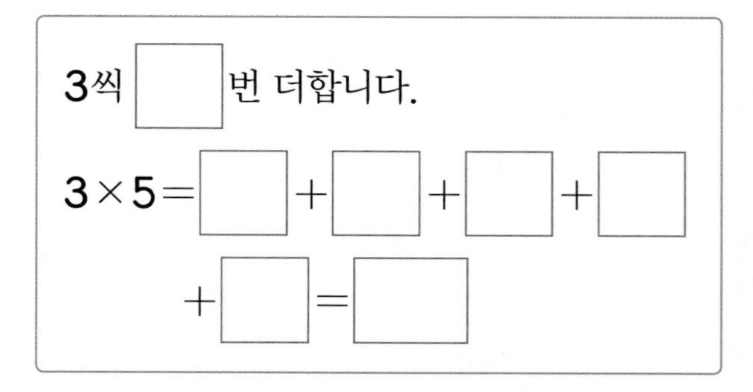

241012-0230

06 꽃병 한 개에 장미가 3송이씩 꽂혀 있습니다. 꽃병 6개에 꽂혀 있는 장미는 모두 몇 송이일까요?

( )

241012-0231

07 곱이 더 큰 쪽에 ○표 하세요.

6×2	3×5
( )	( )

241012-0232

08 빈칸에 알맞은 수를 써넣으세요.

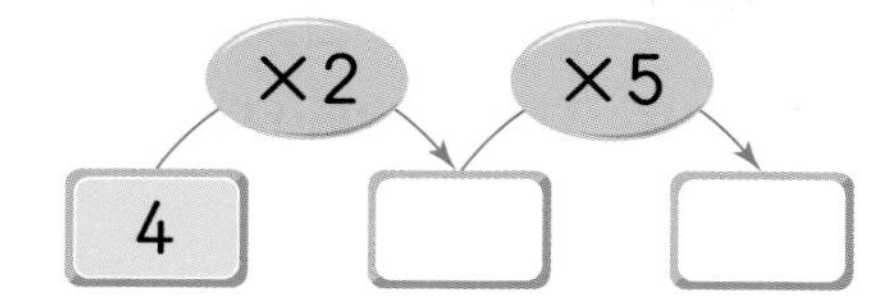

241012-0233

09 사탕이 모두 몇 개인지 여러 가지 곱셈식으로 나타내 보세요.

중요

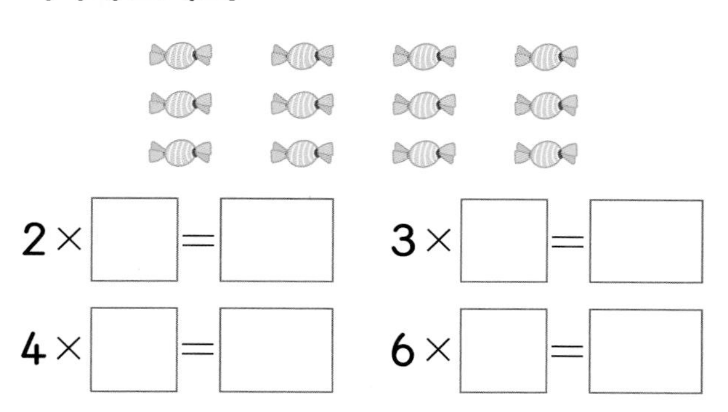

2×□=□　3×□=□

4×□=□　6×□=□

241012-0234

10 그림을 보고 □ 안에 알맞은 수를 써넣으세요.

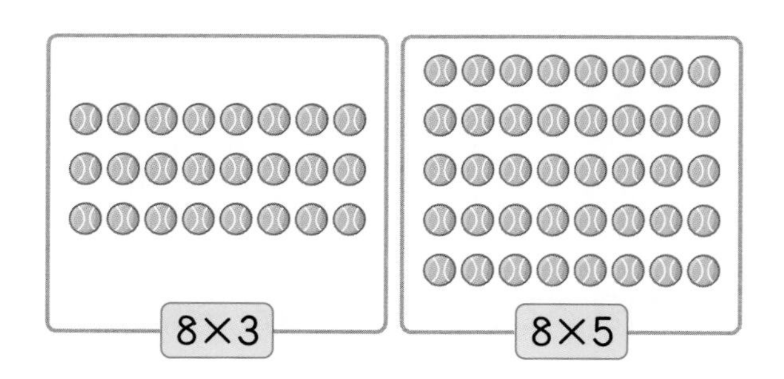

8×5는 8×3보다 □만큼 더 크므로 □입니다.

241012-0235

11 접시 6개에 담겨 있는 사탕은 모두 몇 개인지 곱셈식으로 나타내 보세요.

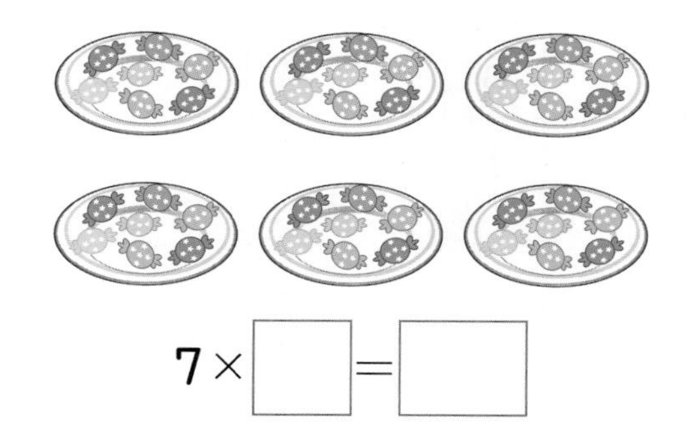

7×□=□

241012-0236

12 □ 안에 들어갈 수 있는 수에 모두 ○표 하세요.

9×□>54

(5, 6, 7, 8, 9)

241012-0237

13 어떤 수에 4를 곱해야 할 것을 잘못해서 6을 곱했더니 54가 되었습니다. 바르게 계산하면 얼마인지 구해 보세요.

서술형

풀이

(1) (어떤 수)×6=54에서
( )×6=54이므로 어떤 수는
( )입니다.

(2) 따라서 바르게 계산하면
( )×4=( )입니다.

답 ______

2 단원

241012-0238

14 빈칸에 알맞은 수를 써넣으세요.

×	1	3	5	7	9
0					
1					

241012-0239

15 도전 주사위를 12번 굴려서 다음과 같이 나왔습니다. 나온 주사위 눈의 수의 전체 합을 구해 보세요.

주사위의 눈	⚀	⚁	⚂	⚃	⚄	⚅
나온 횟수(번)	4	2	0	1	2	3

( )

[16~17] 곱셈표를 보고 물음에 답하세요.

×	5	6	7	8	9
5					(가)
6			♥	(나)	
7			(다)		

241012-0240

16 (가), (나), (다) 중 가장 큰 수는 어느 것일까요?

( )

241012-0241

17 ♥에 알맞은 수와 곱이 같은 칸에 색칠해 보세요.

241012-0242

18 서술형 성냥개비로 그림과 같은 사각형 모양을 4개, 삼각형 모양을 8개 만들려고 합니다. 필요한 성냥개비는 모두 몇 개인지 구해 보세요.

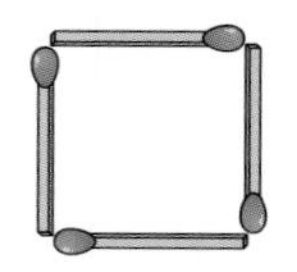

풀이

(1) 사각형 4개를 만드는 데 필요한 성냥개비는 $4\times($ $)=($ $)$(개)입니다.

(2) 삼각형 8개를 만드는 데 필요한 성냥개비는 $($ $)\times 8=($ $)$(개)입니다.

(3) 따라서 필요한 성냥개비는 모두 $($ $)+($ $)=($ $)$(개)입니다.

답 ______

241012-0243

19 ■와 ▲에 알맞은 수의 합을 구해 보세요.

5×■=35
▲×3=27

( )

241012-0244

20 다음 조건을 모두 만족하는 수를 구해 보세요.

- 5단 곱셈구구의 값입니다.
- 6×5보다 큽니다.
- 39보다 작습니다.

( )

241012-0245

01 안경 한 개에는 유리알이 2개 있습니다. 안경의 유리알 수를 구하는 곱셈구구를 찾아 ○표 하세요.

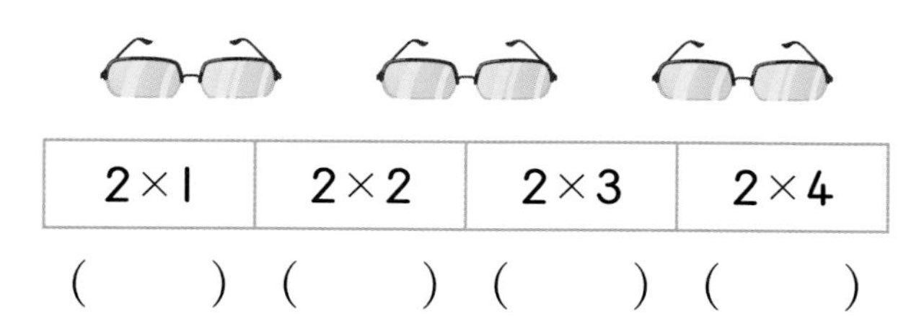

2×1	2×2	2×3	2×4
(　　)	(　　)	(　　)	(　　)

241012-0246

02 사과가 한 봉지에 2개씩 들어 있습니다. 6봉지에 들어 있는 사과는 모두 몇 개일까요?

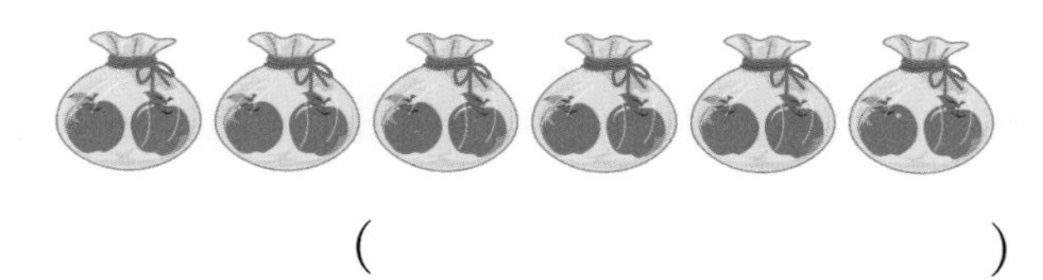

(　　　　　　　　)

241012-0247

03 사탕이 모두 몇 개인지 곱셈식으로 나타내려고 합니다. □ 안에 알맞은 수를 써넣으세요.

(1)

5×□=□

(2)

5×□=□

241012-0248

04 중요 빈칸에 알맞은 수를 써넣어 표를 완성하고 □ 안에 알맞은 수를 써넣으세요.

×	5	6	7	8	9
5					

➡ 5단 곱셈구구에서 곱하는 수가 1씩 커지면 곱은 □씩 커집니다.

241012-0249

05 □ 안에 알맞은 수를 써넣으세요.

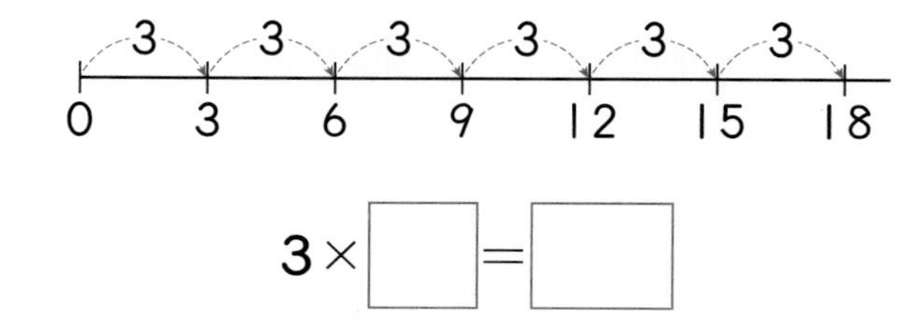

3×□=□

241012-0250

06 빈칸에 알맞은 수를 써넣으세요.

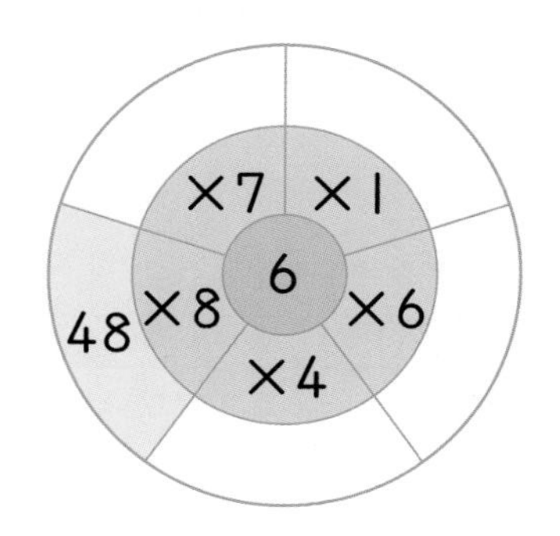

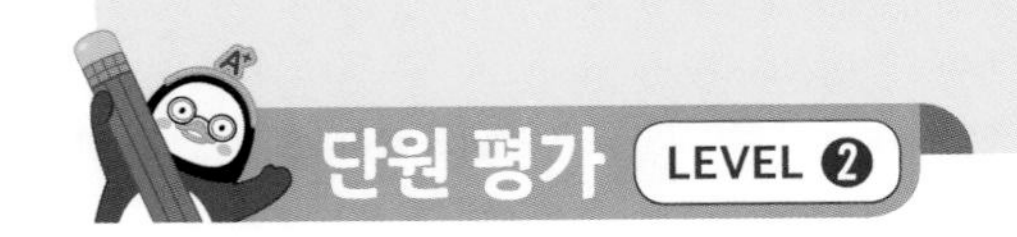

241012-0251

07 서술형 강당에 1인용 의자가 6개씩 8줄 있습니다. 50명의 학생이 모두 앉으려면 의자는 몇 개 더 필요한지 구해 보세요.

풀이

(1) 의자는 6개씩 8줄이므로 모두
$6\times($ $)=($ $)$(개) 있습니다.

(2) 50명의 학생이 앉아야 하므로
$50-($ $)=($ $)$에서 의자는
( )개 더 필요합니다.

답 ____________

241012-0252

08 빈칸에 알맞은 수를 써넣으세요.

×	3	4	5	6
4	12			

241012-0253

09 길이가 8 cm인 색 테이프 7개를 겹치지 않게 이어 붙였습니다. 이어 붙인 색 테이프의 길이는 몇 cm인지 □ 안에 알맞은 수를 써넣으세요.

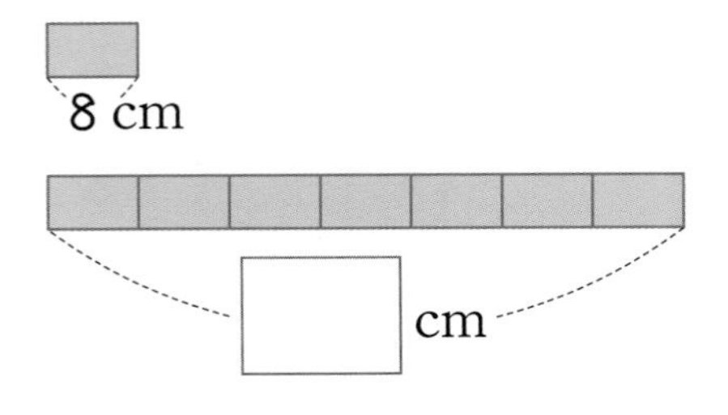

241012-0254

10 □ 안에 들어갈 수 있는 수는 모두 몇 개인지 구해 보세요.

$$8\times3<\square<5\times6$$

( )

241012-0255

11 7단 곱셈구구의 값을 모두 찾아 색칠해 보세요.

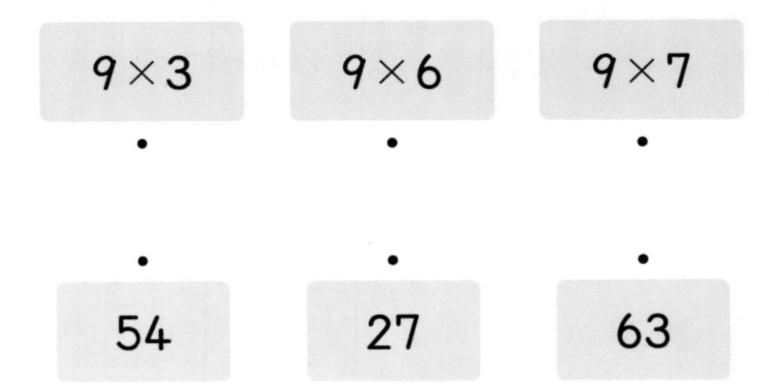

21	28	27	12	35
42	51	30	7	15
8	62	63	22	56
49	44	14	34	10

241012-0256

12 9단 곱셈구구의 값을 찾아 이어 보세요.

9×3 9×6 9×7

54 27 63

241012-0257

13 중요 클립이 모두 몇 개인지 알아보려고 합니다. 두 가지 곱셈식으로 나타내 보세요.

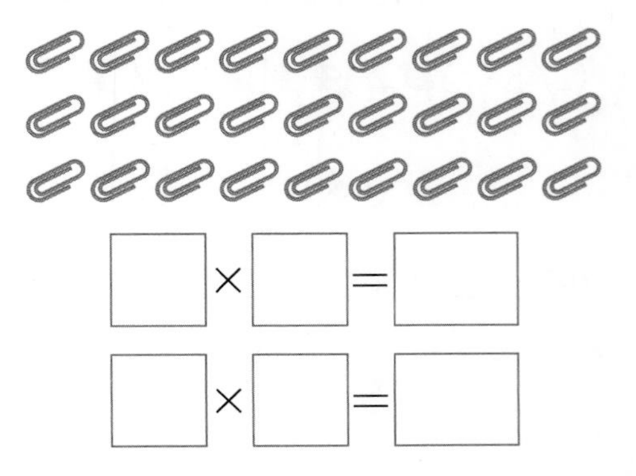

□ × □ = □

□ × □ = □

241012-0258

14 공을 꺼내어 공에 적힌 수만큼 점수를 얻는 놀이에서 (0)을 5개, (1)을 3개, (2)를 6개 꺼냈습니다. 얻은 점수는 모두 몇 점일까요?

(　　　　　　　　)

241012-0259

15 □ 안에 알맞은 수가 가장 큰 것은 어느 것일까요? (　　　　)

① □×2=14　　② 5×□=30
③ □×5=40　　④ 7×□=42
⑤ □×9=9

[16~17] 곱셈표를 보고 물음에 답하세요.

×	3	4	5	6	7	8	9
3		12	15		21		27
4	12				28	32	
5	15		25				45
6		24		36			
7			35			56	
8	24			48		64	

241012-0260

16 곱셈표를 완성해 보세요.

241012-0261

17 곱셈표에서 곱이 24인 곱셈구구를 써 보세요.

(1) 3단 ➡ 3×□=24

(2) 4단 ➡ 4×□=24

(3) 다른 단에서 곱이 24인 곱셈구구를 모두 찾아 써 보세요.

(　　　　　　　　)

241012-0262

18 서술형

사탕이 3개씩 8봉지, 초콜릿이 7개씩 2봉지 있습니다. 사탕과 초콜릿은 모두 몇 개일까요?

풀이

(1) 사탕은 3개씩 (　　)봉지이므로
3×(　　)=(　　)(개)입니다.

(2) 초콜릿은 (　　)개씩 2봉지이므로
(　　)×2=(　　)(개)입니다.

(3) 따라서 사탕과 초콜릿은 모두
(　　)+(　　)=(　　)(개)입니다.

답 ____________

241012-0263

19 어떤 수에 3을 곱한 후 2를 더해야 할 것을 잘못하여 어떤 수에 2를 곱한 후 3을 더하였더니 15가 되었습니다. 바르게 계산하면 얼마일까요?

(　　　　　　　　)

241012-0264

20 도전

사랑이네 농장에서는 소와 닭을 합하여 6마리 키우고 있습니다. 소와 닭의 다리 수가 모두 16개일 때 농장에 있는 닭은 몇 마리일까요?

(　　　　　　　　)

2 단원

3 길이 재기

단원 학습 목표

1. 1 m를 이해하고 m와 cm의 관계를 알 수 있습니다.
2. 자로 길이를 재어 '몇 m 몇 cm'로 나타낼 수 있습니다.
3. '몇 m 몇 cm'로 나타낸 길이의 합과 차를 구할 수 있습니다.
4. 1 m가 어느 정도 되는지 알고 여러 가지 물건의 길이를 어림할 수 있습니다.
5. 몸의 일부를 이용하여 물건의 길이를 어림할 수 있습니다.
6. 길이를 어림하는 다양한 방법을 알 수 있습니다.

단원 진도 체크

학습일			학습 내용	진도 체크
1일째	월	일	개념 1 cm보다 더 큰 단위를 알아볼까요 개념 2 자로 길이를 재어 볼까요 개념 3 길이의 합을 구해 볼까요 개념 4 길이의 차를 구해 볼까요 개념 5 길이를 어림해 볼까요(1) 개념 6 길이를 어림해 볼까요(2)	✓
2일째	월	일	교과서 넘어 보기 + 교과서 속 응용 문제	✓
3일째	월	일	응용 1 필요한 리본의 길이 구하기 응용 2 어느 길이 얼마나 더 먼지 구하기	✓
4일째	월	일	응용 3 두 막대의 길이 구하기 응용 4 어림하여 거리 구하기	✓
5일째	월	일	단원 평가 LEVEL ❶	✓
6일째	월	일	단원 평가 LEVEL ❷	✓

이 단원을 진도 체크에 맞춰 6일 동안 학습해 보세요.
해당 부분을 공부하고 나서 ✓표를 하세요.

오늘은 아람이와 친구들이 교실과 학교에 있는 물건의 길이를 재어 보려고 해요. 줄자로도 재어 보고 몸의 일부를 이용하기도 할 거예요.

교실 긴 쪽의 길이는 얼마나 될까요? 교실 문의 높이와 책꽂이의 길이는 얼마일까요?

창밖으로 보이는 축구 골대의 긴 쪽의 길이는 얼마일까요? 또 학교 건물의 높이는 얼마일까요?

이번 3단원에서는 길이 재기에 대해 배울 거예요.

개념 1 cm보다 더 큰 단위를 알아볼까요

(1) 1 m 알아보기

100 cm는 1 m와 같습니다. 1 m는 1 미터라고 읽습니다.

100 cm=1 m

(2) 몇 m 몇 cm 알아보기

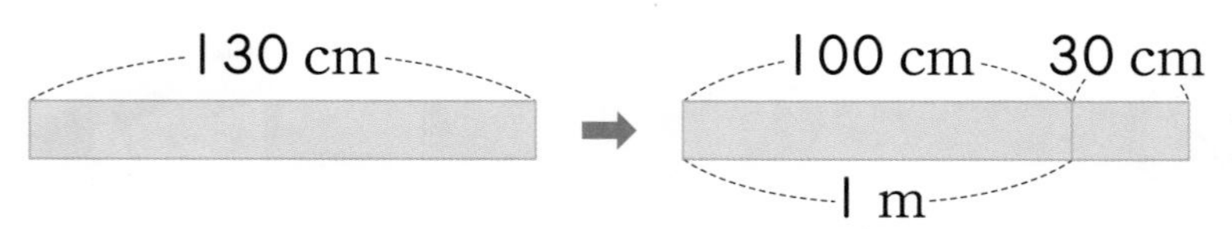

130 cm는 1 m보다 30 cm 더 깁니다.
130 cm를 1 m 30 cm라고도 씁니다.
1 m 30 cm를 1 미터 30 센티미터라고 읽습니다.

130 cm=1 m 30 cm

● 1 m 쓰기

● 130 cm를 m와 cm로 나타내기

130 cm=100 cm+30 cm
=1 m+30 cm
=1 m 30 cm

241012-0265

01 □ 안에 알맞은 수를 써넣으세요.

100 cm는 □ m와 같습니다.

241012-0266

02 길이를 바르게 써 보세요.

(1) 1 m

(2) 3 m

241012-0267

03 관계있는 것끼리 이어 보세요.

240 cm •	• 2 m 4 cm
204 cm •	• 4 m 20 cm
420 cm •	• 2 m 40 cm

241012-0268

04 색 테이프의 길이는 120 cm입니다. □ 안에 알맞은 수를 써넣으세요.

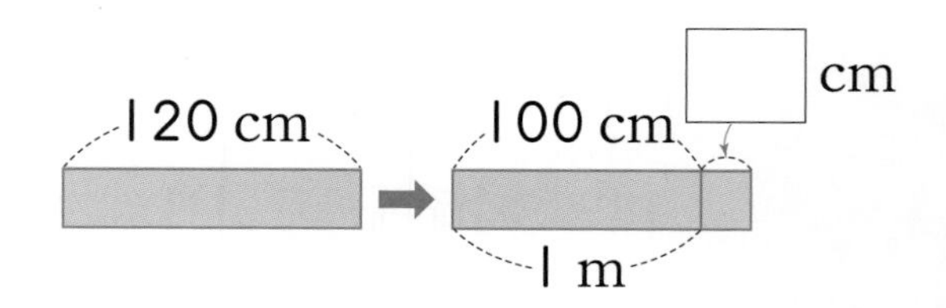

개념 2 자로 길이를 재어 볼까요

(1) **줄자를 사용하여 길이 재기**

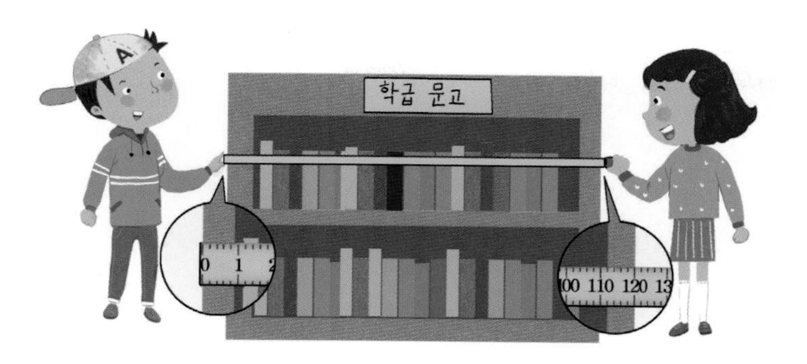

① 책장의 한끝을 줄자의 눈금 0에 맞춥니다.

② 책장의 다른 쪽 끝에 있는 줄자의 눈금을 읽습니다.

➡ 눈금이 120이므로 책장의 길이는 1 m 20 cm입니다.

(2) **물건을 이어서 길이 재기**

① 물건을 이어서 길이를 길게 만듭니다.

② 자로 길이를 잽니다.

➡ 물건을 이어서 잰 길이는 1 m 65 cm입니다.

● **줄자와 곧은 자의 같은 점과 다른 점**

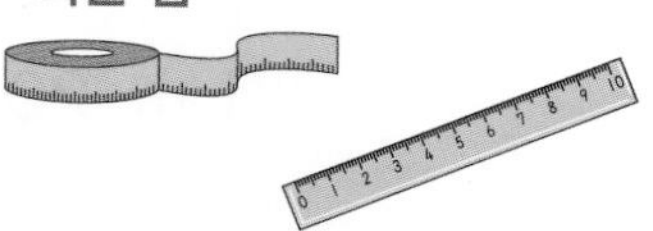

• 같은 점: 눈금이 있습니다.

• 다른 점: 줄자는 휘어지지만 곧은 자는 휘어지지 않습니다.

3 단원

241012-0269

05 칠판의 긴 쪽의 길이를 재는 데 알맞은 자를 찾아 기호를 써 보세요.

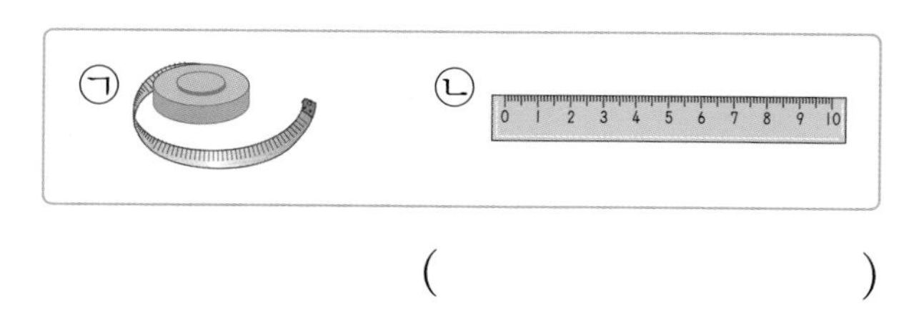

(　　　　　　　　)

241012-0270

06 리본의 길이는 얼마일까요?

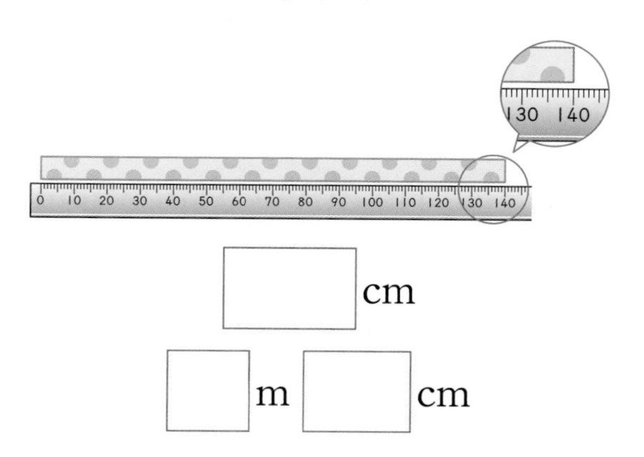

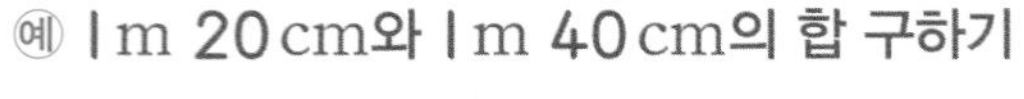

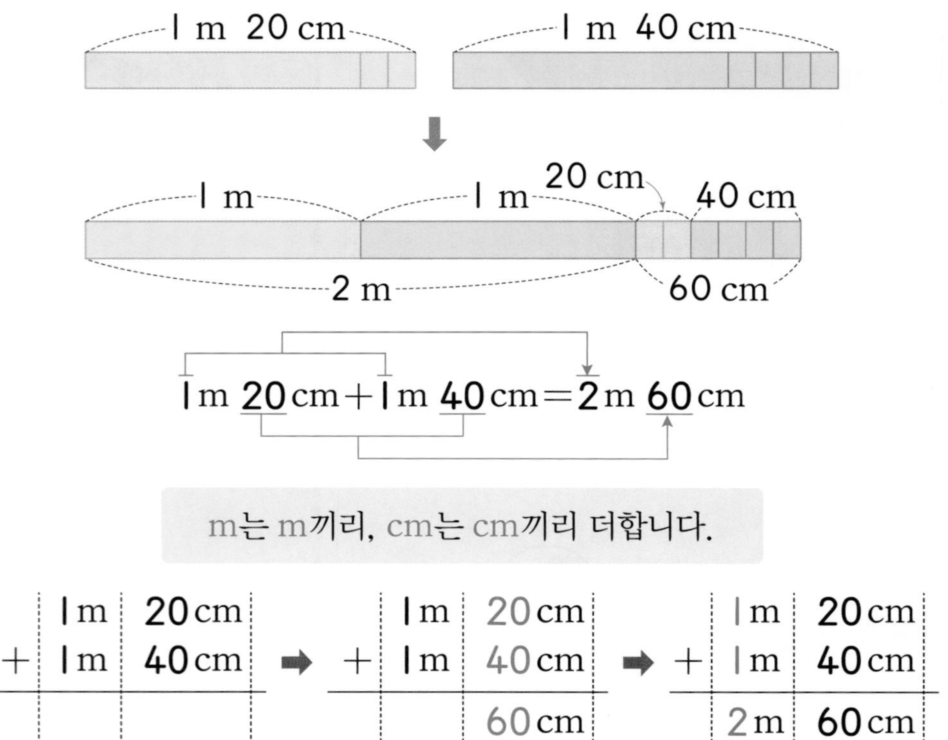

● **세로셈으로 나타내기**

가로셈을 세로셈으로 나타낼 때는 m와 cm의 자리를 맞추어 씁니다.

예 2 m 30 cm + 3 m 60 cm

	2	m	30	cm
+	3	m	60	cm

241012-0271

07 그림을 보고 □ 안에 알맞은 수를 써넣으세요.

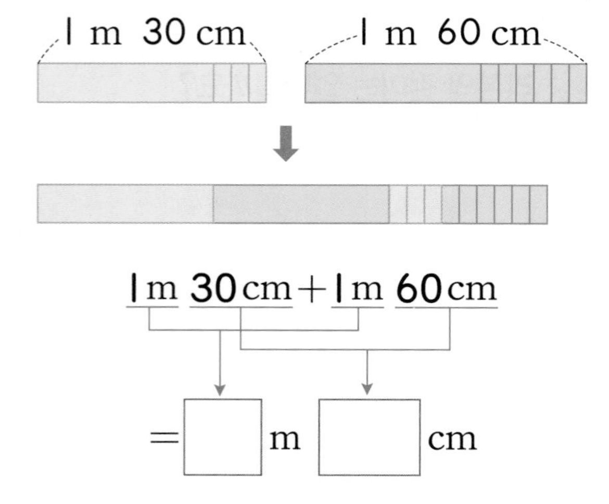

241012-0272

08 길이의 합을 구해 보세요.

(1)

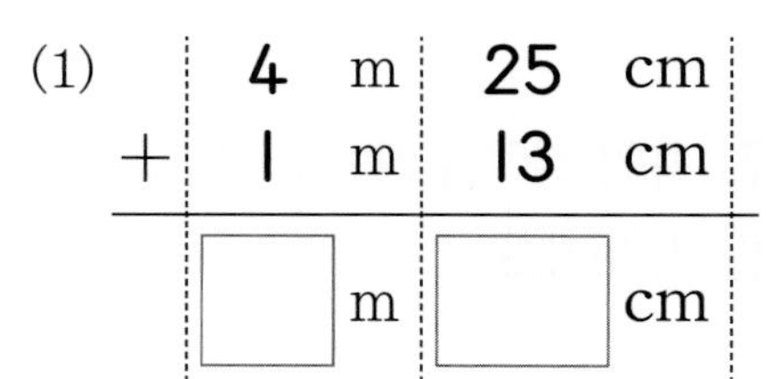

(2)

	6	m	70	cm
+	2	m	9	cm
	□	m	□	cm

개념 4 길이의 차를 구해 볼까요

예 2 m 50 cm와 1 m 10 cm의 차 구하기

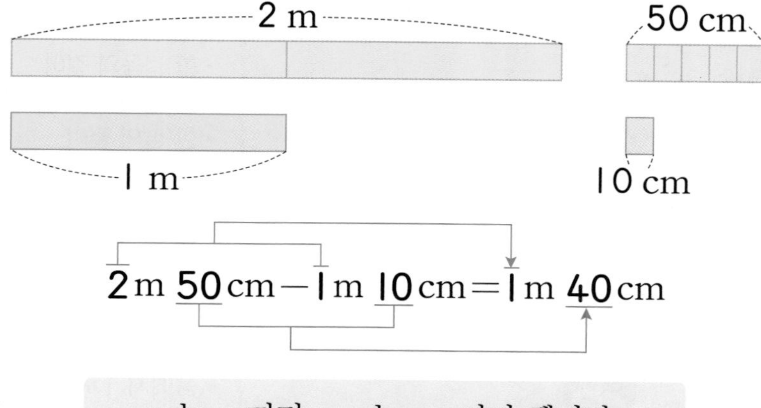

2 m 50 cm − 1 m 10 cm = 1 m 40 cm

m는 m끼리, cm는 cm끼리 뺍니다.

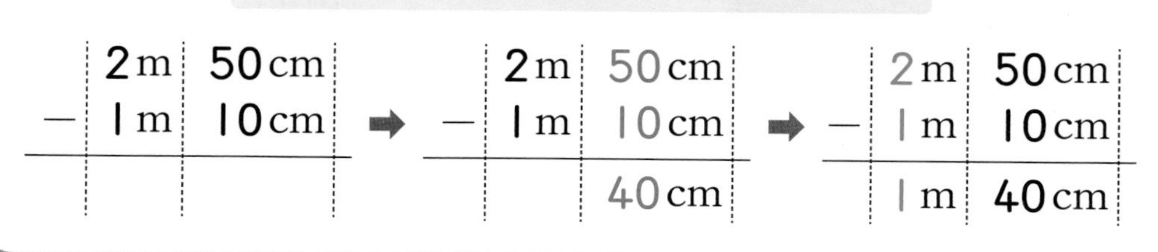

● **세로셈으로 나타내기**
가로셈을 세로셈으로 나타낼 때는 m와 cm의 자리를 맞추어 씁니다.

예 4 m 70 cm − 1 m 50 cm

	4 m	70 cm
−	1 m	50 cm

241012-0273

09 그림을 보고 □ 안에 알맞은 수를 써넣으세요.

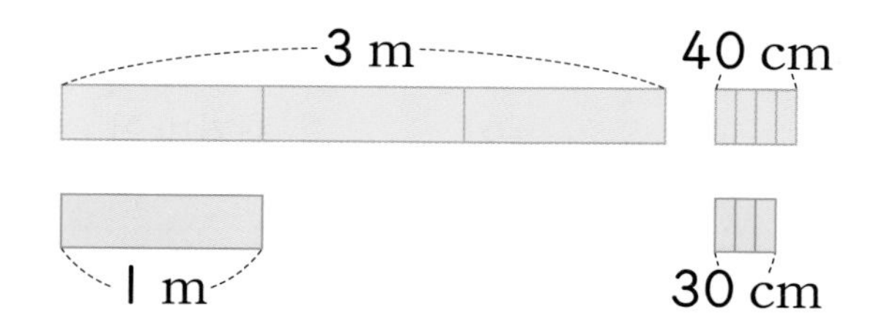

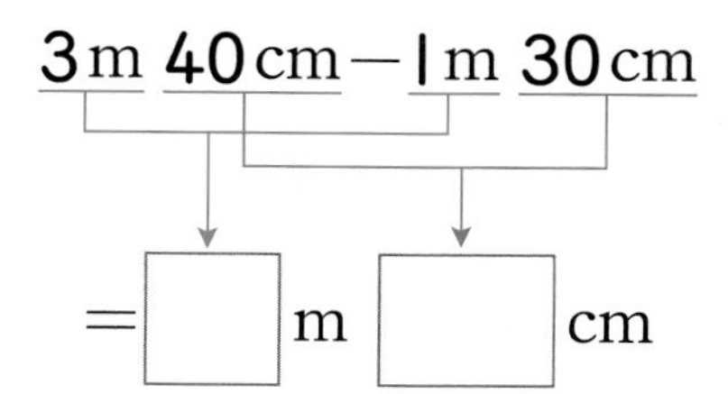

241012-0274

10 길이의 차를 구해 보세요.

(1)

	8 m	47 cm
−	3 m	11 cm
	□ m	□ cm

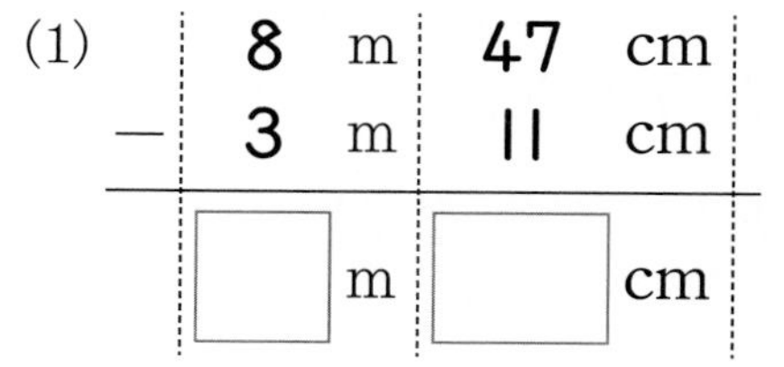

(2)

	5 m	29 cm
−	2 m	6 cm
	□ m	□ cm

3 단원

개념 5 길이를 어림해 볼까요(1)

(1) 몸의 일부를 이용하여 1 m 재어 보기

1 m가 약 2걸음일 때
➡ 똑같은 길이만큼 2걸음을 가면 1 m를 어림하여 잴 수 있습니다.

(2) 몸에서 1 m 되는 부분 찾아보기

키에서 약 1 m 찾기

양팔을 벌린 길이에서 약 1 m 찾기

● 길이를 어림할 수 있는 몸의 일부
- 한 걸음의 길이
- 한 뼘의 길이
- 한 팔의 길이
- 손바닥 폭의 길이
- 양팔을 벌린 길이
- 내 키의 길이

● 몸에서 1 m인 부분을 사용하여 어림할 때 좋은 점
- 키에서 1 m는 물건의 높이를 잴 때 좋습니다.
- 양팔을 벌린 길이에서 1 m는 긴 길이를 여러 번 잴 때 좋습니다.

241012-0275

11 민석이가 양팔을 벌린 길이가 약 1 m일 때 게시판의 긴 쪽의 길이는 약 몇 m일까요?

약 ☐ m

241012-0276

12 길이가 1 m보다 긴 것에 색칠하세요.

교실 문의 높이	책가방의 길이
필통의 길이	한 뼘의 길이

241012-0277

13 내 키보다 길이가 짧은 물건을 찾아 기호를 써 보세요.

㉠ 축구 골대의 높이
㉡ 학교 건물의 높이
㉢ 교실 의자의 높이

(　　　　　)

개념 6 길이를 어림해 볼까요(2)

(1) 여러 가지 방법으로 길이 어림하기

- 긴 물건의 길이나 먼 거리 사이를 어림할 때는 양팔을 벌린 길이나 걸음으로 재어 어림할 수 있습니다.
- 1 m의 몇 배인지 알아보아 실제 길이를 어림합니다.

예 축구 골대의 길이와 깃발 사이의 거리 어림하기

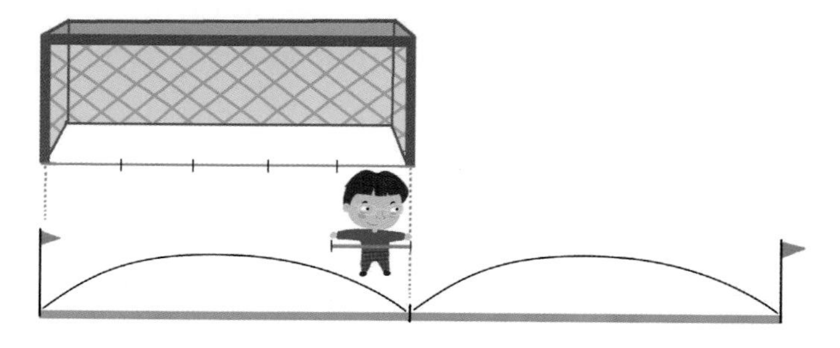

➡ 양팔을 벌린 길이가 약 1 m이므로 축구 골대의 길이는 약 5 m입니다.

➡ 깃발 사이의 거리는 축구 골대 길이의 2배이므로 약 10 m입니다.

● 10 m인 길이를 여러 가지 방법으로 어림하기

① 한 걸음이 50 cm라 생각하고 20걸음으로 어림했습니다.

② 축구 골대의 길이가 5 m쯤이므로 2배 정도로 어림했습니다.

③ 약 2 m 길이의 막대를 이용하여 5배 정도로 어림했습니다.

241012-0278

14 주어진 1 m로 끈의 길이를 어림하였습니다. 어림한 끈의 길이는 약 몇 m일까요?

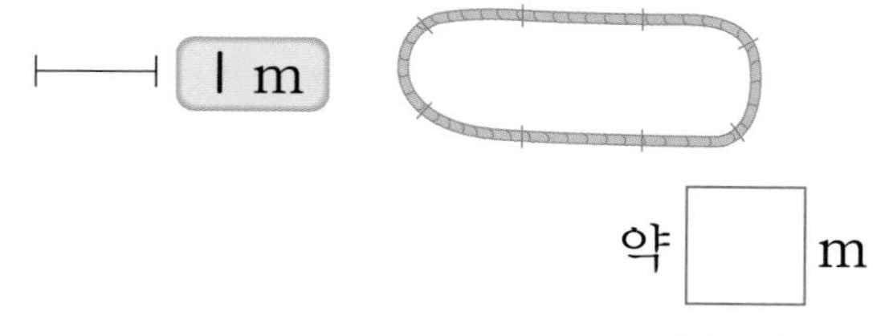

약 ☐ m

241012-0279

15 길이가 10 m보다 긴 것을 찾아 기호를 써 보세요.

㉠ 책상의 높이
㉡ 비행기의 길이
㉢ 자전거의 길이
㉣ 교실 문의 높이

(　　　　　　　)

241012-0280

16 높이가 4 m에 가장 가까운 나무를 찾아 ○표 하세요.

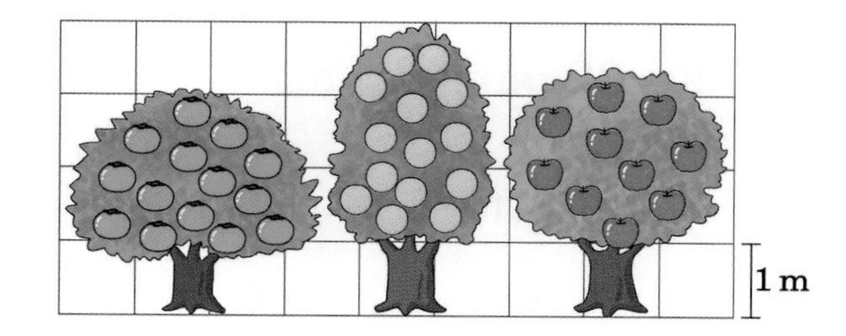

241012-0281

17 알맞은 길이를 골라 문장을 완성해 보세요.

120 cm　　100 m　　5 m

(1) 트럭의 길이는 약 ☐ 입니다.

(2) 현지의 키는 약 ☐ 입니다.

241012-0282

01 길이를 바르게 쓰고 읽어 보세요.

2 m

쓰기

읽기 (　　　　　　)

241012-0283

02 길이를 맞게 나타낸 것에 ○표 하세요.

5 미터 8 센티미터

(8 m 5 cm , 5 m 8 cm)

241012-0284

03 □ 안에 알맞은 수를 써넣으세요.

중요

(1) 100 cm=□ m

(2) 282 cm=□ m □ cm

(3) 4 m 6 cm=□ cm

241012-0285

04 cm와 m 중 알맞은 단위를 써 보세요.

(1) 내 연필의 길이는 약 15 □ 입니다.

(2) 교실 문의 높이는 약 2 □ 입니다.

(3) 칠판의 길이는 약 300 □ 입니다.

241012-0286

05 길이를 바르게 나타낸 칸은 빨간색, 틀리게 나타낸 칸은 파란색으로 색칠해 보세요.

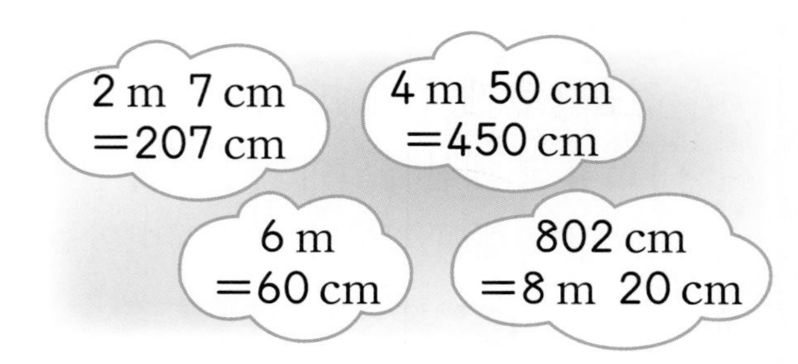

241012-0287

06 자의 눈금을 읽어 보세요.

□ m □ cm

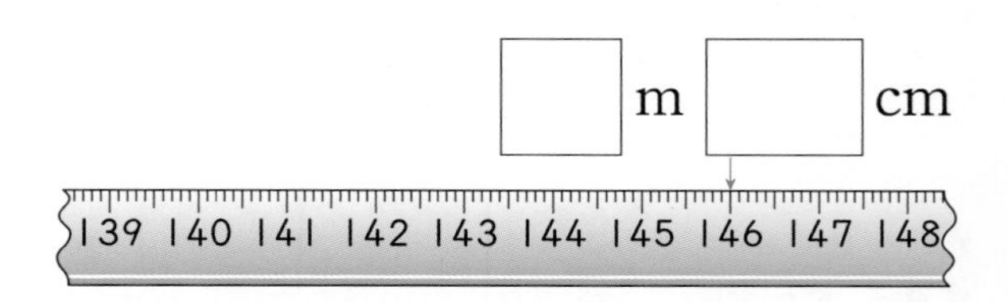

241012-0288

07 줄자로 지팡이의 길이를 재었습니다. 지팡이의 길이를 두 가지 방법으로 나타내 보세요.

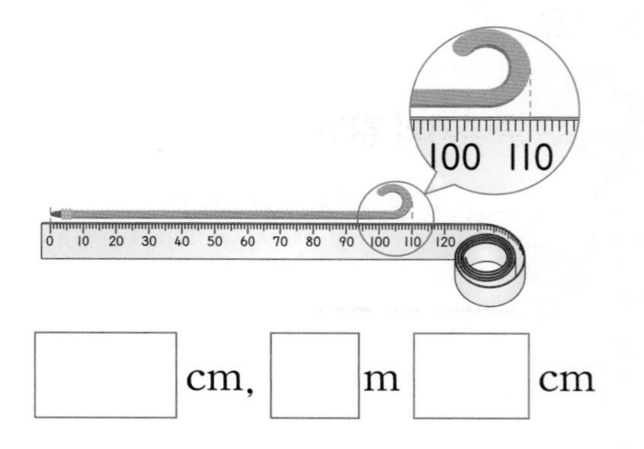

□ cm, □ m □ cm

241012-0289

08 책상의 길이를 바르게 말한 사람의 이름을 써 보세요.

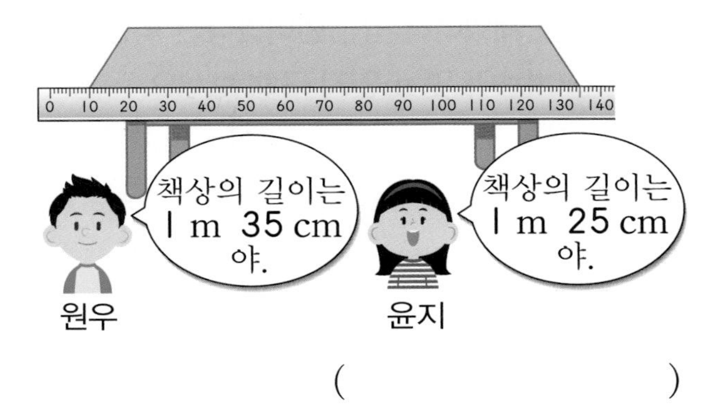

( )

241012-0290

09 중요 □ 안에 알맞은 수를 써넣으세요.

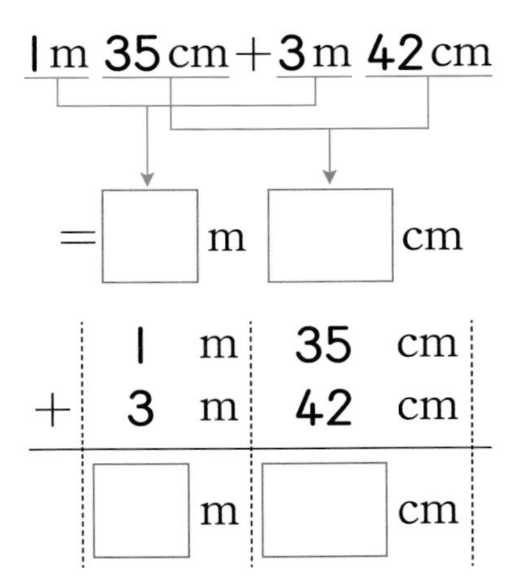

241012-0291

10 두 줄넘기의 길이의 합은 몇 m 몇 cm일까요?

1 m 70 cm

3 m 5 cm

( )

241012-0292

11 가장 긴 길이와 가장 짧은 길이를 찾아 두 길이의 합은 몇 m 몇 cm인지 구해 보세요.

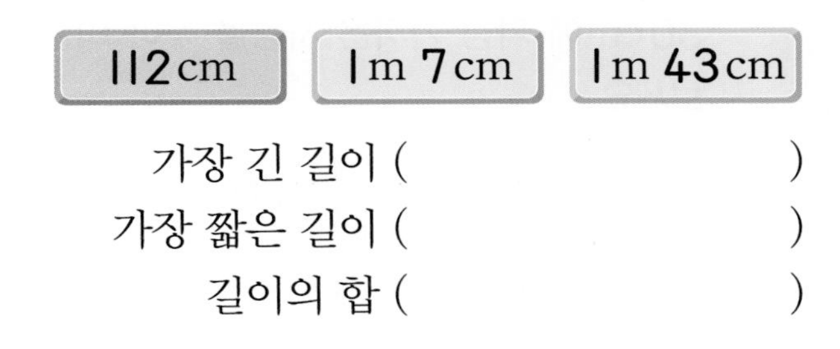

가장 긴 길이 ( )

가장 짧은 길이 ( )

길이의 합 ( )

241012-0293

12 □ 안에 알맞은 수를 써넣으세요.

(1) 3 m 72 cm − 1 m 20 cm

= □ m □ cm

(2)

	7 m	56 cm
−	3 m	42 cm
	□ m	□ cm

241012-0294

13 사용한 색 테이프의 길이는 몇 m 몇 cm일까요?

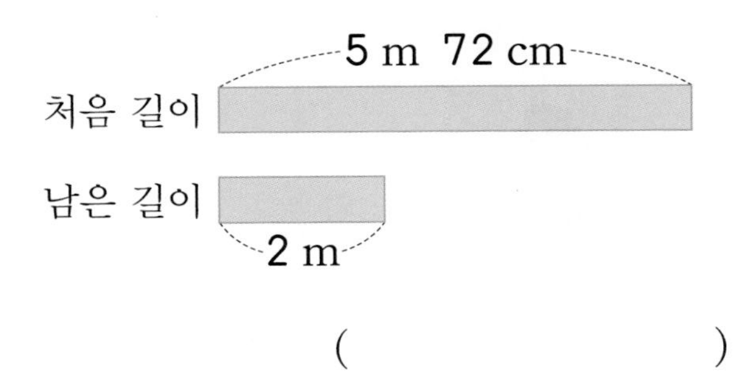

( )

241012-0295

14 도전 세 사람이 각자 어림하여 4 m 30 cm가 되도록 끈을 잘랐습니다. 자른 끈의 길이가 4 m 30 cm에 가장 가까운 사람을 찾아 이름을 써 보세요.

이름	혜주	우진	영빈
끈의 길이	4 m 20 cm	4 m 45 cm	4 m 60 cm

( )

241012-0296

15 주성이의 키가 1 m일 때 기린의 키는 약 몇 m일까요?

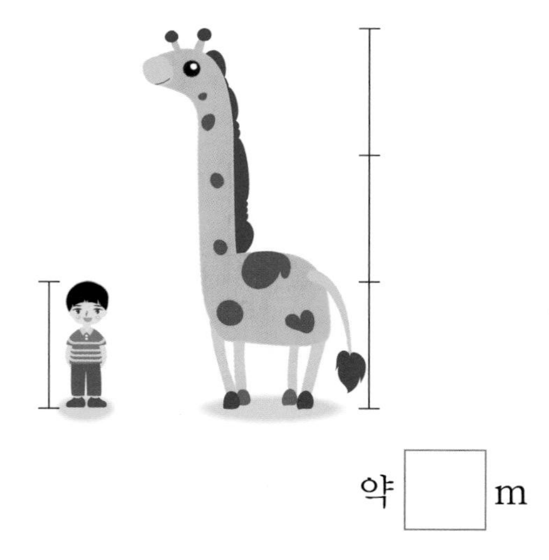

약 □ m

241012-0297

16 진희의 한 걸음이 50 cm라면 깃발 사이의 거리는 약 몇 m일까요?

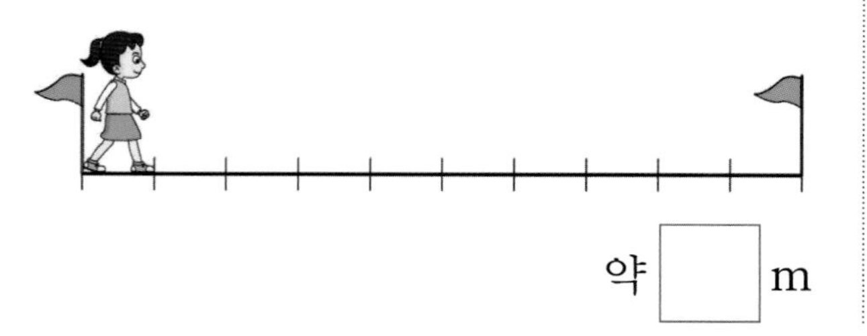

약 □ m

241012-0298

17 희찬이가 양팔을 벌린 길이는 약 140 cm입니다. 희찬이가 양팔을 이용해 벽면의 긴 쪽의 길이를 재었더니 약 5번이었다면 벽면의 긴 쪽의 길이는 약 몇 m인지 구해 보세요.

( )

241012-0299

18 알맞은 길이를 골라 문장을 완성해 보세요.

160 cm　200 m　1 m

(1) 우리 선생님의 키는 약 □ 입니다.

(2) 긴 우산의 길이는 약 □ 입니다.

(3) 지하철의 길이는 약 □ 입니다.

241012-0300

19 길이가 10 m보다 긴 것을 모두 찾아 ○표 하세요.

수학책 10권을 이어 놓은 길이

( )

운동장 긴 쪽의 길이

( )

2학년 학생 30명이 양팔을 벌려 겹치지 않게 연결한 길이

( )

수 카드를 사용하여 가장 긴(짧은) 길이 만들기

□ 안에 수 카드를 한 번씩 놓아 몇 m 몇 cm를 만들 때

- 가장 긴 길이 만들기 ➡ 큰 수부터 놓습니다.
- 가장 짧은 길이 만들기 ➡ 작은 수부터 놓습니다.

예 3 8 7 가장 긴 길이: 8 m 7 3 cm
가장 짧은 길이: 3 m 7 8 cm

241012-0301

20 □ 안에 수 카드를 한 번씩 놓아 가장 긴 길이를 만들고, 그 길이와 2 m 51 cm의 차를 구해 보세요.

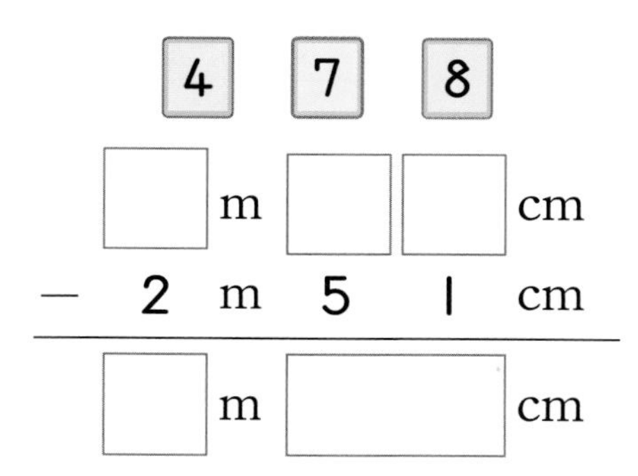

241012-0302

21 □ 안에 수 카드를 한 번씩 놓아 가장 긴 길이와 가장 짧은 길이를 각각 만들고, 두 길이의 합을 구해 보세요.

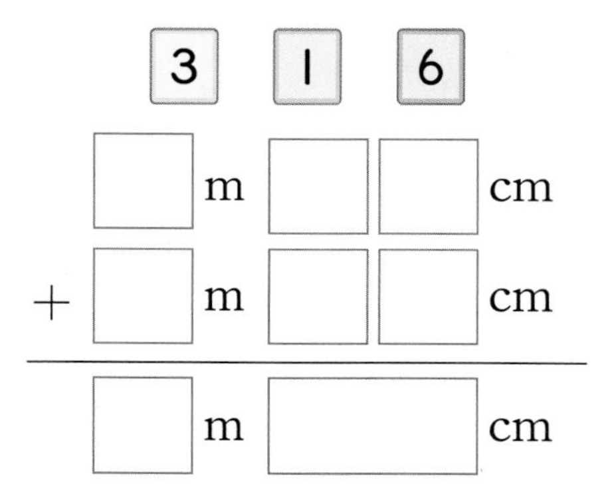

끊어진 자로 길이 재기

- 물건의 왼쪽 끝에 있는 줄자의 눈금을 읽습니다.
- 물건의 오른쪽 끝에 있는 줄자의 눈금을 읽습니다.
- 두 눈금 사이가 몇 칸인지 세어 봅니다.

예 자 1칸의 길이가 10 cm라면
눈금 10칸의 길이는 100 cm=1 m
눈금 11칸의 길이는 110 cm=1 m 10 cm

241012-0303

22 끊어진 줄자로 막대의 길이를 재었습니다. 막대의 길이를 두 가지 방법으로 나타내 보세요.

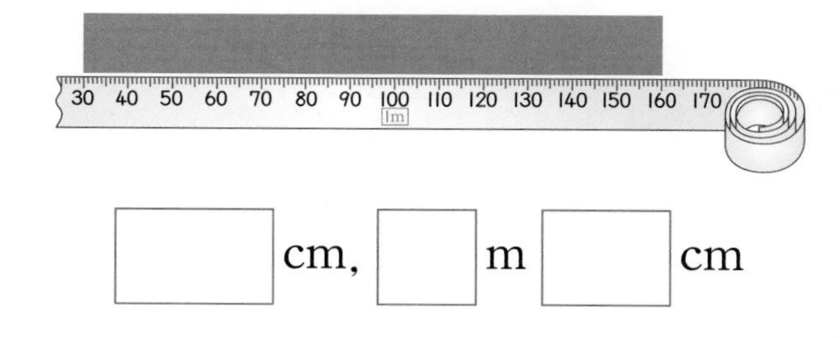

☐ cm, ☐ m ☐ cm

241012-0304

23 책상의 긴 쪽의 길이를 줄자로 그림과 같이 재었습니다. 책상 긴 쪽의 길이를 두 가지 방법으로 나타내 보세요.

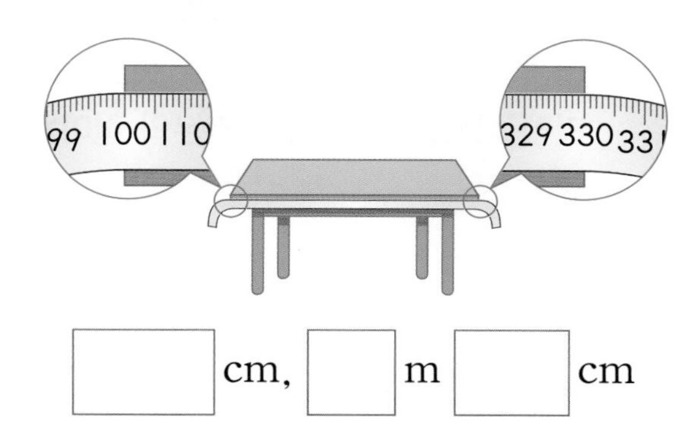

☐ cm, ☐ m ☐ cm

대표 응용 1 필요한 리본의 길이 구하기

오른쪽 그림과 같이 상자를 묶으려고 합니다. 매듭을 짓는 데 필요한 리본이 35 cm라면 상자를 묶는 데 필요한 리본의 길이는 모두 몇 m 몇 cm인지 구해 보세요.

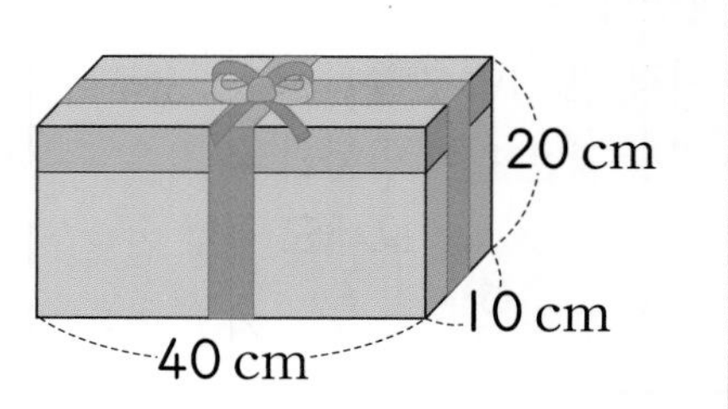

문제 스케치

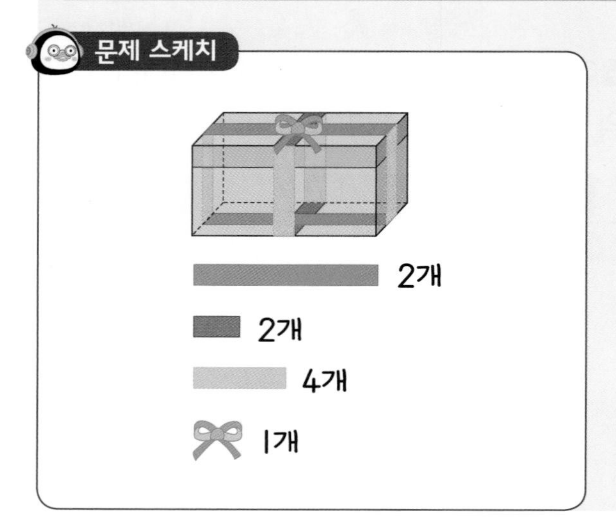

상자를 묶는 데 필요한 리본의 길이는

40 cm가 ☐개, 10 cm가 ☐개, 20 cm가 ☐개,

매듭을 짓는 데 필요한 길이 35 cm입니다.
따라서 상자를 묶는 데 필요한 리본의 길이는 모두

☐ cm = ☐ m ☐ cm입니다.

1-1 오른쪽 그림과 같이 상자를 묶으려고 합니다. 매듭을 짓는 데 필요한 리본이 30 cm라면 상자를 묶는 데 필요한 리본의 길이는 모두 몇 m 몇 cm인지 구해 보세요.

241012-0305

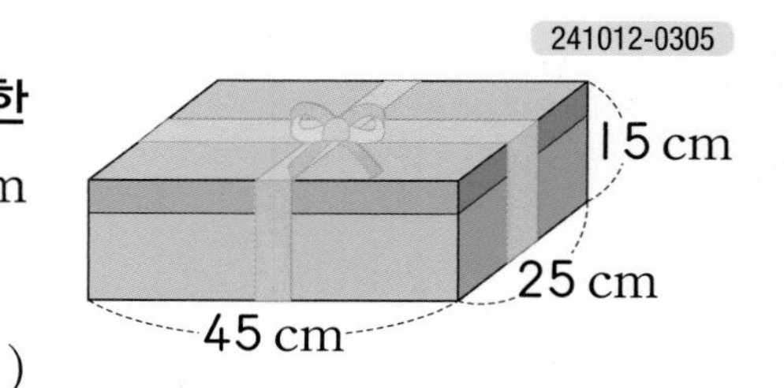

(   )

1-2 길이가 3 m 45 cm인 리본을 사용하여 오른쪽 그림과 같이 상자를 묶으려고 합니다. 매듭을 짓는 데 필요한 리본의 길이가 25 cm라면 상자를 묶고 남은 리본의 길이는 몇 m 몇 cm인지 구해 보세요.

241012-0306

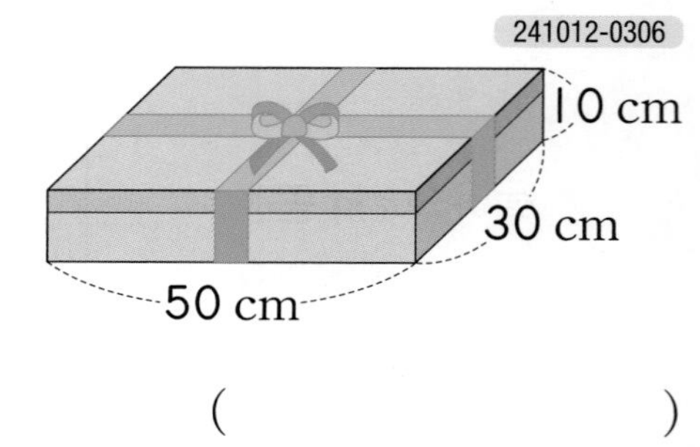

(   )

대표 응용 **2**

어느 길이 얼마나 더 먼지 구하기

집에서 공원을 지나 도서관까지 가는 거리는 집에서 곧장 도서관으로 가는 거리보다 몇 m 몇 cm 더 먼지 구해 보세요.

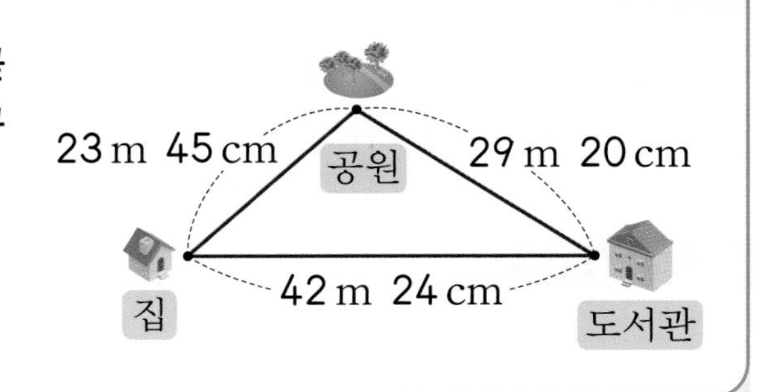

문제 스케치

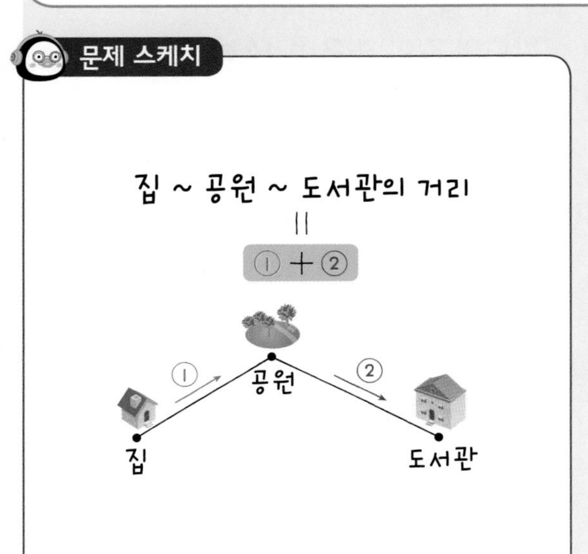

해결하기

집에서 공원을 지나 도서관까지 가는 거리는

23 m 45 cm + 29 m 20 cm

= ☐ m ☐ cm입니다.

따라서 집에서 공원을 지나 도서관까지 가는 거리는 집에서 곧장 도서관으로 가는 거리보다

☐ m ☐ cm − 42 m 24 cm

= ☐ m ☐ cm 더 멉니다.

241012-0307

2-1 **학교에서 슈퍼를 지나 집까지 가는 거리는 학교에서 곧장 집으로 가는 거리보다 몇 m 몇 cm 더 먼지 구해 보세요.**

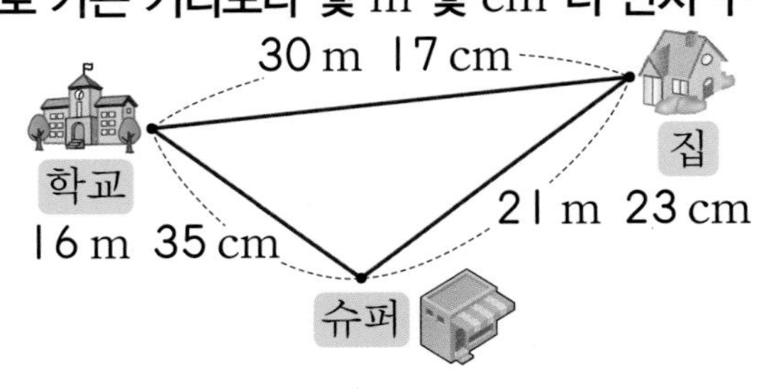

(　　　　　　　　)

241012-0308

2-2 **놀이터에서 곧장 화장실로 가는 거리는 놀이터에서 농구대를 지나 화장실까지 가는 거리보다 몇 m 몇 cm 더 가까운지 구해 보세요.**

놀이터

17 m 37 cm

23 m 52 cm

농구대

화장실

13 m 40 cm

응용력 높이기

대표 응용 3 두 막대의 길이 구하기

㉯ 막대의 길이는 ㉮ 막대의 길이보다 2 m 14 cm만큼 더 깁니다. 두 막대의 길이를 더하면 4 m 98 cm일 때, 두 막대의 길이는 각각 몇 m 몇 cm인지 구해 보세요.

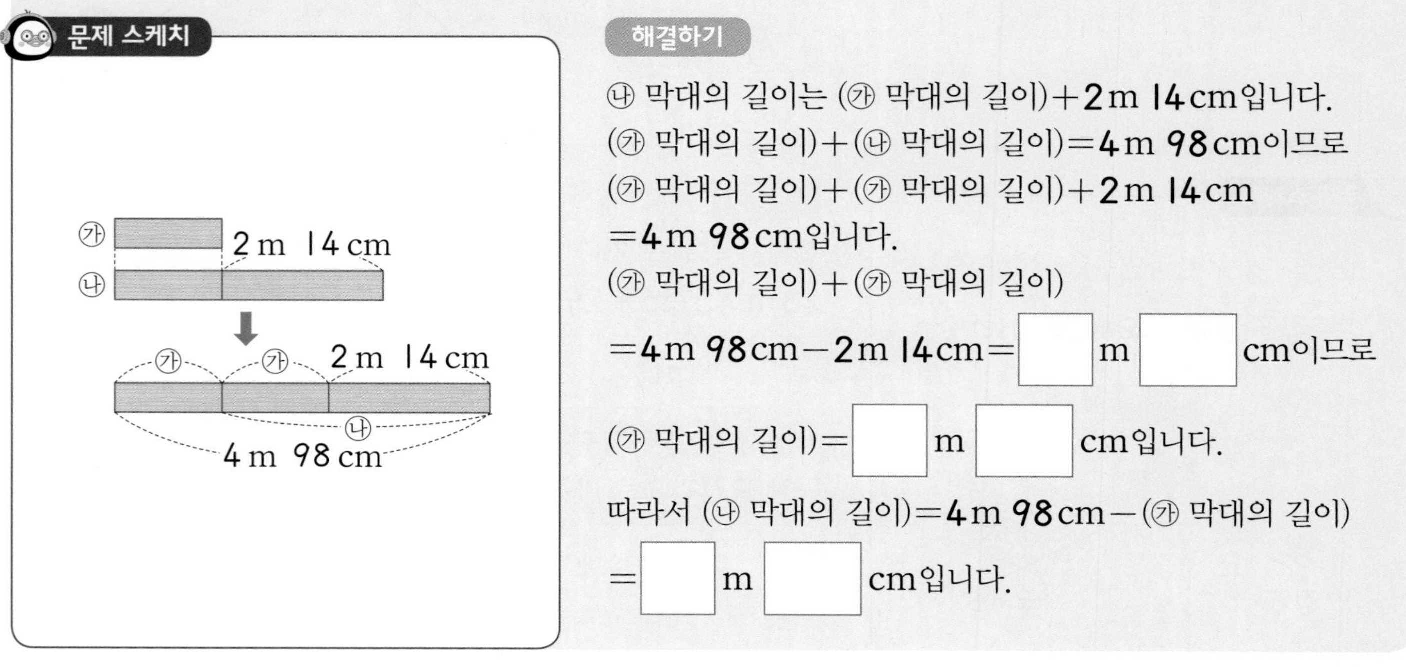

해결하기

㉯ 막대의 길이는 (㉮ 막대의 길이)+2 m 14 cm입니다.
(㉮ 막대의 길이)+(㉯ 막대의 길이)=4 m 98 cm이므로
(㉮ 막대의 길이)+(㉮ 막대의 길이)+2 m 14 cm
=4 m 98 cm입니다.
(㉮ 막대의 길이)+(㉮ 막대의 길이)
=4 m 98 cm−2 m 14 cm=☐ m ☐ cm이므로
(㉮ 막대의 길이)=☐ m ☐ cm입니다.
따라서 (㉯ 막대의 길이)=4 m 98 cm−(㉮ 막대의 길이)
=☐ m ☐ cm입니다.

241012-0309

3-1 ㉯ 막대의 길이는 ㉮ 막대의 길이보다 3 m 33 cm만큼 더 깁니다. 두 막대의 길이를 더하면 7 m 95 cm일 때, 두 막대의 길이는 각각 몇 m 몇 cm인지 구해 보세요.

㉮ (　　　　　　　　), ㉯ (　　　　　　　　)

241012-0310

3-2 ㉯ 막대의 길이는 ㉮ 막대의 길이보다 2 m 2 cm만큼 더 짧습니다. 두 막대의 길이를 더하면 6 m 44 cm일 때, 두 막대의 길이는 각각 몇 m 몇 cm인지 구해 보세요.

㉮ (　　　　　　　　), ㉯ (　　　　　　　　)

대표 응용 4

어림하여 거리 구하기

영신이가 양팔을 벌린 길이는 1 m입니다. 영신이가 축구 골대의 긴 쪽 길이를 양팔을 벌린 길이로 재었더니 6번이 되었습니다. 그림을 보고 깃발 사이의 거리는 약 몇 m인지 구해 보세요.

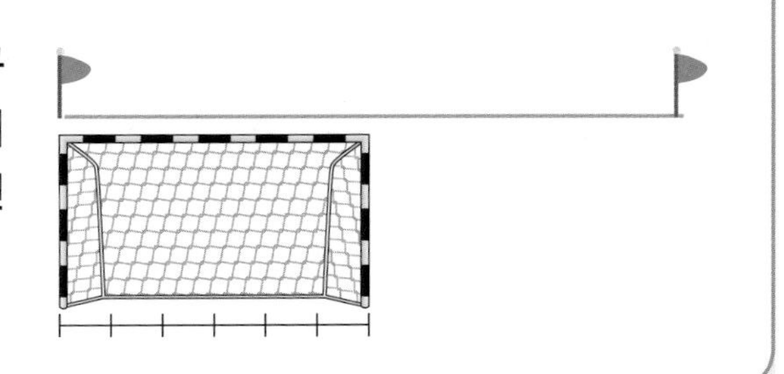

문제 스케치

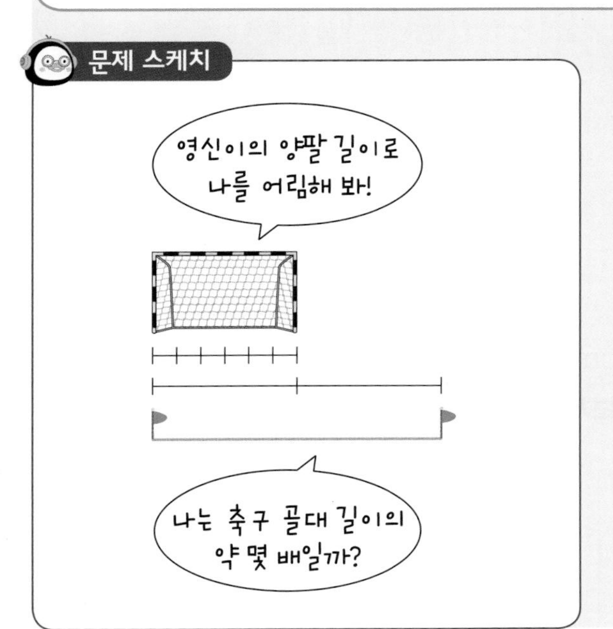

해결하기

영신이가 양팔을 벌린 길이는 [ ] m입니다.

축구 골대의 긴 쪽 길이는 영신이의 양팔을 벌린 길이로 [ ] 번이므로 약 [ ] m입니다.

깃발 사이의 거리는 축구 골대 긴 쪽 길이의 약 [ ] 배이므로 약 [ ] m입니다.

241012-0311

4-1 윤주의 두 걸음은 1 m입니다. 줄넘기 길이를 윤주의 걸음으로 재어 보았더니 6걸음이 되었습니다. 가로등 사이의 거리는 약 몇 m인지 구해 보세요.

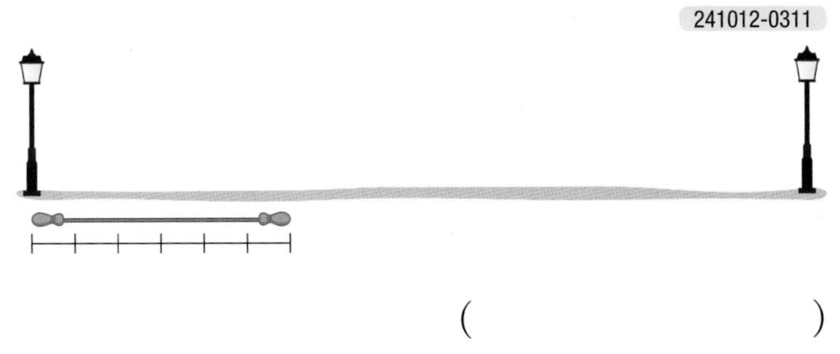

(　　　　　　　)

241012-0312

4-2 아름이의 발 길이는 20 cm입니다. 아름이가 첫 번째 꽃부터 두 번째 꽃 사이의 길이를 발 길이로 재어 보았더니 5번이 되었습니다. 그림을 보고 첫 번째 꽃과 다섯 번째 꽃 사이의 거리는 약 몇 m인지 구해 보세요.

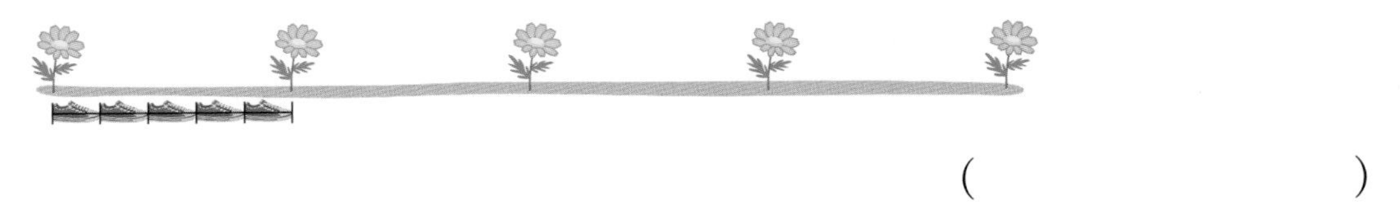

(　　　　　　　)

3 단원

단원 평가 LEVEL ❶

241012-0313

01 □ 안에 알맞은 수를 써넣으세요.

| 1 m는 1 cm를 □번 이은 것과 같습니다. |

241012-0314

02 알맞은 말에 ○표 하세요.

| 7 m 45 cm는 7 (센티미터 , 미터) 45 (센티미터 , 미터)라고 읽습니다. |

241012-0315

03 다음 중 길이가 가장 긴 것은 어느 것일까요? (   )

중요

① 3 m 20 cm ② 342 cm
③ 3 미터 6 센티미터 ④ 330 cm
⑤ 3 미터보다 45 cm 더 긴 길이

241012-0316

04 수 카드 3장을 한 번씩만 사용하여 가장 긴 길이를 만들어 보세요.

5 1 9

□ m □□ cm

241012-0317

05 길이를 잘못 나타낸 것을 찾아 기호를 써 보세요.

㉠ 1304 cm=13 m 4 cm
㉡ 2085 cm=2 m 85 cm
㉢ 1970 cm=19 m 70 cm

(   )

241012-0318

06 cm와 m를 잘못 사용한 것을 찾아 기호를 써 보세요.

㉠ 교실 문의 높이는 약 2 m입니다.
㉡ 내 키는 약 132 cm입니다.
㉢ 연필의 길이는 약 17 m입니다.

(   )

241012-0319

07 줄자를 사용하여 색 테이프의 길이를 바르게 잰 것을 찾아 ○표 하세요.

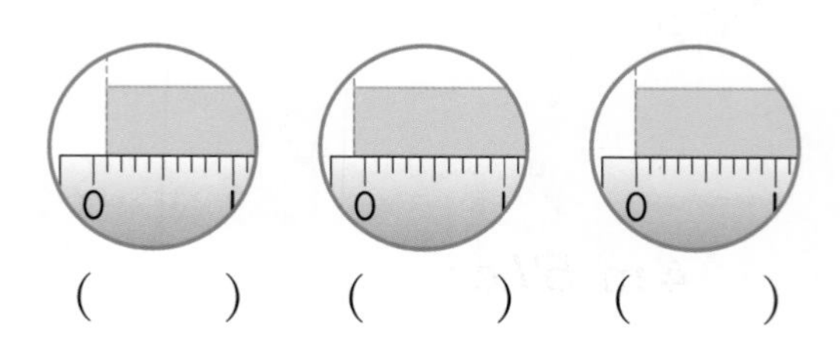

(   ) (   ) (   )

241012-0320

08 책장의 높이를 두 가지 방법으로 나타내 보세요.

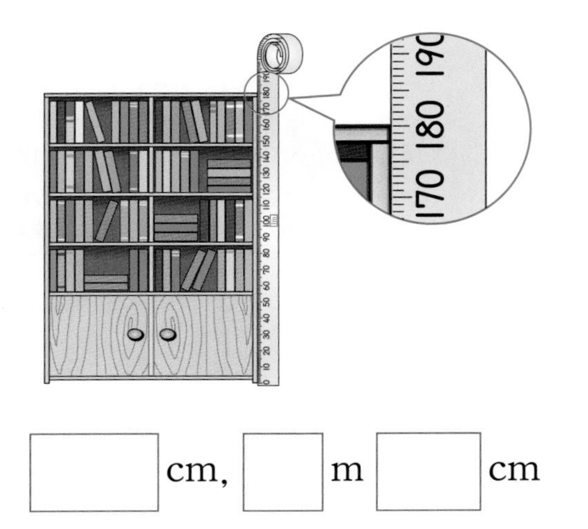

☐ cm, ☐ m ☐ cm

241012-0321

09 길이의 합을 구해 보세요.

중요

(1) 5 m 34 cm + 1 m 23 cm

= ☐ m ☐ cm

(2)

	2	m	43	cm
+	1	m	36	cm
	☐	m	☐	cm

241012-0322

10 빈칸에 알맞은 길이를 써넣으세요.

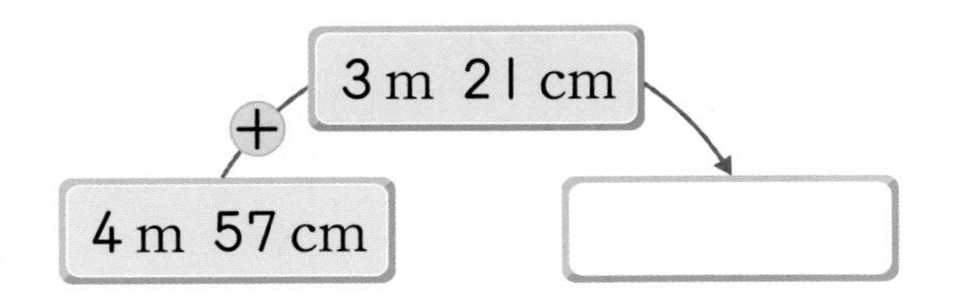

241012-0323

11 버스 정류장에서 과일가게를 지나 음식점까지의 거리는 몇 m 몇 cm일까요?

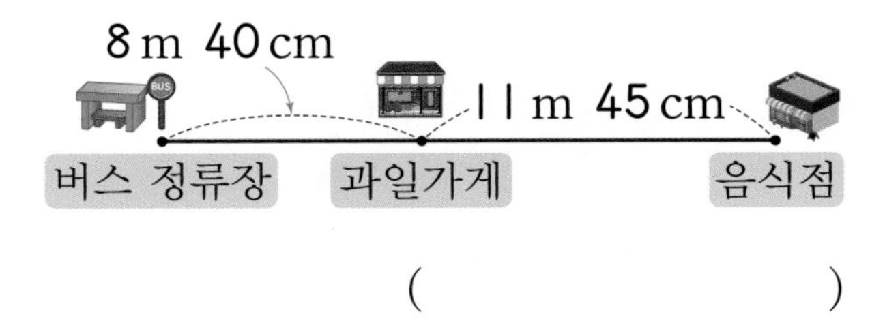

(   )

241012-0324

12 길이가 더 긴 것의 기호를 써 보세요.

서술형

㉠ 3 미터 43 센티미터
㉡ 2 m 41 cm + 1 m 1 cm

풀이

(1) ㉠에서 3 미터 43 센티미터는 (   ) m (   ) cm입니다.

(2) ㉡에서 2 m 41 cm + 1 m 1 cm = (   ) m (   ) cm입니다.

(3) 따라서 두 길이를 비교하면 ㉠ ◯ ㉡이므로 길이가 더 긴 것은 (   )입니다.

답 ________________

241012-0325

13 ☐ 안에 알맞은 수를 써넣으세요.

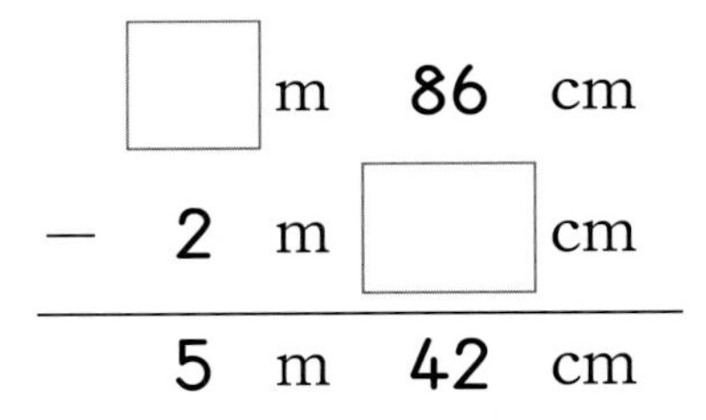

	☐	m	86	cm
−	2	m	☐	cm
	5	m	42	cm

3 단원

241012-0326

14 길이가 4 m 68 cm인 막대를 두 도막으로 잘랐더니 한 도막의 길이가 3 m 46 cm였습니다. 자른 두 도막의 길이의 차는 몇 cm일까요?

(　　　　　　)

241012-0327

15 서술형 □ 안에 수 카드를 한 번씩 놓아 만들 수 있는 가장 긴 길이에서 5 m 42 cm를 뺀 길이를 구해 보세요.

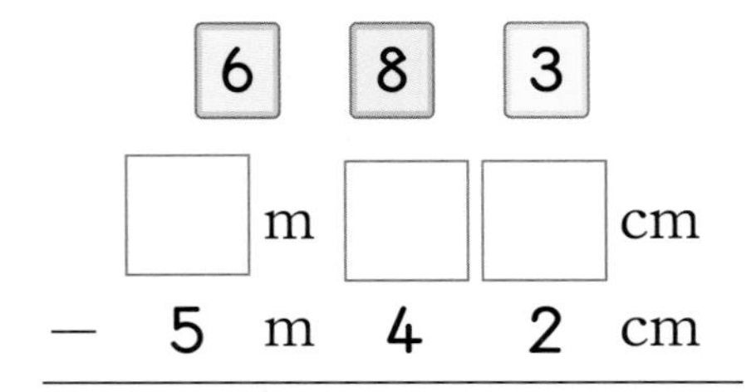

풀이

(1) 수 카드로 만들 수 있는 가장 긴 길이는 (　　)m (　　)cm입니다.

(2) 이 길이에서 5 m 42 cm를 빼면 (　　)m (　　)cm − 5 m 42 cm = (　　)m (　　)cm입니다.

(3) 따라서 구하려는 길이는 (　　)m (　　)cm입니다.

답 ______________

241012-0328

16 도전 ㉡에서 ㉢까지의 거리는 몇 m 몇 cm일까요?

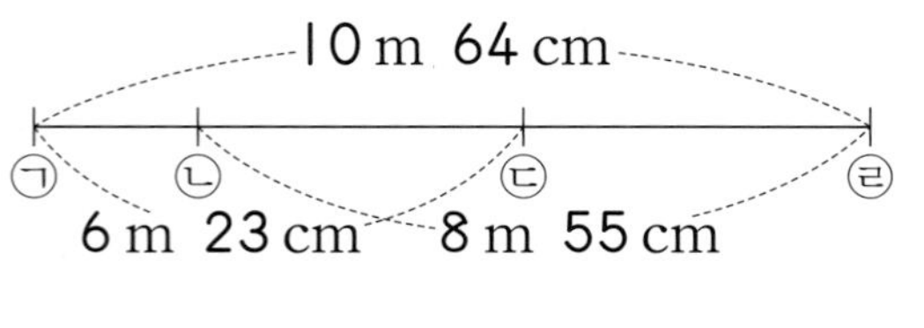

(　　　　　　)

241012-0329

17 영진이의 한 뼘의 길이는 20 cm입니다. 수족관의 긴 쪽의 길이는 약 몇 m 몇 cm일까요?

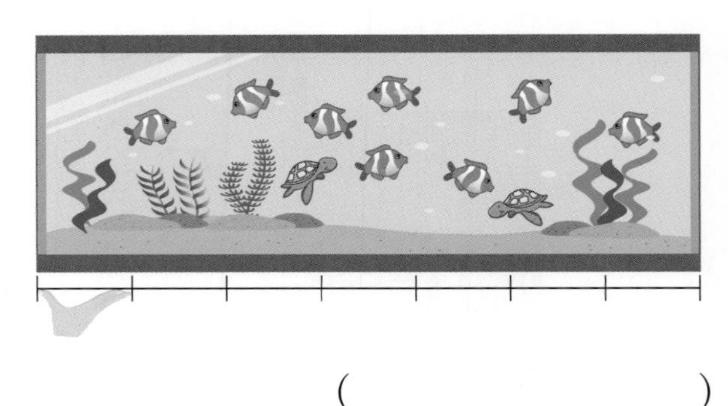

(　　　　　　)

241012-0330

18 1 m보다 짧은 것을 모두 고르세요. (　　　　)

① 가로등의 높이
② 책가방의 긴 쪽의 길이
③ 수학책 긴 쪽의 길이
④ 현관문의 높이
⑤ 연필 2자루를 더한 길이

241012-0331

19 길이를 바르게 어림한 것을 찾아 기호를 써 보세요.

㉠ 7살 서준이의 키는 약 110 m입니다.
㉡ 서준이 어머니의 키는 약 16 cm입니다.
㉢ 서준이 아버지의 키는 약 170 cm입니다.

(　　　　　　)

241012-0332

20 세 사람이 각자 어림하여 5 m가 되도록 끈을 잘랐습니다. 자른 끈의 길이가 5 m에 가장 가까운 사람을 찾아 이름을 써 보세요.

이름	슬기	연우	세미
끈의 길이	4 m 96 cm	512 cm	5 m 5 cm

(　　　　　　)

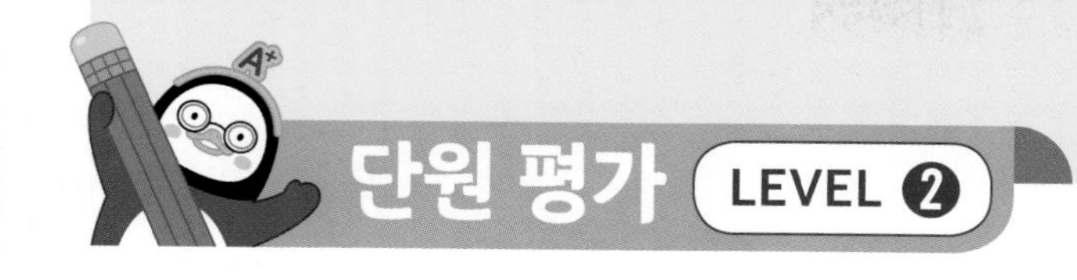

정답과 풀이 33쪽

241012-0333

01 알맞은 수를 찾아 □ 안에 써넣으세요.

1	10	100	1000

1 m는 10 cm를 □ 번 이은 것과 같습니다.

241012-0334

02 관계있는 것끼리 이어 보세요.

5 m 30 cm •	• 3 미터 5 센티미터
3 m 5 cm •	• 5 미터 30 센티미터

241012-0335

03 길이를 바르게 나타낸 풍선은 빨간색, 틀리게 나타낸 풍선은 파란색으로 색칠해 보세요.

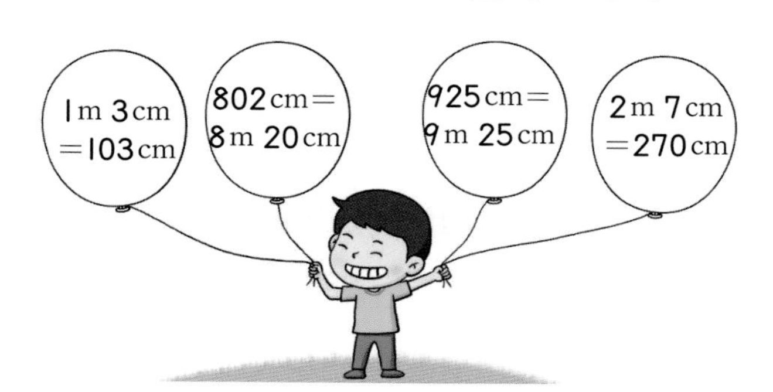

241012-0336

04 자에서 화살표가 가리키는 눈금은 몇 m 몇 cm일까요?
중요

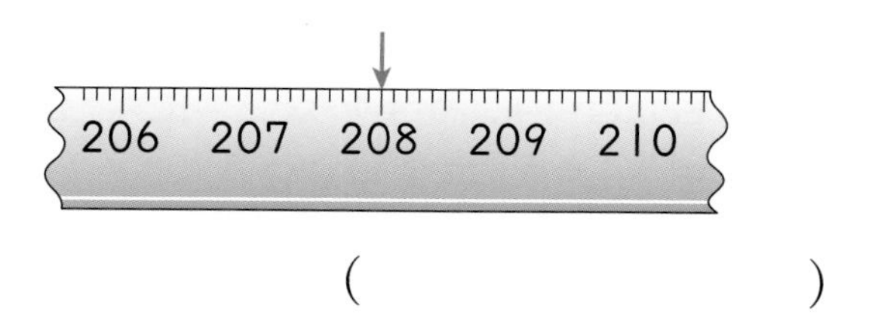

(   )

241012-0337

05 다음 중 설명하는 길이가 나머지와 다른 하나를 찾아 기호를 써 보세요.

㉠ 나는 242 센티미터야.
㉡ 나는 2 미터 42 센티미터야.
㉢ 나는 2 m보다 42 cm 더 길어.
㉣ 나는 24 m 2 cm야.

(   )

241012-0338

06 자로 길이를 재어 보세요.

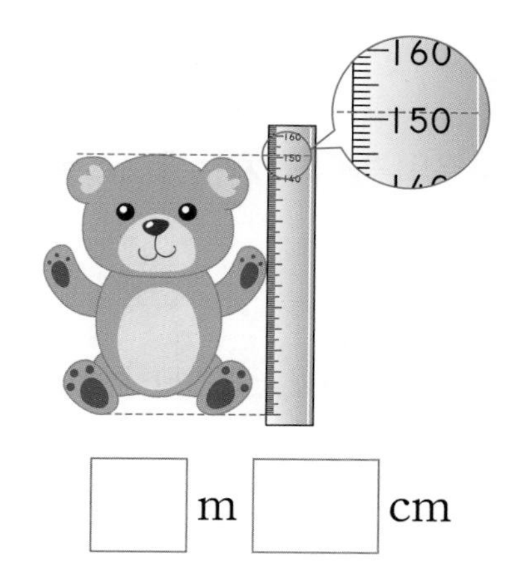

□ m □ cm

241012-0339

07 민영이의 키는 1 m 31 cm이고, 진수의 키는 128 cm입니다. 민영이와 진수 중 키가 더 큰 사람은 누구일까요?

(   )

241012-0340

08 길이를 나타내는 단위로 m가 알맞은 것은 어느 것인가요? (   )

① 지우개의 길이 ② 색종이의 길이
③ 빨대의 길이 ④ 칠판 긴 쪽의 길이
⑤ 숟가락의 길이

3 단원

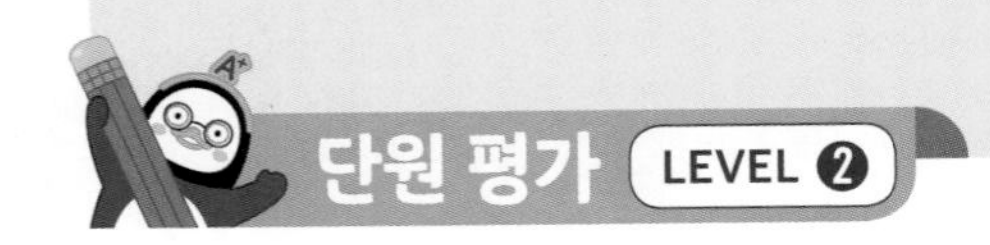

241012-0341

09 □ 안에 알맞은 수를 써넣으세요.

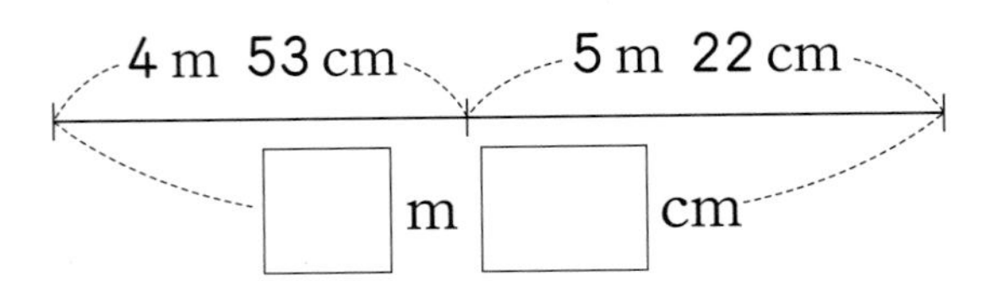

241012-0342

10 ♥에 알맞은 길이는 몇 m 몇 cm일까요?

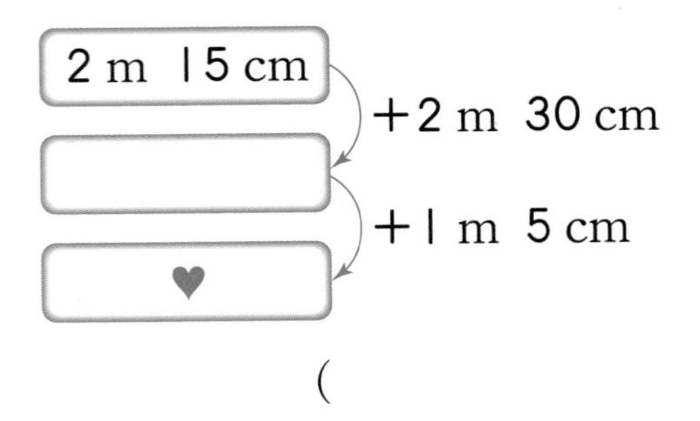

( )

241012-0343

11 두 나무의 높이의 차는 몇 m 몇 cm일까요?

중요

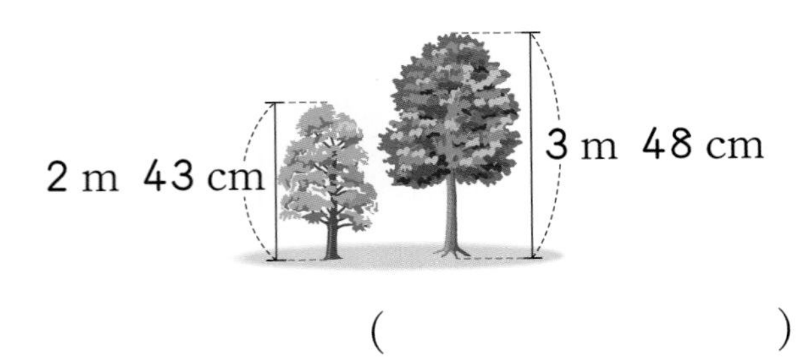

( )

241012-0344

12 보미는 빨간색 테이프 176 cm와 파란색 테이프 2 m 12 cm를 가지고 있습니다. 두 색 테이프를 겹치는 부분 없이 이어 붙인 길이는 몇 m 몇 cm인지 구해 보세요.

( )

241012-0345

13 계산 결과가 더 긴 길이의 기호를 써 보세요.

㉠ 2 m 34 cm + 3 m 21 cm
㉡ 9 m 85 cm − 4 m 32 cm

( )

241012-0346

14 미끄럼틀에서 정글짐을 지나 철봉까지 가는 거리는 미끄럼틀에서 곧장 철봉으로 가는 거리보다 몇 m 몇 cm 더 먼가요?

서술형

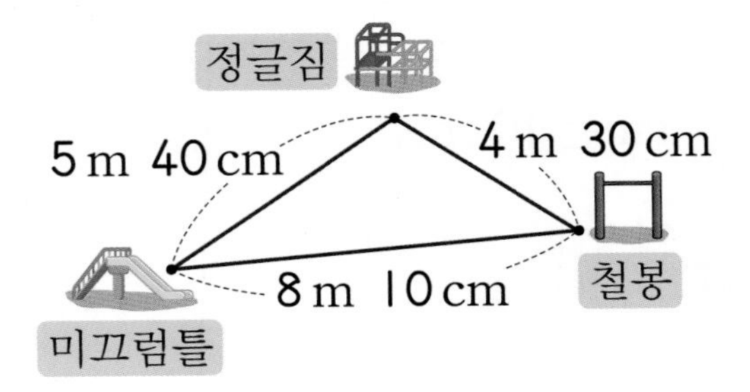

풀이

(1) 미끄럼틀에서 정글짐을 지나 철봉까지 가는 거리는 5 m 40 cm+( )m ( )cm=( )m ( )cm입니다.

(2) (1)에서 구한 거리에서 미끄럼틀에서 곧장 철봉으로 가는 거리를 빼면 ( )m ( )cm−( )m ( )cm=( )m ( )cm입니다.

(3) 따라서 미끄럼틀에서 정글짐을 지나 철봉까지 가는 거리는 미끄럼틀에서 곧장 철봉으로 가는 거리보다 ( )m ( )cm 더 멉니다.

답 ____________

241012-0347

15 미술 시간에 리본으로 만들기를 했습니다. 리본을 2 m 34 cm씩 2번 잘라 썼더니 111 cm가 남았습니다. 처음에 있던 리본의 길이는 몇 m 몇 cm인지 구해 보세요.

도전

( )

241012-0348

서술형

세 사람이 가지고 있는 철사의 길이는 다음과 같습니다. 2 m 30 cm에 가장 가까운 철사를 가지고 있는 사람은 누구일까요?

이름	철사의 길이
민아	2 m 17 cm
소유	2 m 38 cm
찬호	2 m 15 cm

풀이

(1) 각자 가진 철사의 길이와 2 m 30 cm와의 차를 구합니다.

민아: 2 m 30 cm − 2 m 17 cm
= (　　) cm

소유: 2 m 38 cm − 2 m 30 cm
= (　　) cm

찬호: 2 m 30 cm − 2 m 15 cm
= (　　) cm

(2) 따라서 2 m 30 cm와의 차가 가장 작은 (　　)가 2 m 30 cm에 가장 가까운 철사를 가지고 있습니다.

답 ________________

241012-0349

17 **준호의 두 걸음이 1 m라면 책장의 길이는 약 몇 m일까요?**

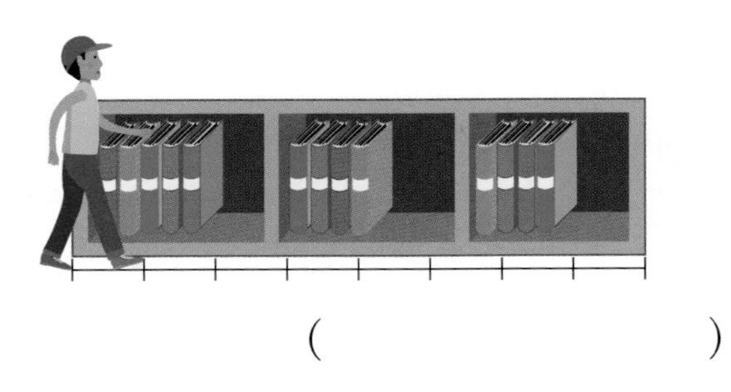

(　　　　　　　　)

241012-0350

18 **교실의 길이를 다음 방법으로 잴 때 재는 횟수가 많은 것부터 순서대로 기호를 써 보세요.**

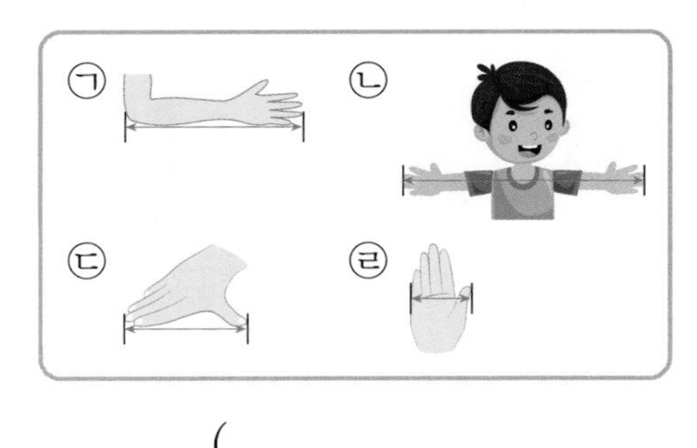

(　　　　　　　　)

241012-0351

19 **다음 중 □ 안에 들어갈 단위가 다른 것을 찾아 기호를 써 보세요.**

㉠ 자전거의 길이는 약 193 □입니다.
㉡ 지팡이의 길이는 약 1 □입니다.
㉢ 트럭의 길이는 약 8 □입니다.
㉣ 건물의 높이는 약 35 □입니다.

(　　　　　　　　)

241012-0352

20 **실제 길이에 가까운 것을 찾아 이어 보세요.**

선풍기의 높이 • 　　• 3 m

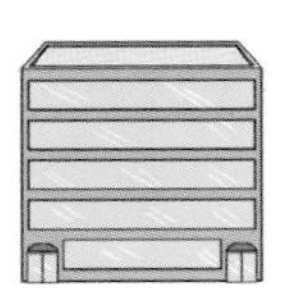

5층 건물의 높이 • 　　• 15 m

트럭의 높이 • 　　• 1 m

3 단원

4 시각과 시간

단원 학습 목표

1. 시계의 숫자와 분의 관계를 이해하고, 5분 단위까지 시각을 읽을 수 있습니다.
2. 1분 단위까지 몇 시 몇 분을 읽고, 시계에 나타낼 수 있습니다.
3. 같은 시각을 '몇 시 몇 분'과 '몇 시 몇 분 전'으로 읽을 수 있습니다.
4. 60분이 1시간임을 알고 걸린 시간을 몇 분 또는 몇 시간 몇 분으로 나타낼 수 있습니다.
5. 하루는 24시간임을 알고, 오전과 오후의 시간을 구분할 수 있습니다.
6. 달력을 보고 1주일, 1개월, 1년 사이의 관계를 이해할 수 있습니다.

단원 진도 체크

학습일		학습 내용	진도 체크
1일째	월 일	개념 1 몇 시 몇 분을 알아볼까요(1) 개념 2 몇 시 몇 분을 알아볼까요(2) 개념 3 여러 가지 방법으로 시각을 읽어 볼까요	✓
2일째	월 일	교과서 넘어 보기 + 교과서 속 응용 문제	✓
3일째	월 일	개념 4 1시간을 알아볼까요 개념 5 걸린 시간을 알아볼까요 개념 6 하루의 시간을 알아볼까요 개념 7 달력을 알아볼까요	✓
4일째	월 일	교과서 넘어 보기 + 교과서 속 응용 문제	✓
5일째	월 일	응용 1 시작한 시각 구하기 응용 2 오전과 오후 구별하여 시각 구하기	✓
6일째	월 일	응용 3 고장 난 시계의 시각 구하기 응용 4 조건에 알맞은 날짜와 요일 구하기	✓
7일째	월 일	단원 평가 LEVEL ❶	✓
8일째	월 일	단원 평가 LEVEL ❷	✓

이 단원을 진도 체크에 맞춰 8일 동안 학습해 보세요.
해당 부분을 공부하고 나서 ✓표를 하세요.

현빈이네 학교에서 우리 동네를 소개하는 '우리 동네 전시회'가 열려요. 현빈이네 학년은 우리 동네 맛집도 알리고, 새로 생긴 가게도 소개하는 우리 동네 소식지를 만들고 있어요.

전시회는 일주일 동안 열릴 거예요. 전시회가 시작하는 날까지 며칠이 남았을까요?

우리 동네의 옛날과 오늘이라는 영화도 볼 수 있어요. 영화 상영 시간은 몇 분이나 될까요?

이번 **4**단원에서는 시각과 시간에 대해 배울 거예요.

개념 1 몇 시 몇 분을 알아볼까요(1)

(1) 5분 단위의 시각 읽기

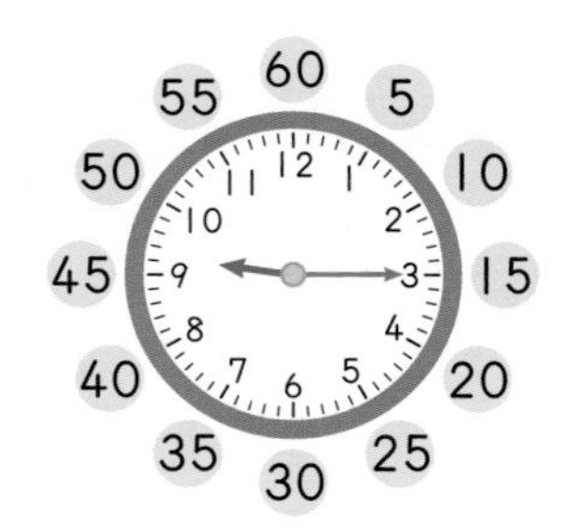

• 시계에서 긴바늘이 가리키는 작은 눈금 한 칸은 1분을 나타냅니다. 시계의 긴바늘이 가리키는 숫자가 1이면 5분, 2이면 10분, 3이면 15분, ...을 나타냅니다.

• 시계가 나타내는 시각은 9시 15분입니다.

• 짧은바늘은 '시'를, 긴바늘은 '분'을 나타냅니다.
• 짧은바늘로 시 읽기
9와 10 사이 ➡ 9시

● 시계의 긴바늘이 가리키는 숫자와 분 사이의 관계
시계의 긴바늘이 가리키는 숫자가 1씩 커질수록 시간은 5분씩 늘어납니다.

숫자	분	숫자	분
1	5	7	35
2	10	8	40
3	15	9	45
4	20	10	50
5	25	11	55
6	30	12	0 (60)

241012-0353

01 시계를 보고 □ 안에 알맞은 수를 써넣으세요.

(1) 짧은바늘은 □ 와/과 □ 사이에 있습니다.

(2) 긴바늘은 □ 을/를 가리키고 있습니다.

(3) 시계가 나타내는 시각은 □ 시 □ 분입니다.

241012-0354

02 시계를 보고 몇 시 몇 분인지 써 보세요.

(1)

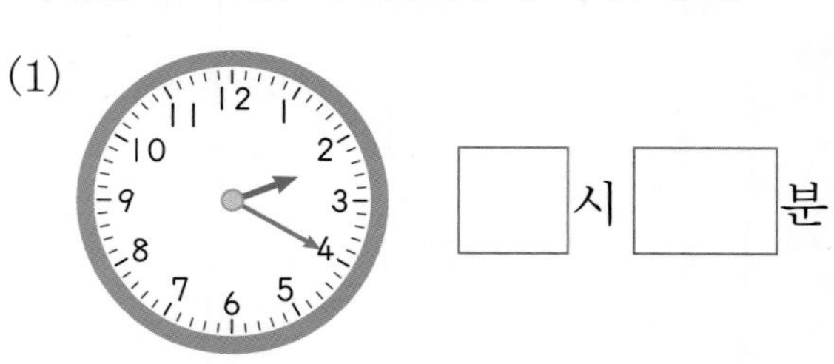

□ 시 □ 분

(2)

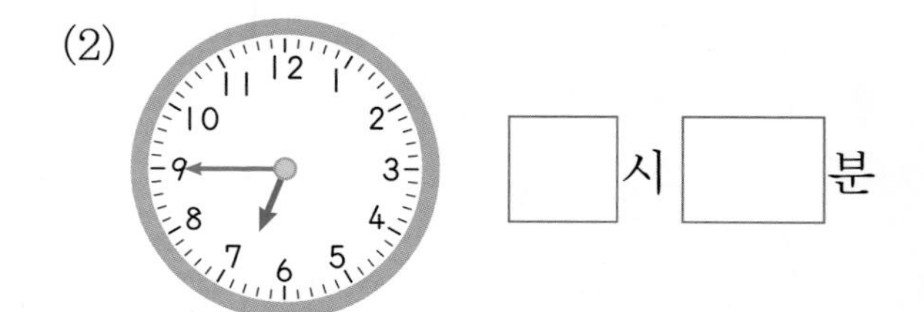

□ 시 □ 분

개념 2 몇 시 몇 분을 알아볼까요(2)

(1) **1분 단위의 시각 읽기**

• 짧은바늘이 7과 8 사이에 있으므로 7시, 긴바늘이 2(10분)에서 작은 눈금 2칸 더 간 곳을 가리키므로 12분을 나타냅니다.
• 시계가 나타내는 시각은 7시 12분입니다.

(2) **디지털시계의 시각 읽기**

• 디지털시계에서 ':' 왼쪽의 수는 몇 시, 오른쪽의 수는 몇 분을 나타냅니다.
• 디지털시계가 나타내는 시각은 4시 23분입니다.

• 시계에서 숫자와 숫자 사이에 작은 눈금이 5칸이므로 작은 눈금 한 칸은 1분을 나타냅니다.
• 긴바늘이 12에서 출발하여 작은 눈금 7칸 간 곳을 가리키면 7분입니다.

241012-0355

03 시계를 보고 □ 안에 알맞은 수를 써넣으세요.

(1) 짧은바늘은 1과 □ 사이에 있고, 긴바늘은 5에서 작은 눈금 □칸 더 간 곳을 가리키고 있습니다.

(2) 시계가 나타내는 시각은 □시 □분입니다.

241012-0356

04 시계를 보고 몇 시 몇 분인지 써 보세요.

(1)

□시 □분

(2)

□시 □분

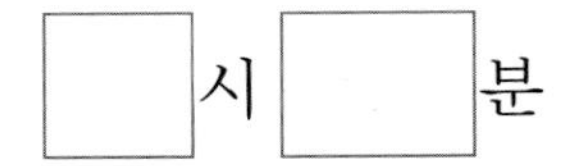

4 단원

개념 3 여러 가지 방법으로 시각을 읽어 볼까요

(1) 몇 시 5분 전 알아보기

- 시계가 나타내는 시각은 4시 55분입니다.
- 5분이 지나면 5시가 됩니다.
- 4시 55분에서 5시가 되려면 5분이 더 지나야 합니다.

➡ 4시 55분을 5시 5분 전이라고도 합니다.

4시 55분=5시 5분 전

(2) 몇 시 10분 전 알아보기

- 시계가 나타내는 시각은 7시 50분입니다.
- 7시 50분에서 8시가 되려면 10분이 더 지나야 합니다.

➡ 7시 50분을 8시 10분 전이라고도 합니다.

7시 50분=8시 10분 전

(3) 몇 시 15분 전 알아보기

- 시계가 나타내는 시각은 6시 45분입니다.
- 6시 45분에서 7시가 되려면 15분이 더 지나야 합니다.

➡ 6시 45분을 7시 15분 전이라고도 합니다.

6시 45분=7시 15분 전

● **몇 시 5분 전 시각 읽기**
긴바늘이 11을 가리키면 몇 시 5분 전을 나타냅니다.

● **5분 전과 5분 후**
3시가 되기 5분 전은 2시에서 55분이 더 지난 2시 55분이고, 3시가 되고 5분 후는 3시에서 5분이 더 지난 3시 5분입니다.

3시 5분 전
=2시 55분

3시

3시 5분

● **2시 10분 전을 모형 시계에 나타내기**

10분 전

시각을 1시에 맞추고 긴바늘이 10을 가리키게 돌려줍니다.

● **몇 시 몇 분 전으로 나타내기**

★시 50분
예 4시 50분

(★+1)시 10분 전
예 5시 10분 전

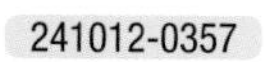

241012-0357

05 시계를 보고 □ 안에 알맞은 수를 써넣으세요.

(1) 시계가 나타내는 시각은

□시 □분입니다.

(2) 7시가 되려면 □분이 더 지나야 하므로 □시 □분 전입니다.

241012-0358

06 시각을 읽어 보세요.

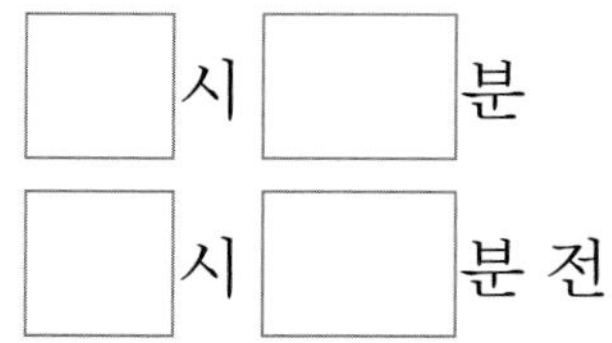

□시 □분

□시 □분 전

241012-0359

07 시계에 시각을 나타내 보세요.

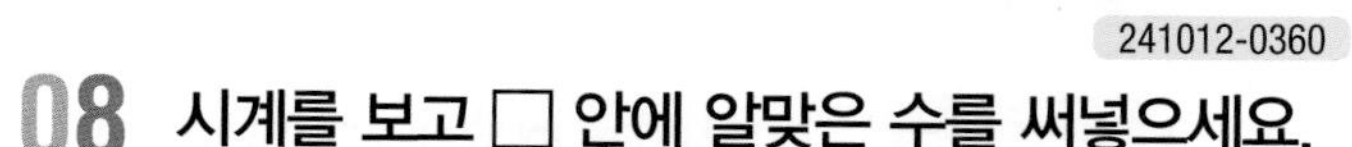

241012-0360

08 시계를 보고 □ 안에 알맞은 수를 써넣으세요.

(1) 시계가 나타내는 시각은

□시 □분입니다.

(2) 3시가 되려면 □분이 더 지나야 하므로 □시 □분 전입니다.

241012-0361

09 시각을 읽어 보세요.

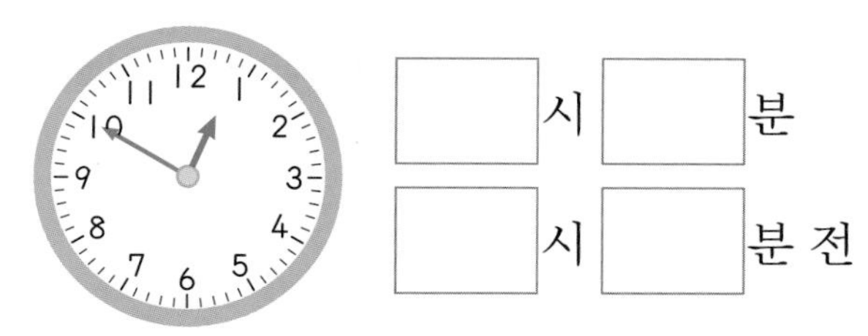

□시 □분

□시 □분 전

241012-0362

10 □ 안에 알맞은 수를 써넣으세요.

(1) 9시 45분은 □시 □분 전입니다.

(2) 4시 10분 전은 □시 □분입니다.

241012-0363

01 시계를 보고 □ 안에 몇 분을 나타내는지 써넣으세요.

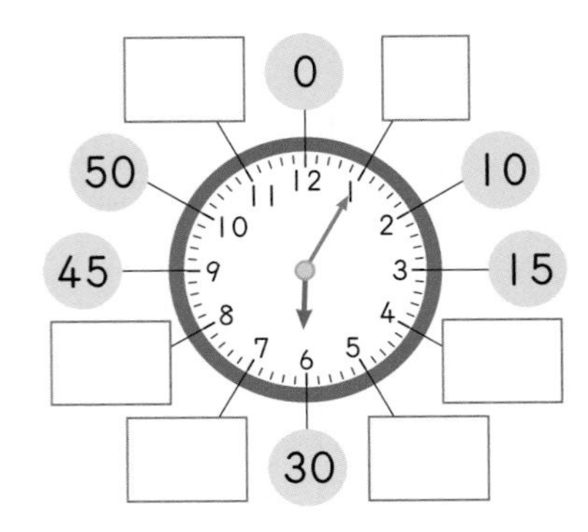

241012-0364

02 시계를 보고 □ 안에 알맞은 수를 써넣으세요.

(1) 짧은바늘은 □ 와/과 □ 사이에 있습니다.

(2) 긴바늘은 8에서 작은 눈금 □ 칸 더 간 곳을 가리키고 있습니다.

(3) 시계가 나타내는 시각은 □ 시 □ 분입니다.

241012-0365

03 □ 안에 알맞은 수를 써넣으세요.

(1) 시계의 긴바늘이 6에서 작은 눈금 3칸 더 간 곳을 가리키면 □ 분입니다.

(2) 시계의 긴바늘이 9에서 작은 눈금 □ 칸 더 간 곳을 가리키면 47분을 나타냅니다.

241012-0366

04 같은 시각끼리 이어 보세요.

 • • 7시 12분

 • • 6시 48분

[05~06] 시각에 맞게 긴바늘을 그려 넣으세요.

241012-0367

05

241012-0368

06

11시 36분

241012-0369

07 **윤주의 일기를 보고 윤주가 피아노 연습을 시작한 시각과 끝낸 시각을 써 보세요.**

오늘은 아침에 피아노 연습을 했다.

에 연습을 시작했는데

배가 고파서  에 연습을 끝냈다.

(1) 피아노 연습을 시작한 시각

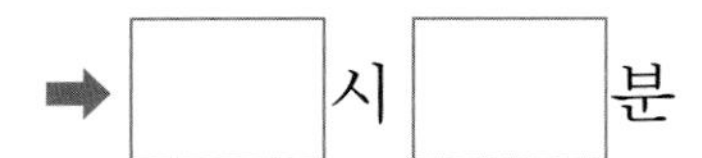

➡ □시 □분

(2) 피아노 연습을 끝낸 시각

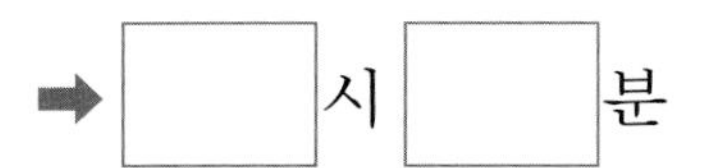

➡ □시 □분

241012-0370

08 **같은 시각을 나타내는 것끼리 이어 보세요.**

241012-0371

09 **시윤이가 학교에 가기 위해 집에서 출발한 시각을 써 보세요.**

출발한 시각

(　　　　　　　　)

241012-0372

10 **지호와 세희는 동시에 같은 시계를 보며 이야기하고 있습니다. 두 사람이 본 시각을 써 보세요.**

지호: 짧은바늘은 11과 12 사이를 가리키고 있어.

세희: 긴바늘은 3에서 작은 눈금 3칸 더 간 곳을 가리키고 있어.

(　　　　　　　　)

241012-0373

11 중요 **두 시계는 서로 같은 시각을 나타냅니다. 빈칸에 알맞은 수를 써넣고, 시각에 맞게 긴바늘을 그려 넣으세요.**

4 단원

241012-0374

12 시계를 보고 □ 안에 알맞은 수를 써넣으세요.

(1) 시계가 나타내는 시각은 □시 □분입니다.

(2) 9시가 되려면 □분이 더 지나야 합니다.

(3) 이 시각은 □시 □분 전입니다.

241012-0375

13 □ 안에 알맞은 수를 써넣으세요.

(1) 6시 15분 전은 □시 □분입니다.

(2) 11시 50분은 □시 □분 전입니다.

241012-0376

14 같은 시각을 나타내는 것끼리 이어 보세요.

2시 5분 전 •

7시 15분 전 •

• 

• 

241012-0377

15 시각에 맞게 긴바늘을 그려 넣으세요.

1시 15분 전

241012-0378

16 서진이와 현우의 대화를 보고 학교에 더 늦게 도착한 사람은 누구인지 써 보세요.

- 서진: 나는 9시 15분 전에 도착했어.
- 현우: 나는 8시 40분에 도착했어.

(　　　　　　　)

241012-0379

17 도전 준수와 윤아가 서점에서 11시에 만나기로 했습니다. 서점에 준수는 10분 전에 도착했고, 윤아는 5분 전에 도착했습니다. 준수와 윤아가 서점에 도착한 시각은 각각 몇 시 몇 분인지 써 보세요.

준수: □시 □분

윤아: □시 □분

정답과 풀이 35쪽

시계의 시각 알아보기

㉠ 수진이는 거울에 비친 시계를 보았습니다. 거울에 비친 시계가 나타내는 시각은 몇 시 몇 분일까요?

➡ 시계의 짧은바늘이 10과 11 사이에 있고, 긴바늘이 6을 가리킵니다. 따라서 10시 30분입니다.

241012-0380

18 **거울에 비친 시계의 모습입니다. 이 시계가 나타내는 시각은 몇 시 몇 분일까요?**

(　　　　　　　　　)

241012-0381

19 **거울에 비친 시계의 모습입니다. 이 시계가 나타내는 시각은 몇 시 몇 분일까요?**

(　　　　　　　　　)

241012-0382

20 **거울에 비친 시계의 모습입니다. 이 시계가 나타내는 시각은 몇 시 몇 분일까요?**

(　　　　　　　　　)

시각의 순서 알아보기

㉠ 지영, 은혁, 성준이가 아침에 일어난 시각을 나타낸 것입니다. 가장 일찍 일어난 사람은 누구일까요?

지영

은혁

성준

➡ 지영이는 7시 43분, 은혁이는 6시 58분, 성준이는 7시 26분에 일어났습니다. 따라서 가장 일찍 일어난 사람은 은혁입니다.

241012-0383

21 **연수와 친구들이 체육관에 도착한 시각을 나타낸 것입니다. 가장 일찍 도착한 사람은 누구인지 써 보세요.**

연수

준서

지민

(　　　　　　　　　)

241012-0384

22 **경민, 영웅, 승수가 놀이터에 도착한 시각을 나타낸 것입니다. 먼저 도착한 순서대로 이름을 써 보세요.**

경민

영웅

승수

(　　　　　　　　　)

4 단원

교과서 개념 다지기

개념 4 I시간을 알아볼까요

(1) I시간 알아보기

• 시계의 긴바늘이 한 바퀴 도는 데 걸린 시간은 60분입니다. 60분은 I시간입니다.

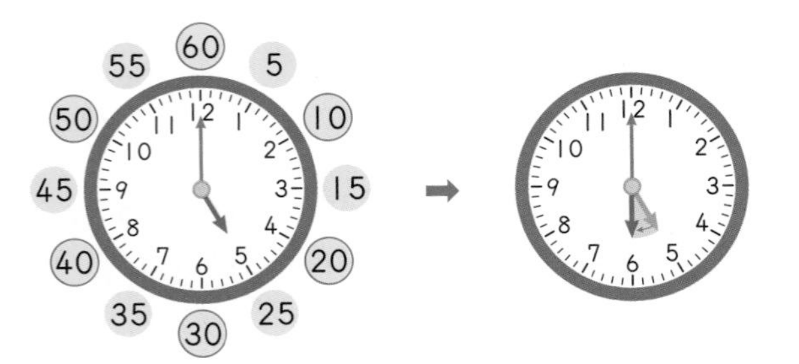

긴바늘이 한 바퀴 도는 동안 짧은바늘이 5에서 6으로 움직였습니다.

5시 I0분 20분 30분 40분 50분 6시

60분=I시간

예 독서를 하는 데 걸린 시간 알아보기

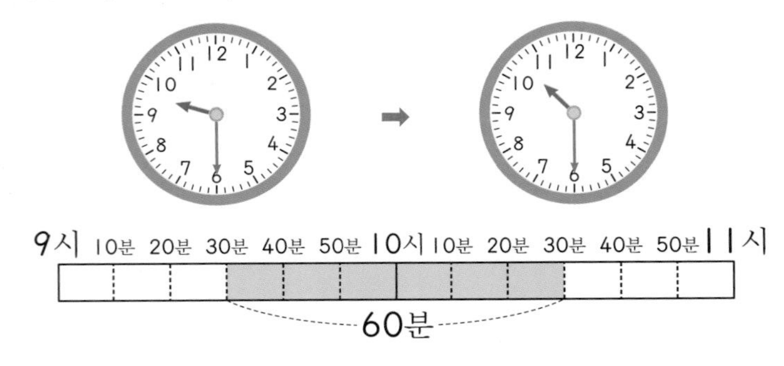

독서를 하는 데 걸린 시간은 I시간입니다.

● 긴바늘이 한 바퀴 도는 시간

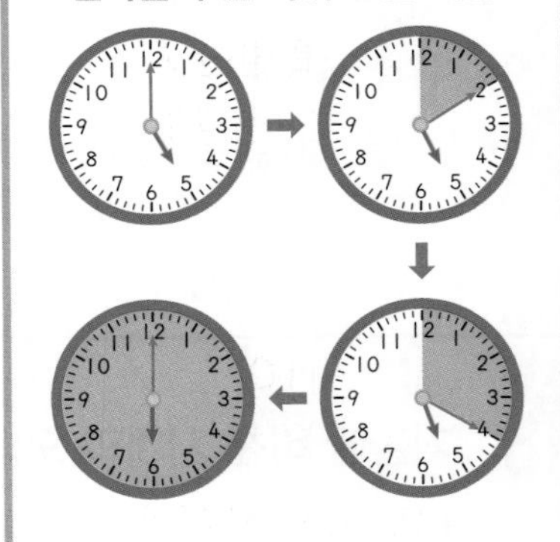

● 시각과 시간

• 시각: 어떤 일이 일어난 때

예 수지는 8시에 독서를 시작하여 9시에 독서를 끝냈습니다.

• 시간: 시각과 시각의 사이

예 수지는 I시간 동안 책을 읽었습니다.

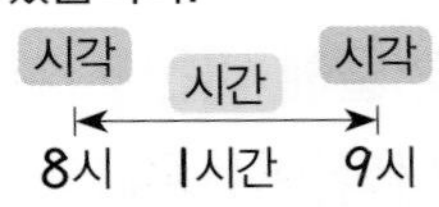

• 몇 시 몇 분 ➡ 시각
• 몇 시간 몇 분 ➡ 시간

241012-0385

01 오른쪽 시계는 I시를 나타내고 있습니다. 긴바늘이 한 바퀴를 돌고 난 다음에 짧은바늘이 가리키는 숫자는 얼마인지 써 보세요.

짧은바늘이 가리키는 숫자: □

241012-0386

02 □ 안에 알맞은 수를 써넣으세요.

재현이는 2시 30분부터 3시 30분까지 □분 동안 수학 공부를 했습니다.

개념 5 걸린 시간을 알아볼까요

(1) 시간 구하기

예 버스가 출발하여 도착하는 데 걸린 시간 구하기

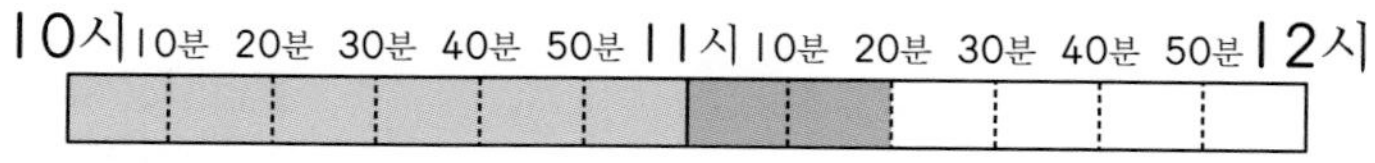

- 버스가 10시에 출발하여 11시 20분에 도착하였습니다.
- 버스가 출발하여 도착하는 데 걸린 시간은 80분입니다.

80분=1시간 20분

● 시간과 분 사이의 관계

60분=1시간

- 1시간 40분
  = 60분(1시간)+40분=100분

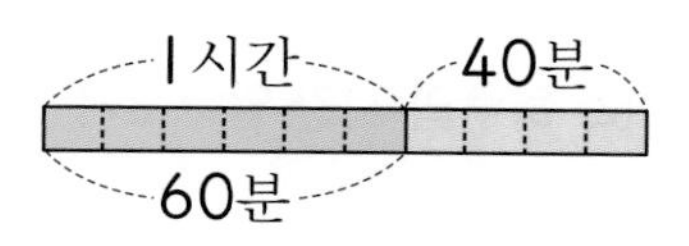

- 140분
  = 60분(1시간)+60분(1시간)+20분
  = 2시간 20분

241012-0387

03 지수가 독서를 시작한 시각과 끝낸 시각을 나타낸 것입니다. 지수가 독서를 한 시간을 구해 보세요.

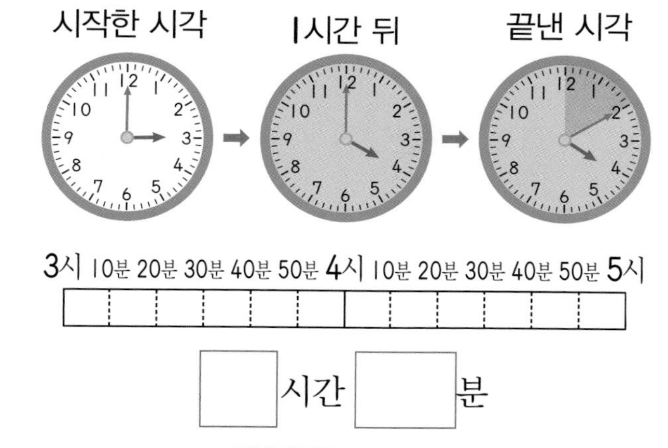

□시간 □분

=□분

241012-0388

04 □ 안에 알맞은 수를 써넣으세요.

(1) 주연이는 주말에 1시간 50분 동안 봉사 활동을 하였습니다. 주연이가 봉사 활동을 한 시간은 □분입니다.

(2) 수현이는 체험학습을 가는 데 90분이 걸렸습니다. 수현이가 체험학습을 가는 데 걸린 시간은

□시간 □분입니다.

4 단원

개념 6 하루의 시간을 알아볼까요

(1) 오전과 오후 알아보기

- 전날 밤 12시부터 낮 12시까지를 오전이라 합니다.
- 낮 12시부터 밤 12시까지를 오후라고 합니다.

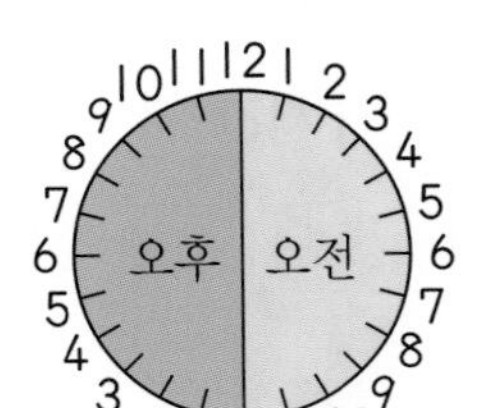

(2) 하루의 시간 알아보기

- 하루는 24시간입니다. 1일=24시간

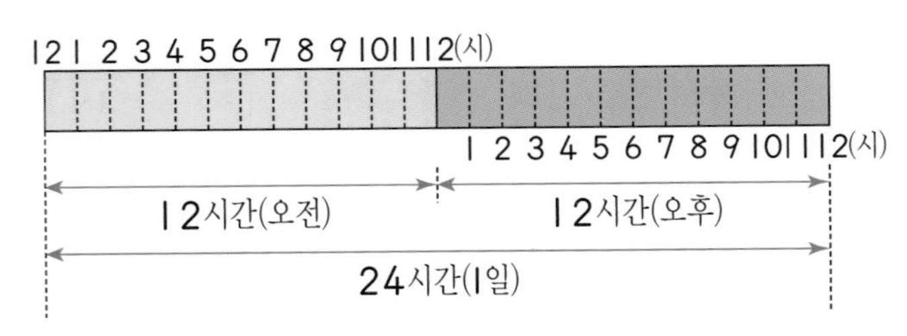

● 하루 동안 시계의 바늘이 도는 횟수

짧은바늘	긴바늘
2바퀴	24바퀴

- 긴바늘은 한 시간에 한 바퀴씩 돌므로 하루에 시계를 24바퀴 돕니다.
- 짧은바늘이 시계를 한 바퀴 돌면 12시간, 두 바퀴 돌면 24시간이므로 하루에 시계를 2바퀴 돕니다.

241012-0389

05 도훈이의 생활 계획표를 보고 하루의 시간을 알아보려고 합니다. □ 안에 알맞은 수를 써넣고 알맞은 말에 ○표 하세요.

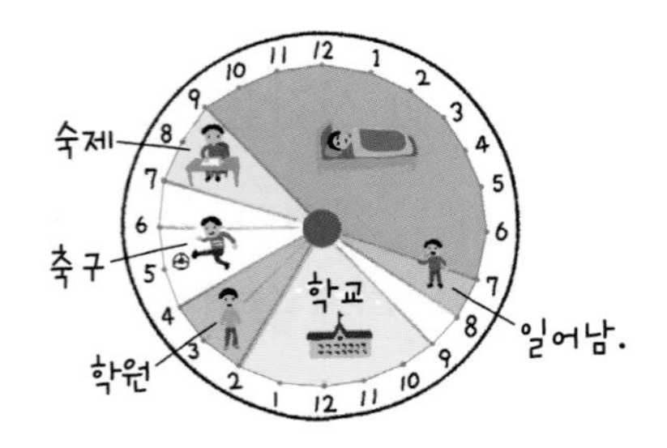

(1) 하루는 □ 시간입니다.

(2) 오전은 □ 시간이고, 오후는 □ 시간입니다.

(3) 도훈이는 (오전, 오후) 7시에 일어났고, (오전, 오후) 9시에 숙제를 끝냈습니다.

241012-0390

06 관계있는 것끼리 이어 보세요.

1일 2시간 •	• 30시간
2일 3시간 •	• 26시간
1일 6시간 •	• 51시간

241012-0391

07 알맞은 말에 ○표 하세요.

(1) 아침 9시 ➡ (오전 , 오후)

(2) 밤 11시 ➡ (오전 , 오후)

(3) 낮 2시 ➡ (오전 , 오후)

개념 7 달력을 알아볼까요

(1) 달력 알아보기

10월

일	월	화	수	목	금	토
		1	2	3	4	5
6	7	8	9	10	11	12
13	14	15	16	17	18	19
20	21	22	23	24	25	26
27	28	29	30	31		

7일 7일 7일 7일

- 1주일은 7일입니다. 1주일=7일
- 같은 요일은 7일마다 반복됩니다.

(2) 1년 알아보기

- 1년은 12개월입니다. 1년=12개월
- 각 월의 날수

월	1	2	3	4	5	6	7	8	9	10	11	12
날수(일)	31	28(29)	31	30	31	30	31	31	30	31	30	31

└ 2월은 4년에 한 번씩 29일이 됩니다.

● 달력의 규칙
달력에서 ⬇ 방향으로 같은 줄에 있는 날짜는 모두 같은 요일입니다.

● 손등으로 날수 알아보기

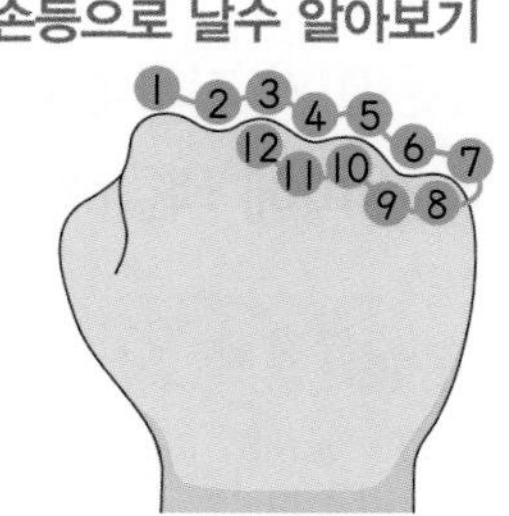

- 주먹을 쥐고 1부터 숫자를 치며 위로 올라온 부분은 31일까지, 내려간 부분은 30일까지 있습니다.
- 2월만 28일(29일)입니다.

4 단원

241012-0392

08 어느 해의 9월 달력입니다. □ 안에 알맞은 수를 써넣으세요.

9월

일	월	화	수	목	금	토
1	2	3	4	5	6	7
8	9	10	11	12	13	14
15	16	17	18	19	20	21
22	23	24	25	26	27	28
29	30					

(1) 둘째 주 수요일은 □ 일입니다.

(2) 17일에서 1주일 후는 □ 일입니다.

241012-0393

09 □ 안에 알맞은 수를 써넣으세요.

(1) 2년은 □ 개월입니다.

(2) 39개월은 □ 년 □ 개월입니다.

241012-0394

10 날수가 30일인 월에 모두 ○표 하세요.

1월 2월 3월 4월 5월 6월
7월 8월 9월 10월 11월 12월

241012-0395

23 □ 안에 알맞은 수를 써넣으세요.

(1) 85분=□시간 □분

(2) 2시간 10분=□분

241012-0396

24 주현이가 기차를 타고 이동하는 데 걸린 시간을 시간 띠에 색칠해 구해 보세요.

출발한 시각 / 도착한 시각

➡

10시 10분 20분 30분 40분 50분 11시 10분 20분 30분 40분 50분 12시

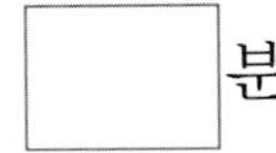

□분

241012-0397

25 영화를 보는 데 걸린 시간을 구하려고 합니다. 물음에 답하세요.

시작한 시각 / 끝난 시각

➡

(1) 영화를 보는 데 걸린 시간을 시간 띠에 색칠해 보세요.

4시 10분 20분 30분 40분 50분 5시 10분 20분 30분 40분 50분 6시

(2) 영화를 보는 데 걸린 시간은 □분입니다.

241012-0398

26 민호가 50분 동안 축구를 하였습니다. 축구를 끝낸 시각이 11시 55분일 때 민호가 축구를 시작한 시각을 구해 보세요.

(　　　　　　)

241012-0399

27 걸린 시간이 같은 공연끼리 이어 보세요.

인형극 10 : 30 ~11 : 50 •		• 마술 9 : 40 ~10 : 30
탈춤 2 : 20 ~3 : 10 •		• 어린이 연극 1 : 50 ~3 : 10

241012-0400

28 도전 재호와 나경이가 숙제를 시작한 시각과 끝낸 시각입니다. 숙제를 더 오래 한 사람은 누구일까요?

	시작한 시각	끝낸 시각
재호	5시 30분	6시 50분
나경	5시 50분	7시

(　　　　　　)

241012-0401

29 가장 긴 시간을 찾아 기호를 써 보세요.

㉠ 52시간
㉡ 1일 20시간
㉢ 2일 3시간

(　　　　　　　　　)

241012-0402

30 수진이가 쓴 일기입니다. 물음에 답하세요.

중요

오늘은 사과를 따러 과수원에 갔다. 집에서 아침 7시에 출발하여 과수원에 도착하니 아침 9시 30분이었다. 사과를 따고 낮 12시 30분에 점심을 먹었다. 사과를 따는 게 힘들었지만 재미있었다. 집에 도착하여 시계를 보니 저녁 5시 40분이었다.

(1) 알맞은 말에 ○표 하세요.

(오전 , 오후)에 과수원에 도착하여
(오전 , 오후)에 점심을 먹었습니다.

(2) 수진이가 집에서 출발하여 과수원에 도착하는 데 걸린 시간을 구해 보세요.

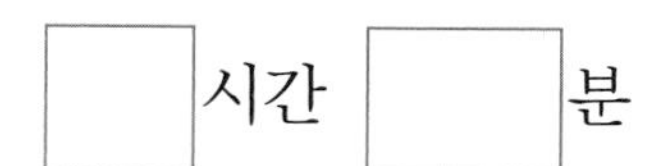

□시간 □분

241012-0403

31 주영이는 오전 10시부터 오후 1시까지 박물관에 있었습니다. 주영이가 박물관에 있었던 시간을 시간 띠에 색칠하고 구해 보세요.

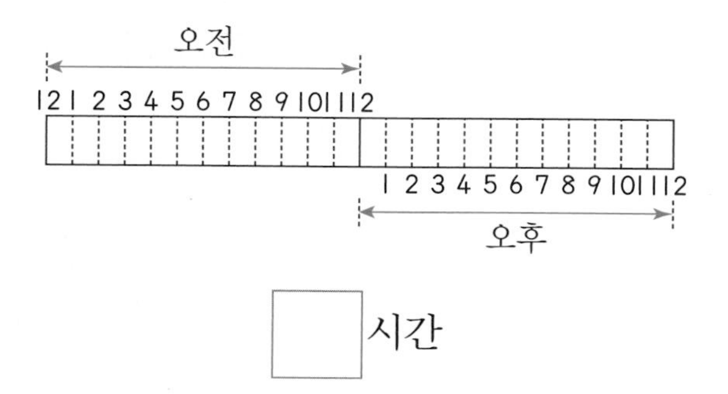

□시간

[32~34] 시훈이네 반의 전통 놀이 체험 일정표입니다. 물음에 답하세요.

시간	활동
9:00~9:50	투호
9:50~10:50	제기차기
10:50~12:00	비사치기
12:00~1:00	점심시간
1:00~2:20	연날리기

241012-0404

32 바르게 말한 사람의 이름을 써 보세요.

시훈: 오전에 점심을 먹었어.
나래: 오후에는 비사치기를 했어.
채연: 오전에는 모두 3가지 전통 놀이를 체험했어.

(　　　　　　　　　)

241012-0405

33 연날리기 체험을 하는 데 걸린 시간은 몇 분인지 시간 띠에 색칠하고 구해 보세요.

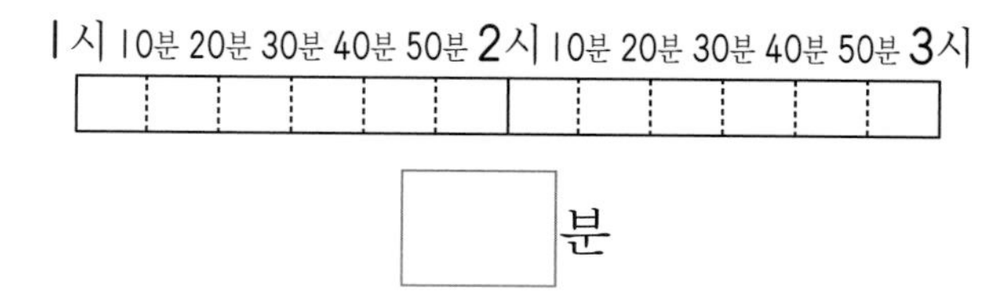

□분

241012-0406

34 전통 놀이 체험을 시작할 때부터 끝날 때까지 걸린 시간은 모두 몇 시간 몇 분인지 구해 보세요.

(　　　　　　　　　)

4 단원

241012-0407

35 □ 안에 알맞은 수를 써넣으세요.

(1) 1년 6개월=□개월

(2) 14일=□주일

[36~37] 어느 해의 8월 달력입니다. 달력을 보고 물음에 답하세요.

8월						
일	월	화	수	목	금	토
				1	2	3
4	5	6	7	8	9	10
			14	15		
	19	20				24
						31

241012-0408

36 달력을 완성해 보세요.

241012-0409

37 대화를 읽고 소민이 친구들의 생일을 각각 써 보세요.

소민: 내 생일은 8월 15일 광복절이야.
찬우: 내 생일은 소민이 생일부터 2주일 후야.
혜진: 나는 찬우보다 3일 먼저 태어났어.

찬우 (　　　　　)
혜진 (　　　　　)

241012-0410

38 날수가 다른 월끼리 짝 지은 것에 ○표 하세요.

1월, 12월	4월, 7월	6월, 11월

[39~41] 어느 해 5월 달력의 일부분입니다. 물음에 답하세요.

5월						
일	월	화	수	목	금	토
			1	2	3	4
5	6	7	8			
14						

241012-0411

39 토요일인 날짜를 모두 써 보세요.

(　　　　　)

241012-0412

40 셋째 목요일에 '우리 동네 나들이'를 하려고 합니다. '우리 동네 나들이'를 하는 날은 몇 월 며칠인지 써 보세요.

(　　　　　)

241012-0413

41 5월 27일부터 6월 4일까지 '우리 동네 전시회'를 열려고 합니다. 전시회를 하는 기간은 며칠인지 구해 보세요.

(　　　　　)

241012-0414

42 시온이네 가족은 1월 15일부터 1월 23일까지 제주도로 여행을 다녀왔습니다. 시온이네 가족은 며칠 동안 제주도 여행을 했는지 구해 보세요.

(　　　　　)

오전과 오후에 걸쳐 걸린 시간 구하기

예 규민이는 오전 10시에 놀이공원에 도착하여 오후 4시에 나왔습니다. 규민이가 놀이공원에 있었던 시간은 몇 시간인지 구해 보세요.

➡ 오전 10시 —(2시간)→ 낮 12시 —(4시간)→ 오후 4시

따라서 놀이공원에 6시간 있었습니다.

241012-0415

43 새롬이는 오전 11시에 서울역에서 기차를 타고 출발하여 오후 3시에 부산역에 도착했습니다. 새롬이가 기차를 탄 시간은 몇 시간인지 구해 보세요.

(　　　　　　　　)

241012-0416

44 태지는 오전 9시 30분부터 오후 2시까지 현장 체험학습에 참여했습니다. 태지가 현장 체험학습에 참여한 시간은 몇 시간 몇 분인지 구해 보세요.

□ 시간 □ 분

241012-0417

45 나윤이는 한국 시각으로 어제 오후 10시에 싱가포르 창이 공항에서 출발하여 오늘 새벽 5시에 인천 공항에 도착했습니다. 이 비행기가 싱가포르 창이 공항에서 인천 공항까지 오는 데 걸린 시간은 몇 시간인지 구해 보세요.

(　　　　　　　　)

달력을 보고 날짜 구하기

예 어느 해 10월 달력의 일부분입니다. 미주네 아파트에서는 매주 목요일에 재활용 쓰레기 분리수거를 합니다. 10월에는 재활용 쓰레기 분리수거를 모두 몇 번 하는지 구해 보세요.

10월						
일	월	화	수	목	금	토
		1	2	3	4	5
6	7	8	9	10	11	12

➡ 10월은 31일까지 있고, 같은 요일은 7일마다 반복되므로 목요일인 날짜는 3일, $3+7=10$(일), $10+7=17$(일), $17+7=24$(일), $24+7=31$(일)입니다. 따라서 10월에 재활용 쓰레기 분리수거를 모두 5번 합니다.

241012-0418

46 어느 해 7월 달력의 일부분입니다. 수현이는 월요일마다 수영장에 갑니다. 7월에 수현이가 수영장을 가는 날짜를 모두 써 보세요.

7월						
일	월	화	수	목	금	토
	1	2	3	4	5	6
	8	9	10	11	12	13

(　　　　　　　　)

241012-0419

47 어느 해 8월 달력의 일부분입니다. 8월 6일은 민호의 생일이고, 민호의 생일로부터 3주일 후는 민영이의 생일입니다. 민영이의 생일은 몇 월 며칠인지 구해 보세요.

8월						
일	월	화	수	목	금	토
					1	2
3						

(　　　　　　　　)

대표 응용 1 시작한 시각 구하기

현준이가 1시간 40분 동안 등산을 한 후 시계를 보았더니 오른쪽과 같았습니다.
현준이가 등산을 시작한 시각은 몇 시 몇 분인지 구해 보세요.

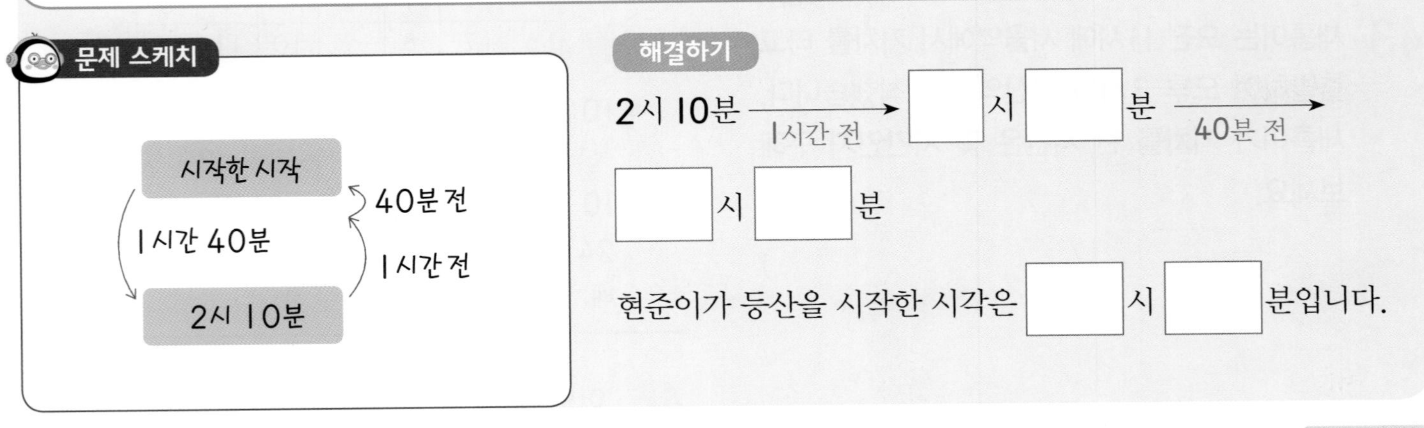

241012-0420

1-1 세정이가 1시간 45분 동안 영화를 보고 나서 시계를 보았더니 오른쪽과 같았습니다.
영화가 시작한 시각은 몇 시 몇 분인지 구해 보세요.

(　　　　　　　　)

241012-0421

1-2 성민이는 110분 동안 책을 읽었습니다. 책 읽기를 끝내고 시계를 보았더니 오른쪽과 같았습니다. 성민이가 책을 읽기 시작한 시각은 몇 시 몇 분인지 구해 보세요.

(　　　　　　　　)

정답과 풀이 38쪽

대표 응용 2

오전과 오후 구별하여 시각 구하기

프랑스 파리의 시각은 우리나라 서울의 시각보다 8시간 늦습니다. 서울이 오후 3시일 때 프랑스 파리의 시각을 시계에 나타내 보세요.

문제 스케치

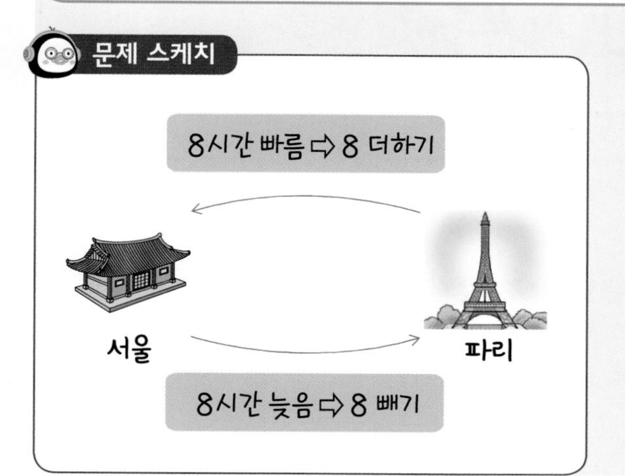

해결하기

오후 3시 —3시간 전→ (낮, 밤) 12시 —5시간 전→ 오전 ☐ 시

오후 3시에서 8시간 전인 오전 ☐ 시를 시계에 나타냅니다.

241012-0422

2-1 남극에 있는 세종과학기지의 시각은 우리나라 서울의 시각보다 4시간 빠릅니다. 서울이 오전 9시일 때 세종과학기지의 시각을 시계에 나타내 보세요.

(오전 , 오후)

241012-0423

2-2 다솜이네 가족은 우리나라 서울 시각으로 오전 7시 10분에 인천 공항에서 비행기를 타고 태국 방콕에 갔습니다. 방콕까지 가는 데 5시간 40분이 걸렸고 방콕 시각은 서울 시각보다 2시간 늦습니다. 다솜이네 가족이 방콕에 도착했을 때 방콕의 시각을 구해 보세요.

(오전 , 오후) ☐ 시 ☐ 분

4 단원

대표 응용 **3**

고장 난 시계의 시각 구하기

해준이는 한 시간에 1분씩 빨라지는 시계를 가지고 있습니다. 이 시계의 시각을 오늘 오전 9시에 정확하게 맞추었다면 내일 오전 9시에 해준이의 시계가 가리키는 시각은 오전 몇 시 몇 분인지 구해 보세요.

문제 스케치

1시간에 1분 빨라짐

⇩

▲시간에 ▲분 빨라짐

해결하기

오전 9시에서 다음날 오전 9시까지는 ☐ 시간이므로

내일 오전 9시에는 해준이의 시계가 ☐ 분 빨라집니다.

따라서 이 시계가 가리키는 시각은 오전 ☐ 시 ☐ 분

입니다.

241012-0424

3-1 은지의 시계는 한 시간에 1분씩 빨라집니다. 이 시계의 시각을 오늘 오전 11시에 정확하게 맞추었다면 내일 오후 7시에 이 시계가 가리키는 시각은 오후 몇 시 몇 분인지 구해 보세요.

(　　　　　　　　)

241012-0425

3-2 고장 난 ㉮ 시계와 ㉯ 시계가 있습니다. 한 시간에 ㉮ 시계는 5분 느리게 가고, ㉯ 시계는 5분 빠르게 갑니다. 오늘 오전 10시에 두 시계의 시각을 정확하게 맞추었다면 오늘 오후 4시에 두 시계의 시각은 몇 분 차이가 나는지 구해 보세요.

(　　　　　　　　)

대표 응용 4

조건에 알맞은 날짜와 요일 구하기

어느 해의 12월 1일은 일요일입니다. 같은 해의 12월 셋째 금요일은 며칠인지 구해 보세요.

문제 스케치

해결하기

12월의 첫째 금요일은 12월 1일에서 □ 일 후인 12월 □ 일입니다.

1주일은 □ 일이므로 12월의 금요일인 날짜는 순서대로 □ 일, □ 일, □ 일, □ 일입니다.

따라서 12월 셋째 금요일의 날짜는 □ 일입니다.

241012-0426

4-1 어느 해의 7월 4일은 목요일입니다. 같은 해의 7월 다섯째 월요일은 며칠인지 구해 보세요.

( )

241012-0427

4-2 어느 해의 8월 5일은 일요일입니다. 같은 해의 8월 마지막 날은 무슨 요일인지 구해 보세요.

( )

4 단원

단원 평가 LEVEL ❶

241012-0428

01 시계를 보고 빈칸에 몇 분을 나타내는지 써넣으세요.

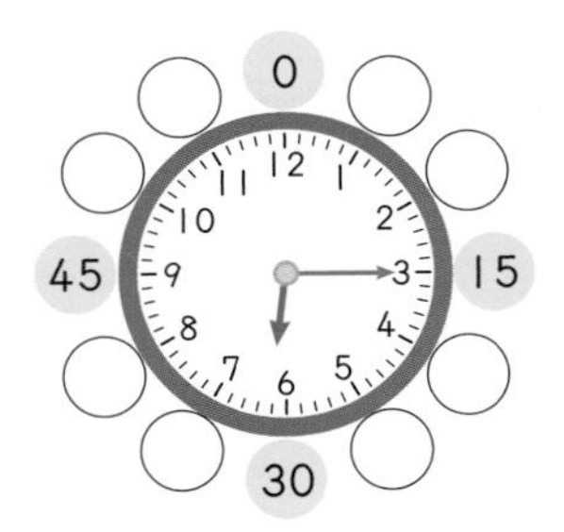

241012-0429

02 시계가 나타내는 시각을 바르게 읽은 것에 ○표 하세요.

2시 5분	2시 25분

241012-0430

03 시계를 보고 몇 시 몇 분인지 써 보세요.

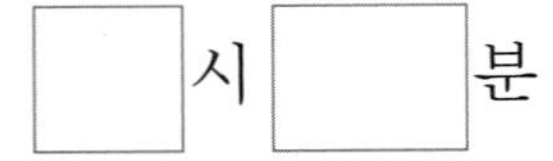 시 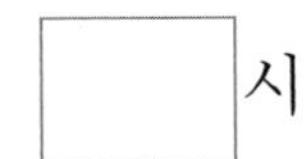 분 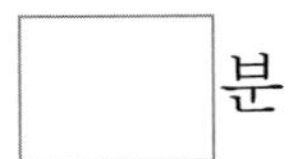

241012-0431

04 시각에 맞게 긴바늘을 그려 넣으세요.

241012-0432

05 서술형 인성이와 하준이가 같은 시계를 보고 있습니다. 시계가 나타내는 시각을 써 보세요.

> 인성: 짧은바늘은 12와 1 사이를 가리키고 있어.
> 하준: 긴바늘은 10에서 작은 눈금 2칸을 더 간 곳을 가리키고 있어.

풀이

(1) 짧은바늘이 12와 1 사이에 있으면 (　　　)시입니다.

(2) 긴바늘이 10을 가리키면 (　　　)분이고 여기에서 작은 눈금 2칸을 더 갔으므로 (　　　)분입니다.

(3) 인성이와 하준이가 본 시계의 시각은 (　　　)시 (　　　)분입니다.

답 ____________________

241012-0433

06 예강이가 놀이터에 도착하여 시계를 보니 다음과 같았습니다. 예강이와 윤우가 놀이터에서 3시에 만나기로 했다면 약속한 시각까지 몇 분 남았을까요?

(　　　　　　　　)

중요

시계를 보고 바르게 읽은 사람은 누구인지 써 보세요.

세희

2시 15분 전

주원

12시 5분 전

준익

8시 10분 전

(　　　　　　　　)

241012-0435

08 시계가 멈춰서 다시 시각을 맞추려고 합니다. 긴바늘을 몇 바퀴 돌리면 되는지 구해 보세요.

멈춘 시계

현재 시각

1:55

긴바늘을 적어도 □ 바퀴 돌립니다.

241012-0436

09 □ 안에 알맞은 수를 써넣으세요.

(1) 1시간 15분=□분

(2) 105분=□시간 □분

241012-0437

10 세준이와 다희가 학교에 도착한 시각은 다음과 같습니다. 두 사람 중 학교에 더 일찍 도착한 사람은 누구일까요?

세준: 9시 5분 전
다희: 8시 57분

(　　　　　　　　)

241012-0438

11 지선이가 박물관에 있었던 시간은 몇 시간인지 구해 보세요.

박물관에 들어간 시각

→

박물관에서 나온 시각

(　　　　　　　　)

241012-0439

12 뮤지컬 공연 시간표입니다. 뮤지컬 공연이 오후 7시에 시작되었습니다. 뮤지컬 공연이 끝난 시각은 오후 몇 시 몇 분인지 구해 보세요.

서술형

1부 공연 시간	50분
휴식 시간	15분
2부 공연 시간	40분

풀이

(1) 1부 공연이 끝난 시각은
오후 (　　)시 (　　)분입니다.

(2) 휴식 시간이 끝난 시각은
오후 (　　)시 (　　)분입니다.

(3) 2부 공연이 끝난 시각은
오후 (　　)시 (　　)분입니다.

답 ____________

4 단원

정답과 풀이 39쪽

241012-0440

13 유진이가 자전거를 탄 시간을 시간 띠에 색칠하고 구해 보세요.

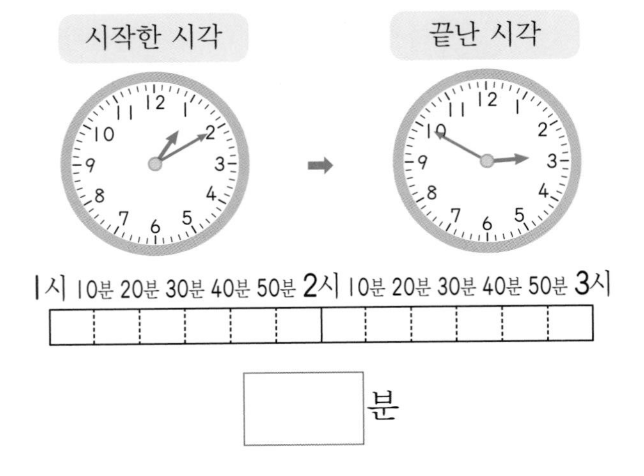

241012-0441

14 성현이의 시계가 고장이 나서 7시 35분을 가리키고 있습니다. 시각을 맞추기 위해서 긴바늘을 시계 반대 방향으로 2바퀴 돌렸다면 맞춘 시각은 몇 시 몇 분인지 구해 보세요.

( )

241012-0442

15 한 시간에 1분씩 빨라지는 시계가 있습니다. 이 시계의 시각을 오늘 오전 11시에 정확하게 맞추었습니다. 오늘 오후 11시에 시계가 가리키는 시각은 오후 몇 시 몇 분인지 구해 보세요.

( )

241012-0443

16 진우는 10월 11일 금요일 오후 4시에 캠핑장에 도착하여 10월 13일 일요일 오후 6시에 캠핑장을 나왔습니다. 진우가 캠핑장에 있었던 시간은 몇 시간인지 구해 보세요.

( )

241012-0444

17 민준이네 학교 2학년 학생들의 직업 체험일은 8월 23일부터 2주일 후입니다. 민준이네 학교 2학년 학생들의 직업 체험일은 몇 월 며칠인지 구해 보세요.

( )

241012-0445

18 어느 해 11월 달력의 일부분입니다. 11월 마지막 날은 영우의 생일이고, 영우의 생일에서 2주일 전은 동미의 생일입니다. 영우와 동미의 생일은 몇 월 며칠인지 각각 구해 보세요.

11월						
일	월	화	수	목	금	토
					1	2
3	4	5	6	7	8	

영우 ( )

동미 ( )

241012-0446

19 어느 해 9월 달력의 일부분입니다. 같은 해 10월 1일은 무슨 요일인지 구해 보세요.

9월						
일	월	화	수	목	금	토
1	2	3	4	5	6	7

( )

241012-0447

20 도전 어느 피아노 연주자의 공연 기간은 35일입니다. 공연을 끝낸 날이 12월 28일이라면 공연을 시작한 날은 몇 월 며칠인지 구해 보세요.

( )

정답과 풀이 40쪽

241012-0448

01 시계의 긴바늘이 가리키는 숫자가 몇 분을 나타내는지 빈칸에 알맞은 수를 써넣으세요.

시계의 긴바늘이 가리키는 숫자	2	5	9	11
분				

241012-0449

02 3시 40분을 나타내는 시계에 ○표 하세요.

( ) ( )

241012-0450

03 시계를 보고 몇 시 몇 분인지 써 보세요.

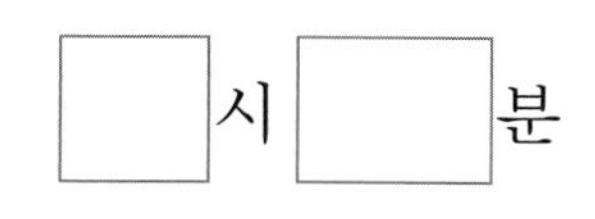

241012-0451

04 시각에 맞게 긴바늘을 그려 넣으세요.

241012-0452

05 같은 시각을 나타낸 것끼리 이어 보세요.

7:55

241012-0453

06 시계가 나타내는 시각에서 15분 전의 시각은 몇 시 몇 분일까요?

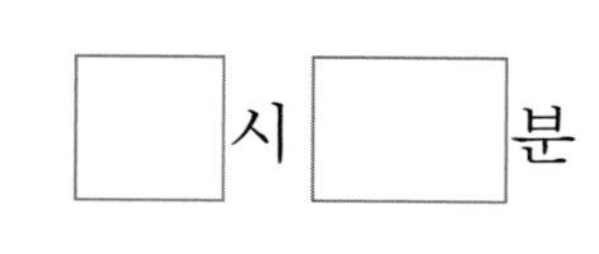

241012-0454

07 중요 시현이가 본 시계의 시각은 오전 11시 17분입니다. 이 시각에서 시계의 긴바늘이 3바퀴 돌았을 때의 시각을 구해 보세요.

(오전 , 오후)
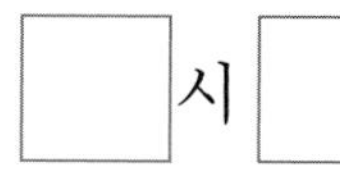

241012-0455

08 오른쪽 시계가 나타내는 시각에서 23분 후의 시각은 몇 시 몇 분일까요?

( )

4 단원

241012-0456

09 서윤이와 민경이가 학원에 도착한 시각입니다. 두 사람 중 더 일찍 도착한 사람은 누구일까요?

서윤: 3시 10분 전
민경: 2시 55분

(　　　　　　　　)

241012-0457

10 준이는 30분씩 5가지 보드게임을 체험 했습니다. 보드게임 체험이 끝난 시각을 시계에 나타내고 걸린 시간을 구해 보세요.

시작한 시각

끝난 시각

(　　　　　　　　)

241012-0458

11 현주가 4시 10분 전에 책을 읽기 시작하여 75분 후에 마쳤습니다. 현주가 책 읽기를 마친 시각은 몇 시 몇 분인지 구해 보세요.

241012-0459

12 중요 왼쪽 시각에서 145분이 지난 시각을 오른쪽 시계에 나타내 보세요.

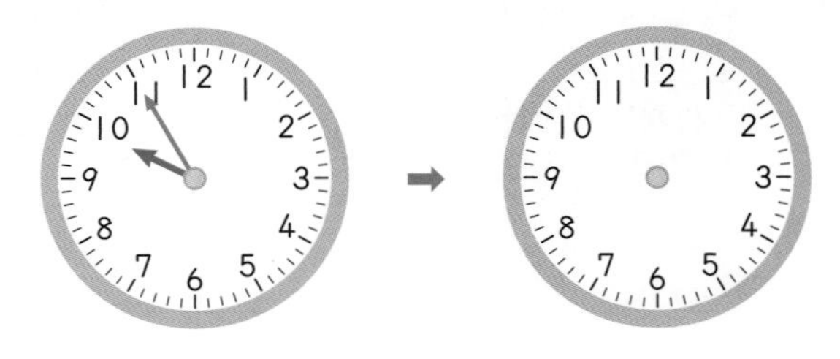

241012-0460

13 서술형 스케이트장은 오전 9시에 문을 열고 오후 7시에 문을 닫습니다. 하루에 스케이트장을 이용할 수 있는 시간은 몇 시간인지 구해 보세요.

풀이

(1) 오전 9시에서 낮 12시까지는 (　　)시간입니다.

(2) 낮 12시에서 오후 7시까지는 (　　)시간입니다.

(3) 하루에 스케이트장을 이용할 수 있는 시간은 (　　)시간입니다.

답 ____________

241012-0461

14 예서가 발레 연습을 한 시간을 시간 띠에 색칠하고 구해 보세요.

시작한 시각　　　　끝낸 시각

3시 10분 20분 30분 40분 50분 4시 10분 20분 30분 40분 50분 5시

□분

정답과 풀이 40쪽

241012-0462

15 도훈이와 아율이가 종이접기를 시작한 시각과 끝낸 시각을 나타낸 표입니다. 종이접기를 하는 데 걸린 시간을 구하고 종이접기를 더 오래 한 사람의 이름을 써 보세요.

	시작한 시작	끝낸 시각	걸린 시간
도훈	오전 11시 40분	오후 1시	
아율	오전 11시 30분	오후 12시 55분	

( )

241012-0463

16 예솔이와 재호의 대화를 읽고 인형극을 하는 데 걸린 시간은 몇 시간 몇 분인지 구해 보세요.

예솔: 인형극은 3시 5분에 시작했어.
재호: 인형극이 끝난 시각은 5시 10분 전이야.

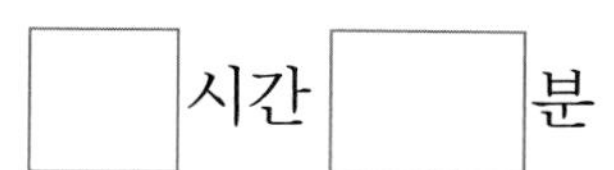

□시간 □분

241012-0464

17 주원이가 집에서 출발해서 15분이 걸려 공원에 도착했습니다. 주원이가 도착한 지 25분 후에 영훈이가 공원에 도착해 시계를 보니 다음과 같았습니다. 주원이가 집에서 출발한 시각을 왼쪽 시계에 나타내 보세요.

주원이가 출발한 시각

영훈이가 도착한 시각

241012-0465

18 서술형 어느 해 7월 달력의 일부분입니다. 같은 해의 추석은 9월 17일입니다. 9월 17일은 무슨 요일인지 구해 보세요.

7월						
일	월	화	수	목	금	토
	1	2	3	4	5	6
7	8	9	10			

풀이

(1) 7월은 31일까지 있습니다. 7월 31일은 ( )요일이고, 8월 1일은 ( )요일입니다.

(2) 8월은 31일까지 있습니다. 8월 31일은 ( )요일이고, 9월 1일은 ( )요일입니다.

(3) 9월 1일의 2주일 후는 ( )요일이므로 9월 17일은 ( )요일입니다.

답 ____________

241012-0466

19 어느 해 2월 4일과 3월 4일은 모두 목요일입니다. 같은 해의 2월의 마지막 날은 며칠이고 무슨 요일인지 구해 보세요.

마지막 날 ( )
요일 ( )

241012-0467

20 도전 호인이네 학교는 7월 22일에 여름방학식을 하고, 5주일 3일 후에 개학식을 합니다. 오늘이 8월 3일이라면 개학식은 몇 월 며칠이고, 앞으로 며칠 남았는지 구해 보세요.

개학식 날 ( )
남은 날수 ( )

5 표와 그래프

단원 학습 목표

1. 자료를 분류하여 표로 나타낼 수 있습니다.
2. 자료를 조사하는 방법을 알고 표로 나타낼 수 있습니다.
3. 자료를 분류하여 그래프로 나타낼 수 있습니다.
4. 자료를 조사하여 표와 그래프로 나타낼 수 있습니다.
5. 표로 나타내면 편리한 점을 알 수 있습니다.
6. 그래프로 나타내면 편리한 점을 알 수 있습니다.
7. 표와 그래프를 보고 알 수 있는 내용을 찾을 수 있습니다.

단원 진도 체크

학습일		학습 내용	진도 체크
1일째	월 일	개념 1 자료를 분류하여 표로 나타내 볼까요 개념 2 자료를 조사하여 표로 나타내 볼까요 개념 3 자료를 분류하여 그래프로 나타내 볼까요 개념 4 표와 그래프를 보고 무엇을 알 수 있을까요 개념 5 표와 그래프로 나타내 볼까요	✓
2일째	월 일	교과서 넘어 보기 + 교과서 속 응용 문제	✓
3일째	월 일	응용 1 자료를 분류하여 표로 나타내기 응용 2 학생 수의 차 구하기	✓
4일째	월 일	응용 3 그래프에서 자료의 수 구하기 응용 4 표와 그래프 완성하기	✓
5일째	월 일	단원 평가 LEVEL ❶	✓
6일째	월 일	단원 평가 LEVEL ❷	✓

이 단원을 진도 체크에 맞춰 6일 동안 학습해 보세요.
해당 부분을 공부하고 나서 ✓표를 하세요.

민서네 반에서는 모둠별로 소개하고 싶은 나라를 조사하여 그 나라 음식을 색점토와 지점토로 만들었어요. 1모둠은 이탈리아 피자, 2모둠은 가나의 반쿠, 3모둠은 독일의 감자 스프, 4모둠은 미국의 햄버거, 5모둠은 인도의 카레를 만들었어요. 이 중에서 가장 마음에 드는 음식을 고르기로 했어요. 준희는 카레를 좋아해서 인도의 카레를, 희찬이는 햄버거를 좋아하지만 처음 보는 음식인 가나의 반쿠를 고르고 싶어 해요. 과연 어느 모둠에서 만든 음식이 가장 마음에 드는 음식으로 뽑힐까요?

이번 5단원에서는 표와 그래프에 대해 배울 거예요.

개념 1 자료를 분류하여 표로 나타내 볼까요

(1) 자료를 분류하여 표로 나타내기

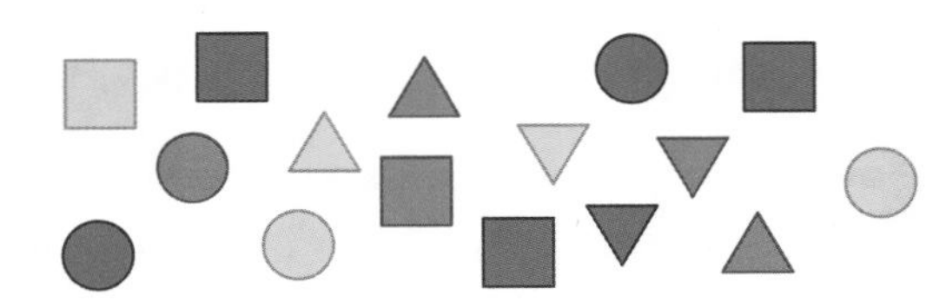

① 자료 분류하기

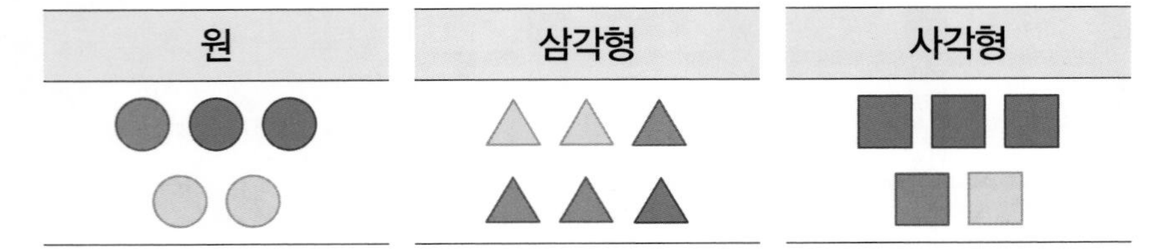

② 자료의 수를 세어 표로 나타내기

모양별 도형 수

모양	원	삼각형	사각형	합계
도형 수(개)	5	6	5	16

● 자료의 수를 셀 때 겹치지 않고 빠짐없이 세는 방법
자료를 빠뜨리지 않고 모두 세기 위하여 ✓, ○, × 등 다양한 기호를 사용하여 표시하면서 셉니다.

241012-0468

01 모양을 만드는 데 사용한 조각 수를 표로 나타내 보세요.

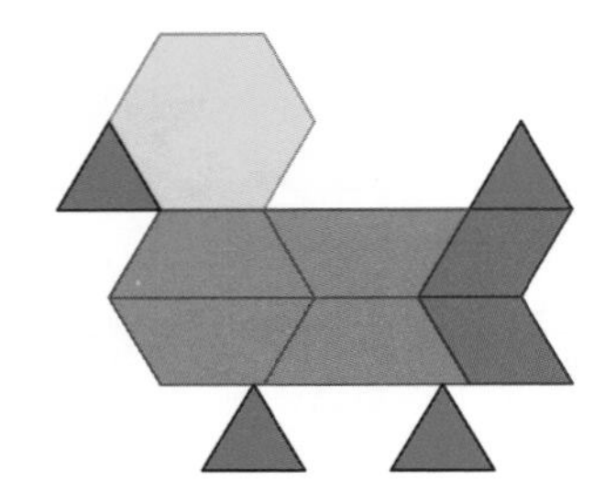

모양을 만드는 데 사용한 조각 수

조각	▲	▱	⏢	⬡	합계
조각 수(개)					

241012-0469

02 수민이네 모둠 학생들이 좋아하는 과일을 조사하였습니다. 자료를 보고 표로 나타내 보세요.

수민이네 모둠 학생들이 좋아하는 과일

수민	아윤	서진
이준	수현	진우

수민이네 모둠 학생들이 좋아하는 과일별 학생 수

과일	(포도)	(사과)	(귤)	합계
합계				

개념 2 자료를 조사하여 표로 나타내 볼까요

(1) 자료를 조사하여 표로 나타내는 순서

무엇을 조사할지 정하기 ➡ 조사할 방법을 정하기 ➡ 정한 방법에 따라 자료를 조사하기 ➡ 조사한 자료를 보고 표로 나타내기

(2) 자료를 조사하여 표로 나타내기

• 지민이네 반 학생들이 좋아하는 음식 조사하기

지민이네 반 학생들이 좋아하는 음식

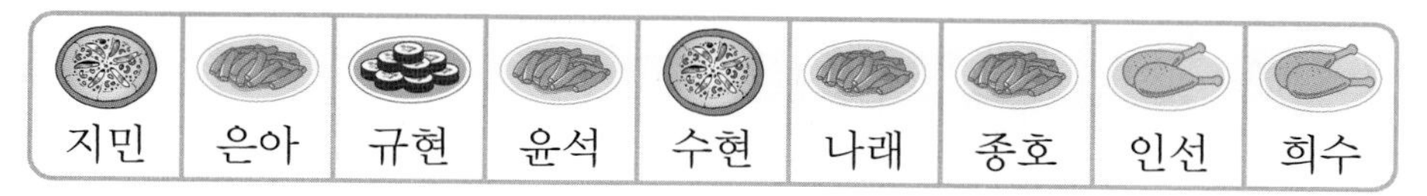

• 조사한 자료를 표로 나타내기

지민이네 반 학생들이 좋아하는 음식별 학생 수

음식	피자	떡볶이	김밥	치킨	합계
학생 수(명)	2	4	1	2	9

● **자료와 표의 편리한 점**

• 자료: 누가 어느 것을 가지고 있는지, 어느 것을 좋아하는지 등을 개인별로 알 수 있습니다.

• 표: 항목별 학생 수를 한눈에 알아보기 쉽고, 조사한 전체 학생 수를 쉽게 알 수 있습니다.

[03~05] 솔이네 반 학생들이 기르는 반려동물을 조사하였습니다. 물음에 답하세요.

솔이네 반 학생들이 기르는 반려동물

솔이	현호	수정	지혜	민서
준우	경진	상미	선희	종오
진주	유정	민지	경욱	민수
예지	혜미	준희	호진	주영

241012-0470

03 솔이네 반 학생은 모두 몇 명인지 써 보세요.

(   )

241012-0471

04 빈칸에 기르는 반려동물별로 학생의 이름을 써넣으세요.

솔이네 반 학생들이 기르는 반려동물

앵무새	강아지	고양이	거북

241012-0472

05 자료를 보고 표로 나타내 보세요.

솔이네 반 학생들이 기르는 반려동물별 학생 수

반려동물	앵무새	강아지	고양이	거북	합계
학생 수(명)					

5 단원

개념 3 자료를 분류하여 그래프로 나타내 볼까요

(1) 자료를 보고 그래프로 나타내기

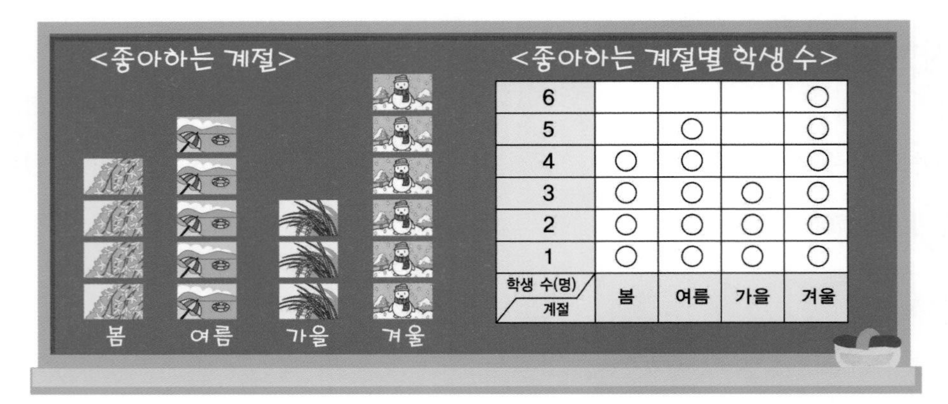

6				○
5		○		○
4	○	○		○
3	○	○	○	○
2	○	○	○	○
1	○	○	○	○
학생 수(명) / 계절	봄	여름	가을	겨울

① 가로와 세로에 어떤 것을 나타낼지 정합니다. (가로 → 계절, 세로 → 학생 수)

② 가로와 세로를 각각 몇 칸으로 할지 정합니다. (가로 → 4칸, 세로 → 6칸)

③ 그래프에 ○, ×, / 중 하나를 선택하여 자료를 나타냅니다.

④ 그래프의 제목을 씁니다.

● 그래프를 그릴 때 유의할 점

- 표를 보고 수를 고려하여 세로 또는 가로의 칸 수를 정해야 합니다.
- 그래프에 ○, ×, / 중 하나를 이용하여 나타낼 때 기호는 한 칸에 하나씩 표시하고, 세로로 나타낸 그래프는 아래에서 위로, 가로로 나타낸 그래프는 왼쪽에서 오른쪽으로 빈칸 없이 채워서 표시합니다.

● 그래프로 나타내면 편리한 점

- 좋아하는 계절별 학생 수를 한눈에 비교할 수 있습니다.
- 가장 많은 학생이 좋아하는 계절과 가장 적은 학생이 좋아하는 계절을 한눈에 알 수 있습니다.

[06~08] 하준이네 반 학생들이 입고 있는 옷 색깔을 조사하였습니다. 물음에 답하세요.

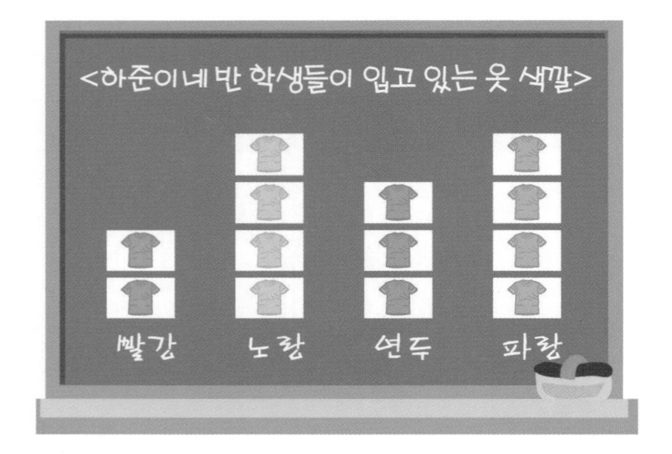

241012-0473

06 그래프의 가로에는 □ 을/를, 세로에는 학생 수를 나타냅니다.

241012-0474

07 그래프에서 가로는 □ 칸, 세로는 4칸으로 합니다.

241012-0475

08 ○를 이용하여 그래프로 나타내 보세요.

하준이네 반 학생들이 입고 있는 옷 색깔별 학생 수

4				
3				
2				
1				
학생 수(명) / 색깔	빨강	노랑	연두	파랑

개념 4 표와 그래프를 보고 무엇을 알 수 있을까요

좋아하는 채소별 학생 수

채소	오이	당근	호박	감자	고구마	합계
학생 수(명)	3	2	4	5	6	20

좋아하는 채소별 학생 수

6					○
5				○	○
4			○	○	○
3	○		○	○	○
2	○	○	○	○	○
1	○	○	○	○	○
학생 수(명) / 채소	오이	당근	호박	감자	고구마

● **표의 내용 알아보기**

① 오이를 좋아하는 학생은 3명입니다.
② 조사한 학생은 모두 20명입니다.

● **표로 나타내면 편리한 점**

- 조사한 자료의 전체 수를 알아보기 편리합니다.
- 조사한 자료의 항목별 수를 알아보기 편리합니다.

● **그래프의 내용 알아보기**

① 가장 많은 학생이 좋아하는 채소는 고구마입니다.
② 가장 적은 학생이 좋아하는 채소는 당근입니다.

● **그래프로 나타내면 편리한 점**

자료의 수를 한눈에 비교하기 편리합니다.

241012-0476

09 **경서네 반 학생들이 배우고 싶은 운동을 조사하여 표로 나타낸 것입니다. □ 안에 알맞은 수나 말을 써넣으세요.**

경서네 반 학생들이 배우고 싶은 운동별 학생 수

운동	태권도	줄넘기	축구	수영	합계
학생 수(명)	6	7	5	4	22

경서네 반 학생들이 배우고 싶은 운동별 학생 수

수영	○	○	○	○			
축구	○	○	○	○	○		
줄넘기	○	○	○	○	○	○	○
태권도	○	○	○	○	○	○	
운동 / 학생 수(명)	1	2	3	4	5	6	7

(1) 경서네 반 학생은 모두 □명입니다.

(2) 태권도를 배우고 싶은 학생은 □명입니다.

(3) 가장 많은 학생이 배우고 싶은 운동은 □입니다.

(4) 수영을 배우고 싶은 학생은 축구를 배우고 싶은 학생보다 □명 더 적습니다.

5 단원

개념 5 표와 그래프로 나타내 볼까요

(1) **표와 그래프로 나타내는 방법**

① 조사 계획을 세워 자료를 조사합니다.

② 기준을 정해 같은 종류끼리 모아 분류합니다.

③ 종류별로 세어 표로 나타냅니다.

④ 종류별 수만큼 ○, ×, / 등을 이용하여 그래프로 나타냅니다.

(2) **표와 그래프로 나타내기**

• 승우네 반 학생들이 좋아하는 전통 놀이 조사하기

공기놀이	제기차기	공기놀이	투호	공기놀이
윷놀이	투호	공기놀이	윷놀이	윷놀이
투호	공기놀이	윷놀이	윷놀이	투호
공기놀이	투호	윷놀이	제기차기	공기놀이

• 같은 전통 놀이끼리 분류하기

공기놀이	제기차기	투호	윷놀이

• 전통 놀이별로 자료의 수를 세어 표로 나타내기

승우네 반 학생들이 좋아하는 전통 놀이별 학생 수

전통 놀이	공기놀이	제기차기	투호	윷놀이	합계
학생 수(명)	7	2	5	6	20

● **조사한 자료 분류하기**
조사한 자료를 표와 그래프로 나타내기 위해서는 조사한 자료를 기준을 정해 같은 종류끼리 묶어 분류합니다.

• 표를 보고 전통 놀이별 학생 수만큼 ○를 이용하여 그래프로 나타내기

승우네 반 학생들이 좋아하는 전통 놀이별 학생 수

7	○			
6	○			○
5	○		○	○
4	○		○	○
3	○		○	○
2	○	○	○	○
1	○	○	○	○
학생 수(명) / 전통 놀이	공기놀이	제기차기	투호	윷놀이

● **표를 보고 그래프로 나타내기**
기준에 따라 분류한 내용을 표로 나타낸 다음, 표를 보고 그래프로 나타냅니다.

[10~11] 유미네 반 학생들이 읽고 있는 책의 종류를 조사한 자료를 보고 물음에 답하세요.

유미네 반 학생들이 읽고 있는 책의 종류

위인전	과학책	동화책	역사책
 이순신 이순신 이순신 이순신	 과학책 과학책 과학책 과학책 과학책 과학책 과학책 과학책	 동화책 동화책 동화책 동화책 동화책 동화책 동화책	 한국사 한국사 한국사 한국사 한국사 한국사

241012-0477

10 자료를 보고 표를 나타내 보세요.

유미네 반 학생들이 읽고 있는 책의 종류별 학생 수

종류	위인전	과학책	동화책	역사책	합계
학생 수 (명)					

241012-0478

11 왼쪽 표를 보고 그래프로 나타내 보세요.

유미네 반 학생들이 읽고 있는 책의 종류별 학생 수

8				
7				
6				
5				
4	○			
3	○			
2	○			
1	○			
학생 수(명) / 종류	위인전	과학책	동화책	역사책

5 단원

[01~03] 시현이네 반 학생들이 가 보고 싶은 나라를 조사하였습니다. 물음에 답하세요.

시현이네 반 학생들이 가 보고 싶은 나라

이름	나라	이름	나라	이름	나라
시현	미국	우주	중국	인서	프랑스
예주	호주	가연	미국	민진	호주
지선	중국	은호	호주	승아	호주
재현	프랑스	재민	호주	재욱	호주
누리	미국	현우	프랑스	정서	미국

241012-0479

01 시현이가 가 보고 싶은 나라는 어느 나라일까요?

( )

241012-0480

02 시현이네 반 학생은 모두 몇 명일까요?

( )

241012-0481

03 자료를 보고 표로 나타내 보세요.

시현이네 반 학생들이 가 보고 싶은 나라별 학생 수

나라	미국	중국	프랑스	호주	합계
학생 수(명)					

241012-0482

04 모양을 만드는 데 사용한 조각 수를 표로 나타내 보세요.

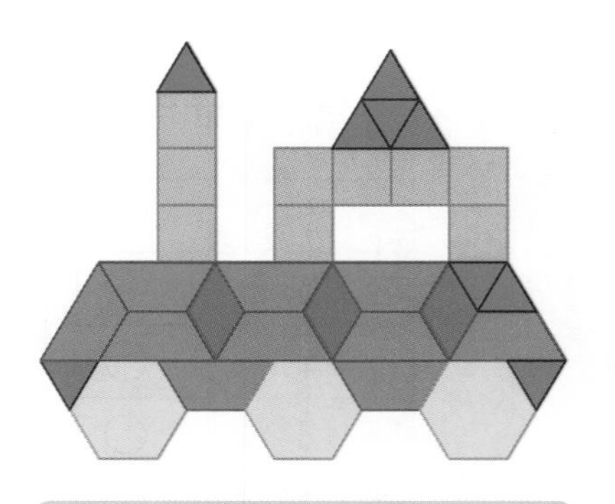

모양을 만드는 데 사용한 조각 수

조각	▲	■	▰	사다리꼴	육각형	합계
조각 수(개)						

241012-0483

05 혜민이네 반 학생들이 좋아하는 악기를 조사하여 표로 나타내려고 합니다. 가장 먼저 해야 할 일에 ○표 하세요.

좋아하는 악기별 학생 수를 세어 표로 나타내기	( )
자료를 보고 분류하기	( )
학생들에게 좋아하는 악기 물어 보기	( )

241012-0484

06 리듬을 보고 음표의 수를 표로 나타내 보세요.

음표 수

음표	𝅗𝅥	♩	♪	합계
음표 수 (개)				

[07~08] 수진이와 친구들이 고리를 5회씩 던져서 고리가 걸리면 ○표, 걸리지 않으면 ×표를 하여 나타낸 표입니다. 물음에 답하세요.

이름 \ 회	1	2	3	4	5
수진	○	×	○	×	×
주형	×	○	○	○	×
유진	○	×	○	×	○
태영	○	○	×	○	○

241012-0485

07 학생별로 걸린 고리 수를 표로 나타내 보세요.

학생별 걸린 고리의 수

이름	수진	주형	유진	태영	합계
걸린 고리 수(개)					

241012-0486

08 걸린 고리가 가장 많은 학생의 이름을 써 보세요.

( )

[09~10] 선주네 반 학생들이 받고 싶은 생일 선물을 조사하였습니다. 물음에 답하세요.

선주네 반 학생들이 받고 싶은 생일 선물

241012-0487

09 자료를 보고 표로 나타내 보세요.

선주네 반 학생들이 받고 싶은 생일 선물별 학생 수

선물	게임기	블록	동화책	인형	합계
학생 수 (명)					

241012-0488

10 중요 표를 보고 /를 이용하여 그래프로 나타내 보세요.

선주네 반 학생들이 받고 싶은 생일 선물별 학생 수

7				
6				
5				
4				
3				
2				
1				
학생 수(명) / 선물	게임기	블록	동화책	인형

5 단원

[11~13] 예준이네 반 학생들의 혈액형을 조사하여 표로 나타냈습니다. 물음에 답하세요.

예준이네 반 학생들의 혈액형별 학생 수

혈액형	A형	B형	AB형	O형	합계
학생 수 (명)	7	6	5	4	

241012-0489

11 예준이네 반 학생은 모두 몇 명일까요?

( )

241012-0490

12 표를 보고 ○를 이용하여 그래프로 나타내 보세요.

예준이네 반 학생들의 혈액형별 학생 수

7				
6				
5				
4				
3				
2				
1				
학생 수(명) / 혈액형	A형	B형	AB형	O형

241012-0491

13 표를 보고 /를 이용하여 그래프로 나타내 보세요.

예준이네 반 학생들의 혈액형별 학생 수

O형							
AB형							
B형							
A형							
혈액형 / 학생 수(명)	1	2	3	4	5	6	7

[14~17] 현주네 반 학생들이 좋아하는 꽃을 조사하여 표로 나타냈습니다. 물음에 답하세요.

현주네 반 학생들이 좋아하는 꽃별 학생 수

꽃	진달래	개나리	백합	장미	합계
학생 수 (명)	7	3	4	8	22

241012-0492

14 표를 보고 /를 이용하여 그래프로 나타내 보세요.

현주네 반 학생들이 좋아하는 꽃별 학생 수

장미								
백합								
개나리								
진달래								
꽃 / 학생 수(명)	1	2	3	4	5	6	7	8

241012-0493

15 그래프의 가로와 세로에는 각각 무엇을 나타냈는지 써 보세요.

가로 ( )

세로 ( )

241012-0494

16 도전 개나리를 좋아하는 학생과 진달래를 좋아하는 학생 수의 차는 몇 명일까요?

( )

241012-0495

17 그래프의 내용에서 알 수 없는 것을 찾아 기호를 써 보세요.

㉠ 현주네 반에서 가장 많은 학생들이 좋아하는 꽃의 이름
㉡ 현주가 좋아하는 꽃의 이름
㉢ 현주네 반 학생들이 좋아하는 꽃의 종류

( )

교과서, 익힘책 속 응용 문제를 유형별로 풀어 보세요.

정답과 풀이 43쪽

표에서 모르는 수 구하기

예 유나네 반 학생들이 좋아하는 운동을 조사하여 표로 나타냈습니다. 피구를 좋아하는 학생은 몇 명인지 구해 보세요.

유나네 반 학생들이 좋아하는 운동별 학생 수

운동	달리기	줄넘기	축구	피구	합계
학생 수 (명)	8	6	3		27

➡ 피구를 좋아하는 학생 수는
$27-8-6-3=10$(명)입니다.

241012-0496

18 소현이네 반 학생들이 좋아하는 과일을 조사하여 표로 나타냈습니다. 배를 좋아하는 학생은 몇 명인지 구해 보세요.

소현이네 반 학생들이 좋아하는 과일별 학생 수

과일	귤	사과	배	포도	키위	합계
학생 수 (명)	11	5		4	2	25

(　　　　　　　)

241012-0497

19 1월의 날씨를 조사하여 표로 나타냈습니다. 흐린 날수와 눈 온 날수가 같았습니다. 물음에 답하세요.

1월의 날씨별 날수

날씨	맑음	흐림	비	눈	합계
날수(일)	15		2		31

(1) 흐린 날수와 눈 온 날수의 합은 모두 며칠일까요?

(　　　　　　　)

(2) 표의 빈칸에 알맞은 수를 써넣으세요.

그래프로 나타낼 때 필요한 칸 수 구하기

예 다음 표를 그래프로 나타내려고 합니다. 세로에 학생 수를 나타낼 때 세로의 학생 수는 적어도 몇까지 있어야 할까요?

배우고 싶은 악기별 학생 수

악기	피아노	우쿨렐레	리코더	바이올린	합계
학생 수 (명)	6	7	9	3	25

➡ 가장 많은 학생들이 배우고 싶은 악기는 리코더이고 학생 수는 9명입니다. 그래프의 세로에 학생 수를 나타낼 때 세로는 적어도 9까지 있어야 합니다.

241012-0498

20 다음 표를 그래프로 나타내려고 합니다. 가로에 학생 수를 나타낼 때 가로의 학생 수는 적어도 몇까지 있어야 할까요?

읽고 싶은 책별 학생 수

종류	역사책	위인전	과학책	동화책	합계
학생 수(명)	9		7	8	30

(　　　　　　　)

241012-0499

21 다음 표를 그래프로 나타내려고 합니다. 겨울을 좋아하는 학생은 여름을 좋아하는 학생보다 2명이 더 많다고 합니다. 세로에 학생 수를 나타낼 때 세로의 학생 수는 적어도 몇까지 있어야 할까요?

좋아하는 계절별 학생 수

계절	봄	여름	가을	겨울	합계
학생 수 (명)	5	4			22

(　　　　　　　)

5 단원

대표 응용 1

자료를 분류하여 표로 나타내기

준희가 붙임딱지 모양을 조사하였습니다. 붙임딱지 모양은 몇 종류이고, ★ 모양은 몇 개인지 구해 보세요.

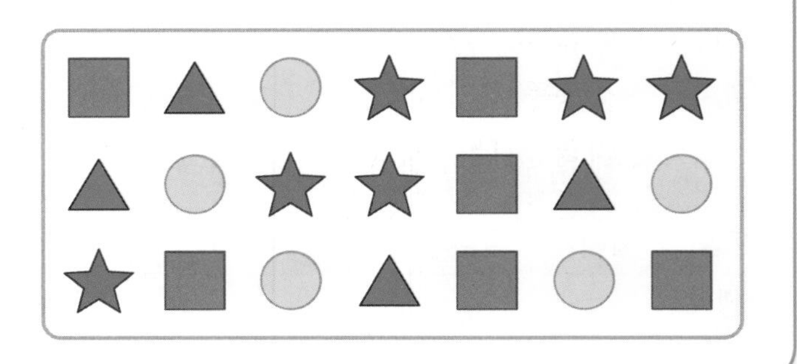

문제 스케치

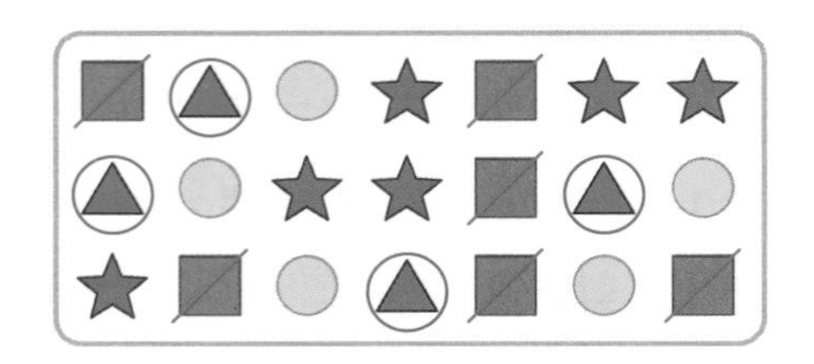

같은 종류끼리 /, ○, × 등으로 표시하며 개수를 세어요.

해결하기

자료를 보고 표로 나타내면 다음과 같습니다.

모양별 붙임딱지 수

모양	■	▲	●	★	합계
붙임딱지 수 (개)	6	4			21

따라서 붙임딱지 모양은 □ 가지이고, ★ 모양은 □ 개입니다.

241012-0500

1-1 어느 달의 날씨를 조사하였습니다. 물음에 답하세요.

어느 달의 날씨

일	월	화	수	목	금	토
	1 (눈)	2 (눈)	3 (맑음)	4 (맑음)	5 (흐림)	6 (맑음)
7 (맑음)	8 (흐림)	9 (맑음)	10 (맑음)	11 (비)	12 (맑음)	13 (비)
14 (맑음)	15 (맑음)	16 (눈)	17 (흐림)	18 (눈)	19 (비)	20 (비)
21 (맑음)	22 (눈)	23 (맑음)	24 (맑음)	25 (흐림)	26 (흐림)	27 (맑음)
28 (맑음)	29 (눈)	30 (맑음)	31 (맑음)			

(1) 자료를 보고 날씨별로 분류하여 표를 완성해 보세요.

어느 달의 날씨별 날수

날씨	맑음	흐림	비	눈	합계
날수(일)					

(2) 눈이 온 날은 비가 온 날보다 며칠이 더 많았나요?

(　　　　　　　　　　)

정답과 풀이 44쪽

대표 응용 2

학생 수의 차 구하기

서윤이네 반 학생 24명이 받고 싶은 선물을 조사하여 그래프로 나타냈습니다. 휴대 전화를 받고 싶은 학생은 장난감을 받고 싶은 학생보다 몇 명 더 많은지 구해 보세요.

서윤이네 반 학생들이 받고 싶은 선물별 학생 수

7					○
6					○
5	○				○
4	○	○			○
3	○	○		○	○
2	○	○		○	○
1	○	○		○	○
학생 수(명) / 선물	운동화	동화책	장난감	인형	휴대 전화

문제 스케치

(전체) = ? + (남은 양)

? = (전체) − (남은 양)

해결하기

장난감을 받고 싶은 학생은

24 − 5 − □ − □ − □ = □(명)입니다.

따라서 휴대 전화를 받고 싶은 학생은 장난감을 받고 싶은 학생보다 □ − □ = □(명) 더 많습니다.

2-1 수정이네 반 학생 21명이 가 보고 싶은 산을 조사하여 그래프로 나타냈습니다. 한라산을 가 보고 싶은 학생은 소백산을 가 보고 싶은 학생보다 몇 명 더 많은지 구해 보세요.

(   )

241012-0501

수정이네 반 학생들이 가 보고 싶은 산별 학생 수

6	○				
5	○	○			
4	○	○			○
3	○	○		○	○
2	○	○		○	○
1	○	○		○	○
학생 수(명) / 산	한라산	백두산	소백산	지리산	태백산

5 단원

대표 응용 **3**

그래프에서 자료의 수 구하기

준서네 모둠이 가지고 있는 연결 모형 수를 조사하여 그래프로 나타냈습니다. 노란색 연결 모형의 수가 초록색 연결 모형의 수보다 3개 더 많다면 준서네 모둠이 가지고 있는 연결 모형은 모두 몇 개인지 구해 보세요.

준서네 모둠이 가지고 있는 색깔별 연결 모형 수

파란색	○	○	○	○	○	○	○	○	○	○
초록색	○	○	○	○						
노란색										
빨간색	○	○	○	○	○	○				
연결모형 수(개) / 색깔	1	2	3	4	5	6	7	8	9	10

문제 스케치

(파란색)	■개
(초록색)	■개
(노란색)	■개 ➡ (■+3)개
(빨간색)	■개
합계	■+■+(■+3)+■개

해결하기

초록색 연결 모형은 4개이므로 노란색 연결 모형은

4+□=□(개)입니다.

따라서 준서네 모둠이 가지고 있는 연결 모형은 모두

10+4+□+6=□(개)입니다.

241012-0502

3-1 재훈이네 반 학생들이 좋아하는 활동을 조사하여 나타낸 그래프입니다. 그림 그리기를 좋아하는 학생은 운동하기를 좋아하는 학생보다 2명 더 적다면 재훈이네 반 학생은 모두 몇 명인지 구해 보세요.

( )

재훈이네 반 학생들이 좋아하는 활동별 학생 수

6	×			
5	×			×
4	×			×
3	×		×	×
2	×		×	×
1	×		×	×
학생 수(명) / 활동	운동하기	그림 그리기	악기 연주	블록 만들기

정답과 풀이 44쪽

대표 응용 4

표와 그래프 완성하기

유민이네 반 학생들이 좋아하는 곤충을 조사하여 표와 그래프로 나타냈습니다. 표와 그래프를 완성해 보세요.

유민이네 반 학생들이 좋아하는 곤충별 학생 수

곤충	사슴벌레	반딧불이	나비	잠자리	합계
학생 수(명)	4		5		17

유민이네 반 학생들이 좋아하는 곤충별 학생 수

5			○	
4	○		○	
3	○	○	○	
2	○	○	○	
1	○	○	○	
학생 수(명) / 곤충	사슴벌레	반딧불이	나비	잠자리

문제 스케치

가	나
2	4

	○
	○
○	○
○	○
가	나

해결하기

그래프에서 반딧불이를 좋아하는 학생은 ☐명이므로

잠자리를 좋아하는 학생은

17－4－☐－☐＝☐(명)입니다.

따라서 그래프에 ○를 ☐개 그려 넣습니다.

241012-0503

4-1 재현이네 반 학생들이 좋아하는 음식을 조사하여 표와 그래프로 나타냈습니다. 표와 그래프를 완성해 보세요.

재현이네 반 학생들이 좋아하는 음식별 학생 수

음식	한식	양식	중식	일식	합계
학생 수(명)	4		3		12

재현이네 반 학생들이 좋아하는 음식별 학생 수

4				
3			○	
2		○	○	
1		○	○	
학생 수(명) / 음식	한식	양식	중식	일식

5 단원

단원 평가 LEVEL ❶

[01~04] 영우네 반 학생들이 좋아하는 놀이 기구를 조사하였습니다. 물음에 답하세요.

영우네 반 학생들이 좋아하는 놀이 기구

이름	놀이 기구	이름	놀이 기구
영우	미끄럼틀	누리	시소
민지	정글짐	종민	구름다리
현진	구름다리	경호	정글짐
소민	정글짐	윤기	미끄럼틀
진주	미끄럼틀	아람	구름다리
수아	미끄럼틀	강훈	시소

241012-0504

01 윤기가 좋아하는 놀이 기구는 무엇일까요?

( )

241012-0505

02 구름다리를 좋아하는 학생의 이름을 모두 써 보세요.

( )

241012-0506

03 자료를 보고 표로 나타내 보세요.

영우네 반 학생들이 좋아하는 놀이 기구별 학생 수

놀이 기구	미끄럼틀	정글짐	구름다리	시소	합계
학생 수(명)					

241012-0507

04 조사한 자료와 표 중에서 좋아하는 놀이 기구별 학생 수를 알아보기 편리한 것은 어느 것인지 ○표 하세요.

자료	표

[05~08] 하준이네 반 학생들이 외국인에게 소개하고 싶은 우리나라 음식을 조사하여 표로 나타냈습니다. 물음에 답하세요.

외국인에게 소개하고 싶은 음식별 학생 수

음식	비빔밥	갈비탕	불고기	김치	잡채	합계
학생 수(명)	4	3	6	5	3	21

241012-0508

05 중요 표를 보고 /를 이용하여 그래프로 나타내 보세요.

외국인에게 소개하고 싶은 음식별 학생 수

6					
5					
4					
3					
2					
1					
학생 수(명) / 음식	비빔밥	갈비탕	불고기	김치	잡채

241012-0509

06 가장 많은 학생이 외국인에게 소개하고 싶은 우리나라 음식은 무엇일까요?

( )

241012-0510

07 학생 수가 갈비탕과 같은 음식은 무엇일까요?

( )

241012-0511

08 표와 그래프 중에서 학생 수가 가장 많은 것과 가장 적은 것을 한눈에 알아보기 편리한 것은 어느 것인지 써 보세요.

( )

정답과 풀이 45쪽

[09~11] 시윤이네 반 학생들이 자주 신는 신발을 조사하여 표로 나타냈습니다. 물음에 답하세요.

시윤이네 반 학생들이 자주 신는 신발별 학생 수

신발	샌들	슬리퍼	운동화	구두	축구화	합계
학생 수(명)	3	2		2	5	19

241012-0512

09 운동화를 자주 신는 학생은 몇 명일까요?

( )

241012-0513

10 서술형 축구화를 자주 신는 학생은 구두를 자주 신는 학생보다 몇 명 더 많은지 구해 보세요.

풀이

(1) 축구화를 자주 신는 학생은 ( )명입니다.

(2) 구두를 자주 신는 학생은 ( )명입니다.

(3) 따라서 축구화를 자주 신는 학생은 구두를 자주 신는 학생보다 ( )명 더 많습니다.

답 ______

241012-0514

11 중요 가장 많은 학생이 자주 신는 신발은 무엇일까요?

( )

[12~14] 가람이네 동네 붕어빵 가게에서 하루 동안 팔린 붕어빵의 종류를 조사하여 그래프로 나타냈습니다. 물음에 답하세요.

하루 동안 팔린 종류별 붕어빵 수

25	○				
20	○			○	
15	○			○	○
10	○		○	○	○
5	○		○	○	○
붕어빵 수(개) / 종류	팥	슈크림	크림치즈	고구마	피자

241012-0515

12 이날 팔린 슈크림 붕어빵 수는 크림치즈 붕어빵 수의 2배입니다. 그래프를 완성해 보세요.

241012-0516

13 그래프를 보고 붕어빵 가게 주인이 쓴 일기의 내용입니다. □ 안에 알맞은 말을 써넣으세요.

> 오늘 가장 많이 팔린 붕어빵 종류는 □이고 가장 적게 팔린 붕어빵 종류는 □였다.
> 잘 팔리는 붕어빵은 조금 더 많이 준비하고, 잘 안 팔리는 붕어빵은 맛에 더 신경을 써야 겠다.

241012-0517

14 팔린 붕어빵 수가 같은 것은 어느 것인지 종류를 써 보세요.

( )

5 단원

[15~17] 표를 보고 그래프로 나타내려고 합니다. 물음에 답하세요.

좋아하는 도시락별 학생 수

도시락	김밥	볶음밥	돈가스	샌드위치	합계
학생 수(명)		3	5		18

241012-0518

15 도전 김밥 도시락과 돈가스 도시락을 좋아하는 학생 수의 합이 11명일 때 김밥 도시락을 좋아하는 학생은 몇 명일까요?

(　　　　　　)

241012-0519

16 서술형 그래프에서 가로에 학생 수를 나타낼 때 가로는 적어도 몇 칸이어야 하는지 구해 보세요.

풀이

(1) 샌드위치 도시락을 좋아하는 학생은 $18-(\quad\quad)-3-5=(\quad\quad)$ (명)입니다.

(2) 학생 수가 가장 많은 도시락은 (　　　) 이므로 가로의 학생 수는 적어도 (　　　)칸이어야 합니다.

답 ______

241012-0520

17 조사한 자료를 보고 ○를 이용하여 그래프로 나타내 보세요.

좋아하는 도시락별 학생 수

샌드위치							
돈가스							
볶음밥							
김밥							
도시락 / 학생 수(명)	1	2	3	4	5	6	7

241012-0521

18 학생들이 읽고 싶은 책을 조사하여 그래프로 나타냈습니다. 그래프에서 잘못된 곳을 찾아 이유를 설명해 보세요.

읽고 싶은 책의 종류별 학생 수

시집		○		○
위인전		○	○	○
소설책	○		○	○
만화책	○	○		
종류 / 학생 수(명)	1	2	3	4

이유 ______

[19~20] 예경이네 반 학생들이 좋아하는 요일을 조사하여 표와 그래프로 나타냈습니다. 물음에 답하세요.

예경이네 반 학생들이 좋아하는 요일별 학생 수

요일	수요일	금요일	토요일	일요일	합계
학생 수(명)		4			16

예경이네 반 학생들이 좋아하는 요일별 학생 수

5				
4			○	
3	○		○	
2	○		○	
1	○		○	
학생 수(명) / 요일	수요일	금요일	토요일	일요일

241012-0522

19 일요일을 좋아하는 학생은 몇 명일까요?

(　　　　　　)

241012-0523

20 표와 그래프를 완성해 보세요.

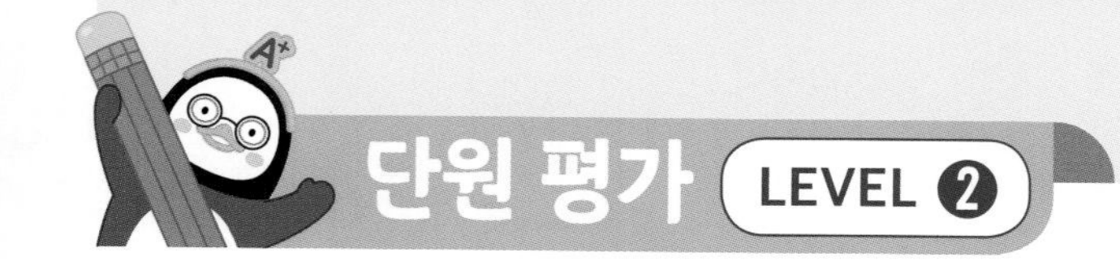

정답과 풀이 46쪽

[01~04] 경호네 반 학생들이 자주 먹는 생선을 조사하였습니다. 물음에 답하세요.

경호네 반 학생들이 자주 먹는 생선

이름	생선	이름	생선
경호	고등어	세희	고등어
수현	갈치	민식	고등어
성지	꽁치	예원	갈치
하원	삼치	지수	꽁치
지연	고등어	은혜	고등어
노마	갈치	주혜	갈치

241012-0524

01 자료를 보고 표로 나타내 보세요.

경호네 반 학생들이 자주 먹는 생선별 학생 수

생선	고등어	갈치	꽁치	삼치	합계
학생 수(명)					

241012-0525

02 중요 고등어를 자주 먹는 학생은 몇 명일까요?

( )

241012-0526

03 삼치를 자주 먹는 학생은 누구일까요?

( )

241012-0527

04 자료를 조사하여 표로 나타내는 순서대로 기호를 써 보세요.

> ㉠ 조사한 자료를 보고 표로 나타냅니다.
> ㉡ 어떤 내용을 어떤 방법으로 조사할지 정합니다.
> ㉢ 우리 반 학생들이 좋아하는 생선을 종이에 적어 모읍니다.

( )

[05~09] 가은이네 반 학생들이 태어난 달을 조사하여 표로 나타냈습니다. 물음에 답하세요.

가은이네 반 학생들이 태어난 달별 학생 수

월	1	2	3	4	5	7	8	9	10	12	합계
학생 수(명)	2	1	3	1	4	2	3		1	1	21

241012-0528

05 9월에 태어난 학생은 몇 명일까요?

( )

241012-0529

06 태어난 달의 학생 수가 3월과 같은 달을 모두 찾아 써 보세요.

( )

241012-0530

07 가장 많은 학생이 태어난 달은 몇 월인가요?

( )

241012-0531

08 표를 보고 ○를 이용하여 그래프로 나타내 보세요.

가은이네 반 학생들이 태어난 달별 학생 수

4										
3										
2										
1										
학생 수(명) / 월	1	2	3	4	5	7	8	9	10	12

241012-0532

09 태어난 학생 수가 1명인 달을 모두 찾아 써 보세요.

( )

5 단원

[10~13] 서연이네 반 학생들이 텃밭에서 기르는 채소를 조사하여 표로 나타냈습니다. 물음에 답하세요.

서연이네 반 학생들이 기르는 채소별 학생 수

채소	감자	오이	방울토마토	가지	상추	합계
학생 수(명)	7	4		3		28

241012-0533

10 방울토마토를 기르는 학생은 상추를 기르는 학생보다 2명 더 적다고 합니다. 방울토마토를 기르는 학생은 몇 명인지 구해 보세요.

( )

241012-0534

11 가장 많은 학생이 기르는 채소는 무엇인지 써 보세요.

( )

241012-0535

12 상추를 기르는 학생 수는 오이를 기르는 학생 수의 몇 배일까요?

( )

241012-0536

13 표를 보고 알 수 있는 내용을 찾아 기호를 써 보세요.

㉠ 감자를 기르는 학생은 방울토마토를 기르는 학생보다 1명 더 적습니다.
㉡ 방울토마토를 기르는 학생 수는 가지를 기르는 학생 수의 2배입니다.
㉢ 상추를 기르는 학생은 감자를 기르는 학생보다 2명 더 많습니다.

( )

[14~16] 선희네 반 학생 15명이 좋아하는 전통 놀이를 조사하여 나타낸 그래프입니다. 물음에 답하세요.

선희네 반 학생들이 좋아하는 전통 놀이별 학생 수

6				
5				
4		○		
3		○	○	
2	○	○	○	
1	○	○	○	
학생 수(명) / 전통 놀이	투호	비사치기	굴렁쇠 굴리기	쥐불놀이

241012-0537

14 중요 쥐불 놀이를 좋아하는 학생 수를 구하고 그래프를 완성해 보세요.

( )

241012-0538

15 그래프를 보고 표로 나타내 보세요.

선희네 반 학생들이 좋아하는 전통 놀이별 학생 수

전통 놀이	투호	비사치기	굴렁쇠 굴리기	쥐불 놀이	합계
학생 수(명)					

241012-0539

16 위의 그래프와 표를 보고 바르게 설명한 것을 모두 찾아 기호를 써 보세요.

㉠ 학생들이 두 번째로 좋아하는 전통 놀이는 굴렁쇠 굴리기입니다.
㉡ 쥐불놀이를 좋아하는 학생은 굴렁쇠 굴리기를 좋아하는 학생 수의 2배입니다.
㉢ 가장 적은 학생이 좋아하는 전통놀이는 투호입니다.

( )

241012-0540

17 서술형

공을 4번 던져서 바구니에 들어간 횟수별 학생 수를 조사하여 표로 나타냈습니다. 2번보다 많이 들어간 학생은 모두 몇 명인지 구해 보세요.

공이 바구니에 들어간 횟수별 학생 수

횟수(번)	0	1	2	3	4	합계
학생 수(명)	5	9	6	3		26

풀이

(1) 공을 던져서 바구니에 4번 들어간 학생은 $26-5-9-6-(\quad)=(\quad)$(명)입니다.

(2) 따라서 2번보다 많이 들어간 학생은 모두 $3+(\quad)=(\quad)$(명)입니다.

답 ________________

241012-0541

18 **혜성이가 매회 5개의 화살을 쏘아 과녁에 맞힌 화살 수를 표로 나타냈습니다. 3회에는 1회보다 2개 더 많이 맞혔습니다. 맞힌 화살 수를 ○를 이용하여 그래프로 나타내 보세요.**

혜성이가 과녁에 맞힌 화살 수

순서	1회	2회	3회	4회	합계
맞힌 화살 수(개)		4	5	2	

혜성이가 과녁에 맞힌 화살 수

5				
4				
3				
2				
1				
맞힌 화살 수(개) / 순서	1회	2회	3회	4회

241012-0542

19 도전

수지네 반 학생들이 좋아하는 과일을 조사하여 표로 나타냈습니다. 사과와 키위를 좋아하는 학생 수가 같을 때 가장 많은 학생이 좋아하는 과일은 무엇일까요?

수지네 반 학생들이 좋아하는 과일별 학생 수

과일	딸기	사과	포도	키위	합계
학생 수(명)	5		7		24

( )

241012-0543

20 서술형

지현이네 모둠이 윤성이네 모둠보다 칭찬 붙임 딱지를 3장 더 많이 모았다면 서우는 칭찬 붙임 딱지를 몇 장 모았는지 구해 보세요.

지현이네 모둠

5			○	
4		○	○	○
3	○	○	○	○
2	○	○	○	○
1	○	○	○	○
수(장) / 이름	지현	은영	미나	진호

윤성이네 모둠

5				
4			○	
3			○	○
2	○		○	○
1	○		○	○
수(장) / 이름	윤성	서우	현서	용문

풀이

(1) 지현이네 모둠이 모은 칭찬 붙임 딱지는 $3+(\quad)+5+(\quad)=(\quad)$(장)입니다.

(2) 윤성이네 모둠이 모은 칭찬 붙임 딱지는 $(\quad)-(\quad)=(\quad)$(장)입니다.

(3) 따라서 서우가 모은 칭찬 붙임 딱지는 $(\quad)-2-4-3=(\quad)$(장)입니다.

답 ________________

5 단원

6 규칙 찾기

단원 학습 목표

1. 무늬 배열에서 규칙을 찾아 다음에 올 모양을 찾을 수 있습니다.
2. 쌓은 모양에서 규칙을 찾고 쌓은 모양을 설명할 수 있습니다.
3. 덧셈표에서 다양한 규칙을 찾고 설명할 수 있습니다.
4. 곱셈표에서 다양한 규칙을 찾고 설명할 수 있습니다.
5. 자신이 찾은 규칙을 다양한 방법(말, 수, 그림, 행동 등)으로 표현할 수 있습니다.
6. 자신의 규칙을 창의적으로 만들고, 다른 친구가 만든 규칙을 찾아 설명할 수 있습니다.
7. 실생활에서 규칙을 찾고, 찾은 규칙을 설명할 수 있습니다.

단원 진도 체크

학습일	학습 내용	진도 체크
1일째 월 일	개념 1 무늬에서 규칙을 찾아볼까요(1) 개념 2 무늬에서 규칙을 찾아볼까요(2) 개념 3 쌓은 모양에서 규칙을 찾아볼까요 개념 4 다음에 올 모양을 알아볼까요	✓
2일째 월 일	교과서 넘어 보기 + 교과서 속 응용 문제	✓
3일째 월 일	개념 5 덧셈표에서 규칙을 찾아볼까요 개념 6 곱셈표에서 규칙을 찾아볼까요 개념 7 생활에서 규칙을 알아볼까요	✓
4일째 월 일	교과서 넘어 보기 + 교과서 속 응용 문제	✓
5일째 월 일	응용 1 모양과 색깔이 혼합된 규칙 찾기 응용 2 무늬에서 규칙 찾기	✓
6일째 월 일	응용 3 쌓기나무로 쌓은 모양에서 규칙 찾기 응용 4 생활에서 규칙 찾기	✓
7일째 월 일	단원 평가 LEVEL ❶	✓
8일째 월 일	단원 평가 LEVEL ❷	✓

이 단원을 진도 체크에 맞춰 8일 동안 학습해 보세요.
해당 부분을 공부하고 나서 ✓표를 하세요.

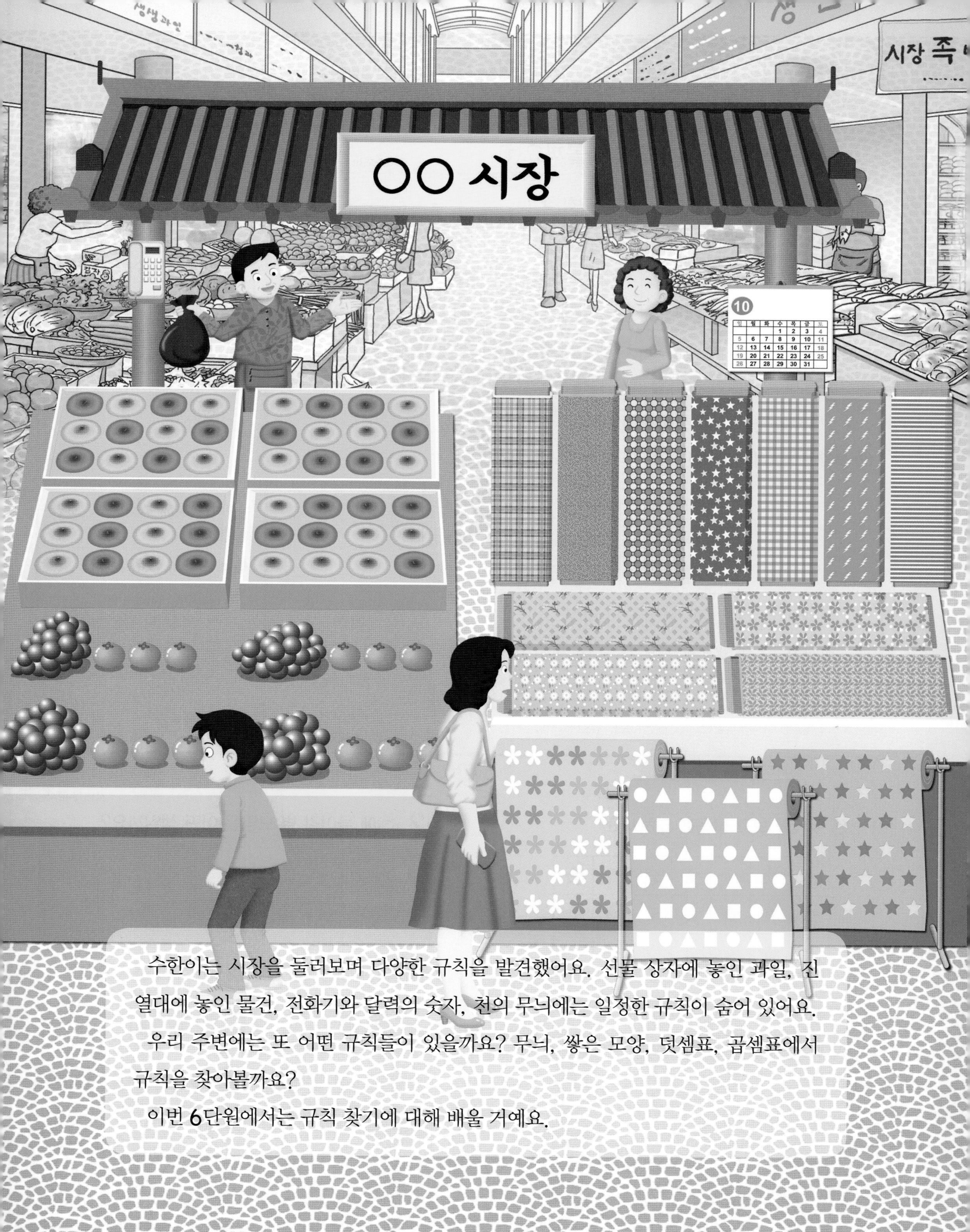

수한이는 시장을 둘러보며 다양한 규칙을 발견했어요. 선물 상자에 놓인 과일, 진열대에 놓인 물건, 전화기와 달력의 숫자, 천의 무늬에는 일정한 규칙이 숨어 있어요.

우리 주변에는 또 어떤 규칙들이 있을까요? 무늬, 쌓은 모양, 덧셈표, 곱셈표에서 규칙을 찾아볼까요?

이번 6단원에서는 규칙 찾기에 대해 배울 거예요.

교과서 개념 다지기

개념 1 무늬에서 규칙을 찾아볼까요(1)

(1) 모양은 같고 색깔이 다른 무늬를 보고 규칙 찾기

■	■	■	■	■	■	■
■	■	■	■	■	■	■
■	■	■	■	■	■	■
■	■	■	■	■	■	■

- 빨간색, 초록색, 파란색이 반복됩니다.
- ↙ 방향으로 같은 색이 반복됩니다.

(2) 모양과 색깔이 혼합되어 있는 무늬를 보고 규칙 찾기

○	▲	□	●	△	■	○	▲
□	●	△	■	○	▲	□	●
△	■	○	▲	□	●	△	■

- 모양은 원, 삼각형, 사각형이 반복됩니다.
- 색깔은 → 방향으로 노란색, 주황색이 반복됩니다.
- ↓ 방향으로 같은 색깔이 반복됩니다.
- ↘ 방향으로 같은 모양이 반복됩니다.

● 규칙을 숫자로 바꾸어 나타내기

■은 1, ■은 2, ■은 3으로 바꾸어 나타낼 수도 있습니다.

1	2	3	1	2	3	1
2	3	1	2	3	1	2
3	1	2	3	1	2	3

- 1, 2, 3이 반복됩니다.
- ↙ 방향으로 같은 수가 반복됩니다.

● 규칙을 통해 다음에 올 모양 알아보기

●▲●●▲●●▲● □

원, 삼각형, 원이 반복됩니다.
→ 방향으로 파란색, 초록색이 반복됩니다.
따라서 □ 안에는 ● 가 들어가야 합니다.

[01~02] 무늬를 보고 물음에 답하세요.

★	★	★	★	★	★	★
★	★	★	★	★	★	★
★	★	★	★	㉠	★	★

241012-0544

01 반복되는 무늬에 ○표 하세요.

★★★	★★★

241012-0545

02 ㉠에 들어갈 별 모양은 어떤 색일까요?

( )

241012-0546

03 빈칸에 알맞은 무늬를 찾아 기호를 써 보세요.

■■●●■■●●■ □

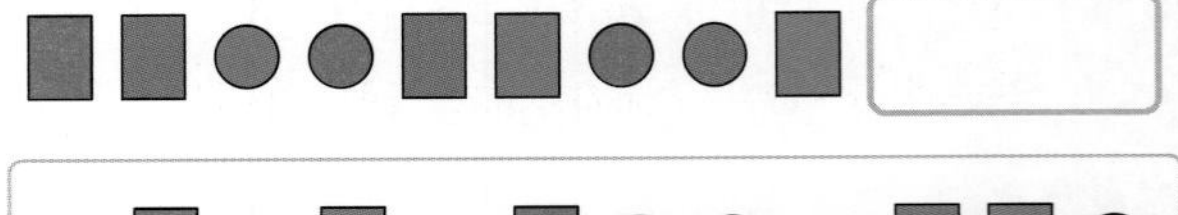

( )

개념 2 무늬에서 규칙을 찾아볼까요 (2)

(1) 회전하는 무늬에서 규칙 찾기

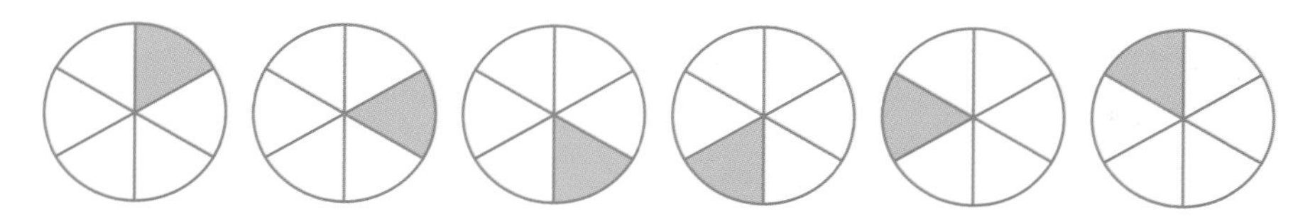

• 초록색으로 색칠되어 있는 부분이 시계 방향으로 돌아가고 있습니다.

(2) 개수가 변화하는 무늬에서 규칙 찾기

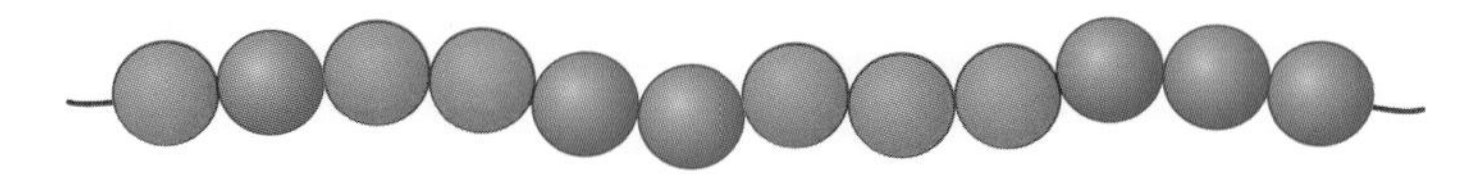

• 빨간색 구슬, 파란색 구슬이 각각 1개씩 늘어나며 반복됩니다.
• 다음에 끼울 구슬은 빨간색 구슬입니다.

● 무늬에서 규칙 찾기

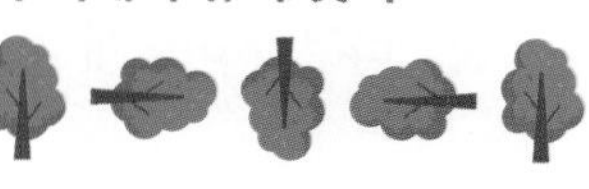

나무 모양이 시계 방향으로 돌아가는 규칙입니다.

● 일정한 모양이 반복되며 개수가 변하는 규칙 알아보기

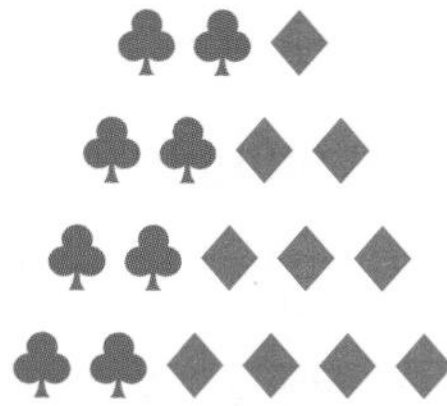

아래쪽으로 내려갈수록 ♣의 개수는 변함이 없고, ◆의 개수는 1개씩 늘어나는 규칙입니다.

[04~05] 규칙을 찾아 물음에 답하세요.

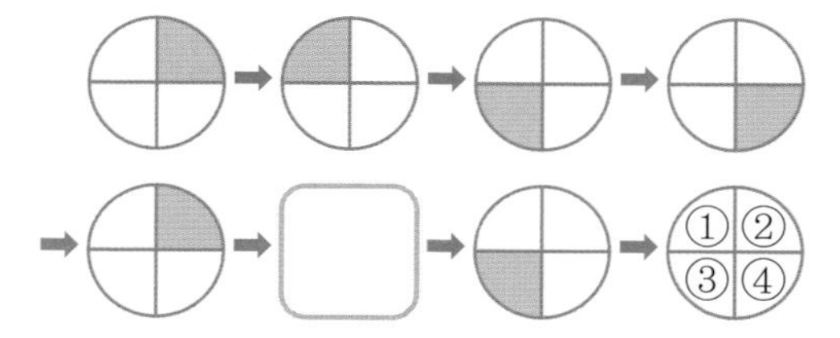

241012-0547

04 빈칸에 알맞은 무늬에 ○표 하세요.

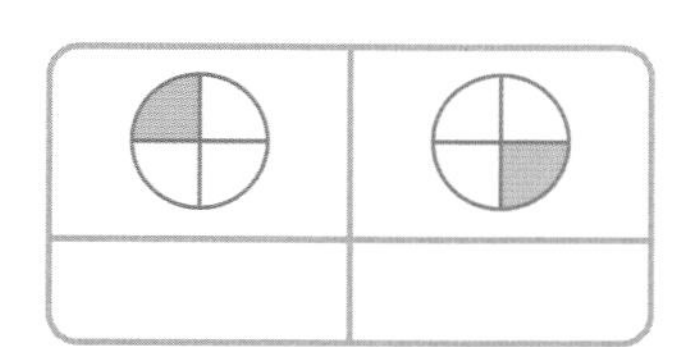

241012-0548

05 규칙에 따라 색칠할 때 마지막 무늬에서 색을 칠해야 하는 곳의 번호를 써 보세요.

( )

[06~07] 그림을 보고 규칙을 찾아 물음에 답하세요.

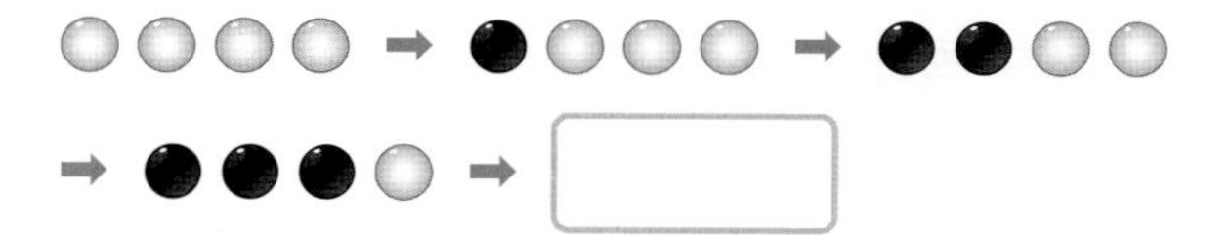

241012-0549

06 알맞은 말에 ○표 하세요.

검은색 바둑돌이 1개씩 (늘어나고 , 줄어들고) 흰색 바둑돌이 1개씩 (늘어나는 , 줄어드는) 규칙입니다.

241012-0550

07 빈칸에 들어갈 바둑돌 중 검은색 바둑돌은 모두 몇 개일까요?

( )

6 단원

개념 3 쌓은 모양에서 규칙을 찾아볼까요

(1) **쌓기나무가 어떻게 쌓여 있는지 알아보기**

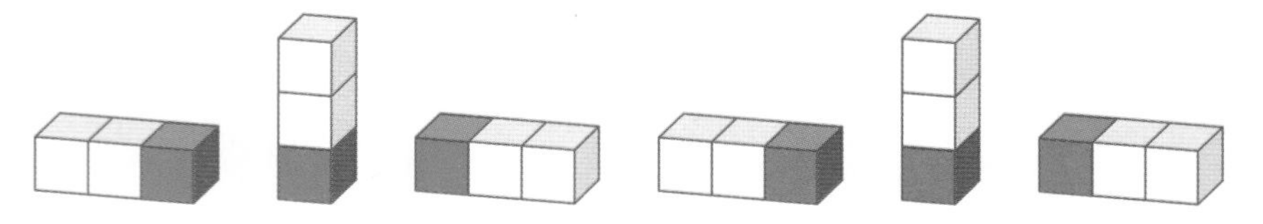

- 빨간색 쌓기나무가 있고, 흰색 쌓기나무 2개가 왼쪽, 위, 오른쪽으로 번갈아 가며 쌓여 있습니다.

(2) **규칙 알아보기**

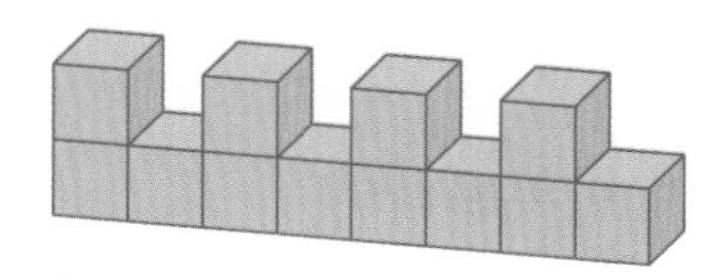

- 쌓기나무가 2개, 1개로 반복되는 규칙입니다.
- 모양을 이어서 반복하여 쌓은 규칙입니다.

● **쌓은 모양에서 규칙 찾기**

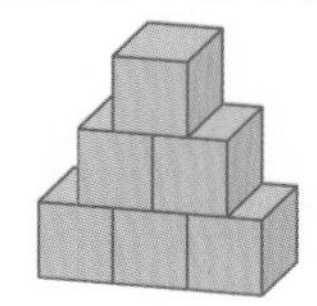

① 위쪽으로 올라갈수록 쌓기나무가 1개씩 줄어듭니다.
② 아래쪽으로 내려갈수록 쌓기나무가 1개씩 늘어납니다.
③ 아래쪽과 위쪽의 쌓기나무를 서로 엇갈리게 쌓았습니다.

[08~09] 규칙에 따라 쌓기나무로 쌓았습니다. □ 안에 알맞은 수를 써넣으세요.

241012-0551

08

쌓기나무가 2층, □층으로 반복됩니다.

241012-0552

09

쌓기나무의 수가 왼쪽에서 오른쪽으로 1개, □개, □개가 반복됩니다.

[10~11] 규칙에 따라 쌓기나무를 쌓았습니다. 물음에 답하세요.

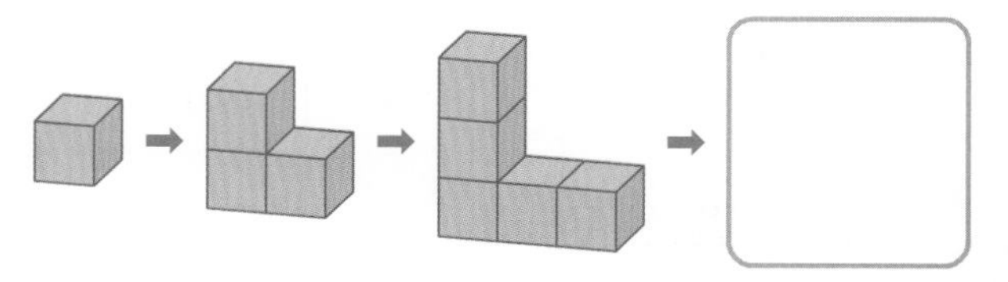

241012-0553

10 □ 안에 알맞은 수를 써넣으세요.

쌓기나무의 수가 □개씩 늘어납니다.

241012-0554

11 다음에 올 쌓기나무는 모두 몇 개일까요?

(　　　　　　)

개념 4 다음에 올 모양을 알아볼까요

(1) 반복되는 모양에서 다음에 올 모양 찾기

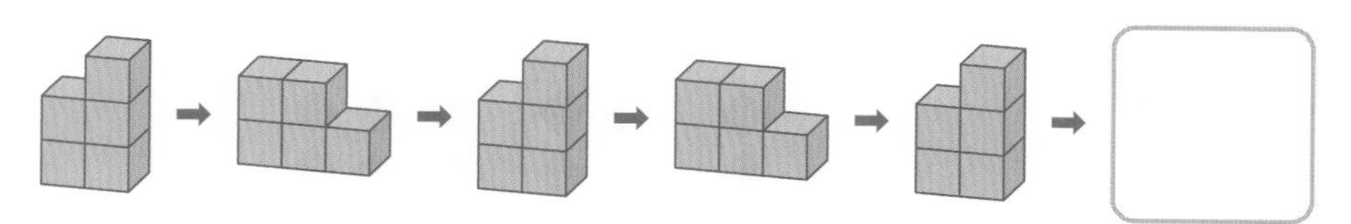

• 과 이 반복되므로 다음에 올 모양은  입니다.

(2) 쌓기나무가 늘어나는 규칙에서 다음에 올 모양 찾기

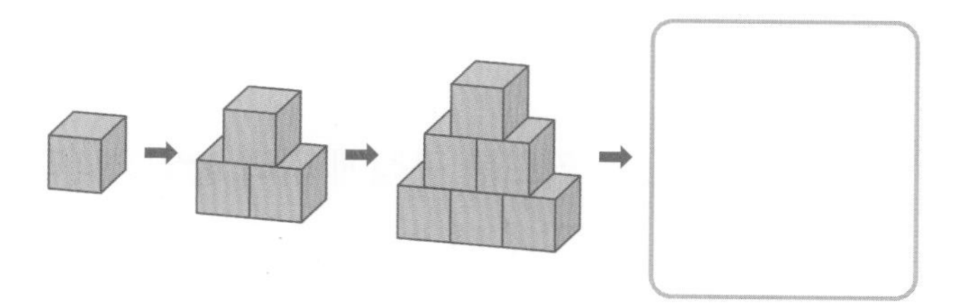

• 쌓기나무의 수를 2개, 3개, ...와 같이 1개씩 늘려가며 쌓았습니다.
• 아래쪽과 위쪽의 쌓기나무를 서로 엇갈리게 쌓았습니다.

• 다음에 올 쌓기나무의 모양은 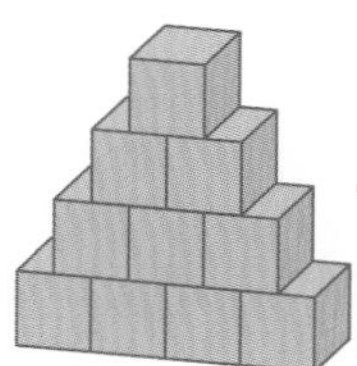 입니다.

● 규칙을 정하여 쌓기나무로 쌓기

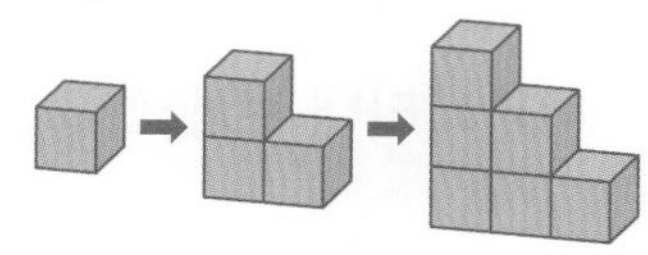

① 쌓기나무의 왼쪽으로 1층, 2층, 3층, ...을 쌓는 규칙으로 쌓았습니다.
② 다음에 올 모양은 4층입니다.
③ 3층으로 쌓은 모양에서 쌓기나무가 6개이므로 4층으로 쌓은 모양에서 쌓기나무는 $6+4=10$(개)입니다.

241012-0555

12 규칙에 따라 쌓기나무를 쌓았습니다. 다섯 번째에 올 모양에 ○표 하세요.

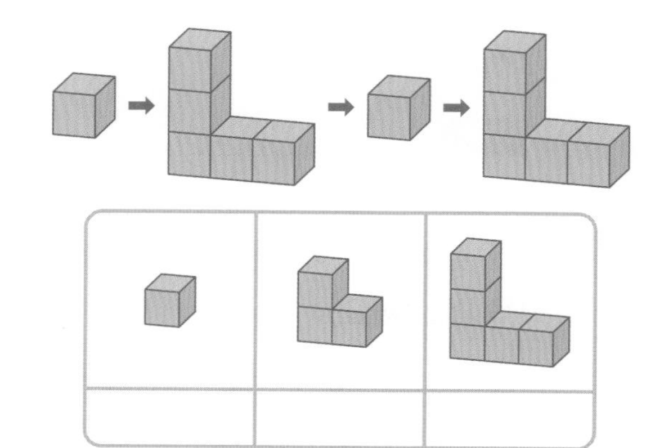

241012-0556

13 규칙에 따라 쌓기나무를 쌓았습니다. 세 번째에 올 모양에 ○표 하세요.

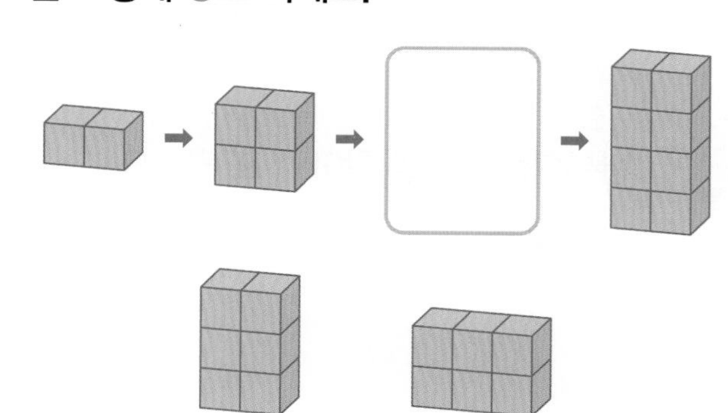

( ) ( )

6 단원

교과서 넘어 보기

[01~02] 그림을 보고 물음에 답하세요.

▼	▼	▼	▼	▼	▼	▼
▼	▼	▽	▼	▼	▼	▼
▼	▼	▼	▼	▼	▽	▼
▼	▼	▼	▼	▼	▽	▼

241012-0557

01 규칙을 찾아 ▽에 알맞게 색칠해 보세요.

241012-0558

02 위의 모양을 ▼은 1, ▼은 2, ▼은 3으로 바꾸어 나타내 보세요.

1	2	3	1	2	3	1
2						
3						

[03~04] 규칙에 따라 무늬를 꾸몄습니다. 물음에 답하세요.

◈	◆	◉	◈	◆
◉	◈	◆	◉	◈
◆	◉	◈	◆	◉

241012-0559

03 반복되는 모양을 찾아 ○표 하세요.

(　　　)　　　(　　　)

241012-0560

04 규칙에 따라 빈칸에 알맞은 모양을 그려 보세요.

241012-0561

05 ◆가 쌓여 있는 그림을 보고 규칙을 찾아 빈칸에 알맞은 모양을 그리고 색칠해 보세요.

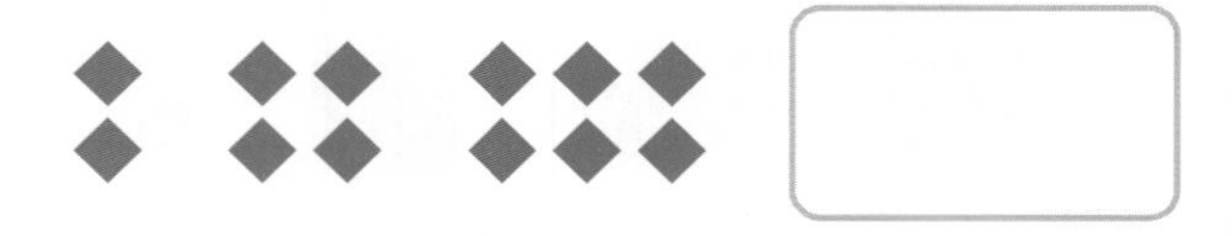

241012-0562

06 규칙을 찾아 빈칸에 알맞게 그려 보세요.

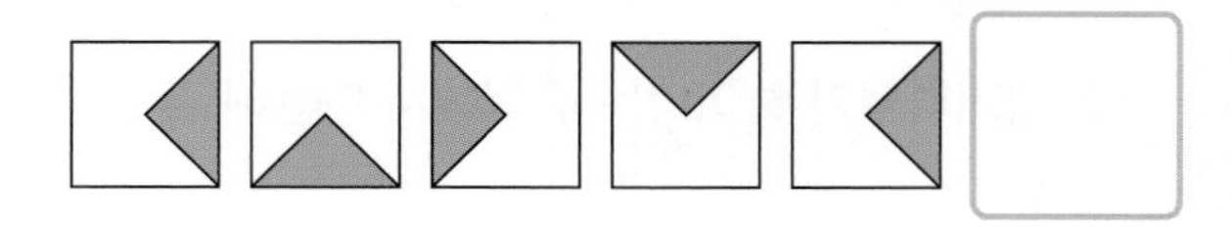

241012-0563

07 중요 카드를 규칙에 따라 놓았습니다. 모양, 개수, 색깔에 대한 규칙을 각각 써 보세요.

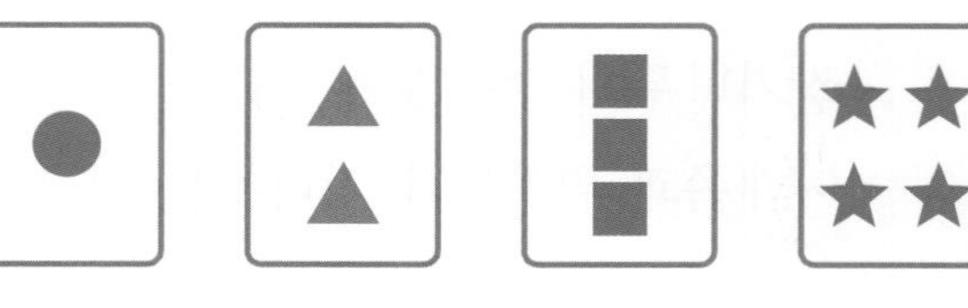

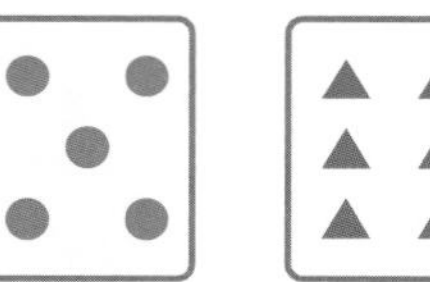 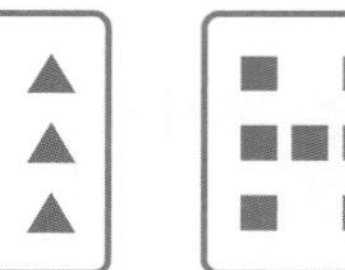 

(1) 모양의 규칙

규칙 ____________________

(2) 개수의 규칙

규칙 ____________________

(3) 색깔의 규칙

규칙 ____________________

241012-0564

08 규칙을 찾아 빈칸에 알맞은 모양을 그려 넣고 규칙을 써 보세요.

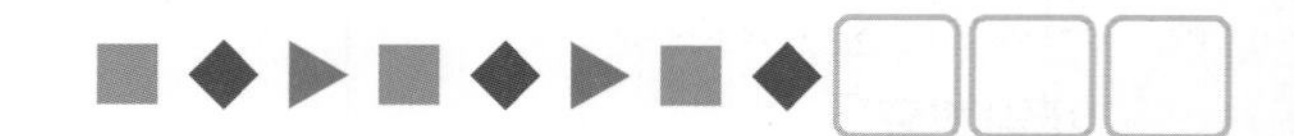

규칙 ____________________

241012-0565

09 규칙에 따라 모양을 쌓았습니다. 규칙을 찾아 보세요.

위쪽으로 올라갈수록 (★, ☆)모양이 □개씱 늘어납니다.

[10~12] 규칙에 따라 쌓기나무를 쌓았습니다. 물음에 답하세요.

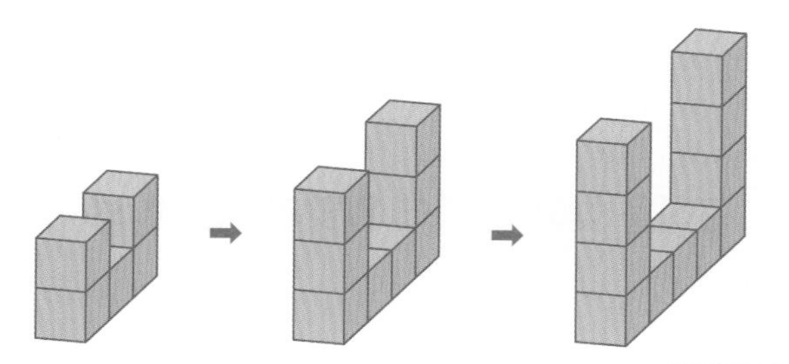

241012-0566

10 □ 안에 알맞은 수를 써넣으세요.

쌓기나무가 가운데 부분에 □개씩 늘어나고, 양 끝에 각각 □층씩 늘어나도록 쌓은 규칙입니다.

241012-0567

11 쌓기나무가 몇 개씩 늘어나고 있을까요?

( )

241012-0568

12 다음에 이어질 모양에 쌓을 쌓기나무는 모두 몇 개일까요?

( )

241012-0569

13 중요 연우가 설명하는 쌓기나무에 ○표 하세요.

연우: 위쪽으로 올라갈수록 쌓기나무가 2개씩 줄어들어요.

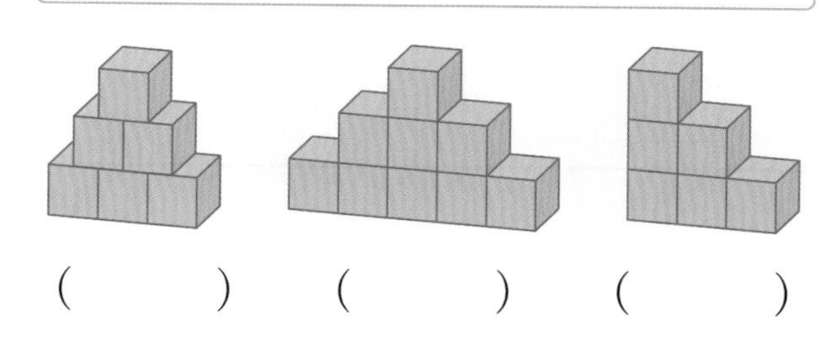

( ) ( ) ( )

241012-0570

14 다음과 같은 모양으로 쌓기나무를 쌓았습니다. 쌓은 규칙을 두 가지 써 보세요.

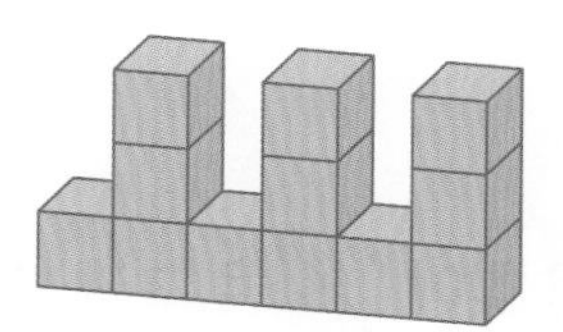

규칙 1 ______________________

____

규칙 2 ______________________

____

241012-0571

15 도전 규칙에 따라 쌓기나무를 쌓았습니다. 쌓기나무를 5층으로 쌓으려면 쌓기나무는 모두 몇 개 필요할까요?

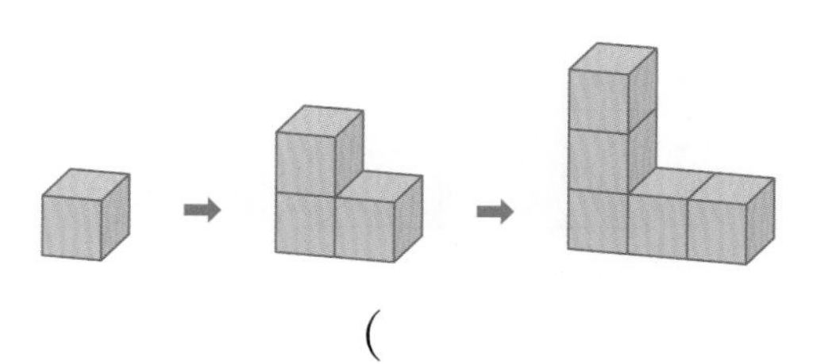

( )

교과서, 익힘책 속 응용 문제를 유형별로 풀어 보세요.

정답과 풀이 48쪽

회전하는 모양에서 규칙 찾기

㉮ 규칙을 찾아 ●을 알맞게 그려 보세요.

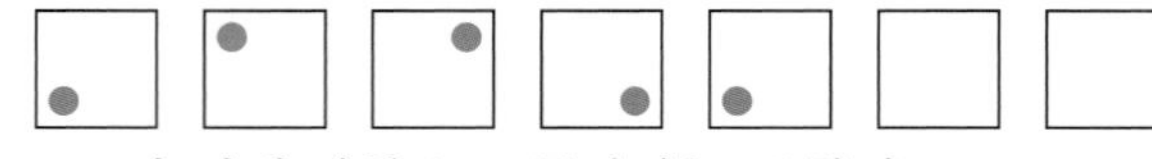

➡ ●이 시계 방향으로 돌아가는 규칙이므로,

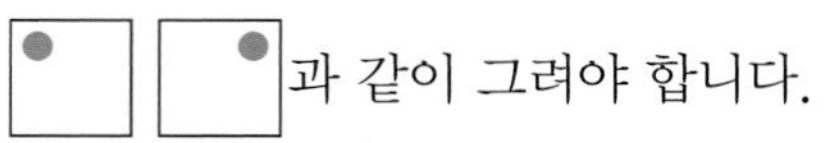 과 같이 그려야 합니다.

241012-0572

16 규칙을 찾아 빈 곳에 알맞게 색칠해 보세요.

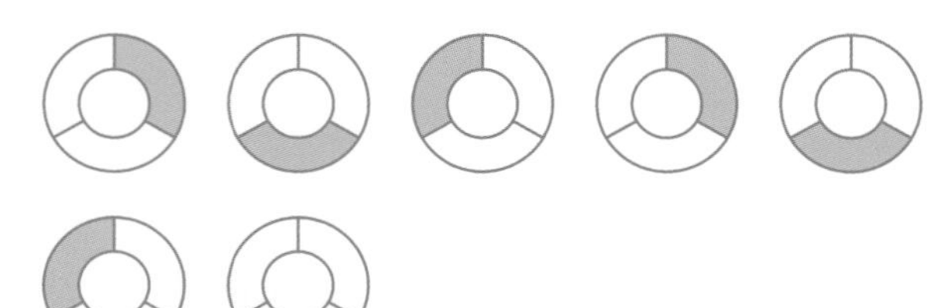

241012-0573

17 규칙을 찾아 ◢을 그려 보세요.

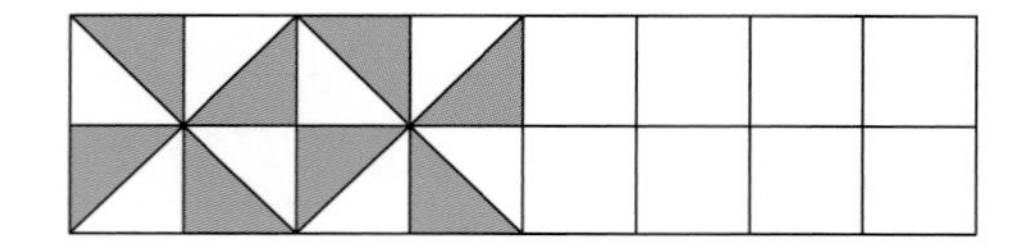

241012-0574

18 규칙에 따라 무늬를 꾸미려고 합니다. 빈칸에 알맞은 모양 순서대로 기호를 써 보세요.

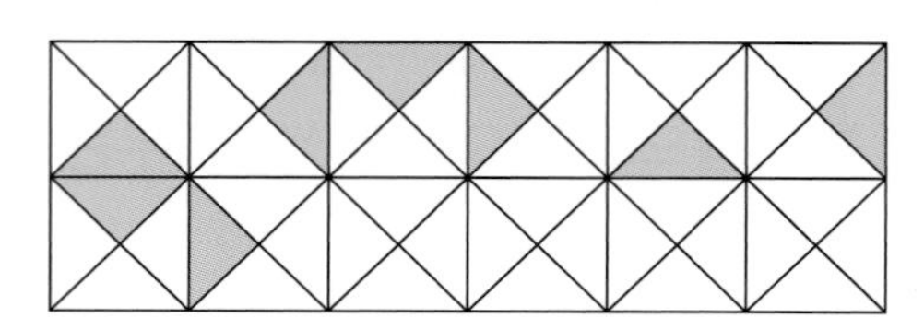

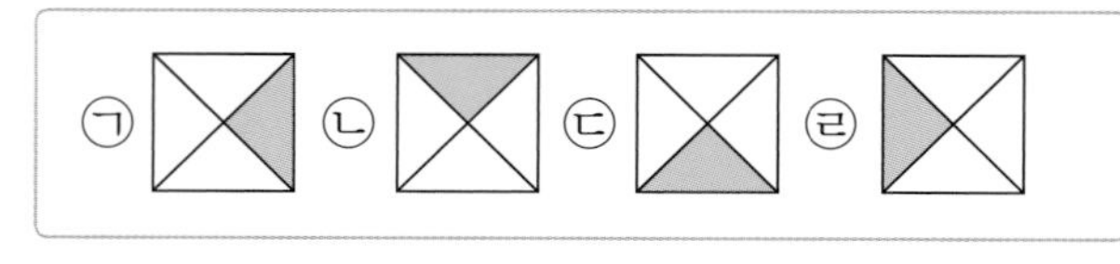

(   )

규칙에 알맞게 색칠하기

㉮ 규칙에 따라 색칠할 때 ㉠, ㉡, ㉢에 알맞은 색을 써 보세요.

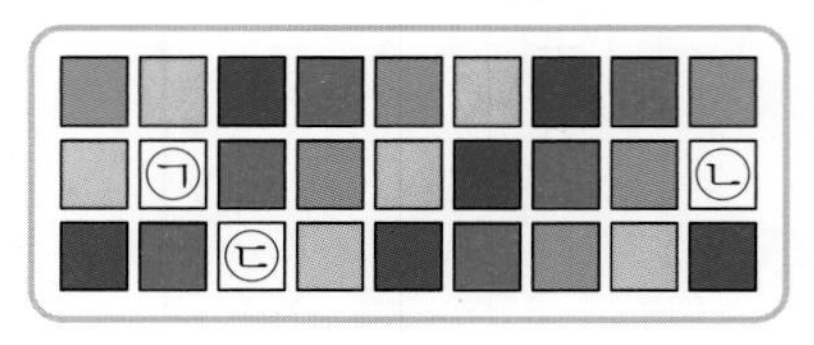

➡ 주황색, 노란색, 파란색, 빨간색이 반복되므로 ㉠은 노란색 다음 색인 파란색, ㉡은 주황색 다음 색인 노란색, ㉢은 빨간색 다음 색인 주황색을 칠해야 합니다.

[19~20] 그림을 보고 물음에 답하세요.

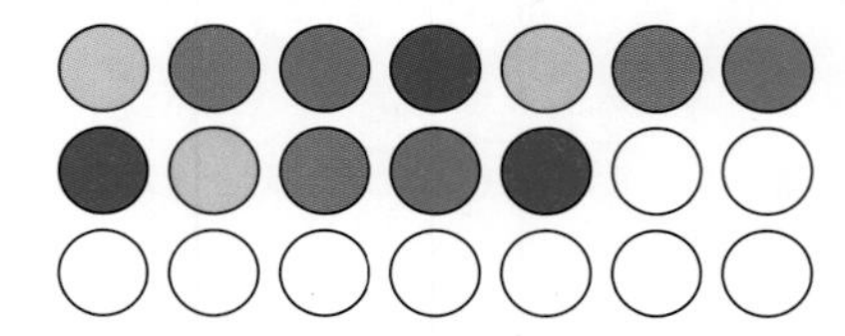

241012-0575

19 규칙을 찾아 빈 곳에 알맞게 색칠해 보세요.

241012-0576

20 위의 모양을 ●은 1, ●은 2, ●은 3, ●은 4로 바꾸어 나타내 보세요.

1	2	3	4			

241012-0577

21 지아는 벽지 무늬에서 규칙을 찾아 숫자로 바꾸어 나타내 보았습니다. 벽지 무늬를 완성하고, 숫자로 나타내 보세요.

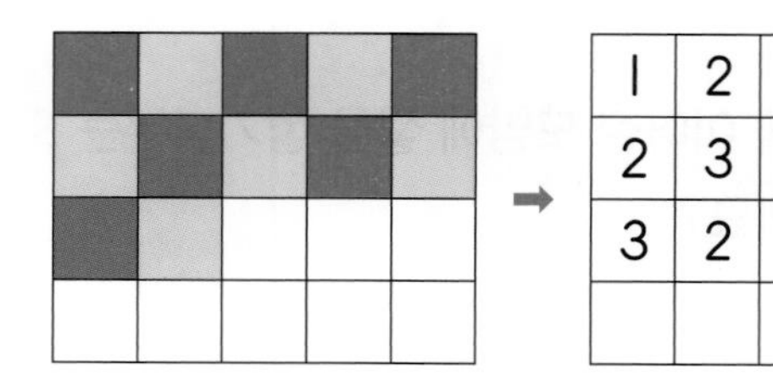

➡

1	2	3	2	1
2	3	2	1	2
3	2			

개념 5 덧셈표에서 규칙을 찾아볼까요

(1) 덧셈표에서 규칙 찾기

+	0	1	2	3	4	5	6	7	8	9
0	0	1	2	3	4	5	6	7	8	9
1	1	2	3	4	5	6	7	8	9	10
2	2	3	4	5	6	7	8	9	10	11
3	3	4	5	6	7	8	9	10	11	12
4	4	5	6	7	8	9	10	11	12	13
5	5	6	7	8	9	10	11	12	13	14
6	6	7	8	9	10	11	12	13	14	15
7	7	8	9	10	11	12	13	14	15	16
8	8	9	10	11	12	13	14	15	16	17
9	9	10	11	12	13	14	15	16	17	18

- ▭으로 칠해진 수는 아래쪽으로 내려갈수록 1씩 커집니다.
- ▭으로 칠해진 수는 오른쪽으로 갈수록 1씩 커집니다.
- ↙ 방향으로 같은 수들이 있는 규칙이 있습니다.

(2) 나만의 덧셈표 만들고 규칙 찾기

예1

+	1	3	5	7
0	1	3	5	7
1	2	4	6	8
2	3	5	7	9
3	4	6	8	10

예2

+	1	3	5	7
2	3	5	7	9
4	5	7	9	11
6	7	9	11	13
8	9	11	13	15

- 오른쪽으로 갈수록 2씩 커집니다.
- 아래쪽으로 내려갈수록 예1은 1씩, 예2는 2씩 커집니다.
- 예2는 ↙ 방향으로 같은 수들이 있습니다.

● 덧셈표에서 찾을 수 있는 여러 가지 규칙
- 같은 줄에서 위쪽으로 올라갈수록 1씩 작아집니다.
- 같은 줄에서 왼쪽으로 갈수록 1씩 작아집니다.
- 초록색 점선(---)을 따라 접었을 때 만나는 수들은 서로 같습니다.
- ↘ 방향으로 수가 2씩 커지는 규칙이 있습니다.

● 덧셈표에서 찾은 규칙을 통해 빈칸 추론하기

+	0	1	2	3
0	0	1	2	3
1	1	2	3	4
2	2	3	4	5
3	3	4	5	6

	3	
4	5	6
	6	7
	7	

- 오른쪽으로 갈수록 1씩 커집니다.
- 아래쪽으로 내려갈수록 1씩 커집니다.

6 단원

[01~03] 덧셈표를 보고 물음에 답하세요.

+	1	2	3	4	5
1	2	3	4		6
2		4	5	6	7
3	4	5	6		8
4	5	6	7	8	9
5	6	7	8	9	

241012-0578

01 빈칸에 알맞은 수를 써넣으세요.

241012-0579

02 ▭으로 칠해진 수입니다. □ 안에 알맞은 수를 써넣으세요.

4 → 5 → 6 → 7 → 8

+□ +□ +□ +□

241012-0580

03 □ 안에 알맞은 수를 써넣으세요.

(1) 같은 줄에서 아래쪽으로 내려갈수록 □씩 커지는 규칙이 있습니다.

(2) 같은 줄에서 왼쪽으로 갈수록 □씩 작아지는 규칙이 있습니다.

[04~05] 덧셈표를 보고 물음에 답하세요.

+	1	3	5	7
3	4		8	10
4		7	9	11
5	6	8	10	12
6	7	9	11	

241012-0581

04 빈칸에 알맞은 수를 써넣으세요.

241012-0582

05 □ 안에 알맞은 수를 써넣으세요.

↙ 방향으로 갈수록 □씩 작아집니다.

241012-0583

06 빈칸에 알맞은 수를 써넣고, 덧셈표의 규칙을 찾아 기호를 써 보세요.

+	0	2	4	6
1	1	3	5	7
3	3			
5	5			
7	7			

㉠ 오른쪽으로 갈수록 1씩 커집니다.
㉡ ↙ 방향으로 같은 수들이 있습니다.

(　　　　　　)

개념 6 곱셈표에서 규칙을 찾아볼까요

(1) 곱셈표에서 규칙 찾기

×	1	2	3	4	5	6	7	8	9
1	1	2	3	4	5	6	7	8	9
2	2	4	6	8	10	12	14	16	18
3	3	6	9	12	15	18	21	24	27
4	4	8	12	16	20	24	28	32	36
5	5	10	15	20	25	30	35	40	45
6	6	12	18	24	30	36	42	48	54
7	7	14	21	28	35	42	49	56	63
8	8	16	24	32	40	48	56	64	72
9	9	18	27	36	45	54	63	72	81

- 으로 칠해진 수의 규칙 ─ 오른쪽으로 갈수록 7씩 커집니다. / 홀수, 짝수가 반복됩니다.
- 으로 칠해진 수의 규칙 ─ 아래쪽으로 내려갈수록 4씩 커집니다. / 모두 짝수입니다.
- 2단, 4단, 6단, 8단 곱셈구구에 있는 수는 모두 짝수입니다.
- 1단, 3단, 7단, 9단 곱셈구구에 있는 수는 홀수, 짝수가 반복됩니다.

(2) 나만의 곱셈표를 만들고 규칙 찾기

예 1

×	2	4	6	8
1	2	4	6	8
3	6	12	18	24
5	10	20	30	40
7	14	28	42	56

예 2

×	2	4	6	8
2	4	8	12	16
4	8	16	24	32
6	12	24	36	48
8	16	32	48	64

- 곱셈표에서 곱은 모두 짝수입니다.
- 점선(----)을 따라 접었을 때 만나는 수들은 서로 같습니다.

● 곱셈표에서 찾을 수 있는 여러 가지 규칙

- ★단 곱셈구구의 곱은 아래쪽으로 내려갈수록 ★씩 커집니다.
- ◆단 곱셈구구의 곱은 오른쪽으로 갈수록 ◆씩 커집니다.
- 5단 곱셈구구의 일의 자리 숫자는 5와 0이 반복됩니다.
- 점선(---)을 따라 접었을 때 만나는 수들은 서로 같습니다.

● 곱셈표에서 찾은 규칙을 통해 빈칸 추론하기

×	1	2	3	4
1	1	2	3	4
2	2	4	6	8
3	3	6	9	12
4	4	8	12	16

4	6	
	9	12
		16
		20

- 2단 곱셈구구는 오른쪽으로 갈수록 2씩 커집니다.
- 3단 곱셈구구는 오른쪽으로 갈수록 3씩 커집니다.
- 4단 곱셈구구는 아래쪽으로 내려갈수록 4씩 커집니다.

6 단원

[07~09] 곱셈표를 보고 물음에 답하세요.

×	1	2	3	4	5
1	1	2	3	4	5
2	2		6		10
3	3	6	9	12	15
4	4	8		16	20
5	5	10	15		25

241012-0584

07 빈칸에 알맞은 수를 써넣으세요.

241012-0585

08 ▬으로 칠해진 수입니다. □ 안에 알맞은 수를 써넣으세요.

3 6 9 12 15

+□ +□ +□ +□

241012-0586

09 알맞은 말에 ○표 하세요.

점선(----)을 따라 접었을 때 만나는 수들은 서로 (다릅니다 , 같습니다).

[10~12] 곱셈표를 보고 물음에 답하세요.

×	1	2	3	4	5
3	3	6	9	12	15
4	4	8		16	
5	5	10	15	20	25
6	6	★		24	30
7	7	14	21		35

241012-0587

10 ▬으로 칠해진 수의 규칙을 완성해 보세요.

오른쪽으로 갈수록 □씩 커집니다.

□단 곱셈구구와 같습니다.

241012-0588

11 ★에 알맞은 수를 구해 보세요.

( )

241012-0589

12 곱셈표에서 ★과 같은 수가 들어가는 칸은 ★을 포함하여 모두 몇 군데일까요?

( )

개념 7 생활에서 규칙을 알아볼까요

(1) 달력에서 규칙 찾기

- 같은 요일이 7일마다 반복됩니다.
- 오른쪽으로 갈수록 1씩 커지는 규칙이 있습니다.
- 아래쪽으로 내려갈수록 7씩 커지는 규칙이 있습니다.

8월

일	월	화	수	목	금	토
	1	2	3	4	5	6
7	8	9	10	11	12	13
14	15	16	17	18	19	20
21	22	23	24	25	26	27
28	29	30	31			

- ↙ 방향으로 6씩, ↘ 방향으로 8씩 커집니다.
- 일요일의 날짜는 7단 곱셈구구와 같습니다.

(2) 신호등에서 규칙 찾기

- 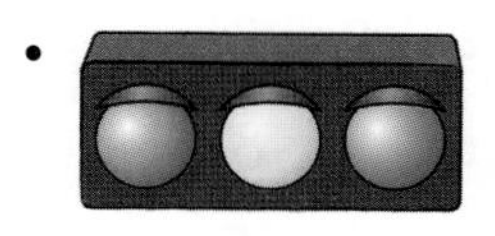
  자동차가 다니는 신호등은 빨간색 → 노란색 → 초록색 순서로 반복되며 색깔이 바뀌는 규칙이 있습니다.
- 횡단보도 신호등은 초록색 → 빨간색 순서로 반복되며 색깔이 바뀌는 규칙이 있습니다.

● **시계에서 규칙 찾기**

큰 눈금의 수가 1부터 12까지 1씩 커지는 규칙이 있습니다.

● **승강기 버튼에서 규칙 찾기**

- 아래쪽으로 내려갈수록 3씩 작아지는 규칙이 있습니다.
- 오른쪽으로 갈수록 1씩 커지는 규칙이 있습니다.

[13~14] 달력을 보고 □ 안에 알맞은 수를 써넣으세요.

12월

일	월	화	수	목	금	토
1	2	3	4	5	6	7
8	9	10	11	12	13	14
15	16	17	18	19	20	21
22	23	24	25	26	27	28
29	30	31				

241012-0590

13 같은 요일이 □ 일마다 반복됩니다.

241012-0591

14 7부터 31까지 ↙ 방향의 수는 □ 씩 커집니다.

241012-0592

15 시계를 보고 □ 안에 알맞은 수를 써넣으세요.

큰 눈금의 수는 시계 반대 방향으로 12부터 1까지 □ 씩 작아집니다.

[22~25] 덧셈표를 보고 물음에 답하세요.

+	0	1	2	3	4	5	6	7	8	9
0	0	1	2	3	4	5	6	7	8	9
1	1	2	3	4	5	6	7		9	
2	2		4	5	6	7	8	9	10	11
3	3	4	5	6	7	8	9	10	11	12
4	4	5	6	7	8	9	10	11	12	13
5	5	6	7	8	9	10	11	12	13	14
6		7	8	9	10			13	14	
7	7	8	9	10	11		13	14	15	16
8	8		10	11	12			15	16	
9	9	10	11	12	13	14	15	16	17	18

241012-0593

22 빈칸에 알맞은 수를 써넣으세요.

241012-0594

23 ▭ 색으로 칠해진 수의 규칙을 완성해 보세요.

규칙 오른쪽으로 갈수록 ☐ 씩 커집니다.

241012-0595

24 점선(----)을 따라 ↘ 방향에 있는 수의 규칙을 찾아 써 보세요.

중요

규칙 ______________________

241012-0596

25 덧셈표에서 가장 많은 수는 무엇인지 찾아 써 보세요.

(   )

241012-0597

26 덧셈표를 보고 빈칸에 알맞은 수를 써넣으세요.

+	0	2	4	6
1	1	3	5	
3	3		7	9
5	5			11
7	7			

241012-0598

27 덧셈표에서 ↗ 방향의 규칙을 찾아 써 보세요.

+	1	2	3	4
2	3	4	5	6
4	5	6	7	8
6	7	8	9	10
8	9	10	11	12

규칙 ______________________

241012-0599

28 덧셈표에서 규칙을 찾아 빈칸에 알맞은 수를 써넣으세요.

+	0	1	2	3
0	0	1	2	3
1	1	2	3	4
2	2	3	4	5
3	3	4	5	6

(1)

	15		
15		17	18
	17		

(2)

9	10		
		12	13
	12		14

241012-0600

29 규칙을 찾아 빈칸에 알맞은 수를 써넣으세요.

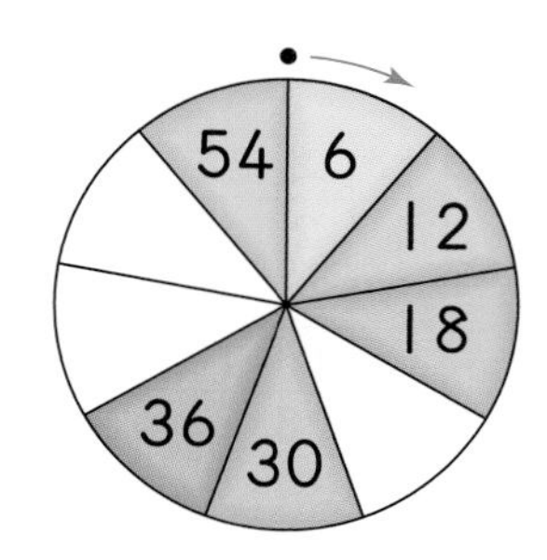

[30~31] 곱셈표를 보고 물음에 답하세요.

×	1	3	5	7	9
1	1	3	5	7	9
3	3	9	15	21	27
5	5	15	25	35	45
7	7	21	35	49	63
9	9	27	45	63	81

241012-0601

30 ▭으로 칠해진 수의 규칙입니다. □ 안에 알맞은 수를 써넣으세요.

아래쪽으로 내려갈수록 □ 씩 커집니다.

241012-0602

31 알맞은 말에 ○표 하여 곱셈표의 규칙을 완성해 보세요.

규칙 1 곱셈표에서 곱은 모두 (짝수 , 홀수)입니다.

규칙 2 점선(----)을 중심으로 접었을 때 만나는 수는 서로 (다릅니다 , 같습니다).

[32~33] 곱셈표를 보고 물음에 답하세요.

×	1	2	3	4	5
1	1	2	3	4	5
2	2	4	6	8	10
3	3	6	9	12	15
4	4	8	12	16	20
5	5	10	15	20	25

㉠ (4의 열), ㉡ (5의 행)

241012-0603

32 ㉠과 규칙이 같은 곳을 찾아 색칠해 보세요.

241012-0604

33 ㉡의 규칙을 완성해 보세요.

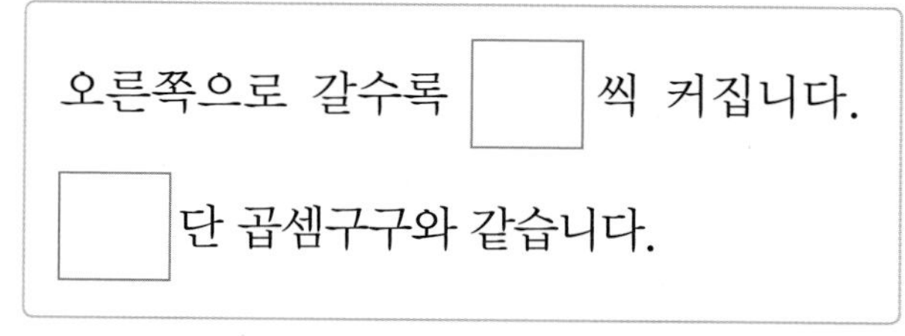

241012-0605

34 중요 곱셈표에서 규칙을 찾아 ●와 ▲의 차를 구해 보세요.

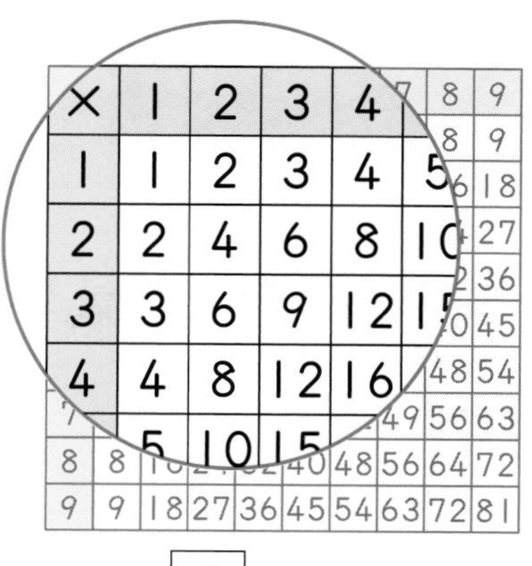

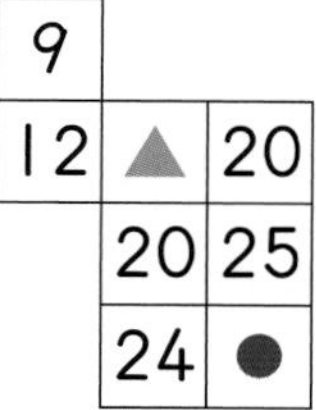

(　　　　　　)

241012-0606

35 규칙에 따라 세 번째 시계에 시각을 나타내 보세요.

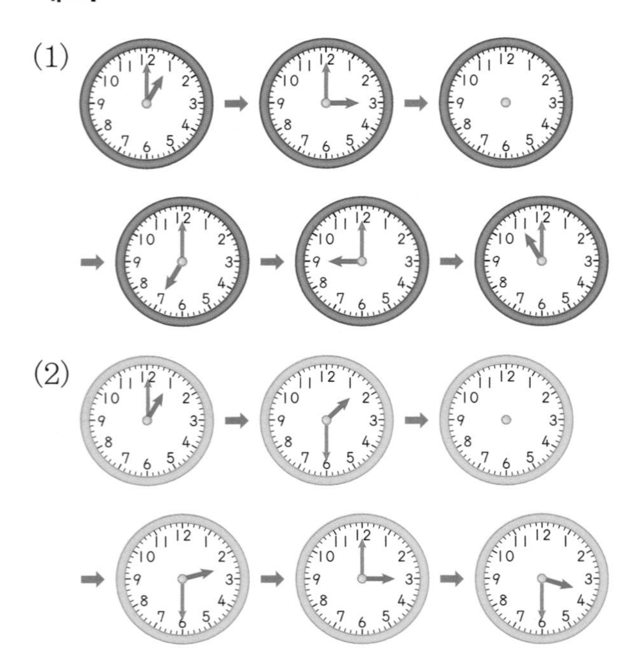

[36~37] 승강기 버튼의 일부입니다. 물음에 답하세요.

241012-0607

36 ↑ 방향에 있는 수의 규칙을 찾아 써 보세요.

규칙 ________________

241012-0608

37 종근이의 집은 18층 바로 위에 있는 버튼을 누르면 있습니다. 종근이의 집은 몇 층에 있을까요?

(　　　　　　　　)

[38~39] 달력을 보고 물음에 답하세요.

6월

일	월	화	수	목	금	토
	1	2	3	4	5	6
7	8	9	10	11	12	13
14	15	16	17	18	19	20
21	22	23	24	25	26	27
28	29	30				

241012-0609

38 월요일에 있는 수들의 규칙을 찾아 써 보세요.

규칙 ________________

241012-0610

39 7단 곱셈구구와 같은 규칙의 날짜들은 어느 요일인지 써 보세요.

(　　　　　　　　)

241012-0611

40 도전 어느 해 수연이의 생일은 4월 14일 목요일입니다. 지환이의 생일은 수연이의 생일에서 15일 후라면 같은 해 지환이의 생일은 무슨 요일인지 구해 보세요.

(　　　　　　　　)

덧셈, 곱셈표에서 수가 같은 칸 알아보기

㉮ 곱셈표에서 ♥에 알맞은 수와 같은 수가 들어가는 칸은 ♥를 포함하여 모두 몇 군데인지 구해 보세요.

×	3	4	5	6
3	9		15	
4	12	16		
5		20		
6		♥		

➡ ♥에 알맞은 수는 $6\times4=24$입니다. $4\times6=24$이므로 24가 들어가는 칸은 모두 2군데입니다.

241012-0612

41 곱셈표에서 ●에 알맞은 수와 같은 수가 들어가는 칸은 ●를 포함하여 모두 몇 군데인지 구해 보세요.

×	4	5	6	7
	16			
5		25		
				42
7			●	

( )

241012-0613

42 곱셈표에서 ◆에 알맞은 수와 같은 수가 들어가는 칸은 모두 몇 군데인지 구해 보세요.

+	3	4	5	6
2	5	6		
4	7			
6				
8		◆		

×	2	3	4	5
3	6	9	12	15
4	8			
5	10			
6				

( )

찢어진 달력에서 규칙 찾기

㉮ 4월 넷째 수요일은 며칠인지 구해 보세요.

4월

일	월	화	수	목	금	토
		1	2	3	4	5
6	7	8	9	10	11	12
13	14	15				

➡ 같은 요일의 날짜는 7씩 커지므로 넷째 수요일은 $9+7+7=23$(일)입니다.

241012-0614

43 12월 둘째 화요일은 며칠인지 구해 보세요.

12월

일	월	화	수	목	금	토
				1	2	3
4	5	6				

( )

241012-0615

44 5월 넷째 일요일은 며칠인지 구해 보세요.

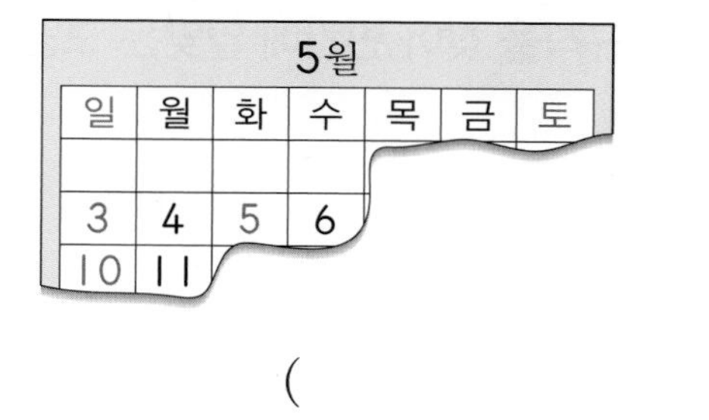

( )

241012-0616

45 8월 첫째 수요일은 며칠인지 구해 보세요.

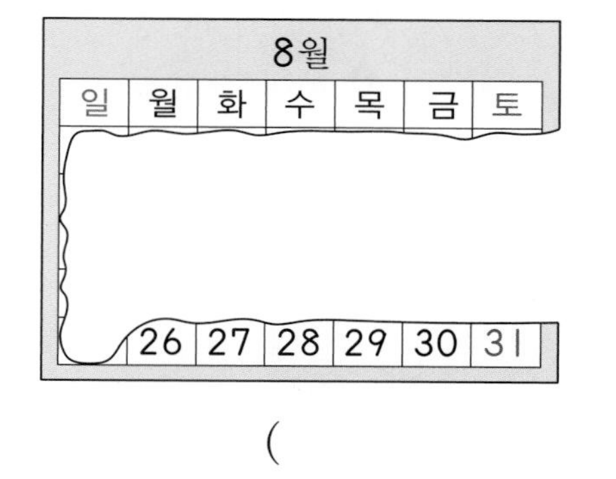

( )

응용력 높이기

대표 응용 1 모양과 색깔이 혼합된 규칙 찾기

규칙을 찾아 빈칸에 알맞은 모양을 그리고 색칠해 보세요.

문제 스케치

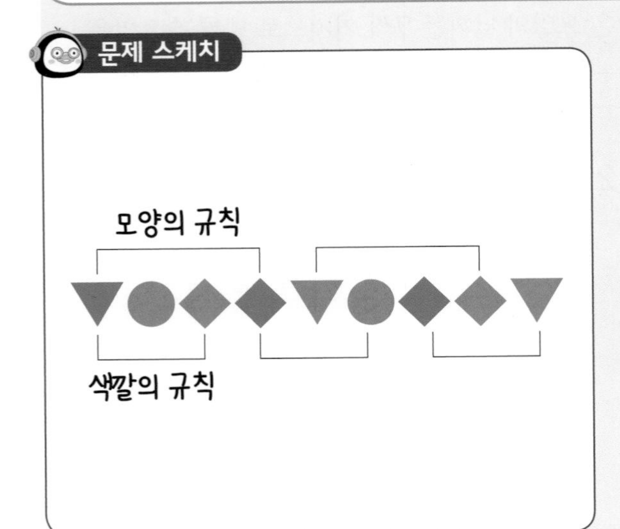

해결하기

모양은 삼각형, 원, 사각형, [ ]이 반복되고,

색깔은 초록색, [ ], [ ]이 반복되는 규칙입니다.

따라서 빈칸에 알맞은 모양은 [ ]이고, 색깔은 [ ]이므로 [ ]을 그려 넣어야 합니다.

241012-0617

1-1 규칙을 찾아 빈칸에 알맞은 모양을 그리고 색칠해 보세요.

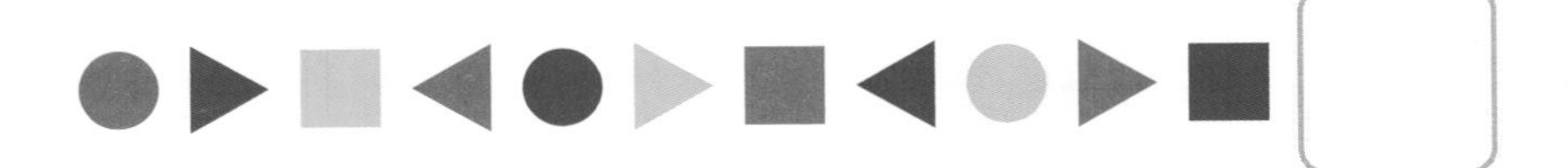

241012-0618

1-2 규칙을 찾아 빈칸에 알맞게 그려 넣으세요.

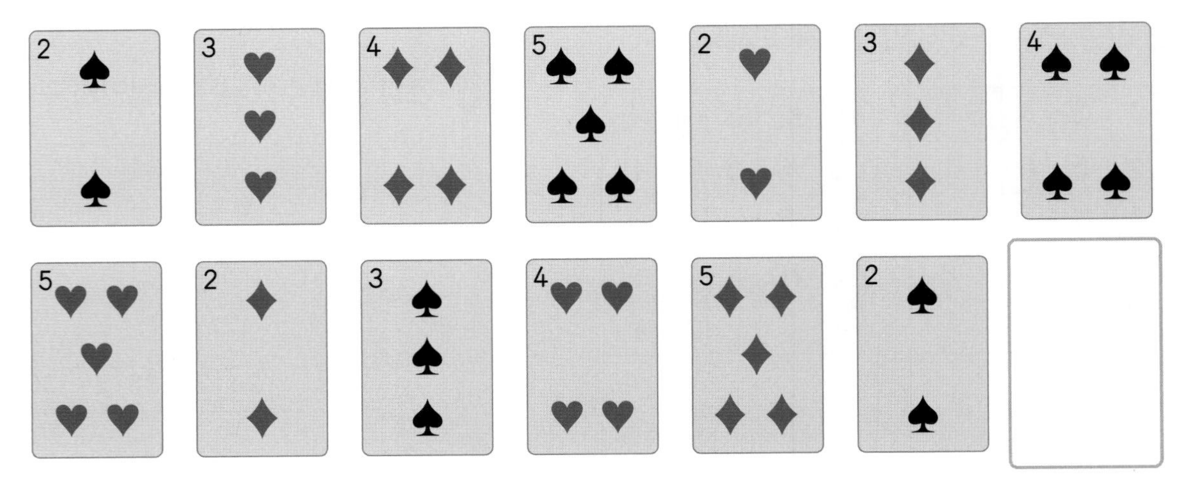

대표 응용 2 무늬에서 규칙 찾기

규칙에 따라 색칠했을 때 여덟 번째에 올 모양의 기호를 써 보세요.

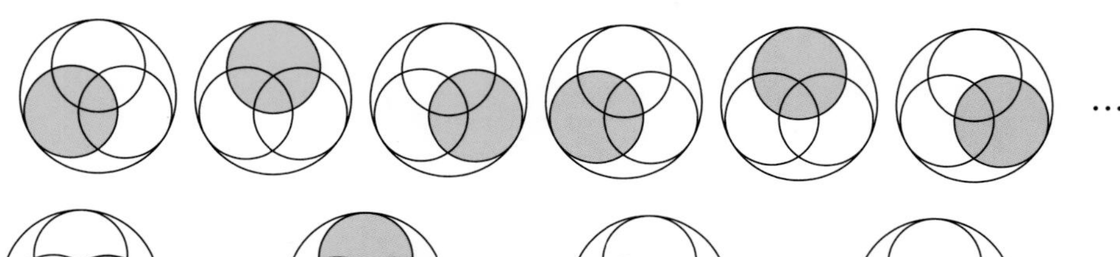

㉠ 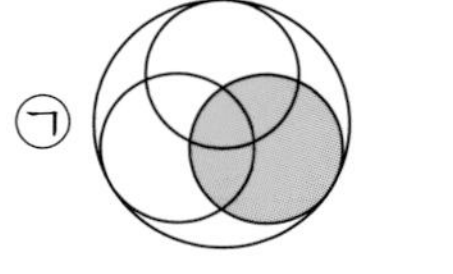 ㉡ 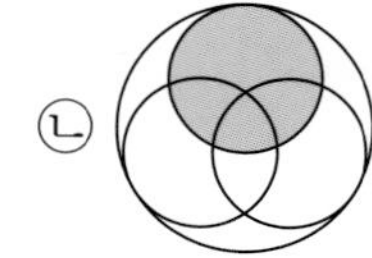 ㉢ 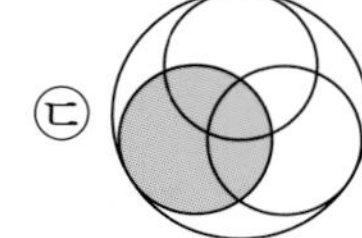 ㉣ 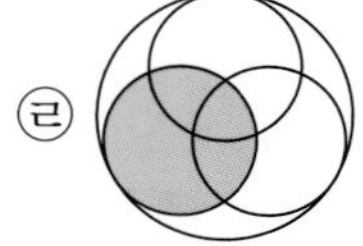

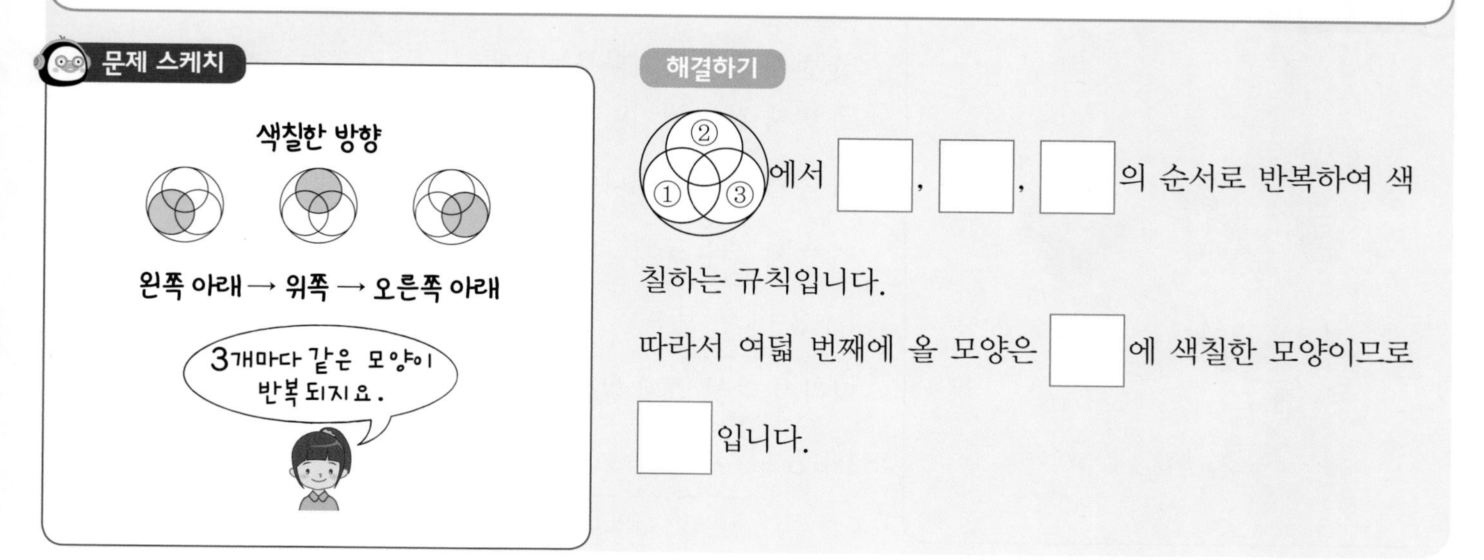

해결하기

(①, ②, ③)에서 [ ], [ ], [ ]의 순서로 반복하여 색칠하는 규칙입니다.

따라서 여덟 번째에 올 모양은 [ ]에 색칠한 모양이므로 [ ]입니다.

241012-0619

2-1 창문의 모양에는 규칙이 있습니다. 규칙을 찾아 빈칸에 알맞은 모양을 그리고 색칠해 보세요.

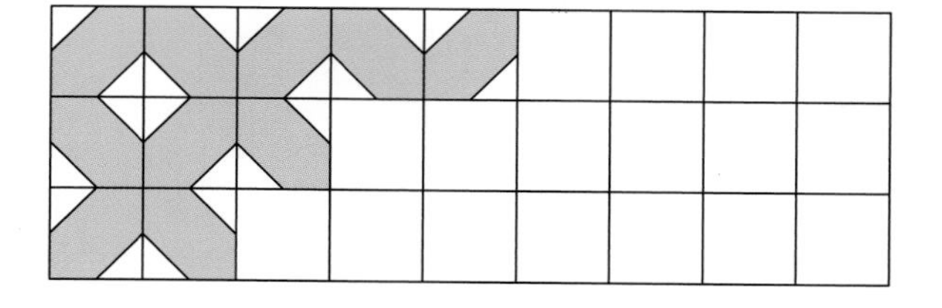

241012-0620

2-2 규칙을 찾아 •을 알맞게 그려 보세요.

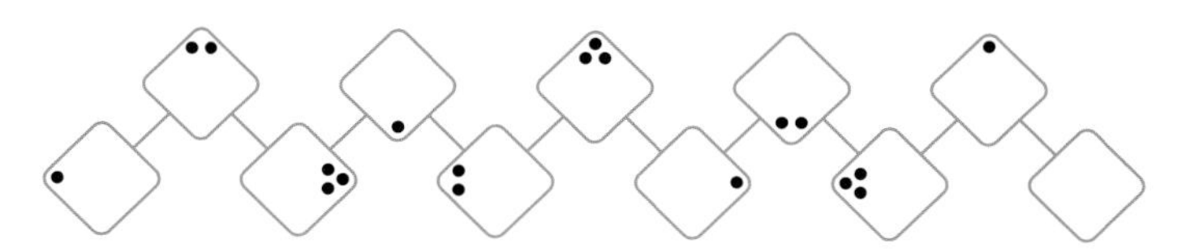

6 단원

대표 응용 **3**

쌓기나무로 쌓은 모양에서 규칙 찾기

규칙에 따라 쌓기나무를 쌓았습니다. 다섯 번째 모양에 쌓을 쌓기나무는 모두 몇 개인지 구해 보세요.

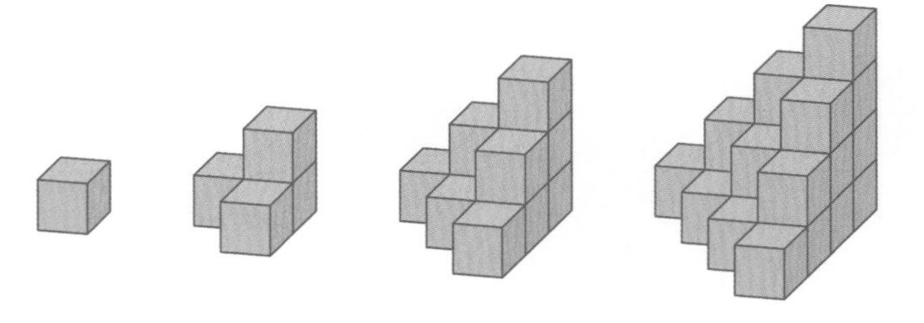

문제 스케치

1 → 4 → 10

+3, +6

해결하기

첫 번째 쌓은 쌓기나무는 1개,

두 번째 쌓은 쌓기나무는 $1+3=4$(개),

세 번째 쌓은 쌓기나무는 $1+3+\square=\square$(개),

네 번째 쌓은 쌓기나무는

$1+3+\square+\square=\square$(개)입니다.

따라서 다섯 번째 쌓은 쌓기나무는

$1+3+\square+\square+\square=\square$(개)입니다.

241012-0621

3-1 규칙에 따라 쌓기나무를 쌓았습니다. 다섯 번째 모양에 쌓을 쌓기나무는 모두 몇 개인지 구해 보세요.

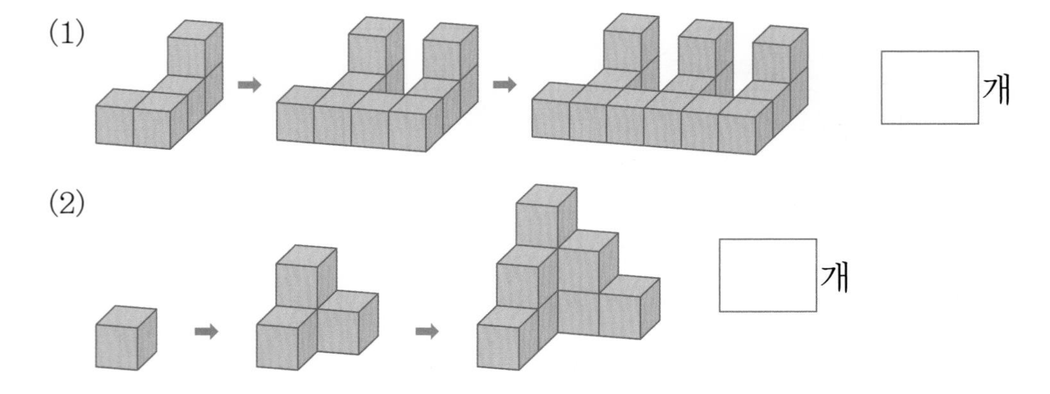

대표 응용 4 생활에서 규칙 찾기

어느 소극장의 좌석 배치도입니다. ★ 자리의 번호는 몇 번인지 구해 보세요.

무대

1	2	3	4	5	6	7	8	9
10	11	12						
					★			

문제 스케치

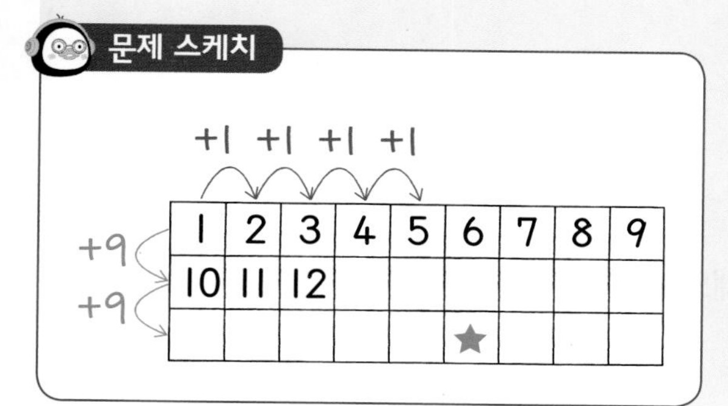

해결하기

한 줄에 좌석이 9개씩 있으므로 아래쪽으로 내려갈수록 ☐씩 커지는 규칙입니다. 따라서 ★ 자리의 번호는

6+☐+☐=☐(번)입니다.

241012-0622

4-1 시은이의 사물함이 셋째 줄 다섯째 칸일 때 시은이의 사물함의 번호는 몇 번인지 구해 보세요.

	첫째 칸	둘째 칸	셋째 칸	…					
첫째 줄	1	2	3	4	5	6	7	8	9
둘째 줄	10	11	12						
셋째 줄									
넷째 줄									

( )

241012-0623

4-2 강당에 자리의 번호표를 나타낸 그림입니다. 넷째 줄 여섯째 칸 자리는 몇 번인지 구해 보세요.

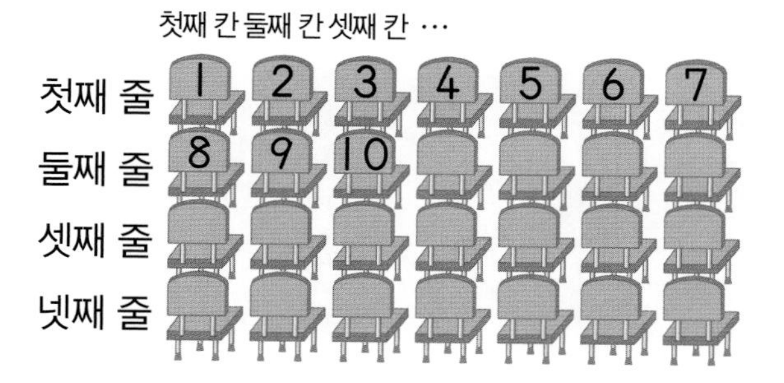

( )

단원 평가 LEVEL ❶

[01~02] 규칙에 따라 사과와 참외를 늘어놓았습니다. 물음에 답하세요.

241012-0624

01 규칙을 찾아 ㉠과 ㉡에 알맞은 과일의 이름을 각각 써 보세요.

㉠ (　　　　　), ㉡ (　　　　　)

241012-0625

02 사과는 1, 참외는 2로 바꾸어 나타내 보세요.

1	2	2					

241012-0626

03 규칙을 찾아 빈칸에 알맞은 모양을 그려 보세요.

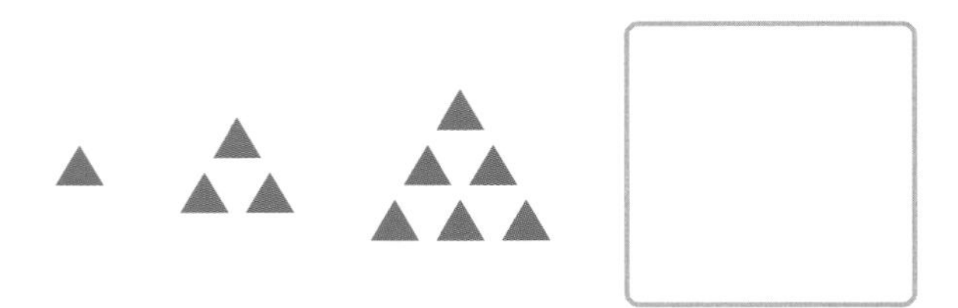

241012-0627

04 중요 다음과 같은 모양으로 쌓기나무를 쌓았습니다. 쌓은 규칙을 두 가지 써 보세요.

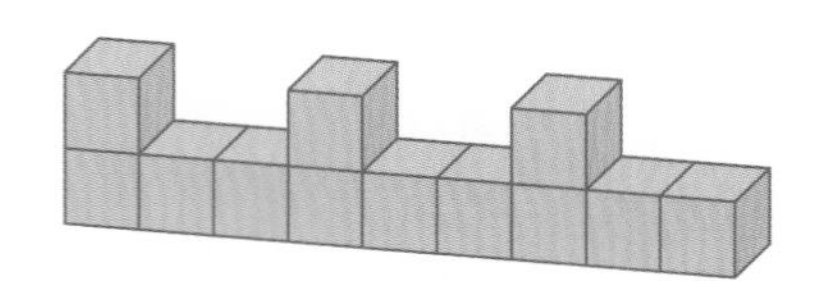

규칙 1 ____________________

규칙 2 ____________________

241012-0628

05 덧셈표의 빈칸에 들어갈 수의 합을 구해 보세요.

+	1	2	3	4	5
0	1	2		4	5
1	2	3	4	5	6
2	3	4	5	6	
3	4	5	6	7	8
4	5	6	7	8	9

(　　　　　　　　　)

[06~07] 곱셈표에서 규칙을 찾아 빈칸에 알맞은 수를 써넣으세요.

×	1	2	3	4
1	1	2	3	4
2	2	4	6	8
3	3	6	9	12
4	4	8	12	16

241012-0629

06

		12	14		
		18	21		
			28	32	
			35	40	

241012-0630

07

		12	16		
5		15	20	25	
			24	30	
			28		

[08~09] 곱셈표에서 규칙을 찾아 물음에 답하세요.

×	1	2	3	4	5
1	1	2	3	4	5
2	2	4	6	8	10
3	3	6	★		
4	4	8			
5	5	10			

241012-0631

08 ▭으로 색칠한 수의 규칙입니다. □ 안에 알맞은 수를 써넣으세요.

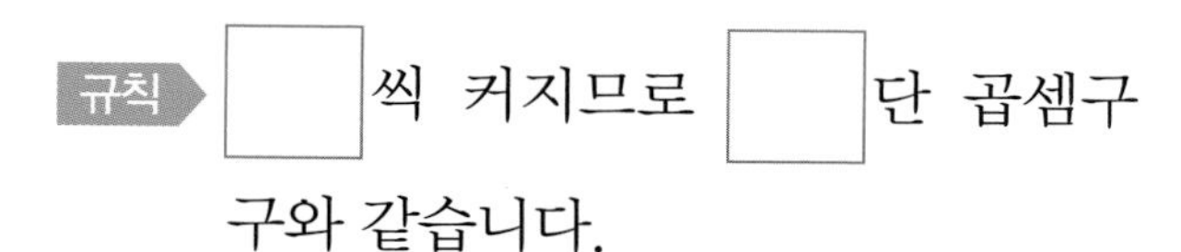

규칙 □씩 커지므로 □단 곱셈구구와 같습니다.

241012-0632

09 곱셈표에서 ★보다 큰 수들은 모두 몇 개일까요?

(　　　　　　)

241012-0633

10 규칙에 따라 쌓기나무를 쌓았습니다. 다음에 이어질 모양에 쌓을 쌓기나무는 모두 몇 개일까요?

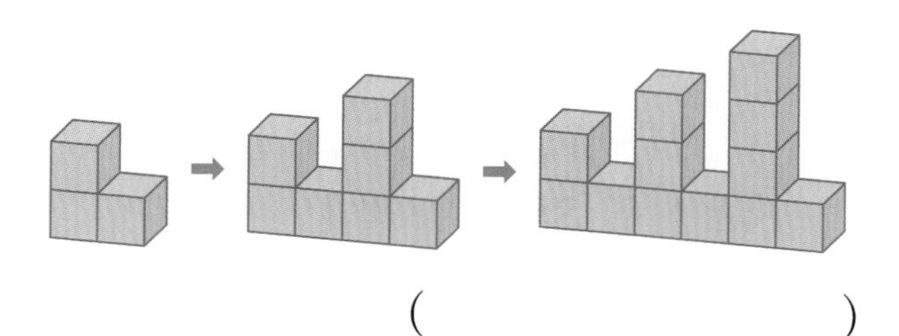

(　　　　　　)

241012-0634

11 중요 규칙을 찾아 빈칸에 알맞은 모양을 그려 넣고 규칙을 써 보세요.

규칙 모양은 ______________________

색깔은 ______________________

241012-0635

12 서술형 규칙을 찾아 다음에 올 알맞은 모양의 기호를 써 보세요.

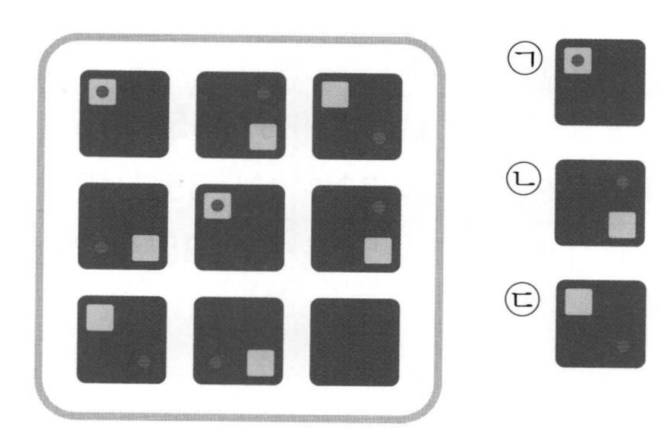

풀이

(1) ■의 위치는  와 (, ,)가 반복됩니다.

(2) •의 위치는 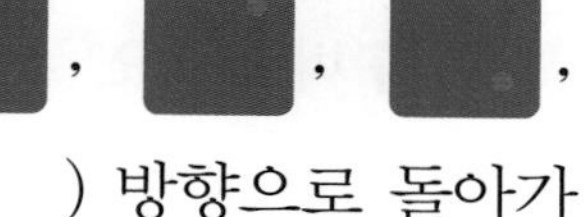 와 같이 (　　) 방향으로 돌아가며 반복됩니다.

(3) 따라서 다음에 올 무늬의 기호는 (　　)입니다.

답 ______________________

[13~14] 규칙을 찾아 빈칸에 알맞은 수를 써넣으세요.

241012-0636

13

(원: 7, 14, 28, 35, 42, 56, 빈칸)

7	14		28	35	42		56

241012-0637

14

3	6	9	12			21	24

241012-0638

15 영화 상영 시작 시각을 나타낸 것입니다. 표에서 찾을 수 있는 규칙을 써 보세요.

아기 코끼리의 모험		겨울 천국	
9시 10분	13시 10분	9시 35분	15시 35분
10시 30분	14시 30분	11시 35분	17시 35분
11시 50분	15시 50분	13시 35분	19시 35분

규칙 ______________________

241012-0639

16 도전 다음은 범진이네 반 사물함입니다. 범진이의 번호가 21번일 때, 범진이의 사물함을 찾아 기호를 써 보세요.

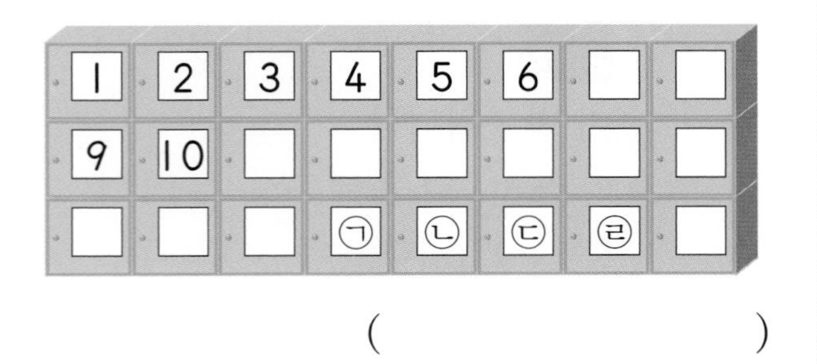

( )

241012-0640

17 다음은 놀이동산의 퍼레이드가 시작하는 시각을 나타낸 시계입니다. 퍼레이드가 시작하는 시각에서 찾을 수 있는 규칙을 써 보세요.

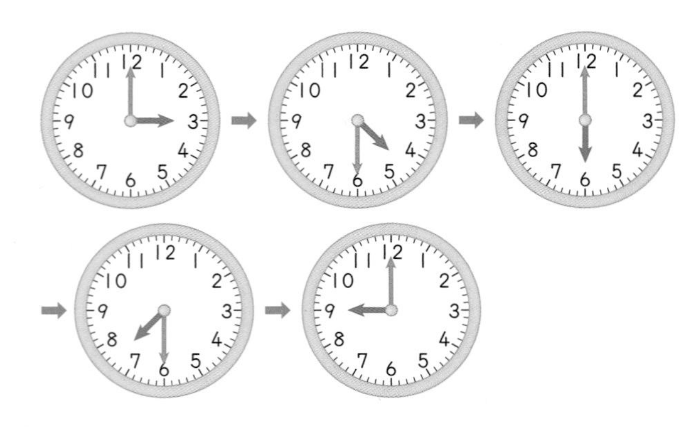

규칙 ______________________

241012-0641

18 규칙에 따라 쌓기나무를 쌓았습니다. 쌓기나무를 5층으로 쌓는 데 더 필요한 쌓기나무는 모두 몇 개일까요?

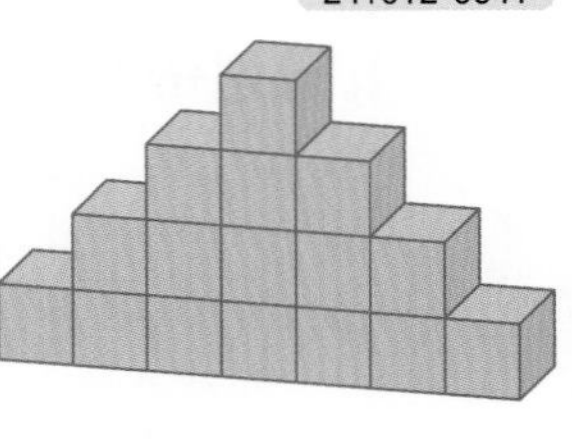

( )

241012-0642

19 서술형 동생이 이번 달 달력에 붙임 딱지를 붙여서 날짜가 보이지 않습니다. 다음 달 8일이 승헌이의 생일이라면 그날은 무슨 요일인지 구해 보세요.

10월						
일	월	화	수	목	금	토
				1	2	3
4	5	6	7	8	9	10

풀이

(1) 달력에서 ( )일마다 같은 요일이 반복되는 규칙이 있습니다.

(2) 10월 31일은 31−7−7−7−7 =( )(일)과 같은 ( )요일이고, 11월 1일은 ( )요일입니다.

(3) 11월 8일은 11월 1일에서 ( )일 후이므로 승헌이의 생일은 ( )요일입니다.

답 ______________________

241012-0643

20 창문 모양에 규칙이 있습니다. 규칙을 찾아 빈칸에 알맞은 모양을 그려 보세요.

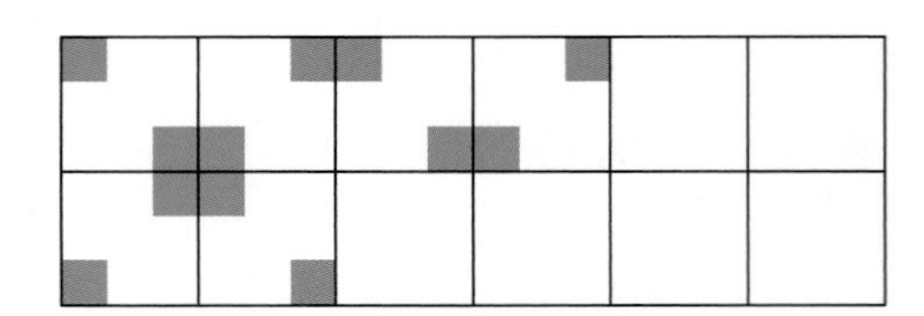

241012-0644

01 규칙을 찾아 빈칸에 알맞은 학용품의 이름을 써 보세요.

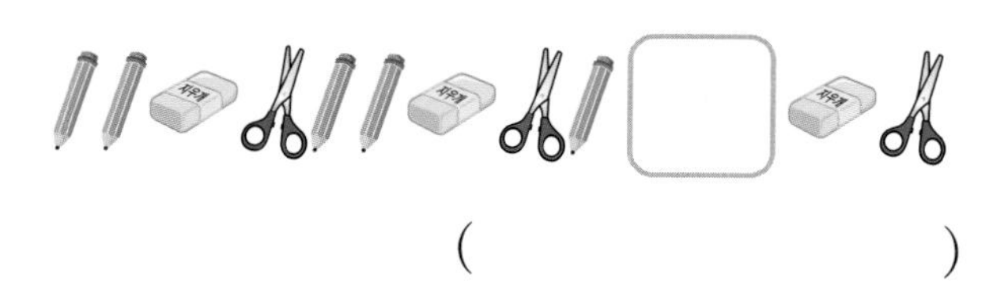

(　　　　　　　　　)

[02~03] 규칙에 따라 만든 무늬입니다. 물음에 답하세요.

★	◆	■	★	★
◆	■	★	★	◆
■	★			

241012-0645

02 규칙을 찾아 빈칸에 알맞은 모양을 그려 보세요.

241012-0646

03 위 모양에서 ★는 1, ◆는 2, ■는 3으로 바꾸어 나타내 보세요.

1	2	3		

241012-0647

04 규칙을 찾아 빈칸에 알맞은 수를 써넣으세요.

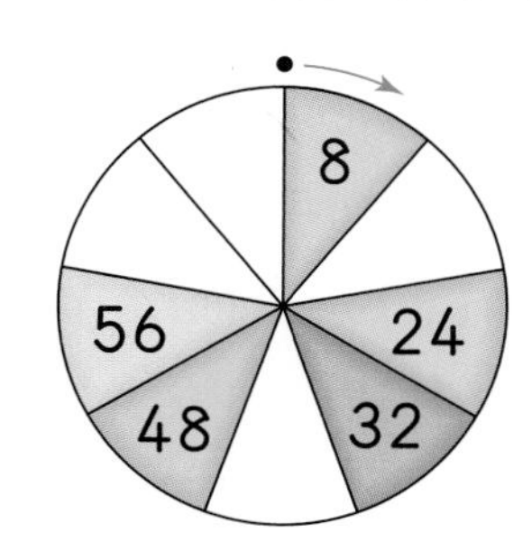

241012-0648

05 규칙에 따라 무늬를 완성하려고 합니다. 빈칸에 알맞은 모양을 그려 보세요.

●	■	▲	●	■	▲	●	■
▲	●	■	▲	●			

241012-0649

06 중요 규칙을 바르게 설명한 사람을 찾아 이름을 써 보세요.

상민: ◢, ◣, ◥, ◤ 이 반복되고 있어.
진아: 노란색, 초록색, 빨간색이 반복되고 있어.
채은: 빈칸에 들어갈 모양은 ◢ 이고 색은 빨간색이야.

(　　　　　　　　　)

241012-0650

07 규칙을 찾아 마지막 그림에 알맞게 색칠해 보세요.

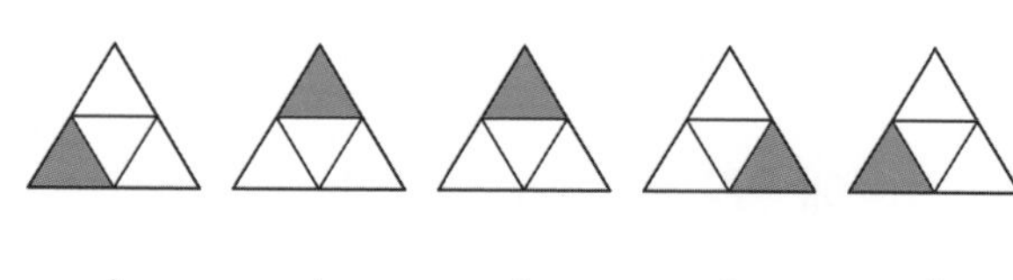

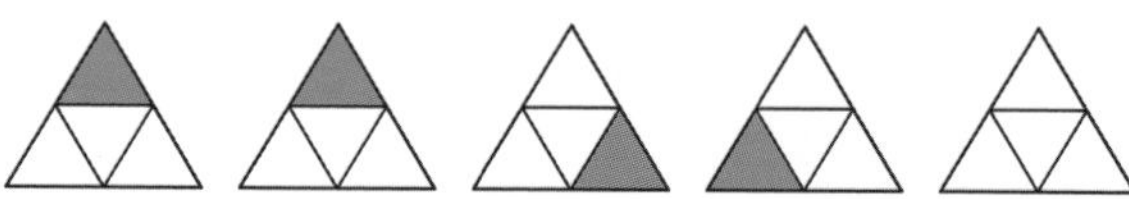

[08~09] 덧셈표를 보고 물음에 답하세요.

+	1	4	7	10
0	1	4	7	
3	4		㉠	
6	7			
9	10	㉡		

241012-0651

08 ㉠과 ㉡의 합을 구해 보세요.

(　　　　　　)

241012-0652

09 규칙을 찾아 □ 안에 알맞은 수를 써넣으세요.

중요

규칙 ↖ 방향으로 □ 씩 작아지는 규칙이 있습니다.

[10~11] 곱셈표를 보고 물음에 답하세요.

×	3			
3	9	15	21	㉠
	15			45
7		35	49	
	27	45		81

241012-0653

10 ▬으로 칠해진 수의 규칙을 찾아 써 보세요.

규칙 아래쪽으로 내려갈수록 ____________

____

241012-0654

11 ㉠에 알맞은 수와 같은 수가 들어가는 칸은 ㉠을 포함하여 모두 몇 군데인지 구해 보세요.

(　　　　　　)

[12~13] 곱셈표를 보고 물음에 답하세요.

×	1		3	4
1	1	2		
2			6	
		◆		12
	4	8		

241012-0655

12 빈칸에 알맞은 수를 써넣으세요.

241012-0656

13 곱셈표에서 곱이 ◆에 알맞은 수보다 작은 수는 모두 몇 개인지 구해 보세요.

(　　　　　　)

241012-0657

14 어느 공연장의 자리를 나타낸 그림입니다. 해나의 자리와 뒷자리의 번호의 차는 13입니다. 해나의 자리가 넷째 줄 일곱 번째일 때, 해나가 앉은 자리는 몇 번인지 구해 보세요.

서술형

첫째 둘째 셋째 …

첫째 줄	1	2	3	4	5	6	7	…	
둘째 줄									
셋째 줄									
⋮									

풀이

(1) 해나의 자리와 뒷자리의 번호의 차가 13이므로 한 줄의 의자는 (　　)개입니다.

(2) 첫째 줄 일곱째 의자의 번호가 7이므로 둘째 줄 일곱째 의자의 번호는 7+(　　)=(　　)(번)입니다.

(3) 넷째 줄 일곱째 의자의 번호는 7+(　　)+(　　)+(　　)=(　　)(번)입니다.

답 ____________

[15~16] 현지와 수호의 대화를 읽고 물음에 답하세요.

현지: 왼쪽부터 오른쪽으로 첫 번째는 4층, 두 번째는 2층, 세 번째는 4층, 네 번째는 2층으로 쌓는 규칙으로 쌓기나무를 쌓아 보자.

수호: 현지의 방법으로 일곱 번째까지 쌓는 데 필요한 쌓기나무는 모두 □개야.

241012-0658

15 현지가 말한 규칙에 따라 쌓은 모양의 기호를 써 보세요.

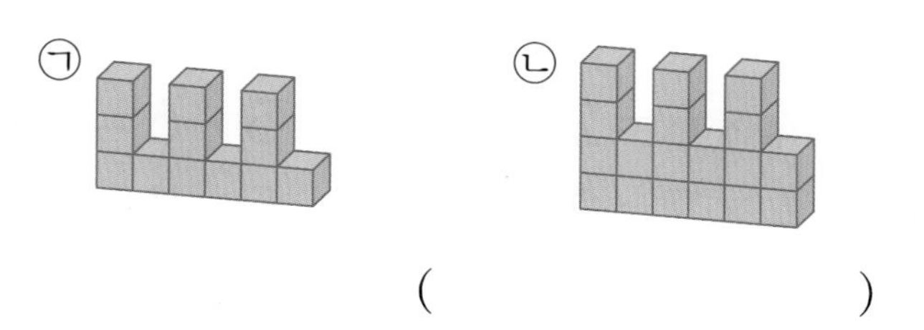

(　　　　　　　　)

241012-0659

16 □ 안에 알맞은 수를 써넣으세요.

241012-0660

17 곱셈표에서 규칙을 찾아 각각 ㉠과 ㉡에 알맞은 수를 구해 보세요.

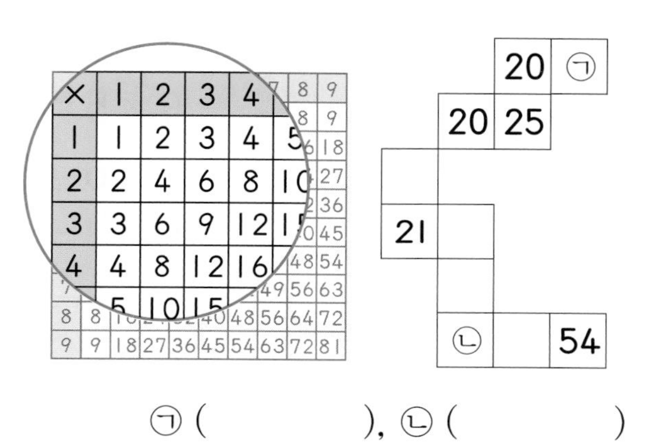

㉠ (　　　　), ㉡ (　　　　)

241012-0661

18 전화기 숫자판의 수에는 어떤 규칙이 있는지 □ 안에 알맞은 수를 써넣으세요.

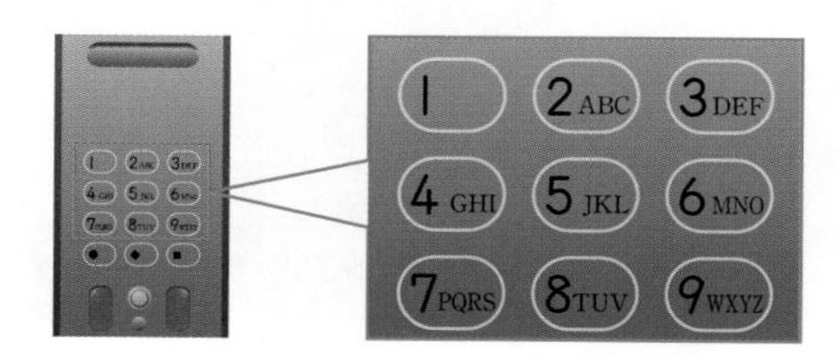

규칙 위로 갈수록 □씩 작아지고, 오른쪽으로 갈수록 □씩 커집니다.

241012-0662

19 서술형

민우는 규칙에 따라 고깔모자를 꾸미고 있습니다. 고깔모자를 완성했을 때, ★과 ☆의 개수의 차를 구해 보세요.

풀이

(1) 한 칸씩 내려갈수록 ★과 ☆의 개수는 (　　)개씩 늘어납니다.

(2) 고깔모자를 완성했을 때 ★의 개수는 1+2+3+4+(　　)=(　　)(개)입니다.

(3) 고깔모자를 완성했을 때 ☆의 개수는 0+1+2+(　　)+(　　)=(　　)(개)입니다.

(4) 따라서 ★과 ☆의 차는 (　　)−(　　)=(　　)(개)입니다.

______

241012-0663

20 도전

어느 해 11월 30일은 토요일입니다. 소연이네 학교의 겨울방학식은 12월 27일입니다. 겨울방학식은 무슨 요일인지 구해 보세요.

(　　　　　　　　)

6 단원

곱셈구구를 소리내어 읽어 보아요

2단

$2\times1=2$
$2\times2=4$
$2\times3=6$
$2\times4=8$
$2\times5=10$
$2\times6=12$
$2\times7=14$
$2\times8=16$
$2\times9=18$

3단

$3\times1=3$
$3\times2=6$
$3\times3=9$
$3\times4=12$
$3\times5=15$
$3\times6=18$
$3\times7=21$
$3\times8=24$
$3\times9=27$

4단

$4\times1=4$
$4\times2=8$
$4\times3=12$
$4\times4=16$
$4\times5=20$
$4\times6=24$
$4\times7=28$
$4\times8=32$
$4\times9=36$

5단

$5\times1=5$
$5\times2=10$
$5\times3=15$
$5\times4=20$
$5\times5=25$
$5\times6=30$
$5\times7=35$
$5\times8=40$
$5\times9=45$

6단

$6\times1=6$
$6\times2=12$
$6\times3=18$
$6\times4=24$
$6\times5=30$
$6\times6=36$
$6\times7=42$
$6\times8=48$
$6\times9=54$

7단

$7\times1=7$
$7\times2=14$
$7\times3=21$
$7\times4=28$
$7\times5=35$
$7\times6=42$
$7\times7=49$
$7\times8=56$
$7\times9=63$

8단

$8\times1=8$
$8\times2=16$
$8\times3=24$
$8\times4=32$
$8\times5=40$
$8\times6=48$
$8\times7=56$
$8\times8=64$
$8\times9=72$

9단

$9\times1=9$
$9\times2=18$
$9\times3=27$
$9\times4=36$
$9\times5=45$
$9\times6=54$
$9\times7=63$
$9\times8=72$
$9\times9=81$

교과서 기본과 응용 문제를 한 번에 잡는 **교과서 기본+응용**

BOOK 2
복습책

2-2

복습책의 효과적인 활용 방법

평상 시 진도 공부하기

만점왕 수학 플러스 BOOK 2 복습책으로 BOOK 1에서 배운 기본 문제와 응용 문제를 복습해 보세요. 기본 문제가 어렵게 느껴지거나 자신 없는 부분이 있다면 BOOK 1 본책을 찾아서 복습해 보면 도움이 돼요.

수학 실력을 더욱 향상시키고 싶다면 다양한 응용 문제에 도전해 보세요.

시험 직전 공부하기

시험이 얼마 안 남았나요?

시험 직전에는 실제 시험처럼 시간을 정해 두고 문제를 푸는 연습을 하는게 좋아요.

그러면 시험을 볼 때에 떨리는 마음이 줄어드니까요.

이때에는 **만점왕 수학 플러스 BOOK 2 복습책의 단원 평가**를 풀어보세요.

시험 시간에 맞춰 풀어 본 후 맞힌 개수를 세어 보면 자신의 실력을 알아볼 수 있답니다.

차 례

241012-0664

01 □ 안에 알맞은 수를 써넣으세요.

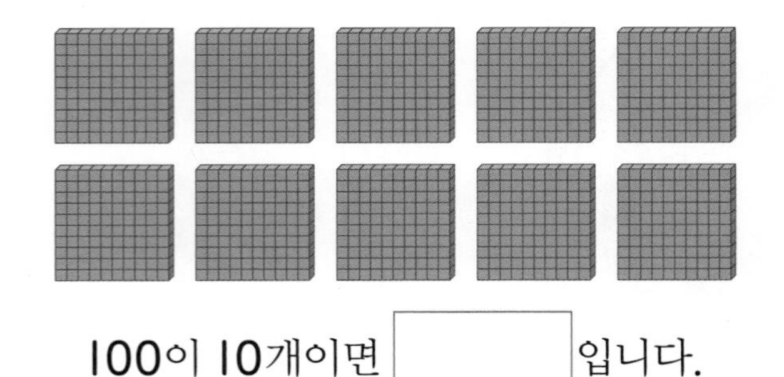

100이 10개이면 □ 입니다.

241012-0665

02 1000원이 되려면 얼마가 더 필요할까요?

(　　　　　　)

241012-0666

03 8000만큼 색칠해 보세요.

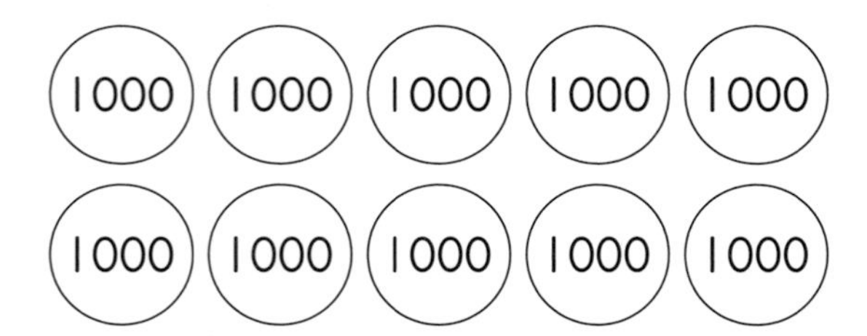

241012-0667

04 1000원짜리 지폐 2장을 모두 100원짜리 동전으로 바꾸려고 합니다. 몇 개로 바꿀 수 있을까요?

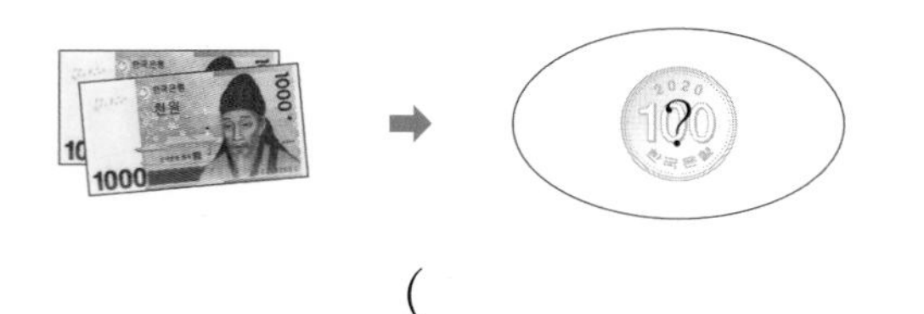

(　　　　　　)

241012-0668

05 그림이 나타내는 수를 쓰고 읽어 보세요.

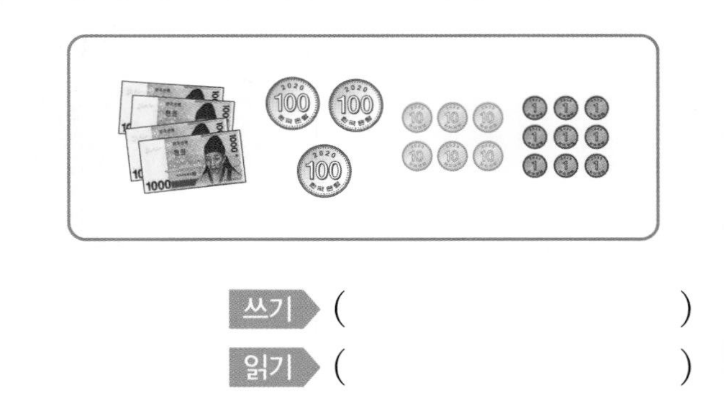

쓰기 (　　　　　　)

읽기 (　　　　　　)

241012-0669

06 □ 안에 알맞은 수를 써넣으세요.

(1) 6549는 1000이 □개, 100이 □개, 10이 □개, 1이 □개인 수입니다.

(2) 오천팔백이는 1000이 □개, 100이 □개, 10이 □개, 1이 □개인 수입니다.

241012-0670

07 승현이가 고른 수 카드를 찾아 ○표 하세요.

5482　　5018

5885　　8558

내가 고른 수 카드의 수를 읽으면 '오천'으로 시작하고 '팔'로 끝나.

241012-0671

08 수를 보고 □ 안에 알맞은 수를 써넣으세요.

8574

8은 천의 자리 숫자이고 □ 을/를,

5는 백의 자리 숫자이고 □ 을/를,

7은 십의 자리 숫자이고 □ 을/를,

4는 일의 자리 숫자이고 □ 을/를 나타냅니다.

241012-0672

09 수 배열표를 보고 물음에 답하세요.

4110	4120	4130	4140	4150
5110	5120	5130	㉠	5150
6110	6120	6130	6140	6150
7110	7120	7130	7140	7150
8110	8120	㉡	8140	8150

(1) ㉠, ㉡에 들어갈 수는 각각 얼마일까요?

㉠ (　　　) ㉡ (　　　)

(2) ↓, ➡는 각각 얼마씩 뛰어 센 것일까요?

(　　　), (　　　)

241012-0673

10 다음 수 중에서 숫자 3이 나타내는 값이 가장 작은 수에 △표 하세요.

3689　2431　9153　6340

(　　) (　　) (　　) (　　)

241012-0674

11 뛰어 센 규칙을 찾아 빈칸에 알맞은 수를 써넣으세요.

241012-0675

12 빈칸에 알맞은 수를 써넣고 두 수의 크기를 비교하여 ○ 안에 > 또는 <를 알맞게 써넣으세요.

	천의 자리	백의 자리	십의 자리	일의 자리
6824 ➡	6		2	4
6759 ➡	6			9

6824 ○ 6759

241012-0676

13 영진이는 수 카드 4장을 한 번씩만 사용하여 네 자리 수를 만들려고 합니다. 천의 자리 숫자가 5인 가장 큰 네 자리 수를 구해 보세요.

2　5　6　9

(　　　　)

유형 1 몇천인지 알아보기

241012-0677

01 예원이네 가족은 김밥 2줄과 순대 2인분을 먹었습니다. 예원이네 가족이 내야 하는 돈은 1000원짜리 지폐로 몇 장일까요?

차 림 표	
김밥 1줄	1500원
떡볶이 1인분	2000원
순대 1인분	3000원

( )

비법 1500이 2번이면 몇천인지 알아봅니다.

241012-0678

02 성준이는 김밥 2줄과 튀김 2개를 먹었습니다. 성준이가 내야 하는 돈은 1000원짜리 지폐로 몇 장일까요?

차 림 표	
김밥 1줄	2500원
튀김 1개	1000원
라면 1인분	4000원

( )

241012-0679

03 향미는 아이스크림 2개, 사탕 2봉지, 과자 2봉지를 샀습니다. 향미가 내야 하는 돈은 1000원짜리 지폐로 몇 장일까요?

가 격 표	
아이스크림 1개	500원
사탕 1봉지	1500원
과자 1봉지	2000원

( )

유형 2 수 카드로 가장 작은 네 자리 수 만들기

241012-0680

04 수 카드 4장을 한 번씩만 사용하여 네 자리 수를 만들려고 합니다. 백의 자리 숫자가 5인 가장 작은 네 자리 수를 만들어 보세요.

[7] [3] [0] [5]

( )

비법 백의 자리에 5를 놓고, 나머지 수 중 작은 수를 천의 자리부터 순서대로 놓아 가장 작은 수를 만들 수 있습니다. 단, 0은 천의 자리에 놓을 수 없습니다.

241012-0681

05 수 카드 4장을 한 번씩만 사용하여 네 자리 수를 만들려고 합니다. 백의 자리 숫자가 8인 가장 작은 네 자리 수를 만들어 보세요.

[6] [0] [9] [8]

( )

241012-0682

06 수 카드 4장을 한 번씩만 사용하여 네 자리 수를 만들려고 합니다. 십의 자리 숫자가 7인 가장 작은 네 자리 수를 만들어 보세요.

[0] [3] [2] [7]

( )

정답과 풀이 57쪽

유형 3 물건의 가격 알기

241012-0683

07 상일이는 빵과 우유를 각각 한 개씩 사고 오른쪽 그림과 같이 돈을 냈습니다. 빵의 가격은 얼마일까요?

( )

비법 먼저 상일이가 낸 돈은 얼마인지 알아봅니다.

241012-0684

08 예빈이는 실내화와 줄넘기를 각각 한 개씩 사고 오른쪽 그림과 같이 돈을 냈습니다. 줄넘기의 가격은 얼마일까요?

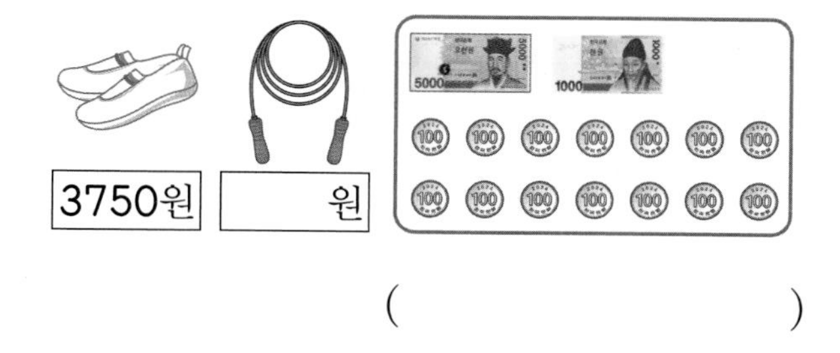

( )

241012-0685

09 세윤이는 장난감과 필통을 각각 한 개씩 사고 9200원을 냈습니다. 장난감의 가격이 5880원이었다면, 필통의 가격은 얼마일까요?

( )

유형 4 가려진 네 자리 수의 크기 비교하기

241012-0686

10 두 수의 크기를 비교하여 ○ 안에 > 또는 < 를 알맞게 써넣으세요.

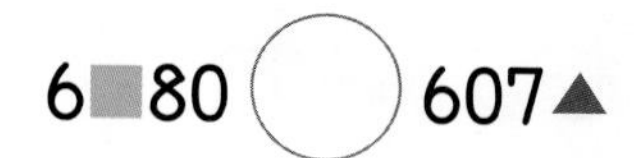

비법 천의 자리 숫자는 서로 같으므로 백의 자리에 가장 작은 수인 0을 넣어 크기를 비교해 봅니다.

241012-0687

11 두 수의 크기를 비교하여 ○ 안에 > 또는 < 를 알맞게 써넣으세요.

591■ ○ 5▲03

241012-0688

12 두 수의 크기를 비교하여 ○ 안에 > 또는 < 를 알맞게 써넣으세요.

20■7 ○ 2▲98

241012-0689

01 수 모형을 보고 □ 안에 알맞은 수나 말을 써넣으세요.

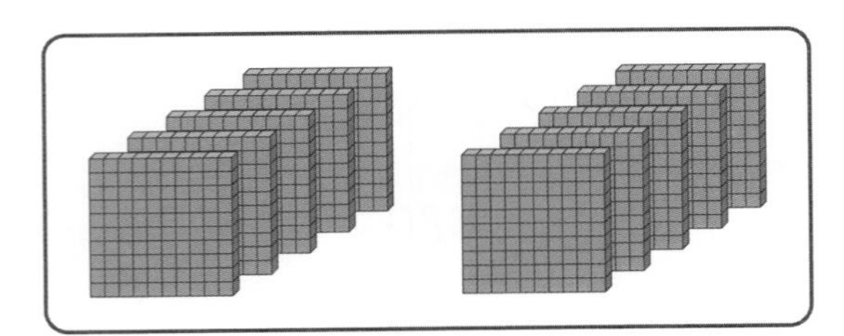

100이 10개이면 □(이)라 쓰고

□(이)라고 읽습니다.

241012-0690

02 다음 중 1000을 틀리게 설명한 사람을 찾아 이름을 써 보세요.

보인: 900보다 100만큼 더 큰 수야.
서정: 999보다 1만큼 더 큰 수야.
지한: 10이 10개인 수야.
한결: 800보다 200만큼 더 큰 수야.

(　　　　　　　　)

241012-0691

03 두 수를 모아 1000을 만들려고 합니다. 맞으면 ○표, 틀리면 ×표 하세요.

(1)	600	400	(　　)
(2)	900	100	(　　)
(3)	800	20	(　　)

241012-0692

04 관계있는 것끼리 이어 보세요.

1000이 5개인 수 •		• 이천
1000이 9개인 수 •		• 구천
1000이 2개인 수 •		• 오천

241012-0693

05 서술형

비누가 한 상자에 100개씩 30상자 있습니다. 비누는 모두 몇 개인지 풀이 과정을 쓰고 답을 구해 보세요.

풀이

답

241012-0694

06 □ 안에 알맞은 수를 써넣으세요.

8□4□은/는
- 1000이 □개
- 100이 17개
- 10이 14개
- 1이 9개

241012-0695

07 관계있는 것끼리 이어 보세요.

2503 •	• 이천오백삼
2530 •	• 이천삼백오
2305 •	• 이천오백삼십

241012-0696

08 빈칸에 알맞은 수를 써넣으세요.

		천의 자리	백의 자리	십의 자리	일의 자리
4352	➡				2
	➡	2	8	0	1

241012-0697

09 은지는 1000원짜리 지폐를 4장, 100원짜리 동전을 15개, 10원짜리 동전을 34개 가지고 있습니다. 은지가 가지고 있는 돈은 모두 얼마인지 구해 보세요.

( )

241012-0698

10 다음에서 설명하는 수를 구해 보세요.

- 2000과 3000 사이에 있는 수입니다.
- 백의 자리 숫자는 7, 일의 자리 숫자는 5입니다.
- 십의 자리 숫자는 천의 자리 숫자보다 3만큼 더 큽니다.

( )

241012-0699

11 ㉠이 나타내는 값과 ㉡이 나타내는 값의 합을 구해 보세요.

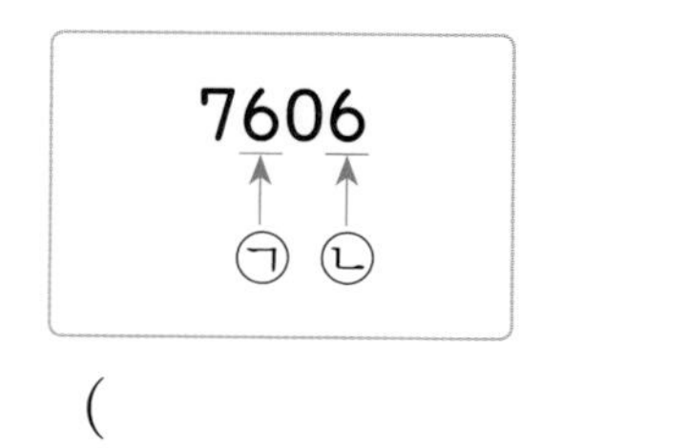

( )

241012-0700

12 숫자 8이 800을 나타내는 수를 모두 찾아 기호를 써 보세요.

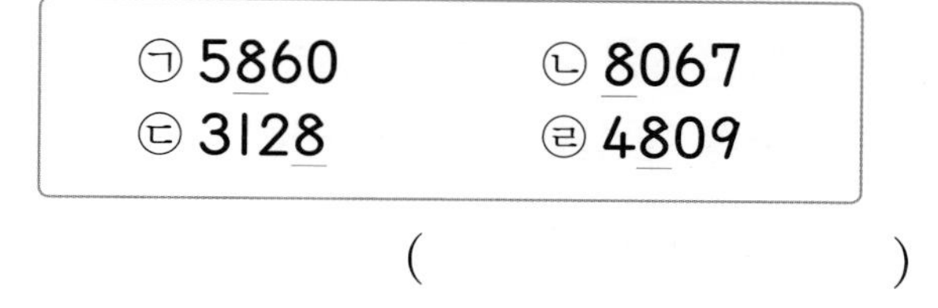

( )

241012-0701

13 천의 자리 숫자가 4인 수는 모두 몇 개일까요?

5643	6495	2374
4012	9643	4107

( )

241012-0702

14 뛰어 센 규칙을 찾아 빈칸에 알맞은 수를 써넣으세요.

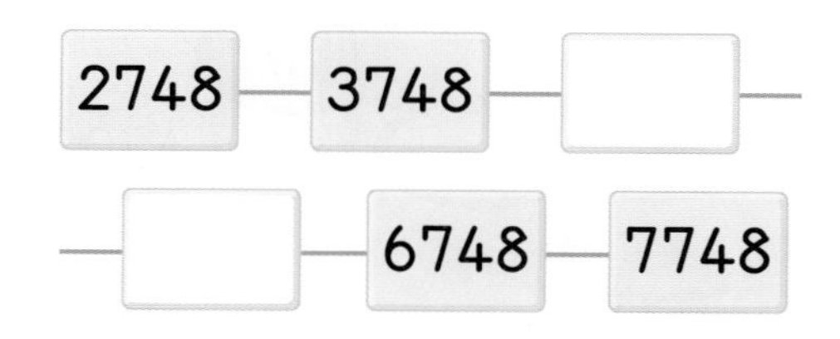

241012-0703

15 경희와 수미가 말한 수를 각각 1000씩 5번, 10씩 3번 뛰어 센 수를 구해 보세요.

- 경희 : 1000이 4개, 100이 6개, 10이 3개, 1개인 수
- 수미 : 이천구십이

경희(　　　　) 수미 (　　　　)

241012-0704

16 서술형 과수원 창고에 사과가 3562개 있습니다. 하루에 1000개씩 사과를 수확하여 창고에 넣는다면 3일 후 창고에 있는 사과는 몇 개가 될지 풀이 과정을 쓰고 답을 구해 보세요.

풀이

답

241012-0705

17 뛰어 센 규칙을 찾아 빈칸에 알맞은 수를 써넣으세요.

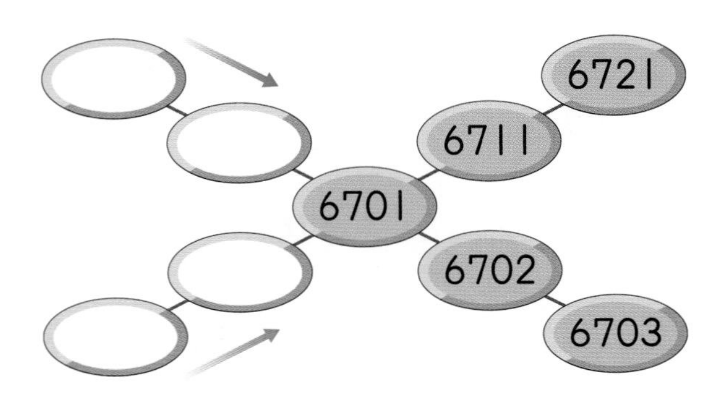

241012-0706

18 큰 수부터 순서대로 기호를 써 보세요.

㉠ 오천칠백팔
㉡ 사천구백구십구
㉢ 오천칠백이십

(　　　　)

241012-0707

19 수 카드 4장을 한 번씩만 사용하여 네 자리 수를 만들려고 합니다. 일의 자리 숫자가 3인 가장 작은 네 자리 수를 만들어 보세요.

9　3　0　2

(　　　　)

241012-0708

20 1부터 9까지의 수 중에서 □ 안에 들어갈 수 있는 수는 모두 몇 개일까요?

$6\square24 < 6830$

(　　　　)

241012-0709

01 풍선은 모두 몇 개인지 곱셈식으로 나타내 보세요.

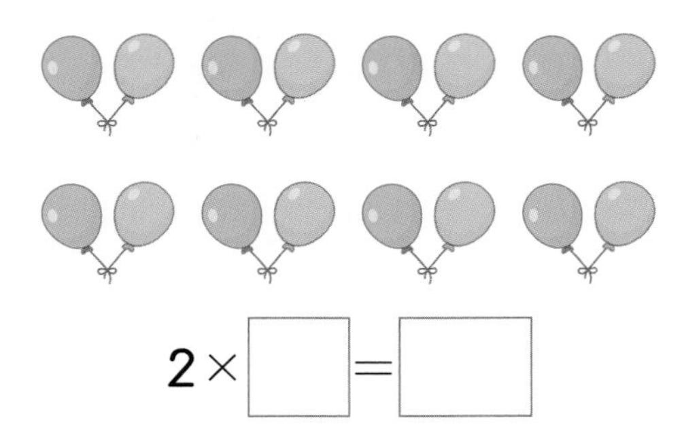

$2 \times \square = \square$

241012-0710

02 □ 안에 알맞은 수를 써넣으세요.

$5 \times 4 = \square$

$5 \times \square = 35$

$5 \times 9 = \square$

241012-0711

03 바나나의 개수 구하는 방법을 잘못 설명한 사람을 찾아 이름을 써 보세요.

서연: $3+3+3+3+3$으로 3을 5번 더해서 구할 수 있어.
도준: 3×3에 3을 더해서 구할 수 있어.
지율: 3×5의 곱으로 구할 수 있어.

(　　　　　　　)

241012-0712

04 수직선을 보고 □ 안에 알맞은 수를 써넣으세요.

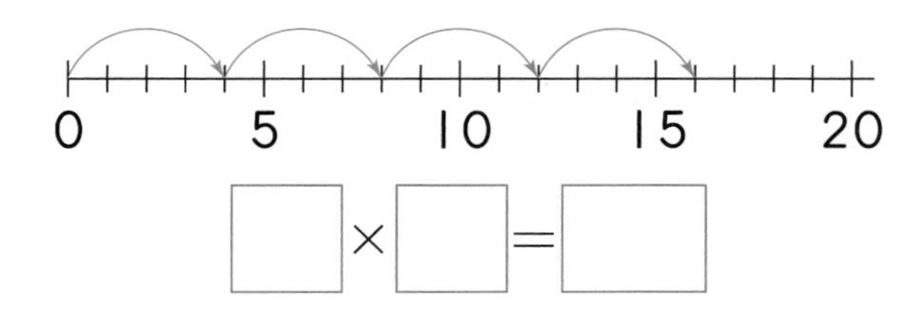

$\square \times \square = \square$

241012-0713

05 6×3을 나타내는 그림을 ○를 그려서 나타내고, 값을 구해 보세요.

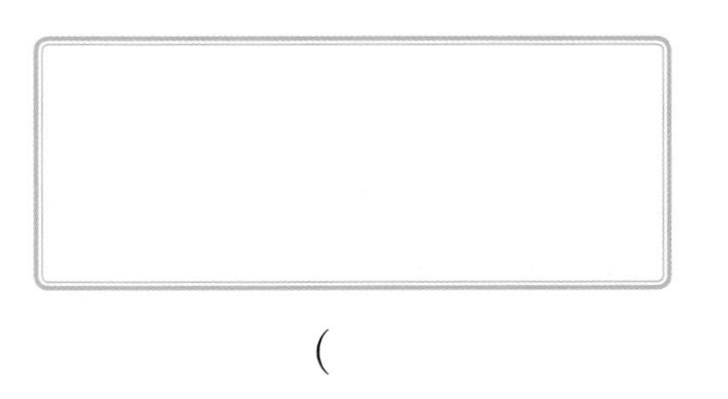

(　　　　　　　)

241012-0714

06 □ 안에 알맞은 수를 써넣으세요.

$8+8+8+8+8+8 = \square$

➡ $8 \times \square = \square$

241012-0715

07 7단 곱셈구구의 값을 찾아 이어 보세요.

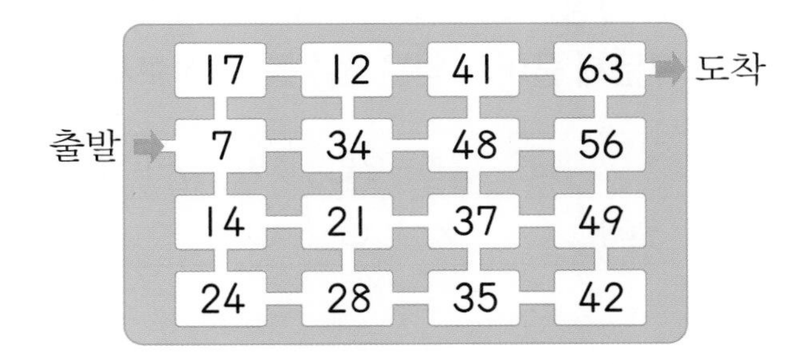

241012-0716

08 빨간색 구슬이 9개 있습니다. 파란색 구슬 수는 빨간색 구슬 수의 7배일 때 파란색 구슬은 몇 개일까요?

( )

241012-0717

09 ■에 공통으로 들어갈 수는 얼마인가요?

- ■ $\times$ 6 $=$ 6
- 7 $\times$ ■ $=$ 7
- 9 $\times$ ■ $=$ 9
- ■ $\times$ 4 $=$ 4

( )

241012-0718

10 태정이는 퀴즈맞히기를 하여 맞히면 2점, 틀리면 0점을 얻기로 하였습니다. 태정이가 퀴즈를 7문제 풀어서 얻은 점수를 구해 보세요.

	1번	2번	3번	4번	5번	6번	7번
결과	○	×	○	○	×	×	○

( )

[11~12] 곱셈표를 보고 물음에 답하세요.

×	1	2	3	4	5	6	7	8	9
3	3		9						
5	5	10		20		30	35		45
7	7								63

241012-0719

11 곱셈표를 완성해 보세요.

241012-0720

12 곱셈표에서 5 $\times$ 7과 곱이 같은 곱셈구구를 찾아 써 보세요.

( )

241012-0721

13 곱이 20보다 작은 것을 모두 찾아 기호를 써 보세요.

㉠ 8 $\times$ 3　㉡ 4 $\times$ 9
㉢ 2 $\times$ 9　㉣ 7 $\times$ 6
㉤ 5 $\times$ 5　㉥ 1 $\times$ 9

( )

정답과 풀이 61쪽

유형 1 곱셈에서 모르는 수 구하기

241012-0722

01 ■와 ▲에 알맞은 두 수의 합을 구해 보세요.

$6 \times ■ = 48$
$▲ \times 4 = 28$

$■ + ▲ = \square$

비법 6단 곱셈구구에서 곱이 48인 것을, 4단 곱셈구구에서 곱이 28인 것을 찾아봅니다.

241012-0723

02 ■와 ▲에 알맞은 두 수의 차를 구해 보세요.

$5 \times ■ = 40$
$▲ \times 9 = 27$

$■ - ▲ = \square$

241012-0724

03 ■와 ▲에 알맞은 두 수의 곱을 구해 보세요.

$6 \times ■ = 36$
$▲ \times 7 = 63$

$■ \times ▲ = \square$

유형 2 수 카드로 두 수의 곱 만들기

241012-0725

04 3장의 수 카드 중에서 2장을 뽑아 두 수의 곱을 구하려고 합니다. 가장 큰 곱은 얼마일까요?

3 7 4

( )

비법 곱하는 두 수가 클수록 곱의 크기도 큽니다.

241012-0726

05 3장의 수 카드 중에서 2장을 뽑아 두 수의 곱을 구하려고 합니다. 가장 작은 곱은 얼마일까요?

9 2 6

( )

241012-0727

06 3장의 수 카드 중에서 2장을 뽑아 두 수의 곱을 구하려고 합니다. 가장 큰 곱과 가장 작은 곱을 더하면 얼마일까요?

5 1 8

( )

유형 3 두 곱의 차 구하기

241012-0728

07 보미와 선우는 각각 겹치지 않게 끈을 이어 붙였습니다. 누구의 끈이 몇 cm 더 길까요?

보미: 7 cm짜리 끈 6개를 이어 붙였어.
선우: 9 cm짜리 끈 5개를 이어 붙였어.

( ), ( )

비법 보미가 만든 끈의 길이와 선우가 만든 끈의 길이를 구하여 긴 끈의 길이에서 짧은 끈의 길이를 뺍니다.

241012-0729

08 동욱이와 주호는 각각 겹치지 않게 색 테이프를 이어 붙였습니다. 누구의 색 테이프가 몇 cm 더 길까요?

( ), ( )

241012-0730

09 빨간 로봇은 1초에 5 cm씩 움직이고, 파란 로봇은 1초에 7 cm씩 움직입니다. 빨간 로봇과 파란 로봇을 같은 곳에서 동시에 같은 방향으로 출발시켰습니다. 5초 후 두 로봇의 거리는 얼마나 벌어졌을까요?

( )

유형 4 곱셈구구를 이용하여 문제 해결하기

241012-0731

10 색종이 한 장을 그림과 같이 3번 접어서 구멍을 1개 뚫은 후 다시 펼쳐 보면 구멍은 모두 몇 개일까요?

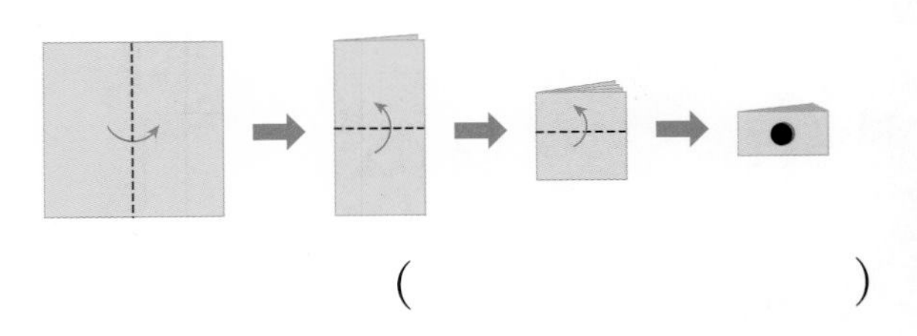

( )

비법 색종이 한 장을 3번 접으면 8겹이 됩니다.

241012-0732

11 색종이 한 장을 그림과 같이 3번 접어서 구멍을 2개 뚫은 후 다시 펼쳐 보면 구멍은 모두 몇 개일까요?

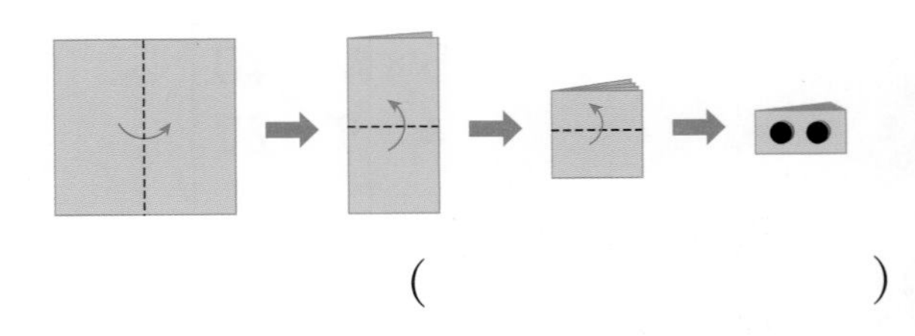

( )

241012-0733

12 색종이 한 장을 그림과 같이 접었다가 펼친 다음 접힌 부분을 따라 잘랐습니다. 이런 방법으로 색종이를 7장 잘랐다면 색종이는 모두 몇 조각일까요?

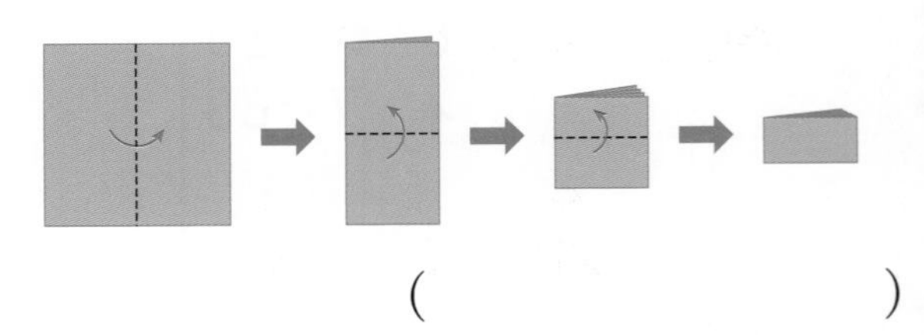

( )

241012-0734

01 2단 곱셈구구의 값을 찾아 이어 보세요.

2×6 •	• 18
2×8 •	• 16
2×9 •	• 12

241012-0735

02 □ 안에 알맞은 수를 써넣으세요.

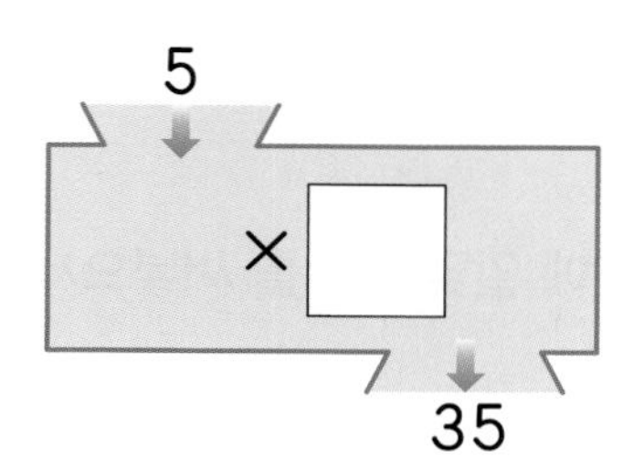

241012-0736

03 곱이 가장 큰 것은 어느 것일까요? (　　　)

① 2×7　② 5×4
③ 3×6　④ 6×8
⑤ 4×9

241012-0737

04 8단 곱셈구구이면서 4단 곱셈구구에도 있는 수를 찾아 모두 ○표 하세요.

4	8	12	16
20	24	30	32

241012-0738

05 ㉠과 ㉡의 값을 각각 구해 보세요.

$4 \times 9 = 6 \times$ ㉠ $=$ ㉡

㉠ (　　　), ㉡ (　　　)

241012-0739

06 상자에 들어 있는 사과는 모두 몇 개인지 여러 가지 곱셈식으로 나타내 보세요.

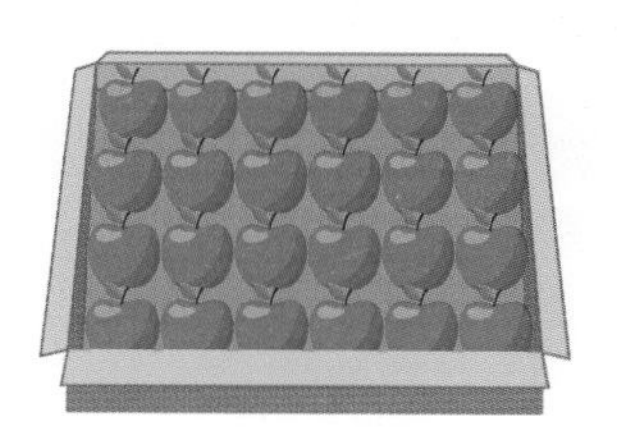

$3 \times$ □ $=$ □　$4 \times$ □ $=$ □

$6 \times$ □ $=$ □　$8 \times$ □ $=$ □

241012-0740

07 빨간색 색연필이 4자루씩 8묶음, 파란색 색연필이 7자루씩 3묶음 있습니다. 색연필은 모두 몇 자루일까요?

(　　　)

241012-0741

08 4×6의 곱셈식을 계산하는 방법을 잘못 말한 사람의 이름을 써 보세요.

도영: 4×2를 3번 더하면 구할 수 있어.
강현: 4×4와 4×2를 더하면 돼.
수아: 4×5에 5를 더하면 돼.

(　　　　　　　　　)

241012-0742

09 어떤 수에 6을 곱한 수는 어떤 수에 7을 곱한 수보다 9만큼 더 작습니다. 어떤 수를 구해 보세요.

(　　　　　　　　　)

241012-0743

10 1부터 9까지의 수 중에서 □ 안에 들어갈 수 있는 수를 모두 구해 보세요.

54 < 9 × □

(　　　　　　　　　)

241012-0744

11 빈칸에 알맞은 수를 써넣으세요.

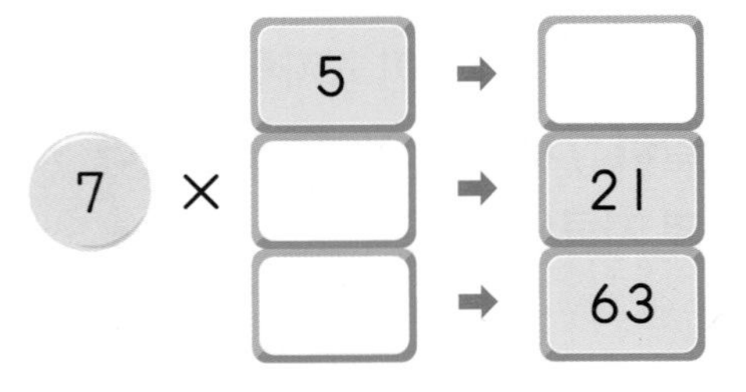

241012-0745

12 블록 한 개의 길이는 9 cm입니다. 블록 6개를 이어 붙인 길이는 몇 cm인지 □ 안에 알맞은 수를 써넣으세요.

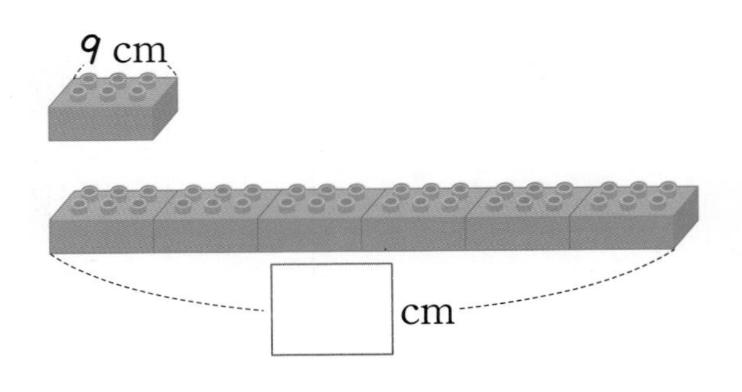

241012-0746

13 □ 안에 알맞은 수를 써넣으세요.

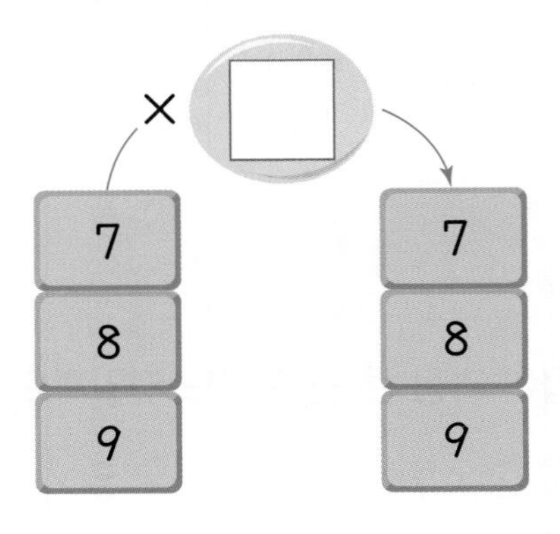

241012-0747

14 ♥에 알맞은 수를 구해 보세요.

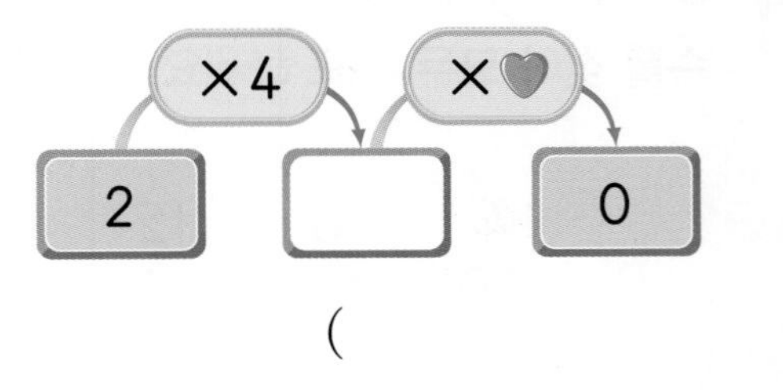

(　　　　　　　　　)

241012-0748

15 서술형 진석이는 가위바위보 놀이를 하여 이기면 2점, 비기면 1점, 지면 0점을 얻는 놀이를 하였습니다. 진석이가 5번 가위바위보를 하여 2번 이기고, 1번 비기고, 2번 졌다면, 얻은 점수는 모두 몇 점인지 풀이 과정을 쓰고 답을 구해 보세요.

풀이

답

[16~17] 곱셈표를 보고 물음에 답하세요.

×	1	2	3	4	5	6	7
4	4	8		16		24	
5	5			㉠	㉡	㉢	㉣
6	6		18		♣	36	

241012-0749

16 곱셈표에서 곱이 ♣과 같은 칸을 찾아 기호를 써 보세요.

( )

241012-0750

17 ㉣은 ㉠보다 얼마나 더 클까요?

( )

241012-0751

18 성주네 반 학생들은 긴 의자 한 개에 4명씩 6개의 의자에 모두 앉았고, 주미네 반 학생들은 긴 의자 한 개에 3명씩 9개의 의자에 모두 앉았습니다. 어느 반 학생들이 몇 명 더 많을까요?

( ), ( )

241012-0752

19 서술형 우유식빵은 한 봉지에 8장씩 5봉지, 옥수수식빵은 한 봉지에 7장씩 6봉지 있습니다. 식빵은 모두 몇 장인지 풀이 과정을 쓰고 답을 구해 보세요.

풀이

답

241012-0753

20 조건을 모두 만족하는 수를 구해 보세요.

- 6단 곱셈구구의 값입니다.
- 8단 곱셈구구의 값입니다.
- 20보다 크고 30보다 작습니다.

( )

2 단원

241012-0754

01 같은 길이를 나타내는 것끼리 이어 보세요.

476 cm •	• 4 m 60 cm
406 cm •	• 4 m 76 cm
460 cm •	• 4 m 6 cm

241012-0755

02 나무의 높이를 잘못 설명한 것을 모두 고르세요.

(　　　)

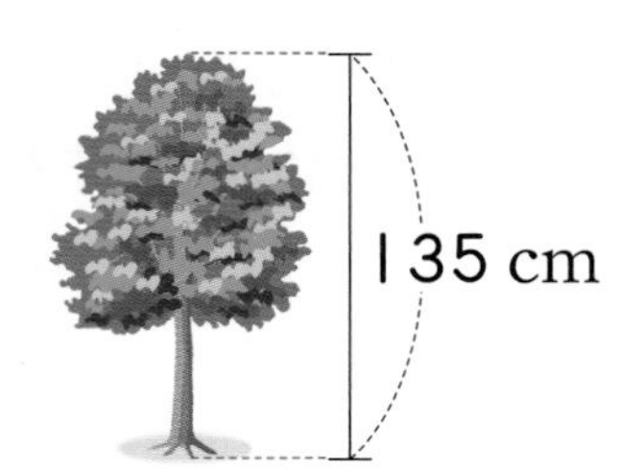

① 135 cm입니다.
② 1 m보다 35 cm 더 높습니다.
③ 1 cm 35 m입니다.
④ 1미터 35센티미터입니다.
⑤ 1 m보다 35 cm 더 낮습니다.

241012-0756

03 cm와 m 중 알맞은 단위를 써 보세요.

(1)

책상 긴 쪽의 길이는 약 100 □ 입니다.

(2)

건물의 높이는 약 10 □ 입니다.

241012-0757

04 가장 짧은 길이를 말한 사람을 찾아 이름을 써 보세요.

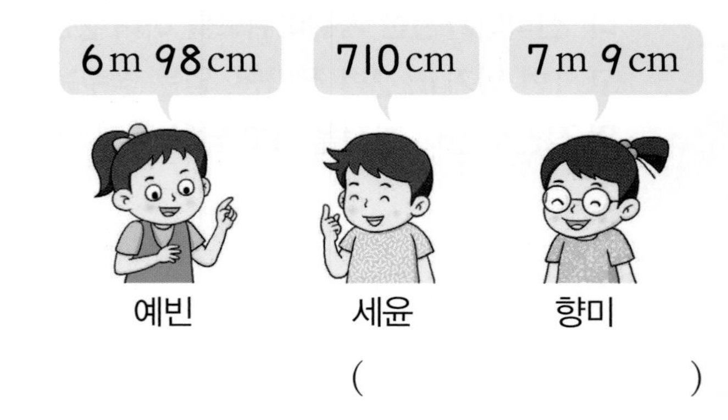

(　　　)

241012-0758

05 신발장의 높이를 두 가지 방법으로 나타내 보세요.

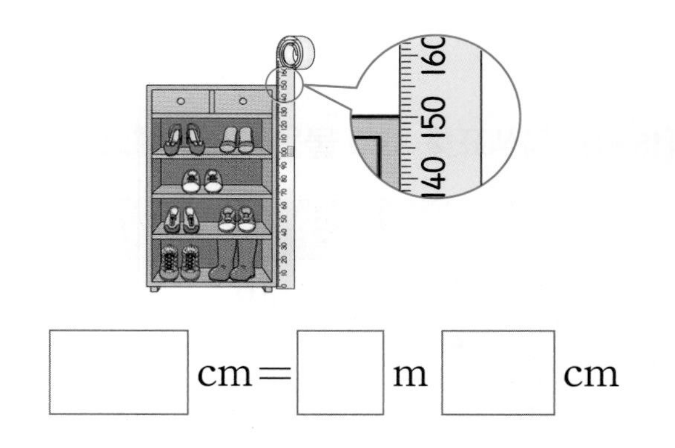

□ cm = □ m □ cm

241012-0759

06 흥부네 집에서 우물을 지나 놀부네 집까지 가는 거리는 몇 m 몇 cm일까요?

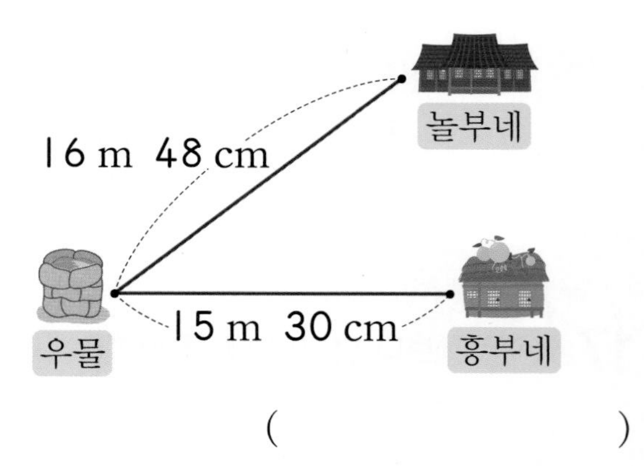

(　　　)

241012-0760

07 지아와 유찬이가 쌓은 상자의 높이는 각각 1 m 32 cm, 145 cm입니다. 두 사람이 쌓은 상자의 높이의 합은 몇 m 몇 cm일까요?

( )

241012-0761

08 길이의 차를 구해 보세요.

(1) 3 m 69 cm − 2 m 12 cm

= □ m □ cm

(2)

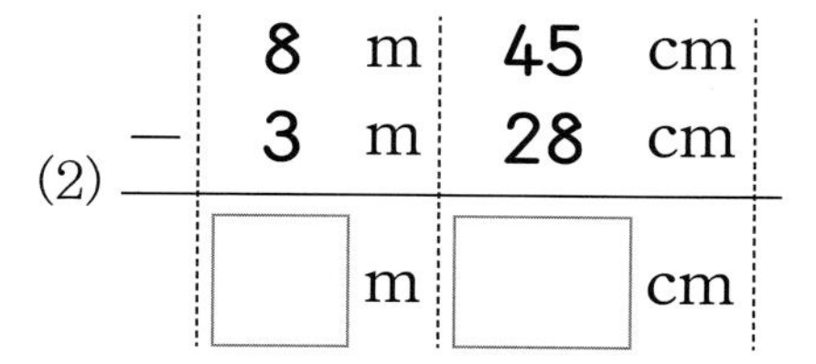

		m		cm
	8	m	45	cm
−	3	m	28	cm
	□	m	□	cm

241012-0762

09 창고의 긴 쪽과 짧은 쪽의 길이의 차는 몇 m 몇 cm일까요?

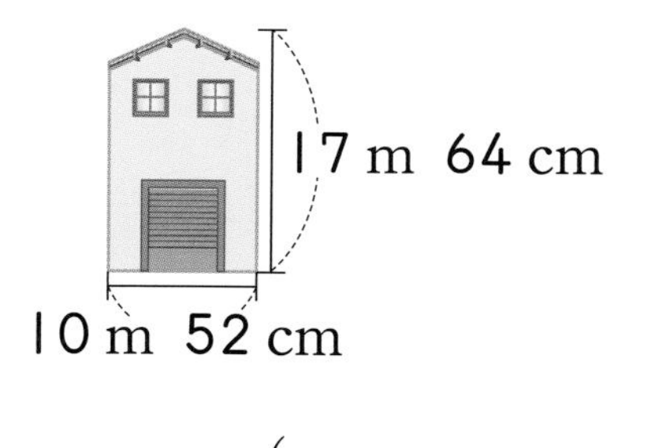

( )

241012-0763

10 길이가 1 m보다 긴 물건에 ○표 하세요.

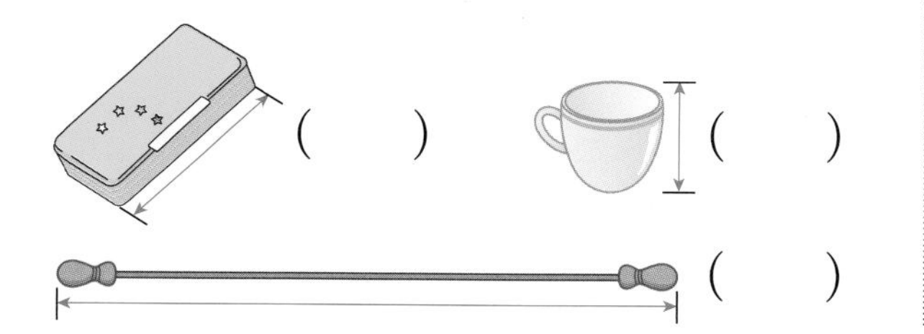

( ) ( )

( )

241012-0764

11 윤지가 양팔을 벌린 길이가 약 1 m일 때 의자의 길이는 약 몇 m일까요?

( )

241012-0765

12 관계있는 것끼리 이어 보세요.

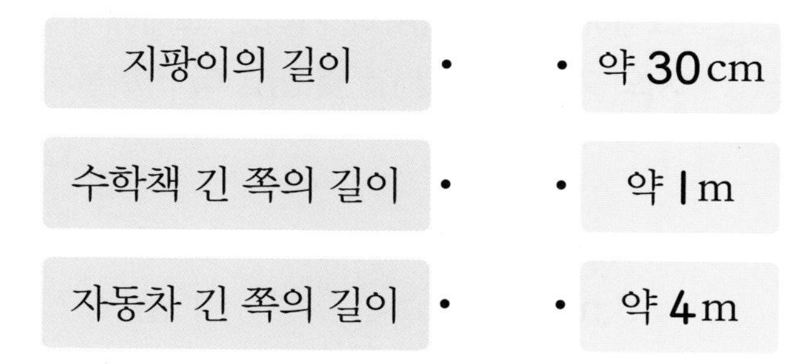

지팡이의 길이 •	• 약 30 cm
수학책 긴 쪽의 길이 •	• 약 1 m
자동차 긴 쪽의 길이 •	• 약 4 m

241012-0766

13 주어진 약 2 m의 막대로 나무의 높이를 어림하였습니다. 나무의 높이를 가장 잘 어림한 것에 ○표 하세요.

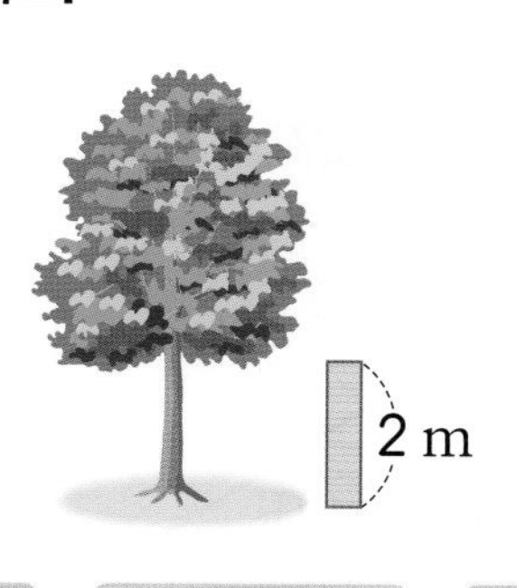

약 3 m	약 4 m	약 6 m
( )	( )	( )

3 단원

유형 1 거리 비교하기

241012-0767

01 의자에서 나무까지의 거리는 의자에서 가로등까지의 거리보다 몇 m 몇 cm 더 멀까요?

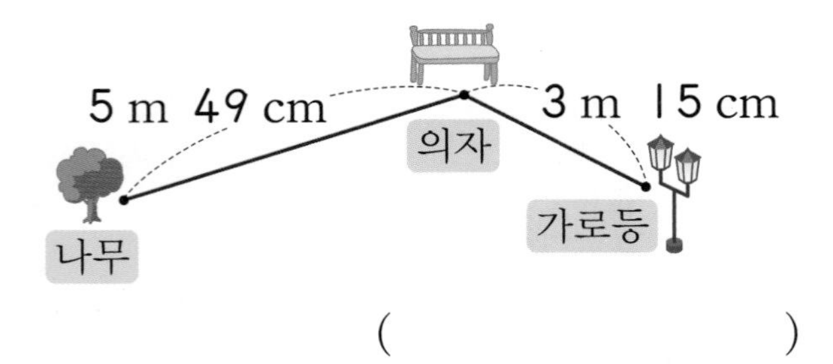

( )

비법 먼 쪽의 거리에서 가까운 쪽의 거리를 뺍니다.

241012-0768

02 그네에서 철봉까지의 거리는 그네에서 시소까지의 거리보다 몇 m 몇 cm 더 가까울까요?

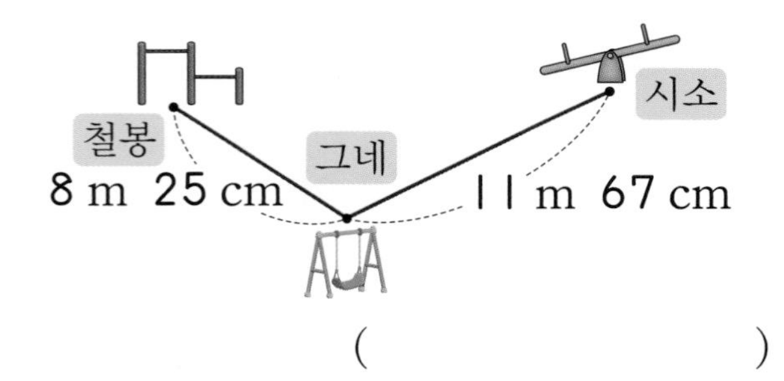

( )

241012-0769

03 정류장에서 학교까지의 거리는 정류장에서 음식점을 지나 집까지의 거리보다 몇 m 몇 cm 더 가까울까요?

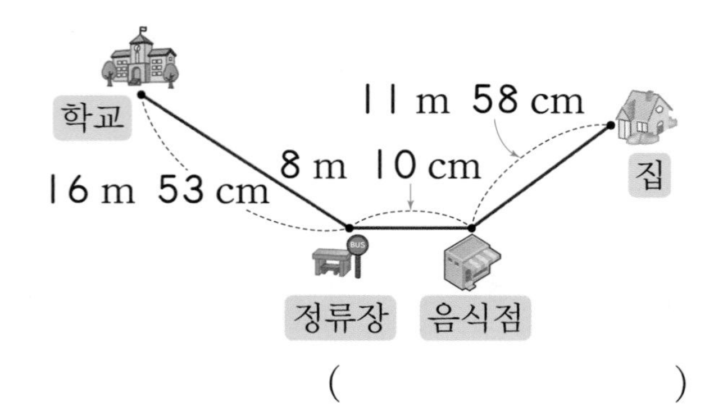

( )

유형 2 길이의 합 구하기

241012-0770

04 세 길이의 합은 9 m 88 cm입니다. ㉠과 ㉡에 알맞은 수를 각각 구해 보세요.

- ㉠ m 41 cm
- 3 m 22 cm
- 3 m ㉡ cm

㉠ ( )
㉡ ( )

비법 m는 m끼리, cm는 cm끼리 계산합니다.

241012-0771

05 세 길이의 합은 6 m 70 cm입니다. ㉠과 ㉡에 알맞은 수를 각각 구해 보세요.

- ㉠ m 23 cm
- 1 m 15 cm
- 1 m ㉡ cm

㉠ ( )
㉡ ( )

241012-0772

06 세 길이의 합은 8 m 99 cm보다 1 m 33 cm만큼 더 짧습니다. ㉠과 ㉡에 알맞은 수를 각각 구해 보세요.

- 2 m 11 cm
- ㉠ m 34 cm
- 4 m ㉡ cm

㉠ ( )
㉡ ( )

유형 3 어림한 길이를 비교하기

241012-0773

07 민지의 한 걸음은 약 50 cm이고, 준호의 한 걸음은 약 60 cm라고 합니다. 민지는 11걸음을 걷고, 준호는 9걸음을 걸었습니다. 누가 약 몇 cm만큼 더 걸었을까요?

( ), ( )

비법 민지와 준호가 걸은 걸음이 약 몇 m 몇 cm인지 각각 구해 봅니다.

241012-0774

08 유나의 한 걸음은 약 50 cm이고, 연우의 한 걸음은 약 60 cm라고 합니다. 유나는 21걸음을 걷고, 연우는 18걸음을 걸었습니다. 누가 약 몇 cm만큼 더 걸었을까요?

( ), ( )

241012-0775

09 길이가 약 1 m 50 cm인 ㉮ 막대를 겹치지 않게 13개 연결하고, 길이가 약 2 m 20 cm인 ㉯ 막대를 겹치지 않게 7개 연결하였습니다. ㉮ 막대와 ㉯ 막대 중 어느 막대를 연결한 길이가 약 몇 m 몇 cm만큼 더 길까요?

( ), ( )

유형 4 차가 가장 크도록 수 카드로 길이 만들기

241012-0776

10 □ 안에 수 카드를 한 번씩 놓아 몇 m 몇 cm를 만들고, 3 m 49 cm와의 차를 구하려고 합니다. 계산 결과가 가장 크게 되는 식을 만들고, 계산해 보세요.

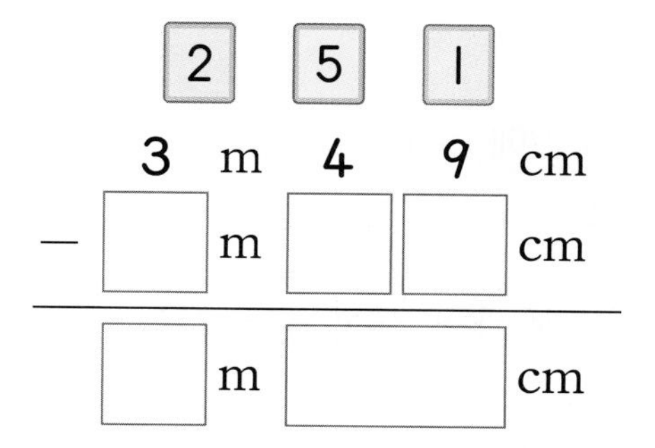

비법 계산 결과가 가장 크려면 가장 짧은 길이를 만들어야 합니다.

241012-0777

11 □ 안에 수 카드를 한 번씩 놓아 m 몇 cm를 만들고, 9 m 68 cm와의 차를 구하려고 합니다. 계산 결과가 가장 크게 되는 식을 만들고, 계산해 보세요.

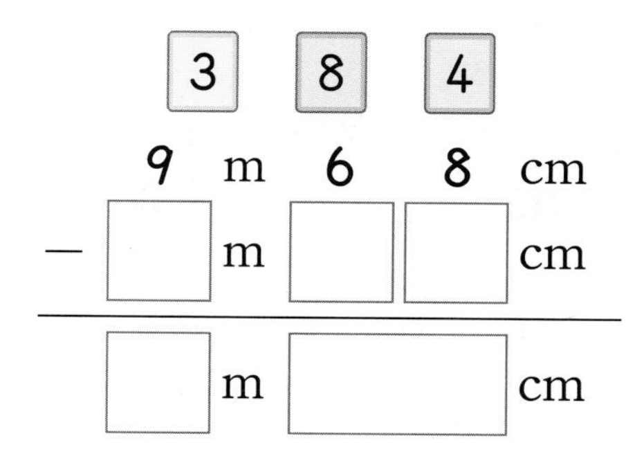

241012-0778

12 위 11번에서 계산 결과가 가장 작을 때의 값을 구해 보세요.

( )

3 단원

241012-0779

01 □ 안에 알맞은 수를 써넣으세요.

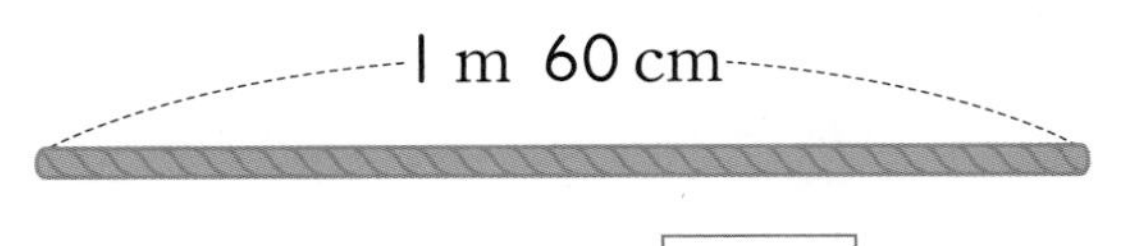

밧줄의 길이는 1 m보다 □ cm 더 깁니다.

241012-0780

02 □ 안에 cm와 m 중 알맞은 단위를 써넣으세요.

(1) 빨대의 길이는 약 15 □ 입니다.

(2) 버스의 길이는 약 12 □ 입니다.

241012-0781

03 길이를 비교하여 ○ 안에 >, =, <를 알맞게 써넣으세요.

(1) 5 m 40 cm ○ 529 cm

(2) 602 cm ○ 6 m 20 cm

241012-0782

04 길이를 바르게 설명한 사람을 찾아 이름을 써 보세요.

민수: 내 키는 129 cm이니까 1 m 290 cm 라고 할 수 있어.
현지: 줄의 길이가 2 m 5 cm이면 250 cm라고 할 수 있지.
은서: 우리 집 감나무는 172 cm이니까 1 m 72 cm라고 할 수 있어.

( )

241012-0783

05 세훈이의 키는 몇 m 몇 cm일까요?

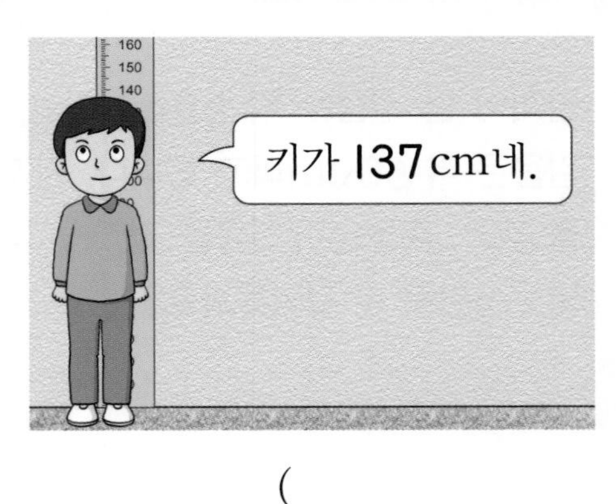

( )

241012-0784

06 자의 눈금을 읽어 보세요.

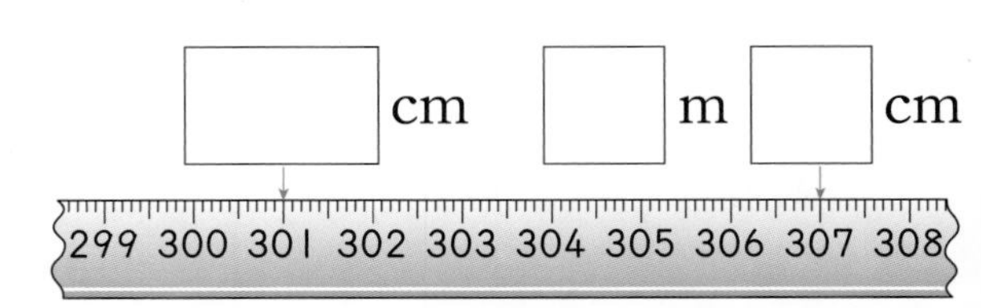

241012-0785

07 길이의 합을 구해 보세요.

(1) 4 m 24 cm + 2 m 71 cm = □ m □ cm

(2)
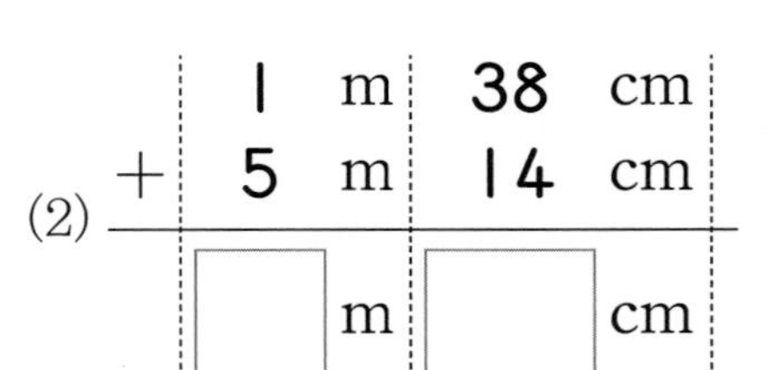

241012-0786

08 빈칸에 알맞은 길이를 써넣으세요.

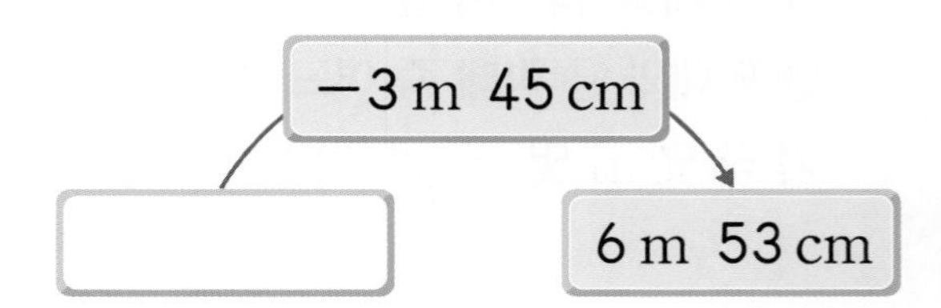

241012-0787

09 정아와 현우가 같은 곳에서 서로 반대 방향으로 멀리뛰기를 하였습니다. 정아와 현우 사이의 거리는 몇 m 몇 cm일까요?

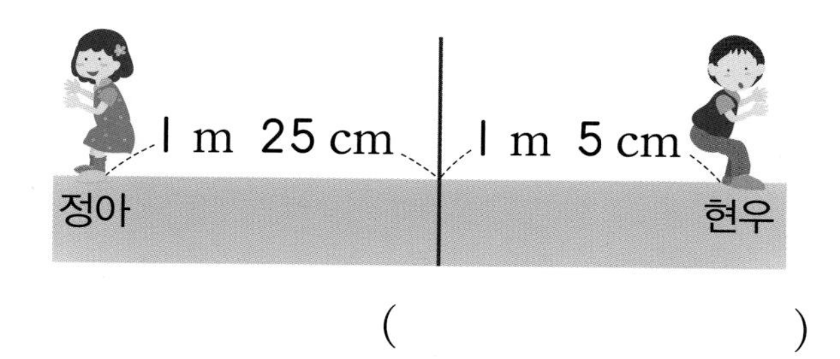

(   )

241012-0788

10 길이가 더 짧은 것에 색칠해 보세요.

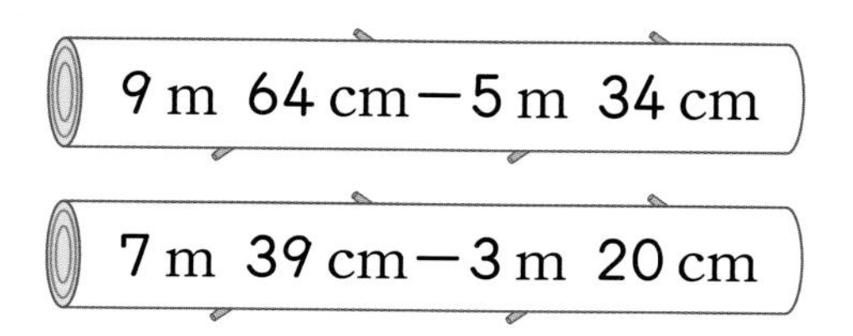

241012-0789

11 운동장에 깃발이 있습니다. 노란색과 파란색 깃발 사이의 거리는 노란색과 초록색 깃발 사이의 거리보다 몇 m 몇 cm 더 먼지 구해 보세요.

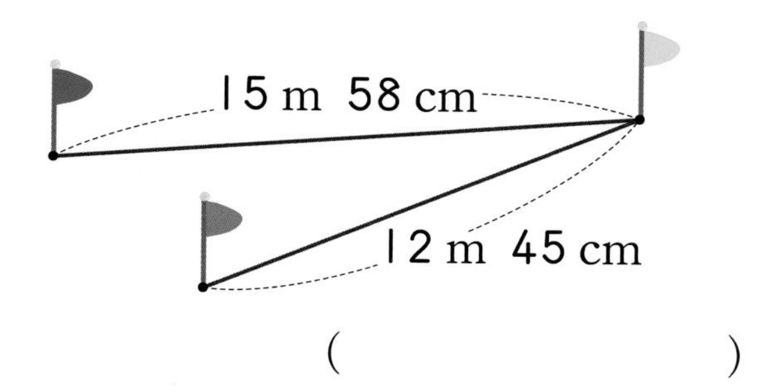

(   )

241012-0790

12 파란색 리본의 길이는 4 m 50 cm이고, 노란색 리본의 길이는 파란색 리본보다 1 m 20 cm 더 짧습니다. 두 리본의 길이의 합은 몇 m 몇 cm일까요?

(   )

241012-0791

13 서술형 □ 안에 수 카드를 한 번씩 놓아 몇 m 몇 cm를 만들고 6 m 86 cm와의 차를 구하려고 합니다. 계산 결과가 가장 클 때의 값은 몇 m 몇 cm인지 풀이 과정을 쓰고 답을 구해 보세요.

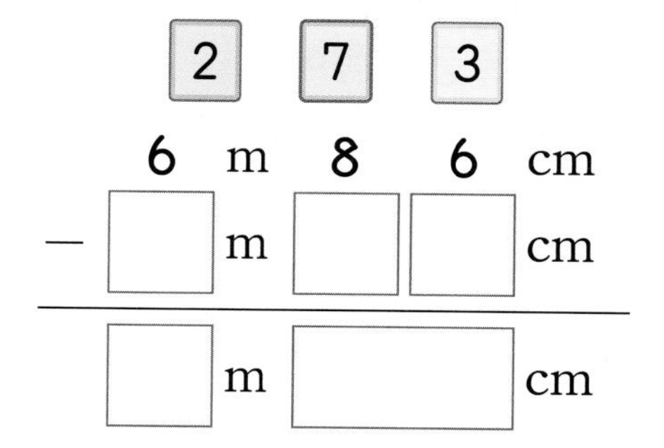

풀이

답

241012-0792

14 서술형 길이가 1 m 23 cm인 파란색 테이프 2개를 겹치지 않게 이어 붙인 길이는 길이가 2 m 15 cm인 초록색 테이프의 길이보다 몇 cm 더 긴지 풀이 과정을 쓰고 답을 구해 보세요.

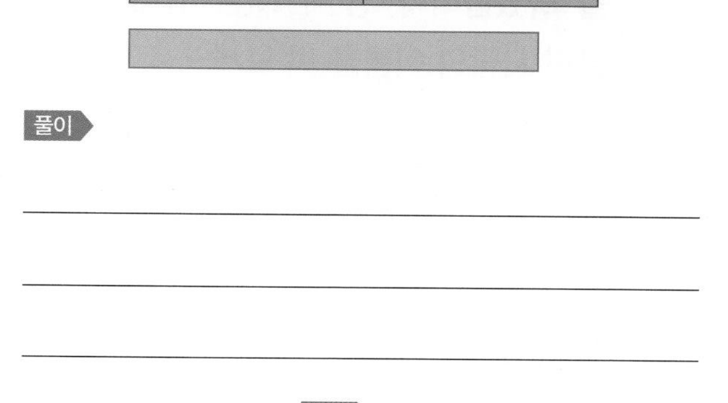

풀이

답

3 단원

241012-0793

15 1 m에 가장 가까운 길이를 찾아 기호를 써 보세요.

㉠ 연필의 길이
㉡ 기차 한 칸의 가로 길이
㉢ 가로등의 높이
㉣ 어린이가 양팔을 벌린 길이

( )

241012-0794

16 진우의 한 걸음의 길이는 40 cm입니다. 화단의 긴 쪽의 길이는 약 몇 m 몇 cm일까요?

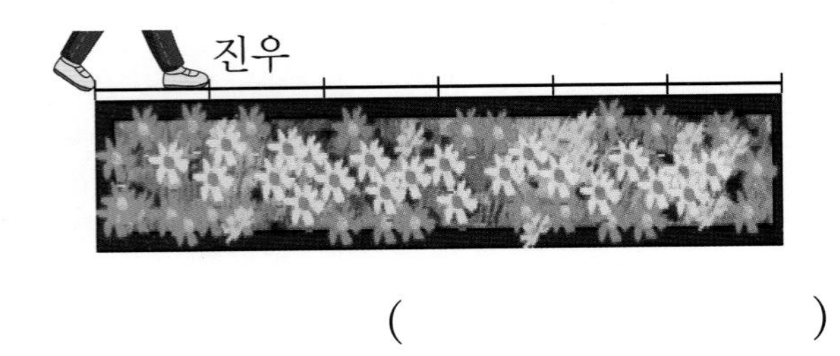

( )

241012-0795

17 민경, 한서, 우진이는 종이비행기 날리기 놀이를 하였습니다. 3 m 40 cm에 가장 가깝게 날린 사람의 이름을 써 보세요.

이름	거리
민경	3 m 24 cm
한서	3 m 52 cm
우진	3 m 32 cm

( )

241012-0796

18 하윤이가 알림판 긴 쪽의 길이를 뼘으로 재었더니 약 15뼘이었습니다. 하윤이의 다섯 뼘이 1 m라면 알림판 긴 쪽의 길이는 약 몇 m일까요?

( )

241012-0797

19 실제 길이와 가까운 것끼리 이어 보세요.

25 cm •	• 운동장 긴 쪽의 길이
60 m •	• 붓의 길이
3 m •	• 농구 골대의 높이

241012-0798

20 정우의 방에 있는 침대의 짧은 쪽 길이는 1 m 30 cm이고, 책꽂이 한 칸의 길이는 1 m입니다. 연두색 벽의 긴 쪽의 길이는 약 몇 m 몇 cm일까요?

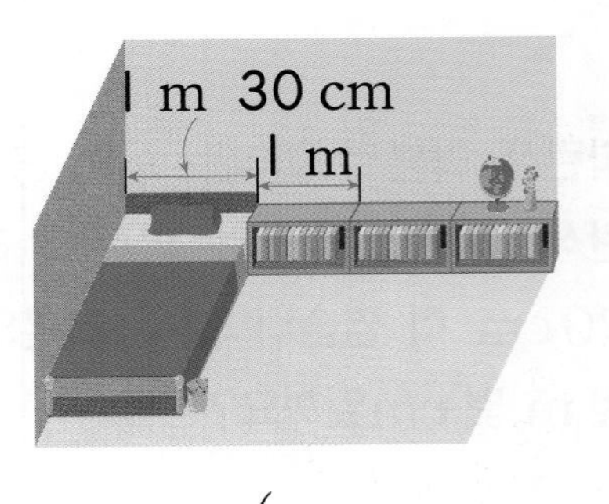

( )

241012-0799

01 시계의 긴바늘이 가리키는 숫자와 나타내는 분을 알맞게 써넣으세요.

숫자		3			8	
분	5		20	35		55

241012-0800

02 □ 안에 알맞은 수를 써넣으세요.

시계의 짧은바늘이 5와 □ 사이에 있고, 긴바늘이 □ 을/를 가리키므로 □ 시 □ 분입니다.

241012-0801

03 시각에 맞게 긴바늘을 그려 넣으세요.

1시 20분

241012-0802

04 시계를 보고 몇 시 몇 분인지 써 보세요.

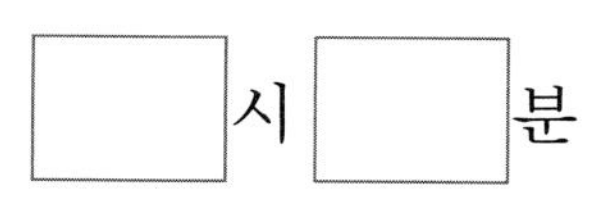

241012-0803

05 시각을 두 가지 방법으로 읽어 보세요.

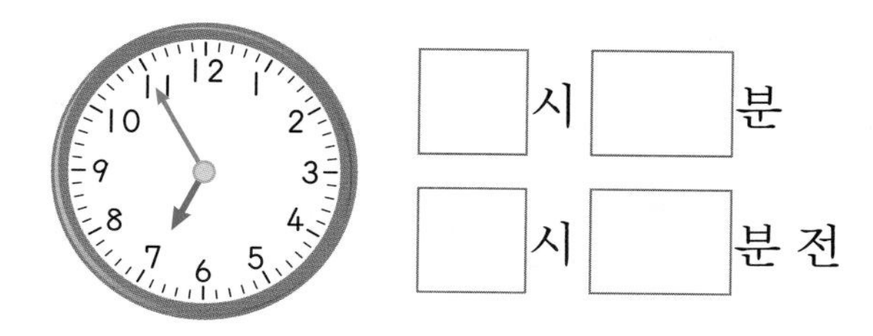

241012-0804

06 시계와 같은 시각을 모두 찾아 기호를 써 보세요.

㉠ 11시 50분　　㉡ 10시 50분
㉢ 11시 10분 전　　㉣ 10시 10분 전

(　　　　　　)

241012-0805

07 같은 시각을 나타내는 것끼리 이어 보세요.

11시 42분 •

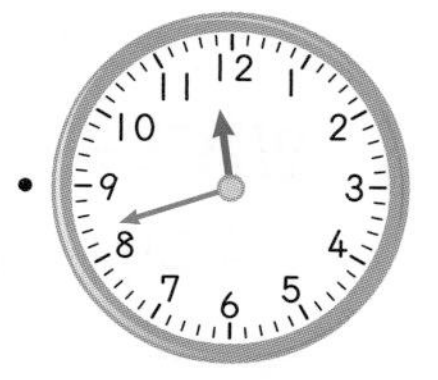

12시 51분 •

1시 51분 •

241012-0806

08 □ 안에 알맞은 수를 써넣으세요.

(1) 3시간=□분

(2) 155분=□시간 □분

(3) 1일=□시간

(4) 2주일=□일

241012-0807

09 두 시계를 보고 시간이 얼마나 지났는지 시간 띠에 색칠하고 구해 보세요.

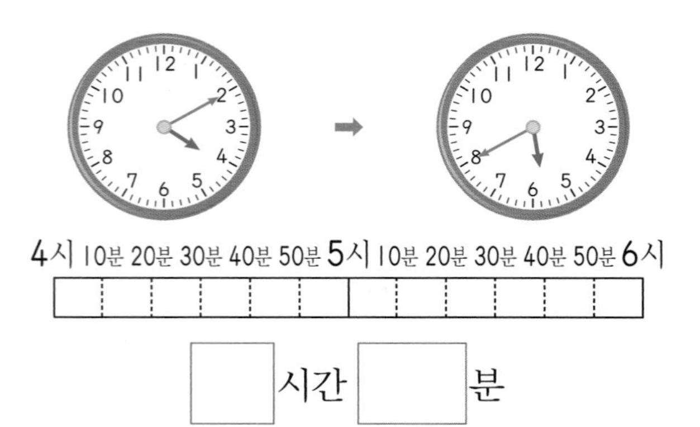

□시간 □분

241012-0808

10 인형극 공연 시간표입니다. 공연 시간이 더 긴 인형극을 찾아 써 보세요.

	시작한 시각	끝난 시각
흥부와 놀부	9시 30분	10시 50분
콩쥐팥쥐	2시 40분	3시 50분

( )

241012-0809

11 은주가 현장 체험학습을 가기 위해 학교에서 출발한 시각과 학교에 도착한 시각을 나타낸 것입니다. 은주가 현장 체험학습을 다녀온 시간을 시간 띠에 색칠하고 구해 보세요.

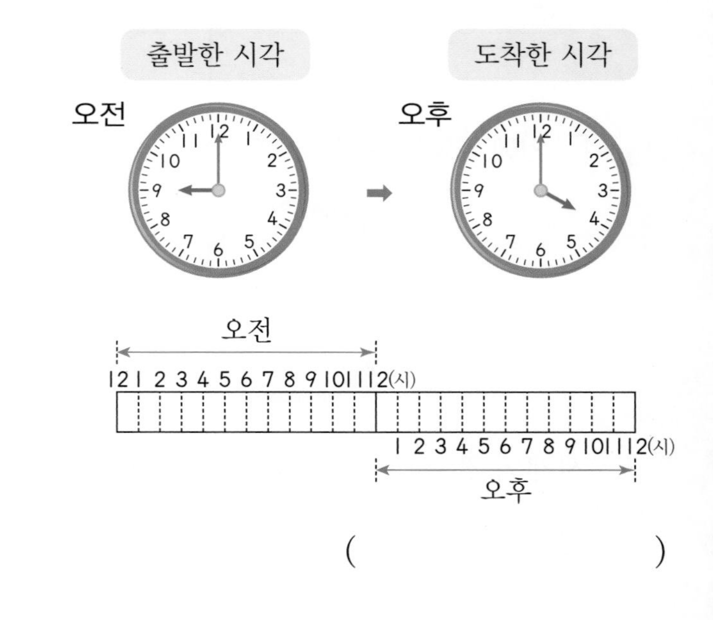

( )

241012-0810

12 어느 해 4월 5일은 금요일입니다. 같은 해 5월 1일은 무슨 요일일까요?

( )

241012-0811

13 어느 해 9월 달력의 일부분입니다. 10월의 마지막 날은 가은이의 생일입니다. 가은이의 생일은 무슨 요일인지 구해 보세요.

9월						
일	월	화	수	목	금	토
					1	2
3	4	5	6			

( )

유형 1 걸린 시간 구하기

241012-0812

01 두 시계를 보고 몇 분이 지났는지 구해 보세요.

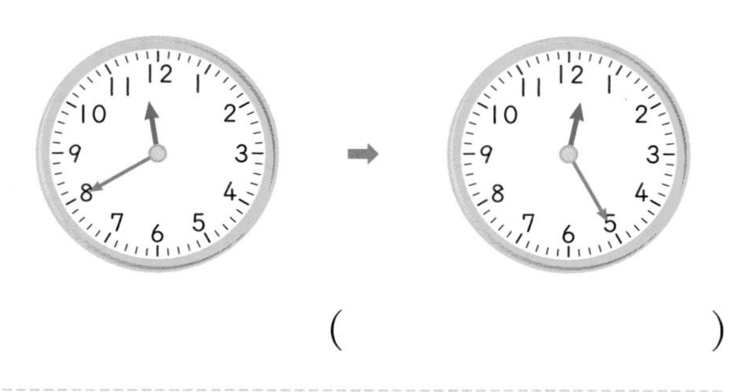

( )

비법 처음 시각에서 얼마나 지나야 나중 시각이 되는지 알아봅니다.

241012-0813

02 세희가 찰흙으로 만들기를 했습니다. 세희가 만들기를 하는 데 걸린 시간은 몇 시간 몇 분인지 구해 보세요.

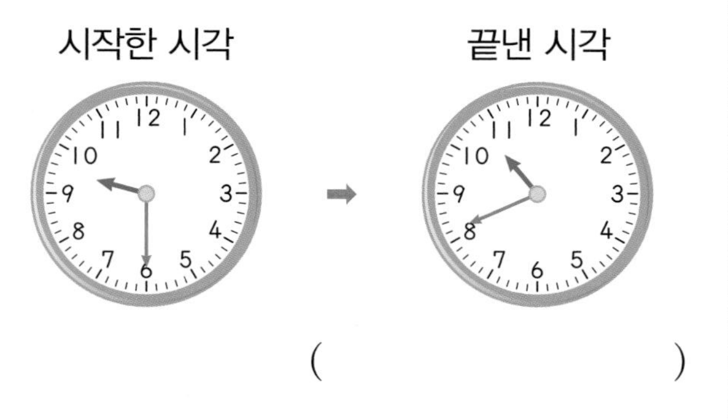

( )

241012-0814

03 단비와 마로가 책을 읽기 시작한 시각과 끝낸 시각입니다. 누가 얼마나 더 오래 책을 읽었을까요?

	시작한 시각	끝낸 시각
단비	3시 30분	4시 40분
마로	3시 40분	5시

( ), ( )

유형 2 긴바늘이 돌았을 때의 시각 구하기

241012-0815

04 시계가 가리키는 시각에서 긴바늘이 3바퀴 돌면 몇 시 몇 분인지 구해 보세요.

( )

비법 긴바늘이 한 바퀴 도는 데 걸리는 시간은 1시간입니다.

241012-0816

05 시계의 긴바늘을 2바퀴 돌렸을 때 나타내는 시각은 몇 시 몇 분인지 구해 보세요.

( )

241012-0817

06 동우는 2시 10분에 식물원에 입장했습니다. 시계의 긴바늘이 3바퀴 돌았을 때 식물원에서 나왔다면 동우가 식물원에서 나온 시각은 몇 시 몇 분인지 구해 보세요.

( )

정답과 풀이 68쪽

유형 3 계획표를 보고 시간 구하기

241012-0818

07 민수의 생활 계획표를 보고 민수가 학교에 있는 시간을 구해 보세요.

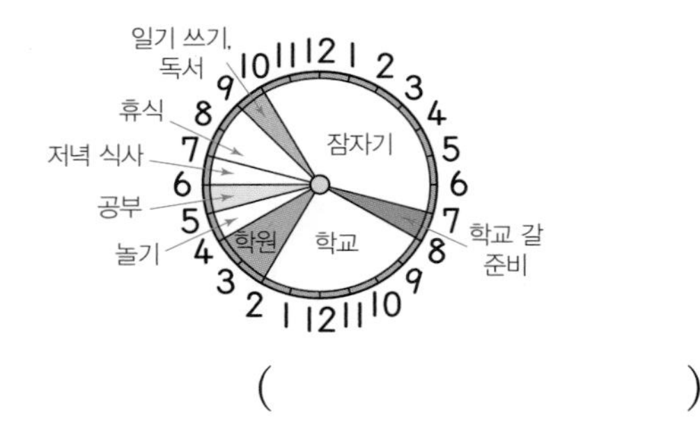

(　　　　　　　　　　)

비법 학교에 있는 시간은 몇 시부터 몇 시까지인지 알아봅니다.

241012-0819

08 슬기의 토요일 생활 계획표를 보고 슬기가 운동과 독서를 한 시간은 몇 시간인지 구해 보세요.

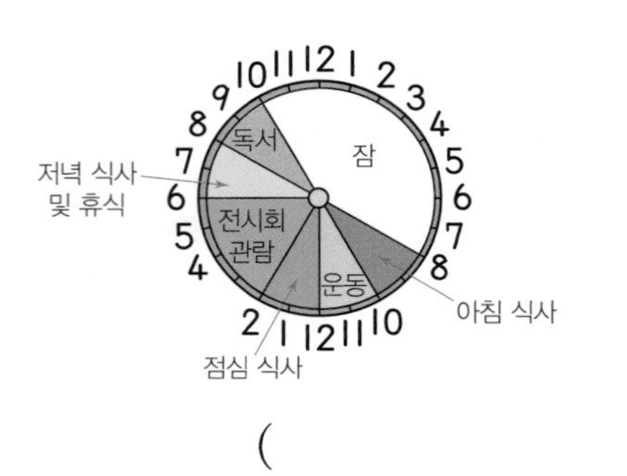

(　　　　　　　　　　)

241012-0820

09 민용이의 생활 계획표를 보고 잠을 자지 않는 시간은 잠을 자는 시간보다 몇 시간 더 많은지 구해 보세요.

(　　　　　　　　　　)

유형 4 달력을 보고 요일 구하기

241012-0821

10 어느 해 11월 달력의 일부분입니다. 같은 해 12월 2일은 무슨 요일인지 구해 보세요.

11월						
일	월	화	수	목	금	토
						1
2	3	4	5	6	7	

(　　　　　　　　　　)

비법 달력에서 같은 요일은 7일마다 반복됩니다.

241012-0822

11 어느 해 7월 달력의 일부분입니다. 같은 해 광복절은 무슨 요일인지 구해 보세요. (광복절은 8월 15일입니다.)

7월						
일	월	화	수	목	금	토
				1	2	3
4	5	6	7	8	9	10
11						

(　　　　　　　　　　)

241012-0823

12 어느 해 10월 달력의 일부분입니다. 진서의 생일은 10월의 마지막 날입니다. 인우의 생일은 진서의 생일 1주일 후입니다. 진서와 인우의 생일은 무슨 요일인지 구해 보세요.

10월						
일	월	화	수	목	금	토
			1	2	3	
5	6	7	8			

(　　　　　　　　　　)

241012-0824

01 **□ 안에 알맞은 수를 써넣으세요.**

(1) 시계의 긴바늘이 5를 가리키면 □분을 나타냅니다.

(2) 시계의 긴바늘이 □을/를 가리키면 55분을 나타냅니다.

241012-0825

02 **7시 29분을 모형 시계에 나타내려고 합니다. □ 안에 알맞은 수를 써넣으세요.**

- 윤서: 짧은바늘은 □와/과 □ 사이에 있어야 해.
- 예서: 긴바늘은 5에서 작은 눈금 □칸 더 간 곳을 가리켜야 해.

241012-0826

03 **재희가 학교에 도착한 시각에 맞게 긴바늘을 그려 넣으세요.**

재희: 나는 오늘 학교에 8분 지각 했어.
수영: 그랬구나. 나는 등교 시각인 9시에 정확히 도착했는데.

241012-0827

04 **주희가 수학 공부를 시작하며 시계를 보았습니다. □ 안에 알맞은 수를 써넣으세요.**

(1) 주희는 □시 □분에 수학 공부를 시작했습니다.

(2) 주희는 □시 □분 전에 수학 공부를 시작했습니다.

241012-0828

05 **희수는 요리 만들기 체험을 70분 동안 했습니다. 희수가 요리를 끝낸 시각은 몇 시 몇 분인지 시간 띠에 색칠하고 구해 보세요.**

시작한 시각 끝낸 시각

10시 10분 20분 30분 40분 50분 11시 10분 20분 30분 40분 50분 12시

( )

241012-0829

06 **태연이네 가족은 주말농장에서 고구마 캐기를 하였습니다. 오전 11시 20분에 고구마를 캐기 시작하여 오후 1시 45분에 마쳤습니다. 태연이네 가족이 고구마를 캐는 데 걸린 시간은 몇 시간 몇 분인지 구해 보세요.**

( )

241012-0830

07 세경이는 한국 시각으로 어제 오후 9시에 독일 프랑크푸르트 공항에서 출발하여 오늘 오전 8시에 인천 공항에 도착하였습니다. 세경이가 탄 비행기가 출발하여 공항에 도착하는 데 걸린 시간은 몇 시간일까요?

( )

241012-0831

08 시계의 짧은바늘이 3에서 11까지 가는 동안 긴바늘은 모두 몇 바퀴를 돌았는지 구해 보세요.

( )

241012-0832

09 미국 뉴욕의 시각은 우리나라 서울의 시각보다 14시간 늦습니다. 서울이 오전 5시 45분일 때 미국 뉴욕의 시각을 시계에 나타내 보세요.

오전

서울

오후

뉴욕

241012-0833

10 수빈이는 1시간 15분 동안 피아노를 쳤습니다. 피아노 치기를 끝낸 시각이 오후 3시일 때 피아노를 치기 시작한 시각은 오후 몇 시 몇 분인지 구해 보세요.

( )

241012-0834

11 서술형

수미네 학교는 '학교 여는 날'에 1부, 2부, 3부로 나누어 수업합니다. 80분씩 수업을 하고 20분씩 놀이 시간을 갖습니다. 1부 수업이 오전 9시에 시작되었다면 3부 수업은 오후 몇 시 몇 분에 시작되는지 풀이 과정을 쓰고 답을 구해 보세요.

풀이

답

241012-0835

12 시간을 바르게 나타낸 것을 모두 찾아 기호를 써 보세요.

㉠ 2일=42시간
㉡ 37시간=1일 15시간
㉢ 1일 8시간=32시간
㉣ 49시간=2일 1시간

( )

241012-0836

13 알맞은 말에 ○표 하고 시계가 나타내는 시각을 구해 보세요.

오전

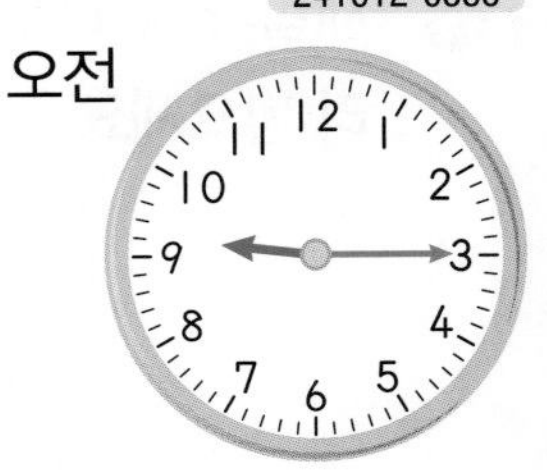

(1) 긴바늘이 한 바퀴 돌았을 때

(오전 , 오후) □ 시 □ 분입니다.

(2) 짧은바늘이 한 바퀴 돌았을 때

(오전 , 오후) □ 시 □ 분입니다.

241012-0837

14 도훈이의 시계는 한 시간에 1분씩 빨라집니다. 오전 10시 20분에 시계를 정확히 맞추었다면 다음 날 오후 2시 20분에 도훈이의 시계가 가리키는 시각은 오후 몇 시 몇 분일까요?

( )

[15~17] 어느 해 6월 달력의 일부분입니다. 물음에 답하세요.

6월						
일	월	화	수	목	금	토
						1
2	3	4	5	6	7	
9	10	11	12			

241012-0838

15 현호는 매주 수요일에 방과 후 체육 놀이 활동에 참여합니다. 6월에 체육 놀이 활동이 몇 번 있는지 구해 보세요.

( )

241012-0839

16 6월 마지막 날에서 2주일 전이 현호의 생일입니다. 현호의 생일은 6월 며칠이고, 무슨 요일인지 구해 보세요.

( ), ( )

241012-0840

17 다음 달 7월 26일은 현호 동생의 생일이라고 합니다. 현호 동생의 생일은 무슨 요일인지 구해 보세요.

( )

241012-0841

18 서술형 효진이는 7월과 8월 두 달 동안 매일 달리기를 했고, 세영이는 9월과 10월 두 달 동안 매일 달리기를 했습니다. 두 사람 중 달리기를 한 날 수가 더 많은 사람은 누구인지 풀이 과정을 쓰고 답을 구해 보세요.

풀이

답

241012-0842

19 연수는 3월 1일부터 100일 동안 매일 줄넘기를 하는 계획을 세웠습니다. 줄넘기를 하는 계획이 끝나는 날은 몇 월 며칠일까요?

( )

241012-0843

20 9월 20일 오후 6시에서 시계의 짧은바늘이 3바퀴 돌고 난 후의 날짜와 시각을 구해 보세요.

( )

4 단원

[01~04] 주연이네 반 학생들이 다룰 줄 아는 악기를 조사하였습니다. 물음에 답하세요.

다룰 줄 아는 악기

피아노, 바이올린, 오카리나, 리코더

주연 (피아노)	재호 (바이올린)	아미 (바이올린)	규태 (오카리나)	수미 (리코더)
연주 (오카리나)	지수 (피아노)	다영 (오카리나)	선영 (리코더)	수원 (피아노)
소미 (리코더)	다정 (피아노)	정현 (바이올린)	초아 (바이올린)	연재 (피아노)

241012-0844

01 주연이가 다룰 줄 아는 악기는 무엇인가요?

(　　　　　　　　)

241012-0845

02 오카리나를 다룰 줄 아는 학생의 이름을 모두 써 보세요.

(　　　　　　　　)

241012-0846

03 자료를 보고 표로 나타내 보세요.

주연이네 반 학생들이 다룰 줄 아는 악기별 학생 수

악기	피아노	바이올린	오카리나	리코더	합계
학생 수(명)					

241012-0847

04 주연이네 반 학생은 모두 몇 명인가요?

(　　　　　　　　)

[05~07] 유진이네 반 학생들이 태어난 계절을 조사하여 표로 나타냈습니다. 물음에 답하세요.

유진이네 반 학생들이 태어난 계절별 학생 수

계절	봄	여름	가을	겨울	합계
학생 수(명)	6	3	7	5	

241012-0848

05 가을에 태어난 학생은 몇 명인가요?

(　　　　　　　　)

241012-0849

06 유진이네 반 학생은 모두 몇 명인가요?

(　　　　　　　　)

241012-0850

07 표를 보고 ○를 이용하여 그래프로 나타내 보세요.

유진이네 반 학생들이 태어난 계절별 학생 수

7				
6				
5				
4				
3				
2				
1				
학생 수(명) / 계절	봄	여름	가을	겨울

[08~10] 나미네 반 학생들이 좋아하는 과자를 조사하여 표로 나타냈습니다. 물음에 답하세요.

나미네 반 학생들이 좋아하는 과자별 학생 수

과자	초콜릿 과자	새우 과자	딸기 파이	미니 도넛	감자칩	합계
학생 수 (명)	8	5	3	4		26

241012-0851

08 감자칩을 좋아하는 학생은 몇 명인가요?

(　　　　　　　　)

241012-0852

09 표를 보고 /를 이용하여 그래프로 나타내 보세요.

나미네 반 학생들이 좋아하는 과자별 학생 수

감자칩								
미니도넛								
딸기파이								
새우과자								
초콜릿과자								
과자 / 학생 수(명)	1	2	3	4	5	6	7	8

241012-0853

10 그래프의 가로와 세로에 나타낸 것은 각각 무엇인지 써 보세요.

가로 (　　　　　　　　)

세로 (　　　　　　　　)

[11~13] 윤서네 반 학생 24명이 체험 학습으로 가고 싶은 장소를 조사하여 그래프로 나타냈습니다. 물음에 답하세요.

윤서네 반 학생들이 가고 싶은 장소별 학생 수

7					
6		○			
5		○			
4		○	○		○
3	○	○	○		○
2	○	○	○		○
1	○	○	○		○
학생 수(명) / 장소	박물관	체험관	식물원	놀이 공원	과학관

241012-0854

11 놀이공원에 가고 싶은 학생은 몇 명인가요?

(　　　　　　　　)

241012-0855

12 가장 많은 학생이 체험 학습으로 가고 싶은 장소는 어디인가요?

(　　　　　　　　)

241012-0856

13 가고 싶은 학생이 가장 많은 장소의 학생 수와 가장 적은 장소의 학생 수의 차는 몇 명인지 구해 보세요.

(　　　　　　　　)

유형 1 자료를 분류하여 표로 나타내기

241012-0857

01 미술 시간에 사용하고 남은 색종이가 있습니다. 남은 색종이가 몇 장인지 색깔별로 분류하여 표로 나타내 보세요.

남은 색종이

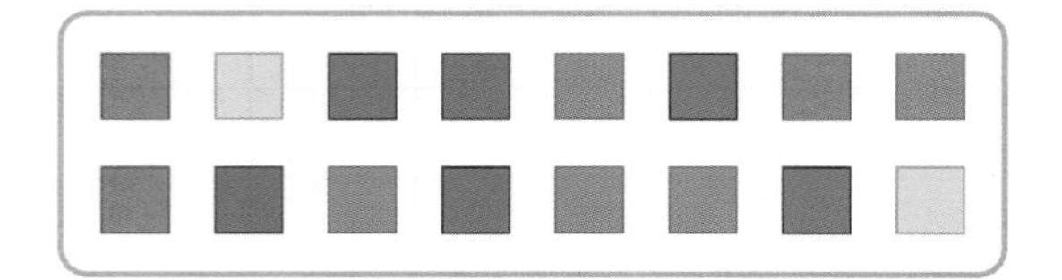

색깔별 남은 색종이 수

색깔						합계
색종이 수(장)	3					

비법 빠뜨리거나 중복되지 않도록 주의하여 세어 봅니다.

241012-0858

02 주사위 2개를 동시에 8번 굴려서 다음과 같이 눈이 나왔습니다. 나온 눈의 횟수를 표로 나타내 보세요.

주사위 눈의 수

1회	2회	3회	4회	5회	6회	7회	8회
1	2	4	6	3	6	4	4
4	5	1	2	3	1	3	4

나온 눈의 횟수

눈	1	2	3	4	5	6	합계
횟수(번)							

유형 2 표를 보고 자료의 수 구하기

241012-0859

03 유빈이네 반 학생들이 좋아하는 꽃을 조사하여 표로 나타냈습니다. 해바라기를 좋아하는 학생은 몇 명인지 구해 보세요.

유빈이네 반 학생들이 좋아하는 꽃별 학생 수

꽃	무궁화	장미	해바라기	튤립	합계
학생 수(명)	8	6		5	27

비법 전체 학생 수에서 주어진 학생 수를 모두 빼어 구합니다.

241012-0860

04 영은이네 반 학생들이 좋아하는 과일을 조사하여 표로 나타냈습니다. 포도를 좋아하는 학생은 몇 명인지 구해 보세요.

영은이네 반 학생들이 좋아하는 과일별 학생 수

과일	사과	감	귤	포도	합계
학생 수(명)	9	5	7		25

( )

241012-0861

05 과녁맞히기에서 얻은 점수별 학생 수를 조사하여 표로 나타냈습니다. 50점보다 더 많은 점수를 얻은 학생은 모두 몇 명인지 구해 보세요.

과녁맞히기에서 얻은 점수별 학생 수

점수(점)	0	25	50	75	100	합계
학생 수(명)	4	8	6	5		27

( )

유형 3 그래프가 잘못된 이유

241012-0862

06 표를 보고 그래프로 나타냈습니다. 그래프가 잘못된 이유를 써 보세요.

좋아하는 운동별 학생 수

운동	배구	야구	축구	농구	합계
학생 수(명)	3	2	4	3	12

좋아하는 운동별 학생 수

5			○	○
4			○	○
3	○	○	○	○
2	○	○	○	
1	○			
학생 수(명) / 운동	배구	야구	축구	농구

이유 ____________________

비법 자료의 수를 나타낸 그래프를 그리는 방법을 알아봅니다.

241012-0863

07 표를 보고 그래프로 나타냈습니다. 그래프가 잘못된 이유를 써 보세요.

좋아하는 색깔별 학생 수

색깔	빨간색	노란색	파란색	합계
학생 수(명)	5	7	6	18

좋아하는 색깔별 학생 수

파란색						○	
노란색							○
빨간색					○		
색깔 / 학생 수(명)	1	2	3	4	5	6	7

이유 ____________________

유형 4 합계를 이용하여 그래프 완성하기

241012-0864

08 지호네 반 학생 23명이 추석에 하고 싶은 전통 놀이를 조사하여 그래프로 나타냈습니다. 강강술래보다 팽이치기를 하고 싶은 학생이 4명 더 많을 때 그래프를 완성해 보세요.

추석에 하고 싶은 전통 놀이별 학생 수

8				
7		○		
6		○		
5		○		
4		○	○	
3		○	○	
2		○	○	
1		○	○	
학생 수(명) / 전통 놀이	강강술래	활쏘기	제기차기	팽이치기

비법 전체 학생 수를 이용하여 강강술래와 팽이치기를 하고 싶어 하는 학생 수를 구한 후 그래프를 완성합니다.

241012-0865

09 주완이네 반 학생 20명이 가고 싶은 장소를 조사하여 그래프로 나타냈습니다. 불국사에 가고 싶은 학생이 석굴암에 가고 싶은 학생보다 3명 더 적을 때 그래프를 완성해 보세요.

주완이네 반 학생들이 가고 싶은 장소별 학생 수

천마총	×	×	×	×			
첨성대	×	×	×	×	×	×	×
불국사							
석굴암							
장소 / 학생 수(명)	1	2	3	4	5	6	7

5 단원

단원 평가

[01~04] 윤준이네 반 학생들이 입고 있는 윗옷의 색깔을 조사하였습니다. 물음에 답하세요.

윗옷 색깔

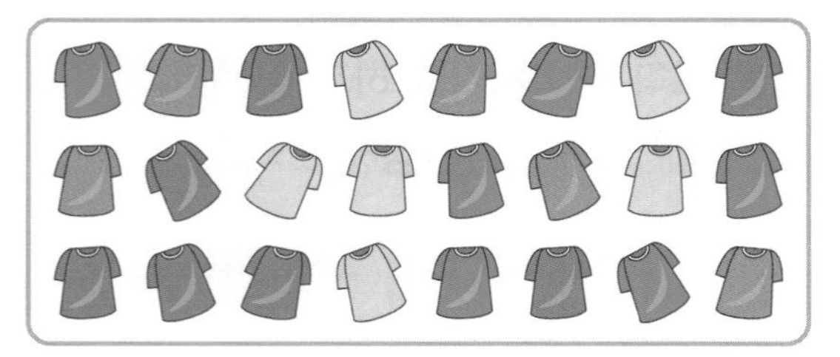

241012-0866

01 자료를 보고 표로 나타내 보세요.

윤준이네 반 학생들이 입고 있는 색깔별 윗옷 수

색깔	초록색	빨간색	파란색	노란색	합계
학생 수(명)					

241012-0867

02 초록색 윗옷을 입고 있는 학생은 몇 명인가요?

(　　　　　　　　)

241012-0868

03 가장 많이 입고 있는 윗옷의 색깔은 무엇인가요?

(　　　　　　　　)

241012-0869

04 알맞은 말에 ○표 하세요.

윤준이네 반 학생이 모두 몇 명인지 알아보기에 편리한 것은 (자료 , 표)입니다.

[05~08] 소희네 반 학생들이 하고 싶은 놀이를 조사하여 표로 나타냈습니다. 물음에 답하세요.

소희네 반 학생들이 하고 싶은 놀이별 학생 수

놀이	공기놀이	딱지치기	윷놀이	술래잡기	합계
학생 수(명)	5	4		6	22

241012-0870

05 학생들이 하고 싶은 놀이의 종류는 몇 가지인가요?

(　　　　　　　　)

241012-0871

06 윷놀이를 하고 싶은 학생은 몇 명인가요?

(　　　　　　　　)

241012-0872

07 표를 보고 ○를 이용하여 그래프로 나타내 보세요.

소희네 반 학생들이 하고 싶은 놀이별 학생 수

7				
6				
5				
4				
3				
2				
1				
학생 수(명) / 놀이	공기놀이	딱지치기	윷놀이	술래잡기

241012-0873

08 가장 많은 학생이 하고 싶은 놀이는 무엇인가요?

(　　　　　　　　)

[09~12] 지은이네 모둠 학생들이 투호 놀이를 하여 5개보다 많이 넣으면 카드를 받는 놀이를 하였습니다. 카드를 받으면 ○표, 받지 못하면 ×표를 하여 나타낸 것입니다. 물음에 답하세요.

투호 놀이 결과

이름 \ 순서	1	2	3	4	5	6	7
지은	○	○	○	×	○	○	○
다솜	×	×	○	○	×	○	×
송이	○	×	○	○	×	×	○
수연	×	○	×	×	×	○	×

241012-0874

09 카드를 받은 횟수를 세어 표로 나타내 보세요.

카드를 받은 횟수

이름	지은	다솜	송이	수연
횟수(회)				

241012-0875

10 표를 보고 /를 이용하여 그래프로 나타내 보세요.

카드를 받은 횟수

수연						
송이						
다솜						
지은						
이름 / 횟수(회)	1	2	3	4	5	6

241012-0876

11 카드를 가장 적게 받은 사람은 누구인가요?

( )

241012-0877

12 카드를 한 번에 3장씩 받았습니다. 다솜이와 지은이가 받은 카드 수의 차는 몇 장일까요?

( )

[13~16] 민서네 반 학생들이 좋아하는 운동을 조사하여 나타낸 그래프입니다. 물음에 답하세요.

민서네 반 학생들이 좋아하는 운동별 학생 수

5		/		
4		/	/	
3	/	/	/	
2	/	/	/	/
1	/	/	/	/
학생 수(명) / 운동	축구	피구	줄넘기	달리기

241012-0878

13 그래프를 보고 표로 나타내 보세요.

민서네 반 학생들이 좋아하는 운동별 학생 수

운동	축구	피구	줄넘기	달리기	합계
학생 수(명)					

241012-0879

14 민서네 반 학생은 모두 몇 명일까요?

( )

241012-0880

15 가장 많은 학생이 좋아하는 운동을 알아보기에는 표와 그래프 중 어느 것이 더 편리한가요?

( )

241012-0881

16 바르게 설명한 사람의 이름을 써 보세요.

누리: 가장 많은 학생이 좋아하는 운동은 줄넘기야.
경민: 줄넘기를 좋아하는 학생 수는 달리기를 좋아하는 학생 수의 2배야.

( )

5 단원

241012-0882

17 어느 해의 9월 날씨를 조사한 것입니다. 이달에 맑은 날은 흐린 날보다 며칠 더 많았는지 표로 나타내고 구해 보세요.

9월

일	월	화	수	목	금	토
		1 ☀	2 ☀	3 ☀	4 ☂	5 ☂
6 ☂	7 ☀	8 ☀	9 ☁	10 ☁	11 ☀	12 ☁
13 ☁	14 ☁	15 ☂	16 ☀	17 ☀	18 ☀	19 ☀
20 ☀	21 ☂	22 ☂	23 ☀	24 ☀	25 ☁	26 ☁
27 ☁	28 ☂	29 ☂	30 ☁			

날씨별 날수

날씨	☀ 맑음	☁ 흐림	☂ 비	합계
날수(일)				

( )

241012-0883

18 서연이네 학교 2학년의 반별 남학생 수와 여학생 수를 조사하여 표로 나타냈습니다. 남학생이 가장 많은 반과 여학생이 가장 많은 반을 각각 구해 보세요.

반별 학생 수

반	1	2	3	4	합계
남학생 수(명)	15				58
여학생 수(명)		13		13	52
합계	27	26	28		110

남학생이 가장 많은 반 ( )

여학생이 가장 많은 반 ( )

241012-0884

19 서술형 동우네 모둠에서 윷놀이 대회를 하였습니다. 학생별 이긴 횟수를 그래프로 나타냈을 때 그래프를 보고 알 수 있는 내용을 두 가지 써 보세요.

학생별 이긴 횟수

5			○	
4	○		○	
3	○		○	○
2	○	○	○	○
1	○	○	○	○
횟수(회) / 학생	동우	강우	정민	나래

알 수 있는 내용

241012-0885

20 서술형 현호와 태희가 게임을 3회까지 하여 얻은 점수를 조사하여 표로 나타냈습니다. 현호가 태희보다 점수의 합계가 5점 더 높다고 합니다. 현호가 3회에서 얻은 점수는 몇 점인지 풀이 과정을 쓰고 답을 구해 보세요.

게임 횟수별 점수

횟수(회) / 이름	1	2	3	합계
현호	13	4		
태희	10	6	15	

풀이

답

정답과 풀이 73쪽

241012-0886

01 규칙에 따라 무늬를 만들었습니다. 물음에 답하세요.

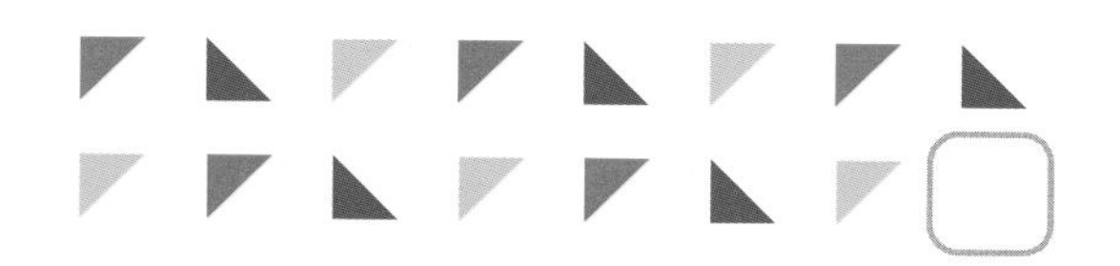

(1) 빈칸에 들어갈 모양으로 알맞은 것에 ○표 하세요.

(2) 위의 모양을 ◤은 1, ◣은 2, ◤은 3으로 바꾸어 나타내 보세요.

1	2	3					

241012-0887

02 규칙에 따라 무늬를 만들었습니다. 빈칸에 들어갈 모양으로 알맞은 것에 ○표 하세요.

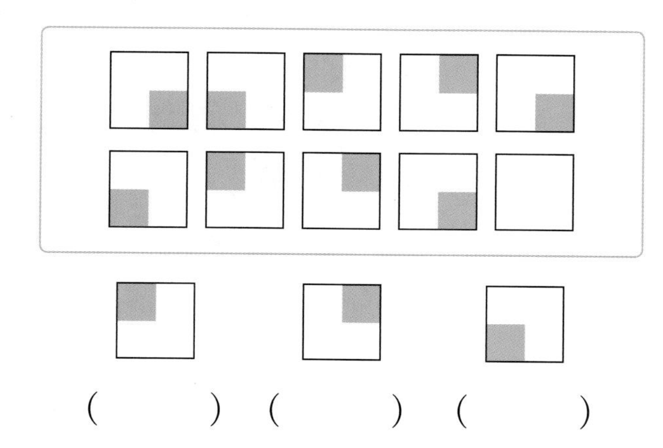

(　　　) (　　　) (　　　)

241012-0888

03 규칙에 따라 빈칸에 알맞은 모양을 그려 보세요.

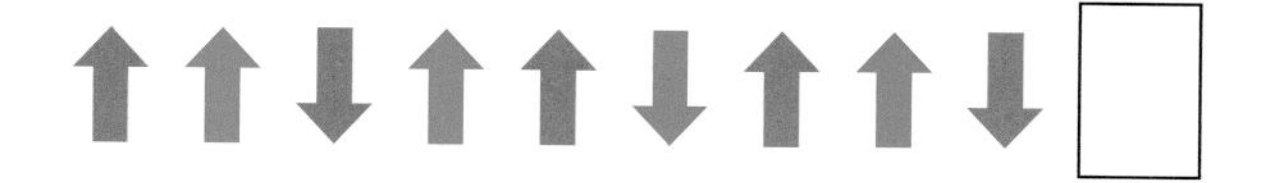

[04~05] 규칙에 따라 쌓기나무를 쌓았습니다. 물음에 답하세요.

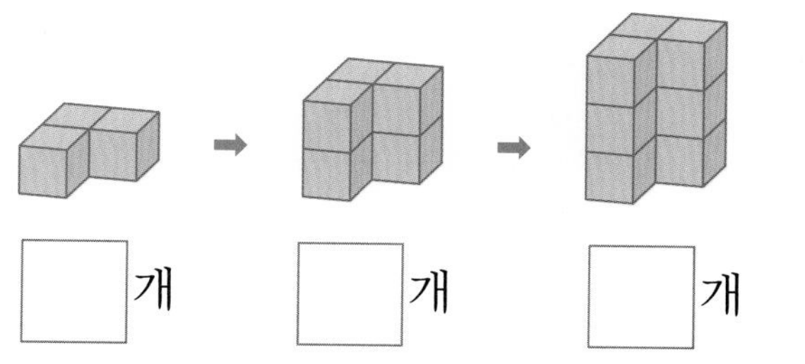

□개 □개 □개

241012-0889

04 각 모양에 쌓은 쌓기나무의 수를 써넣으세요.

241012-0890

05 여섯째 모양에 쌓은 쌓기나무는 모두 몇 개일까요?

(　　　　　　)

241012-0891

06 규칙에 따라 쌓기나무를 쌓았습니다. 규칙을 바르게 설명한 사람의 이름을 써 보세요.

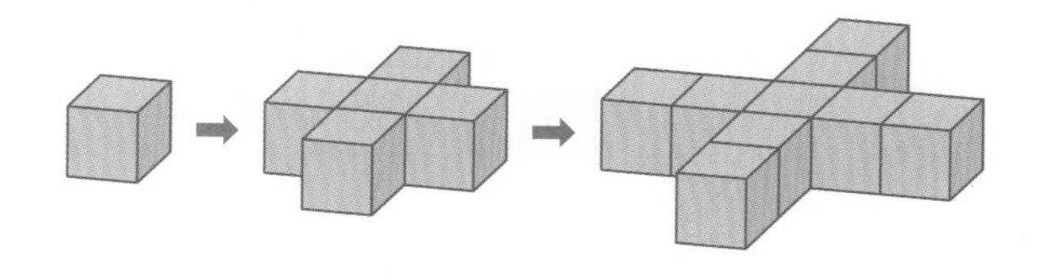

지원: 쌓기나무가 5개씩 늘어나는 규칙이야.

미래: 다음에 이어질 모양의 쌓기나무의 개수는 12개야.

소유: 가운데 쌓기나무를 기준으로 4개씩 늘어나고 있어.

(　　　　　　)

6 단원

[07~08] 덧셈표를 보고 물음에 답하세요.

+	1	3	5	7	9
0	1	3	5		9
2	3		7		11
4	5			★	
6	7		11	13	
8	9				

241012-0892

07 덧셈표에서 ↘ 방향의 규칙을 찾아 써 보세요.

규칙 ______________________

241012-0893

08 덧셈표에서 ★에 알맞은 수보다 큰 수는 모두 몇 군데인지 구해 보세요.

( )

[09~11] 곱셈표를 보고 물음에 답하세요.

×	1	3	5	7
1	1	㉠	5	㉡
3		9		㉢
	5		25	
	7	♥	35	㉣

241012-0894

09 빈칸에 알맞은 수를 써넣으세요.

241012-0895

10 ▬으로 칠해진 수와 규칙이 같은 곳을 찾아 색칠해 보세요.

241012-0896

11 ㉠~㉣ 중 ♥에 알맞은 수와 같은 수가 들어가는 칸을 찾아 기호를 써 보세요.

( )

241012-0897

12 계산기를 보고 □ 안에 알맞은 수를 써넣으세요.

숫자판의 수는 왼쪽으로 갈수록 □씩 작아집니다.

241012-0898

13 어느 소극장의 좌석 배치도입니다. 물음에 답하세요.

첫째 둘째 셋째 …

첫째 줄 1 2 3 4 5 6 7

둘째 줄 8 9 10

셋째 줄

넷째 줄

(1) 좌석의 번호에 대한 규칙을 완성해 보세요.

규칙 뒤로 갈 때마다 □씩 커지는 규칙입니다.

(2) 셋째 줄 여섯째 자리는 몇 번일까요?

( )

유형 1 모양의 규칙을 숫자로 나타내기

241012-0899

01 아래의 모양을 ●은 1, ■은 2, ▼은 3으로 바꾸어 나타내 보세요.

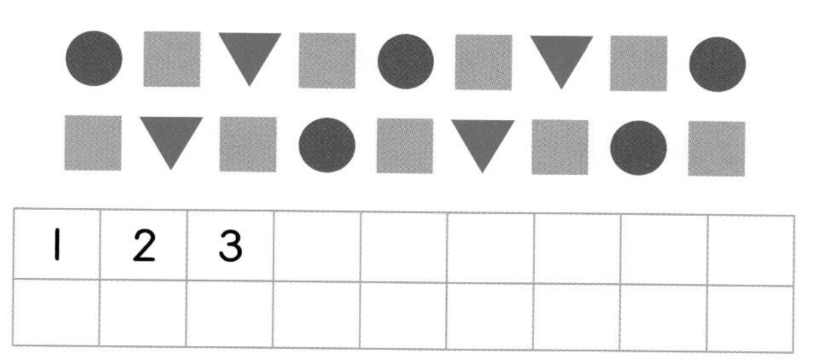

1	2	3						

비법 ●은 1, ■은 2, ▼은 3이므로 ●■▼■은 1, 2, 3, 2가 됩니다.

241012-0900

02 아래의 모양을 포도는 1, 사과는 2, 배는 3으로 바꾸어 나타내 보세요.

1	2	2						

241012-0901

03 아래의 모양을 축구공은 1, 농구공은 2, 야구공은 3으로 바꾸어 나타내 보세요.

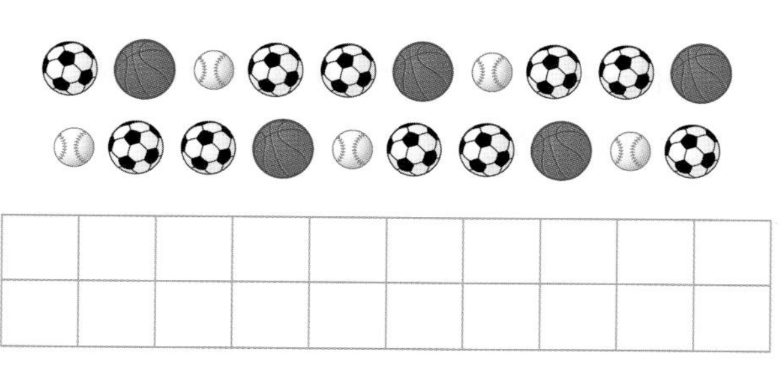

유형 2 달력에서 규칙 찾기

241012-0902

04 어느 달의 첫째 화요일이 6일이면 이달의 넷째 화요일은 며칠인지 구해 보세요.

( )

비법 달력에서 같은 요일은 7일마다 반복됩니다.

241012-0903

05 어느 달의 5일은 목요일입니다. 이달의 20일은 무슨 요일인지 구해 보세요.

( )

241012-0904

06 어느 해 10월 달력의 일부분입니다. 보라는 토요일마다 태권도 학원에 다닙니다. 보라는 10월에 태권도 학원에 몇 번 가는지 구해 보세요.

10월						
일	월	화	수	목	금	토
				1	2	3

( )

정답과 풀이 74쪽

유형 3 필요한 쌓기나무의 개수 구하기

241012-0905

07 규칙에 따라 쌓기나무를 쌓았습니다. 쌓기나무를 8층으로 쌓으려면 쌓기나무는 모두 몇 개 필요한지 구해 보세요.

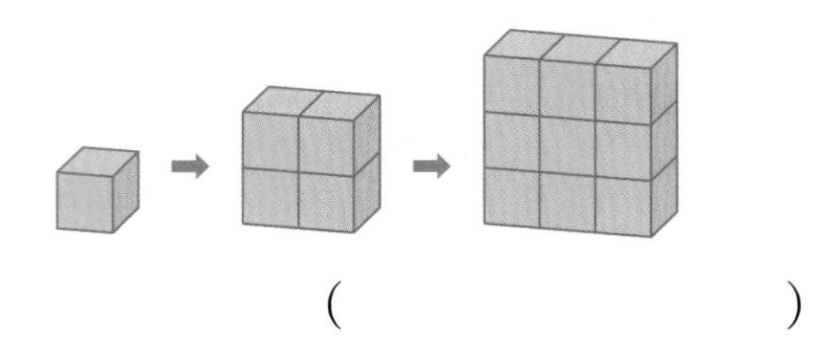

( )

비법 ■개씩 ■층으로 쌓았을 때 필요한 쌓기나무의 개수를 구합니다.

241012-0906

08 규칙에 따라 쌓기나무를 쌓았습니다. 일곱 번째에 올 쌓기나무의 개수를 구해 보세요.

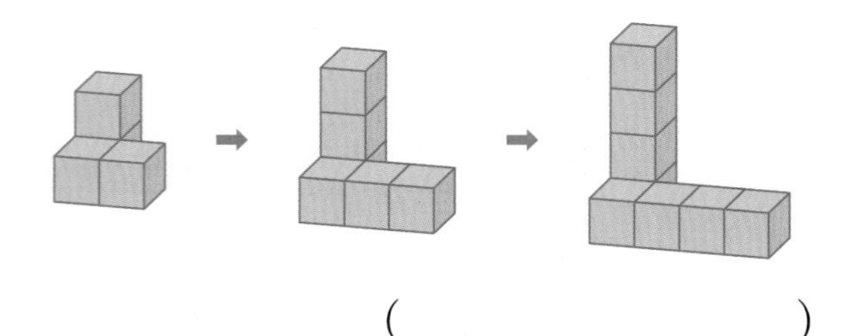

( )

241012-0907

09 규칙에 따라 쌓기나무를 쌓았습니다. 여섯 번째에 올 쌓기나무의 개수를 구해 보세요.

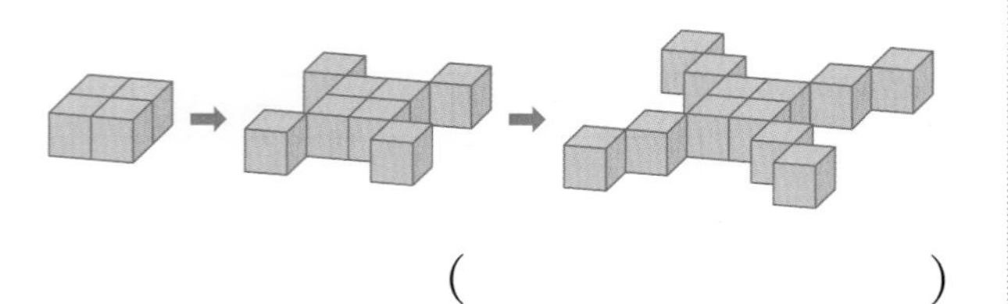

( )

유형 4 시계에서 규칙 찾기

241012-0908

10 시계에서 수의 규칙을 찾아 □ 안에 알맞은 수를 써넣으세요.

시계의 긴바늘은 □분마다 숫자 12를 가리킵니다.

비법 시계의 짧은바늘은 숫자 한 칸씩 움직이므로 1시간씩 움직이는 규칙입니다.

241012-0909

11 규칙을 찾아 다음에 올 시각을 써 보세요.

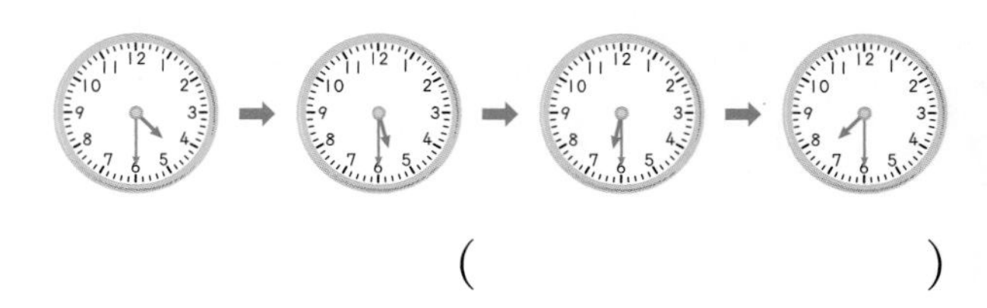

( )

241012-0910

12 규칙을 찾아 두 번째 시계에 시곗바늘을 알맞게 그려 보세요.

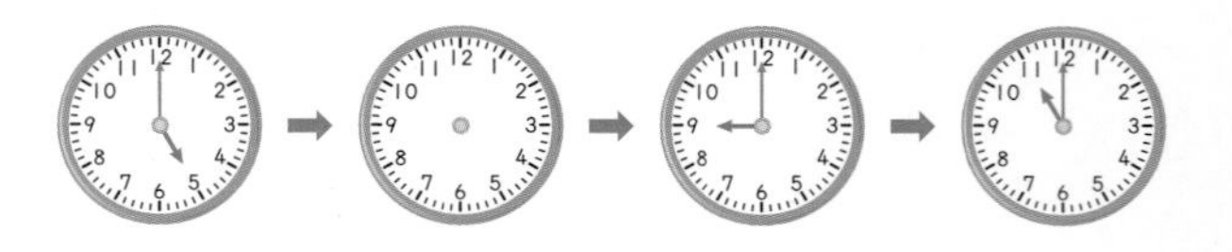

정답과 풀이 75쪽

[01~02] 그림을 보고 규칙을 찾아 물음에 답하세요.

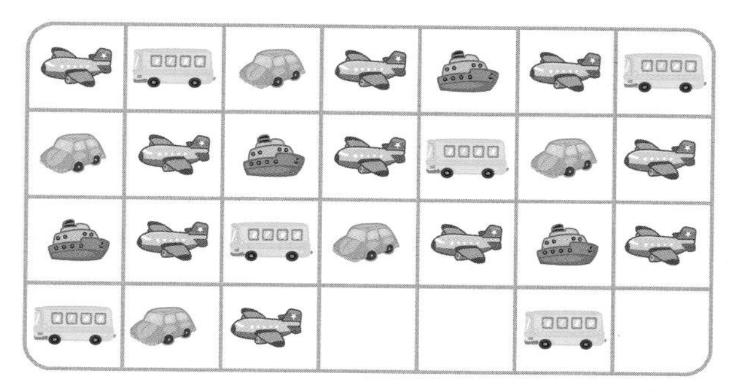

241012-0911

01 규칙을 찾아 빈칸에 알맞은 모양을 찾아 순서대로 기호를 써 보세요.

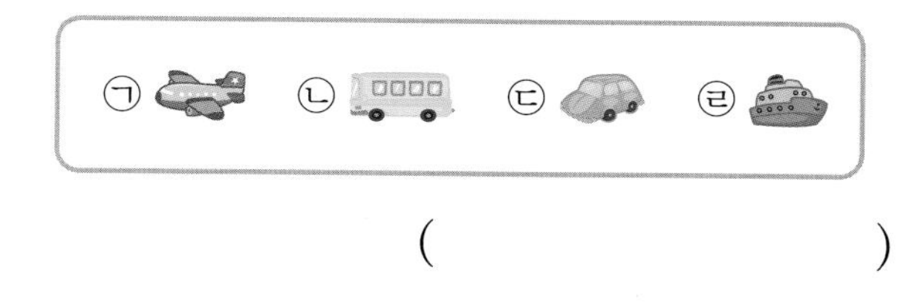

( )

241012-0912

02 위의 모양을 비행기는 1, 버스는 2, 자동차는 3, 배는 4로 바꾸어 나타내 보세요.

1	2	3	1	4	1	2
3						

241012-0913

03 그림을 보고 규칙을 찾아 빈칸에 알맞은 모양을 그려 보세요.

[04~05] 그림을 보고 규칙을 찾아 물음에 답하세요.

●	■	▲	▼	●	■	▲
▼	●	■	▲	▼	●	■
▲	▼	●	■	▲	▼	●
■	▲	▼	●	■	▲	▼

241012-0914

04 반복되는 모양으로 알맞은 것에 ○표 하세요.

○	△	▽	□	( )
○	□	△	▽	( )
△	○	□	▽	( )

241012-0915

05 빈칸에는 빨간색 모양이 몇 개일까요?

( )

241012-0916

06 서술형 수현이는 보석을 다음과 같이 늘어놓았습니다. 여섯째 모양에 놓일 보석은 모두 몇 개인지 풀이 과정을 쓰고 답을 구해 보세요.

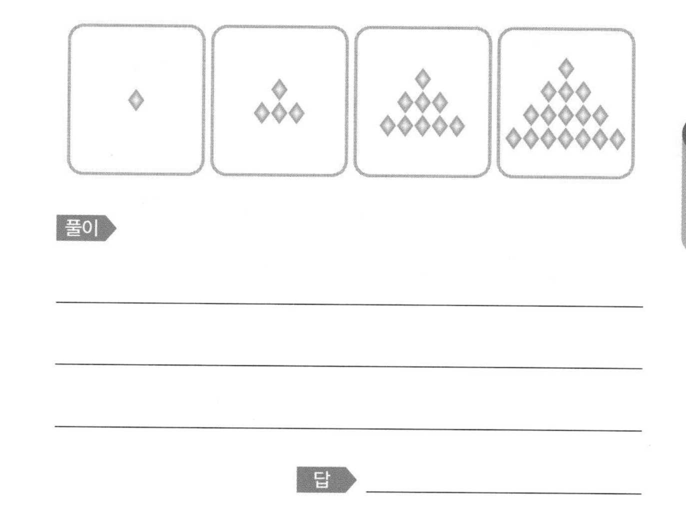

풀이

답

241012-0917

07 흰색 바둑돌과 검은색 바둑돌을 규칙에 따라 늘어놓았습니다. 15째에 놓일 바둑돌은 무슨 색일까요?

○ ● ● ○ ○ ● ● ○ ○ ● ● ○ …

( )

[08~09] 덧셈표를 보고 물음에 답하세요.

+	1	2	3	4	5
0	1	2			5
3				㉡	8
㉠		8	9		
9		♥			14
12	13	14		16	17

241012-0918

08 ㉠과 ㉡에 알맞은 수의 합을 구해 보세요.

( )

241012-0919

09 덧셈표에서 ♥에 알맞은 수보다 큰 수는 모두 몇 군데인지 구해 보세요.

( )

[10~11] 곱셈표를 보고 물음에 답하세요.

×	5			
5	25		35	40
6	●	36		
7			◆	56
8				64

241012-0920

10 ●와 ◆에 알맞은 수의 합을 구해 보세요.

( )

241012-0921

11 점선(----)에 있는 수의 규칙을 완성해 보세요.

규칙 25부터 ↘ 방향으로 갈수록 11, [ ], [ ]만큼 커지는 규칙이 있습니다.

241012-0922

12 곱셈표에서 규칙을 찾아 빈칸에 알맞은 수를 써넣으세요.

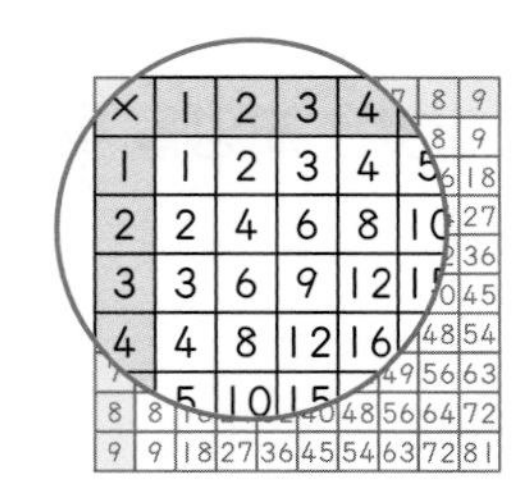

		12	14
	15		
16			
	30		

241012-0923

13 곱셈표에서 색칠한 곳과 규칙이 같은 곳을 찾아 색칠해 보세요.

×	1	3	5	7
1	1	3	5	7
3		9		
5			25	
7				49

241012-0924

14 오른쪽 모양을 쌓은 규칙을 찾아 기호를 써 보세요.

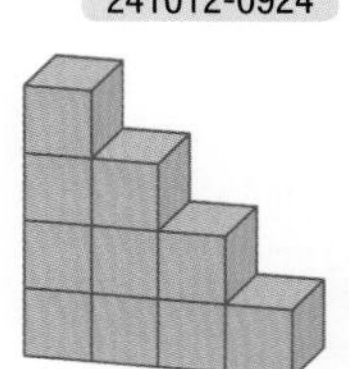

㉠ 아래쪽으로 내려갈수록 쌓기나무가 1개씩 줄어듭니다.
㉡ 왼쪽에서 오른쪽으로 갈수록 쌓기나무가 1개씩 줄어듭니다.

( )

241012-0925

15 수연이는 쌓기나무로 가와 나 모양을 번갈아가며 쌓고 있습니다. 가 모양을 6개, 나 모양을 5개 쌓았다면 수연이가 사용한 쌓기나무는 모두 몇 개일까요?

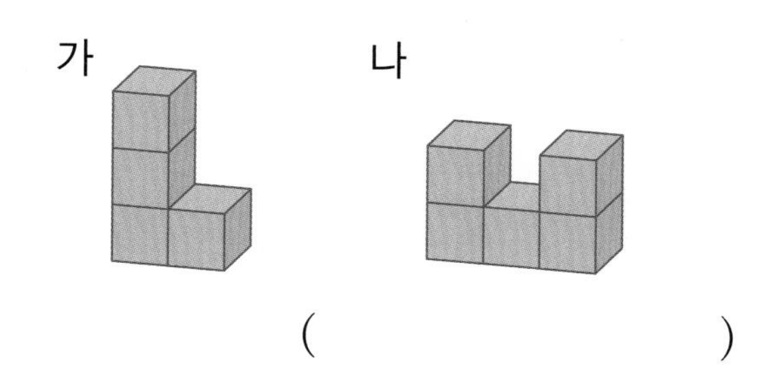

(　　　　　　　　　)

[16~17] 규칙에 따라 쌓기나무를 쌓았습니다. 물음에 답하세요.

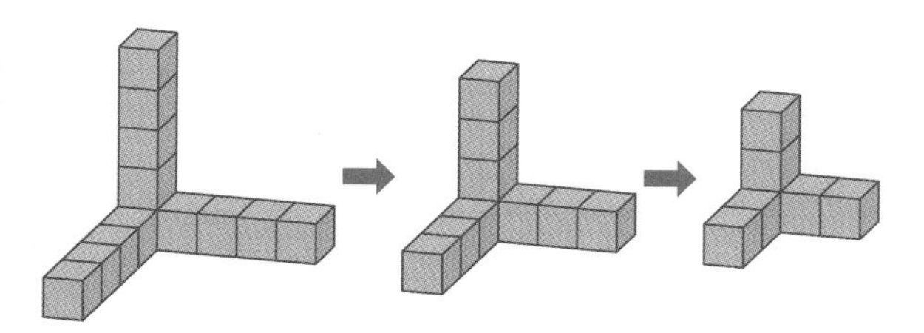

241012-0926

16 □ 안에 알맞은 수를 써넣어 규칙을 완성해 보세요.

쌓기나무는 □ 개씩 줄어듭니다.

241012-0927

17 다섯째 모양까지 만들었을 때, 첫째 모양부터 사용한 쌓기나무는 모두 몇 개인지 구해 보세요.

(　　　　　　　　　)

241012-0928

18 규칙을 찾아 빈칸에 알맞게 그려 보세요.

♩	♪	♪	♬	♩	♪
♪	♬			♪	♬
♩	♪	♪	♬	♩	

241012-0929

19 서술형 주연이네 학교의 여름방학 기간은 27일입니다. 여름방학식을 7월 23일에 했다면 개학식은 무슨 요일인지 풀이 과정을 쓰고 답을 구해 보세요.

7월

일	월	화	수	목	금	토
	1	2	3	4	5	6
7	8	9	10	11	12	13
14	15	16	17	18	19	20
21	22	23	24	25	26	27
28	29	30	31			

풀이

답

241012-0930

20 규칙을 찾아 마지막 시계에 시곗바늘을 알맞게 그려 보세요.

6 단원

memo

memo

memo

교과서 기본과 응용 문제를 한 번에 잡는 **교과서 기본+응용**

BOOK 3
풀이책

2-2

한눈에 보는 정답

BOOK 1

1단원 네 자리 수

교과서 개념 다지기 8~11쪽

01 (1) 10 (2) 1000 (3) 천

02 1000 03 1000

04 예 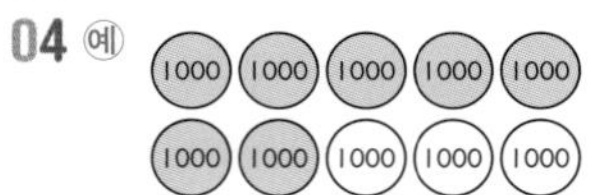

05 예

06 3000, 삼천 07 6000

08 1, 2, 5, 3 / 1253

09 예 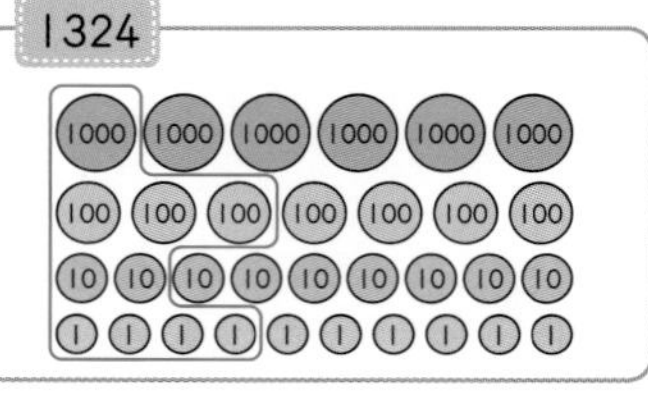

1, 3, 2, 4

10 8000, 400, 50 11 500에 ○표

12 5000, 800, 70, 5

교과서 넘어 보기 12~15쪽

01 1000, 천 02 ⑤ 03 200원

04 500, 800 05 7000, 칠천 06 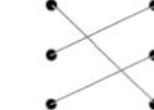

07 예 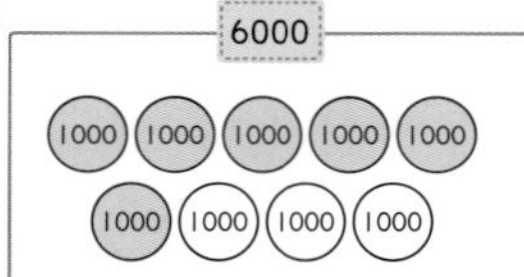

08 세진 09 ㉢ 10 4000개

11 3, 5, 4135 12 4306, 사천삼백육 13 성준

14 (1) 7, 3, 2 (2) 9016

15 예 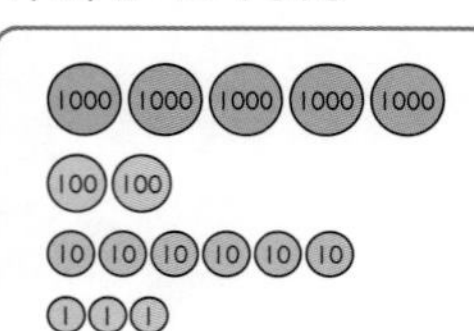

16 ④ 17 

18 (1) 100, 90 (2) 5000, 300, 4

19 1593에 ○표 20 2867, 2876 21 3570장

22 4820원 23 2150개 24 7201에 ○표

25 9136에 △표 26 6000, 60, 100

교과서 개념 다지기 16~19쪽

01 6700, 8700

02 5400, 5500, 5600, 5800

03 4156, 7156, 9156

04 4200, 4400, 4600

05 1844, 1864, 1884

06 3842, 3844, 3845, 3848

07 4174, 4177, 4179 08 10 09 >

10 (1) 7, 2, 9 / 8, 7, 1 (2) <

11 (1) 1067 (2) 2871, 2203 (3) 2871 12 우진

13 5671 5719 5760

교과서 넘어 보기 20~23쪽

27 5148 28 7335, 7535 29 100

30 1293, 1303

31 (1) (윗줄부터) 6400, 7200, 7600 (2) 1000 (3) 100

32 7800원 33 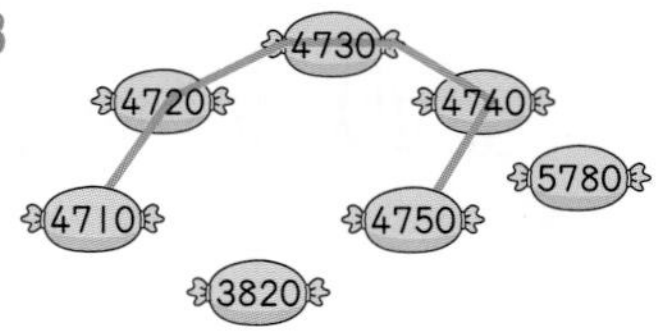

34 7103, 7101, 7100, 7099

35 ㉡ 36 8600

37 (1) 3000, 2010 (2) 2010, 3000

38 7, 1, 9 / 4, 5, 1 / >

39 수아 40 (1) > (2) < (3) >

41 세연 42 2, 8 / 1, 9, 6 / 5281

43 6264 44 (1) 9651 (2) 1569

45 가 마을 46 1970 47 2630원

48 8167 49 6, 7, 8, 9에 ○표

50 7, 8, 9에 ○표 51 1, 2, 3, 4, 5

응용력 높이기 24~27쪽

대표 응용 1 5300 / 3 / 8600

1-1 9600원 1-2 6320원

대표 응용 2 큰에 ○표, 9654 / 작은에 ○표, 1456

2-1 9743, 2347 2-2 8641, 1046

대표 응용 3 <, 있습니다에 ○표 / 작은에 ○표, 1, 2, 3, 4 / 1, 2, 3, 4, 5

3-1 7, 8, 9 3-2 9, 5

대표 응용 4 400, 도 / 30, 강 / 7, 치 / 독도 강치

4-1 하늘다람쥐

단원 평가 LEVEL ❶

28~30쪽

01 예

02 (그림) 03 10, 300 04 ㉡

05 예

06 8000장 07 1624
08 칠천이백삼십사, 5930, 사천팔백육
09 (1) × (2) ○ 10 ② 11 5137
12 ③ 13 4917=4000+900+10+7
14 (1) 천, 1000 (2) 1, 100 (3) 일, 1 (4) ㉡ / ㉡
15 ③ 16 8292
17 (1) 1931, 1932 (2) 2개 18 ㉠
19 (1) <, 있습니다에 ○표 (2) 큰에 ○표, 8, 9 (3) 7, 8, 9, 3 / 3개
20 6500, 6411, 7001

단원 평가 LEVEL ❷

31~33쪽

01 (1) 1000 (2) 1 02 ③ 03 3000, 삼천
04 (그림) 05 7000장 06 3427
07 민지 08 7245 09 (1) 4062 (2) 8304
10 ②, ③ 11 800, 20 12 1004에 ○표
13 9253 14 6개 15 110
16 (1) 2022, 2023, 2024, 2025
(2) 4, 4, 2023 (3) 2023 / 2023년
17 6760원 18 (위에서부터) 5677, 5670, 5677
19 (1) 3 (2) 0, 8 (3) 3608 / 3608 20 4개

2단원 곱셈구구

교과서 개념 다지기

36~39쪽

01 6, 3, 6 02 12 03 4
04 (그림) 05 4, 20
06 (왼쪽에서부터) 30, 35 / 5, 5 07 (1) 30 (2) 40
08 (1) 5 (2) 5 (3) 5 09 (1) 9 (2) 15 (3) 21
10 (1) 12 (2) 18 11 3, 18
12 (왼쪽에서부터) 6, 12, 18, 24, 30 / 6, 6, 6
13 (1) 4, 12 (2) 2, 12

교과서 넘어 보기

40~43쪽

01 7, 14 02 4, 8 03 (그림)
04 ㉡ 05

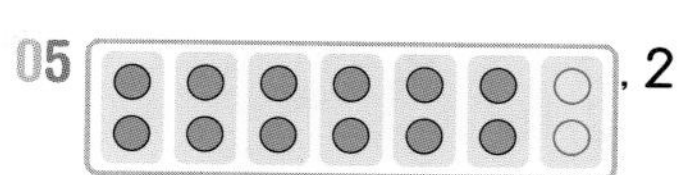

, 2

06 20 / 4, 20 07 15,

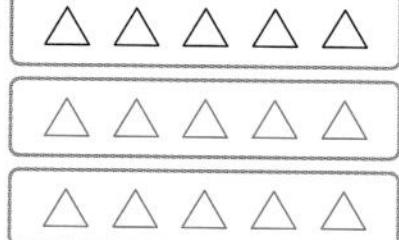

08 35 09 (1) 5, 25 (2) 6, 30
10 4개 11 (왼쪽에서부터) 21, 24 / 3, 3
12 15 13 21개 14 (그림)
15 12, 36, 54 16 30
17 (1) 4, 6, 6, 6, 6 (2) 6 (3) 4 (4) 24
18 6, 18 / 3, 18 19 진주
20 4, 2, 0 21 3, 1, 8 22 2, 4 23 3, 2

교과서 개념 다지기

44~47쪽

01 5, 20 02 (1) (왼쪽에서부터) 28, 32 / 4, 4 (2) 4
03 24명 04 40, 48, 56 / 8
05 (위에서부터) 16, 36 / 8, 32, 72 06 6, 24 / 3, 24
07 21, 35 08

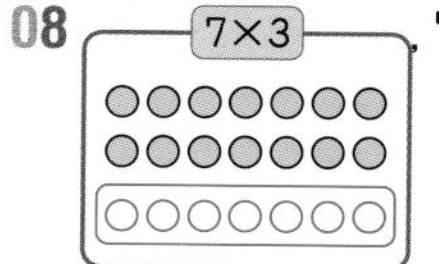

, 7

09 5, 45 10 18, 27, 36, 45 / 9, 9, 9 / 9

교과서 넘어 보기

48~50쪽

24 (1) 4, 16 (2) 5, 20 (3) 7, 28
25

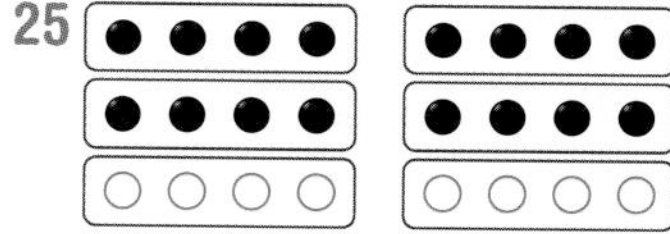

26 32개 27 3, 24 28 3 / 2, 4
29

12	24	64	18
30	26	48	81
36	72	32	27
10	56	20	7
14	40	16	28

30 7, 5, 6
31 6, 24 / 3, 24 32 (1) 21 (2) 63 33 (그림)

34 하영, 현우 **35** (1) 2 (2) 9
36 (1) 2, 18 (2) 4, 36
37 ㉠, ㉡ **38** 38살
39 8, 24 / 6, 24 / 4, 24 / 3, 24
40 8, 16 / 4, 16 / 2, 16

교과서 개념 다지기 51~54쪽

01 4, 4 **02** (위에서부터) 9, 3 **03** 1
04 5, 0 **05** $1\times2=2$, $2\times1=2$, $3\times0=0$ / 4점
06 ③ **07** 6
08

−	0	1	2	3	4	5	6	7	8	9
0	0	0	0	0	0	0	0	0	0	0
1	0	1	2	3	4	5	6	7	8	9
2	0	2	4	6	8	10	12	14	16	18
3	0	3	6	9	12	15	18	21	24	27
4	0	4	8	12	16	20	24	28	32	36
5	0	5	10	15	20	25	30	35	40	45
6	0	6	12	18	24	30	36	42	48	54
7	0	7	14	21	28	35	42	49	56	63
8	0	8	16	24	32	40	48	56	64	72
9	0	9	18	27	36	45	54	63	72	81

/ 15, 15, 같습니다에 ○표
09 (1) 5, 3, 15 (2) 4, 2, 8 또는 2, 4, 8 (3) 7, 8, 56
10 45명 **11** 35 cm

교과서 넘어 보기 55~57쪽

41 3, 3 / 5, 5 **42** 1, 6, 6
43 (위에서부터) 4, 1, 8, 3, 1, 7 **44** 0
45 3, 0 / 5, 0 **46**

47 (1) 0, 2, 0, 6 (2) 8점
48 (위에서부터) 18, 24 / 27, 36
49

−	5	6	7	8	9
5					
6					
7				★	
8			♥		
9					

50 3×4, 4×3, 6×2
51 ㉡ **52** 18

53

54 20개
55 52개 **56** 25점 **57** 27개
58 34개 **59** 83명

응용력 높이기 58~61쪽

대표 응용 1 8, 8 / 8
1-1 6 **1-2** 4
대표 응용 2 28 / 25 / 병수, 3
2-1 빨간색, 2장 **2-2** 노란색, 4개
대표 응용 3 18, 30, 36 / 32, 6, 12, 18, 24, 30 / 30
3-1 28 **3-2** 48
대표 응용 4 7, 1, 4, 7, 14, 4, 14, 18 / 6, 2, 8, 6, 12, 8, 12, 20 / 6
4-1 4마리 **4-2** 3마리

단원 평가 LEVEL ❶ 62~64쪽

01 예

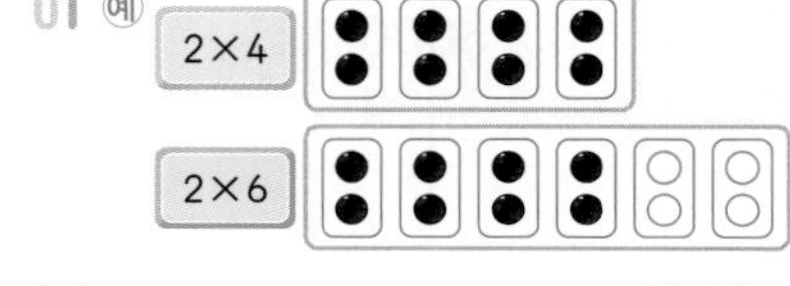

02 **03** 희주
04 15,

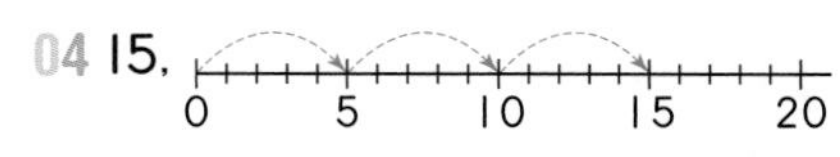

05 5, 3, 3, 3, 3, 3, 15 **06** 18송이
07 ( )(○) **08** 8, 40
09 6, 12 / 4, 12 / 3, 12 / 2, 12
10 16, 40 **11** 6, 42
12 7, 8, 9에 ○표 **13** (1) 9, 9 (2) 9, 36 / 36
14

×	1	3	5	7	9
0	0	0	0	0	0
1	1	3	5	7	9

15 40 **16** ㈐
17

×	5	6	7	8	9
5					㈎
6			♥	㈏	
7			㈐		

18 (1) 4, 16 (2) 3, 24 (3) 16, 24, 40 / 40개
19 16 **20** 35

단원 평가 LEVEL ❷

65~67쪽

01 (   )(   )(○)(   )
02 12개
03 (1) 2, 10 (2) 3, 15
04 25, 30, 35, 40, 45 / 5
05 6, 18
06
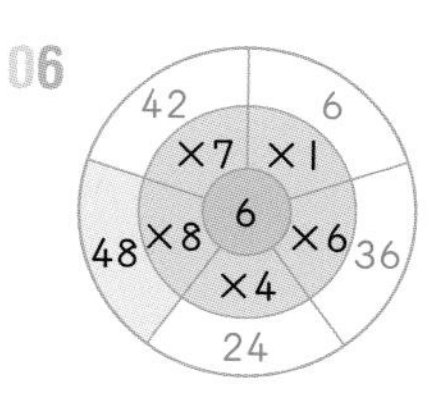

07 (1) 8, 48 (2) 48, 2, 2 / 2개
08 16, 20, 24
09 56
10 5개
11

21	28	27	12	35
42	51	30	7	15
8	62	63	22	56
49	44	14	34	10

12
13 9, 3, 27 / 3, 9, 27
14 15점
15 ③
16

×	3	4	5	6	7	8	9
3	9	12	15	18	21	24	27
4	12	16	20	24	28	32	36
5	15	20	25	30	35	40	45
6	18	24	30	36	42	48	54
7	21	28	35	42	49	56	63
8	24	32	40	48	56	64	72

17 (1) 8 (2) 6 (3) 6×4, 8×3
18 (1) 8, 8, 24 (2) 7, 7, 14 (3) 24, 14, 38 / 38개
19 20
20 4마리

3단원 길이 재기

교과서 개념 다지기

70~75쪽

01 1
02 (1)
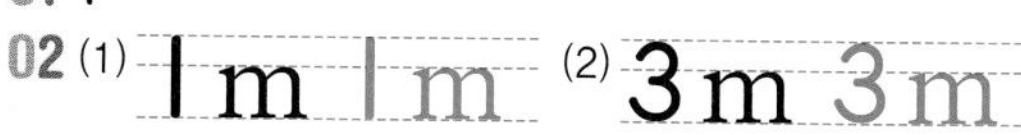

03
04 20
05 ㉠
06 140 / 1, 40
07 2, 90
08 (1) 5, 38 (2) 8, 79
09 2, 10
10 (1) 5, 36 (2) 3, 23
11 3
12 교실 문의 높이에 색칠
13 ㉢
14 8
15 ㉡
16
17 (1) 5m (2) 120cm

교과서 넘어 보기

76~79쪽

01 2m, 2 미터
02 5m 8cm에 ○표
03 (1) 1 (2) 2, 82 (3) 406
04 (1) cm (2) m (3) cm
05
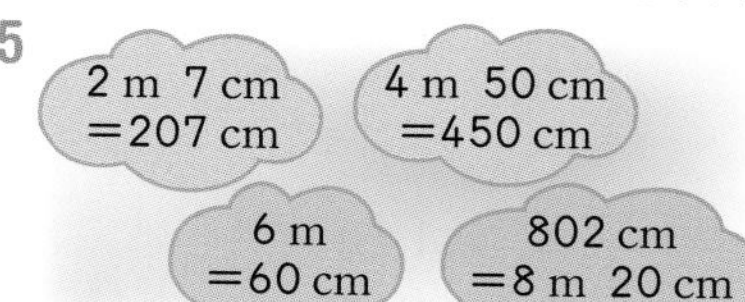

06 1, 46
07 110 / 1, 10
08 윤지
09 4, 77 / 4, 77
10 4m 75cm
11 1m 43cm, 1m 7cm, 2m 50cm
12 (1) 2, 52 (2) 4, 14
13 3m 72cm
14 혜주
15 3
16 5
17 약 7m
18 (1) 160cm (2) 1m (3) 200m
19 (   )
(○)
(○)
20 8, 7, 4 / 6, 23
21 6, 3, 1 / 1, 3, 6 / 7, 67 또는 1, 3, 6 / 6, 3, 1 / 7, 67
22 130 / 1, 30
23 230 / 2, 30

응용력 높이기

80~83쪽

대표 응용 1 2, 2, 4 / 215, 2, 15
1-1 2m 30cm
1-2 1m 20cm
대표 응용 2 52, 65 / 52, 65, 10, 41
2-1 7m 41cm
2-2 7m 25cm
대표 응용 3 2, 84, 1, 42 / 3, 56
3-1 2m 31cm, 5m 64cm
3-2 4m 23cm, 2m 21cm
대표 응용 4 1 / 6, 6 / 2, 12
4-1 약 9m
4-2 약 4m

단원 평가 LEVEL ❶

84~86쪽

01 100
02 미터에 ○표, 센티미터에 ○표
03 ⑤
04 9, 5, 1
05 ㉡
06 ㉢
07 (   )(   )(○)
08 180 / 1, 80
09 (1) 6, 57 (2) 3, 79
10 7m 78cm 또는 778cm
11 19m 85cm
12 (1) 3, 43 (2) 3, 42 (3) >, ㉠ / ㉠
13 (위에서부터) 7, 44
14 224cm
15 (1) 8, 63 (2) 8, 63, 3, 21 (3) 3, 21 / 3m 21cm
16 4m 14cm
17 약 1m 40cm
18 ②, ③, ⑤
19 ㉢
20 슬기

단원 평가 LEVEL 2

87~89쪽

01 10
02 
03 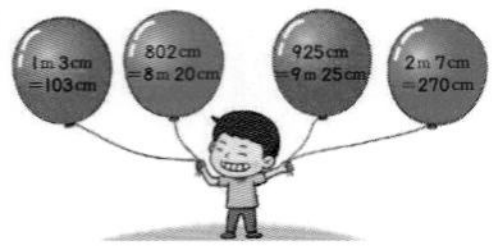
04 2m 8cm
05 ㉣
06 1, 51
07 민영
08 ④
09 9, 75
10 5m 50cm
11 1m 5cm
12 3m 88cm
13 ㉠
14 (1) 4, 30, 9, 70 (2) 9, 70, 8, 10, 1, 60 (3) 1, 60 / 1m 60cm
15 5m 79cm
16 (1) 13, 8, 15 (2) 소유 / 소유
17 약 4m
18 ㉣, ㉢, ㉠, ㉡
19 ㉠
20

4단원 시각과 시간

교과서 개념 다지기

92~95쪽

01 (1) 8, 9 (2) 2 (3) 8, 10
02 (1) 2, 20 (2) 6, 45
03 (1) 2, 3 (2) 1, 28
04 (1) 11, 19 (2) 5, 42
05 (1) 6, 55 (2) 5, 7, 5
06 2, 55, 3, 5
07 
08 (1) 2, 50 (2) 10, 3, 10
09 12, 50, 1, 10
10 (1) 10, 15 (2) 3, 50

교과서 넘어 보기

96~99쪽

01 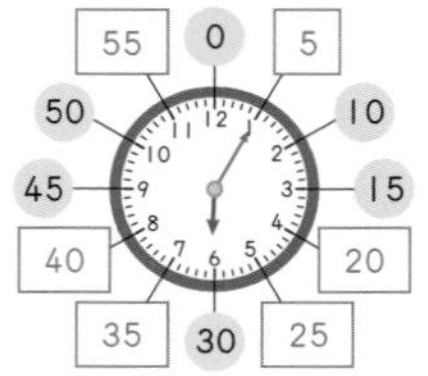
02 (1) 10, 11 (2) 1 (3) 10, 41
03 (1) 33 (2) 2
04 
05 
06 
07 (1) 10, 30 (2) 11, 15
08 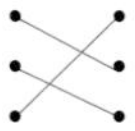
09 8시 33분
10 11시 18분
11 4 / 
12 (1) 8, 50 (2) 10 (3) 9, 10
13 (1) 5, 45 (2) 12, 10
14 
15 
16 서진
17 10, 50 / 10, 55
18 4시 35분
19 7시 25분
20 1시 23분
21 지민
22 승수, 경민, 영웅

교과서 개념 다지기

100~103쪽

01 2
02 60
03 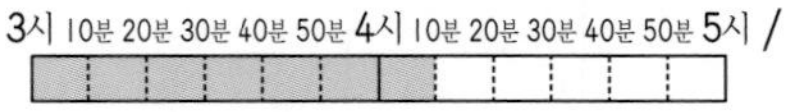 3시 10분 20분 30분 40분 50분 4시 10분 20분 30분 40분 50분 5시 / 1, 10, 70
04 (1) 110 (2) 1, 30
05 (1) 24 (2) 12, 12 (3) 오전에 ○표, 오후에 ○표
06 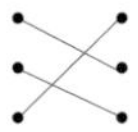
07 (1) 오전에 ○표 (2) 오후에 ○표 (3) 오후에 ○표
08 (1) 11 (2) 24
09 (1) 24 (2) 3, 3
10 4월, 6월, 9월, 11월에 ○표

교과서 넘어 보기

104~107쪽

23 (1) 1, 25 (2) 130
24  10시 10분 20분 30분 40분 50분 11시 10분 20분 30분 40분 50분 12시 / 90
25 (1) 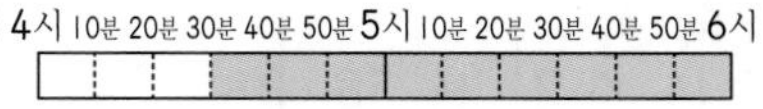 4시 10분 20분 30분 40분 50분 5시 10분 20분 30분 40분 50분 6시 (2) 90
26 11시 5분
27 
28 재호
29 ㉠
30 (1) 오전에 ○표, 오후에 ○표 (2) 2, 30 / 3
31 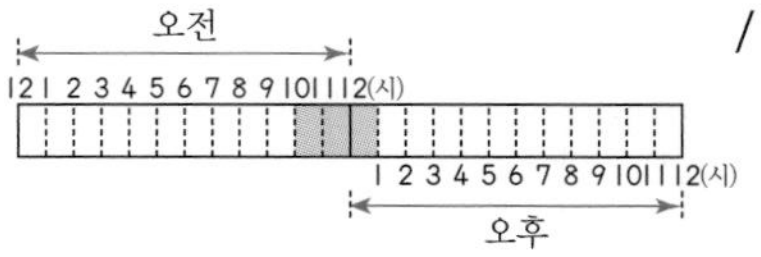 오전 12 1 2 3 4 5 6 7 8 9 10 11 12(시) 1 2 3 4 5 6 7 8 9 10 11 12(시) 오후
32 채연
33 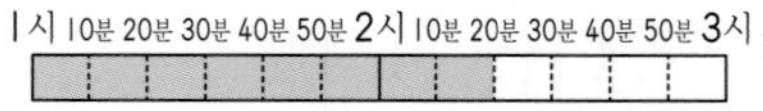 1시 10분 20분 30분 40분 50분 2시 10분 20분 30분 40분 50분 3시 / 80
34 5시간 20분
35 (1) 18 (2) 2
36

8월

일	월	화	수	목	금	토
				1	2	3
4	5	6	7	8	9	10
11	12	13	14	15	16	17
18	19	20	21	22	23	24
25	26	27	28	29	30	31

37 8월 29일, 8월 26일
38 4월, 7월에 ○표
39 4일, 11일, 18일, 25일
40 5월 16일
41 9일
42 9일
43 4시간
44 4, 30
45 7시간
46 1일, 8일, 15일, 22일, 29일
47 8월 27일

응용력 높이기
108~111쪽

대표 응용 1 1, 10, 12, 30 / 12, 30

1-1 9시 15분

1-2 10시 25분

대표 응용 2 낮에 ○표, 7 / 7 /

2-1 오후에 ○표,

2-2 오전에 ○표, 10, 50

대표 응용 3 24, 24 / 9, 24

3-1 오후 7시 32분

3-2 60분

대표 응용 4 5, 6 / 7, 6, 13, 20, 27 / 20

4-1 29일

4-2 금요일

단원 평가 LEVEL ❶
112~114쪽

01

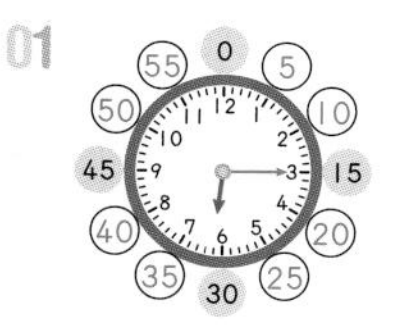

02 2시 25분에 ○표

03 6, 40 / 11, 36

04

05 (1) 12 (2) 50, 52 (3) 12, 52 / 12시 52분

06 15분

07 주원

08 3

09 (1) 75 (2) 1, 45

10 세준

11 3시간

12 (1) 7, 50 (2) 8, 5 (3) 8, 45 / 오후 8시 45분

13 1시 10분 20분 30분 40분 50분 2시 10분 20분 30분 40분 50분 3시 / 100

14 5시 35분

15 오후 11시 12분

16 50시간

17 9월 6일

18 11월 30일, 11월 16일

19 화요일

20 11월 24일

단원 평가 LEVEL ❷
115~117쪽

01 10, 25, 45, 55

02 (   )(○)

03 6, 23

04

05

06 1, 25

07 오후에 ○표, 2, 17

08 1시 53분

09 서윤

10  , 2시간 30분 또는 150분

11 5, 5

12

13 (1) 3 (2) 7 (3) 10 / 10시간

14 3시 10분 20분 30분 40분 50분 4시 10분 20분 30분 40분 50분 5시 / 90

15 1시간 20분 또는 80분, 1시간 25분 또는 85분 / 아울

16 1, 45

17

18 (1) 수, 목 (2) 토, 일 (3) 일, 화 / 화요일

19 28일, 일요일

20 8월 29일, 26일

5단원 표와 그래프

교과서 개념 다지기
120~125쪽

01 4, 2, 4, 1, 11

02 3, 1, 2, 6

03 20명

04

앵무새	강아지	고양이	거북
솔이, 준우, 민수	현호, 상미, 종오, 유정, 민지, 혜미, 호진, 주영	수정, 민서, 선희, 진주, 경욱	지혜, 경진, 예지, 준희

05 3, 8, 5, 4, 20

06 색깔

07 4

08

4		○		○
3		○	○	○
2	○	○	○	○
1	○	○	○	○
학생 수(명) / 색깔	빨강	노랑	연두	파랑

09 (1) 22 (2) 6 (3) 줄넘기 (4) 1

10 4, 8, 7, 6, 25

11

8		○		
7		○	○	
6		○	○	○
5		○	○	○
4	○	○	○	○
3	○	○	○	○
2	○	○	○	○
1	○	○	○	○
학생 수(명) / 종류	위인전	과학책	동화책	역사책

교과서 넘어 보기

126~129쪽

01 미국
02 15명
03 4, 2, 3, 6, 15
04 9, 9, 3, 10, 3, 34
05 (   )
(   )
(○)
06 3, 5, 10, 18
07 2, 3, 3, 4, 12
08 태영
09 7, 4, 4, 5, 20

10

7	/			
6	/			
5	/			/
4	/	/	/	/
3	/	/	/	/
2	/	/	/	/
1	/	/	/	/
학생 수(명) / 선물	게임기	블록	동화책	인형

11 22명

12

7	○			
6	○	○		
5	○	○	○	
4	○	○	○	○
3	○	○	○	○
2	○	○	○	○
1	○	○	○	○
학생 수(명) / 혈액형	A형	B형	AB형	O형

13

O형	○	○	○	○			
AB형	○	○	○	○	○		
B형	○	○	○	○	○	○	
A형	○	○	○	○	○	○	○
혈액형 / 학생 수(명)	1	2	3	4	5	6	7

14

장미	/	/	/	/	/	/	/	/
백합	/	/	/	/				
개나리	/	/	/					
진달래	/	/	/	/	/	/	/	
꽃 / 학생 수(명)	1	2	3	4	5	6	7	8

15 학생 수, 꽃
16 4명
17 ㉢
18 3명
19 (1) 14일 (2) 7, 7
20 9
21 7

응용력 높이기

130~133쪽

대표 응용 1 5, 6 / 4, 6
1-1 (1) 16, 5, 4, 6, 31 (2) 2일
대표 응용 2 4, 3, 7, 5 / 7, 5, 2
2-1 3명
대표 응용 3 3, 7 / 7, 27
3-1 18명
대표 응용 4 3, 3, 5, 5 / 5 /

5			○	○
4	○		○	○
3	○	○	○	○
2	○	○	○	○
1	○	○	○	○
학생 수(명) / 곤충	사슴벌레	반딧불이	나비	잠자리

4-1 2, 3 /

4	○			
3	○		○	○
2	○	○	○	○
1	○	○	○	○
학생 수(명) / 음식	한식	양식	중식	일식

단원 평가 LEVEL ❶

134~136쪽

01 미끄럼틀
02 현진, 종민, 아람
03 4, 3, 3, 2, 12
04 표에 ○표

05

6			/		
5			/	/	
4	/		/	/	
3	/	/	/	/	/
2	/	/	/	/	/
1	/	/	/	/	/
학생 수(명) / 음식	비빔밥	갈비탕	불고기	김치	잡채

06 불고기
07 잡채
08 그래프
09 7명
10 (1) 5 (2) 2 (3) 3 / 3명
11 운동화

12

25	○				
20	○	○		○	
15	○	○		○	○
10	○	○	○	○	○
5	○	○	○	○	○
붕어빵 수(개) / 종류	팥	슈크림	크림치즈	고구마	피자

13 팥, 크림치즈
14 슈크림, 고구마
15 6명
16 (1) 6, 4 (2) 김밥, 6 / 6칸

17

샌드위치	○	○	○	○			
돈가스	○	○	○	○	○		
볶음밥	○	○	○				
김밥	○	○	○	○	○	○	
도시락 / 학생 수(명)	1	2	3	4	5	6	7

18 예 ○를 책의 종류에 해당하는 학생 수만큼 왼쪽에서부터 오른쪽으로 한 칸에 하나씩 빈칸 없이 그려야 합니다.
19 5명

20 3, 4, 5 /

5				○
4		○	○	○
3	○	○	○	○
2	○	○	○	○
1	○	○	○	○
학생 수(명) / 요일	수요일	금요일	토요일	일요일

단원 평가 LEVEL ❷

137~139쪽

01 5, 4, 2, 1, 12　02 5명　03 하원
04 ㉡, ㉢, ㉠　05 3명　06 8월, 9월
07 5월
08

4					○					
3			○		○		○	○		
2	○		○		○	○	○	○		
1	○	○	○	○	○	○	○	○	○	○
학생 수(명) / 월	1	2	3	4	5	7	8	9	10	12

09 2월, 4월, 10월, 12월　10 6명
11 상추　12 2배　13 ㉡
14 6명 /

6				○
5				○
4		○		○
3		○	○	○
2	○	○	○	○
1	○	○	○	○
학생 수(명) / 전통 놀이	투호	비사치기	굴렁쇠 굴리기	쥐불놀이

15 2, 4, 3, 6, 15　16 ㉡, ㉢　17 (1) 3, 3 (2) 3, 6 / 6명
18

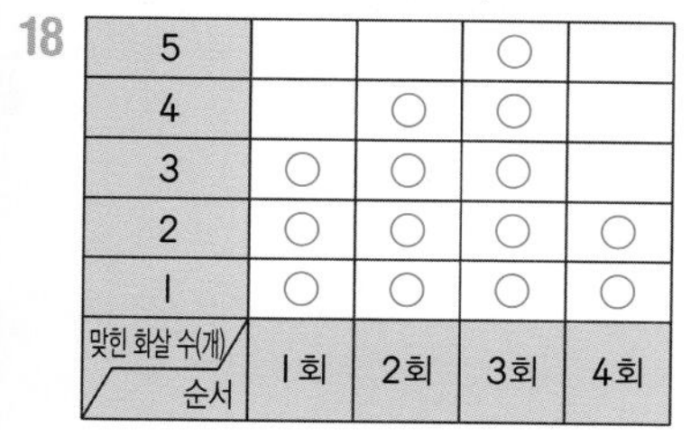

5			○	
4		○	○	
3	○	○	○	
2	○	○	○	○
1	○	○	○	○
맞힌 화살 수(개) / 순서	1회	2회	3회	4회

19 포도　20 (1) 4, 4, 16 (2) 16, 3, 13 (3) 13, 4 / 4장

6단원 규칙 찾기

교과서 개념 다지기

142~145쪽

01

	○

02 파란색　03 ㉡
04

○	

05 ④
06 늘어나고에 ○표, 줄어드는에 ○표　07 4개
08 3　09 2, 3　10 2
11 7개
12

○		

13 (○)(　)

교과서 넘어 보기

146~148쪽

01
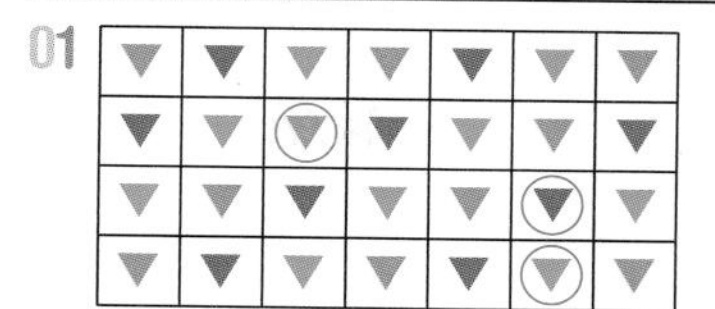

02

1	2	3	1	2	3	1
2	3	1	2	3	1	2
3	1	2	3	1	2	3
1	2	3	1	2	3	1

03 (　)(○)
04

◈	◆	◉	◈	◆
◉	◈	◆	◉	◈
◆	◉	◈	◆	◉
◈	◆	◉	◈	◆

05

06
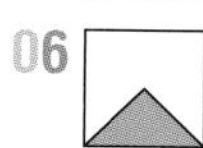

07 (1) 예 ●, ▲, ■, ★ 모양이 반복되는 규칙입니다.
(2) 예 무늬의 개수가 1개씩 늘어나는 규칙입니다.
(3) 예 초록색, 빨간색, 파란색이 반복되는 규칙입니다.
08 ▶, ■, ◆ 규칙 예 ■, ◆, ▶이 반복되는 규칙입니다.
09 ☆에 ○표, 1　10 1, 1
11 3개　12 14개
13 (　)(○)(　)
14 

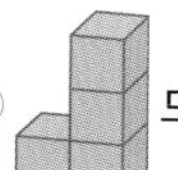 모양이 반복되는 규칙입니다.
규칙 2 예 쌓기나무를 1층, 3층, 1층, 3층으로 번갈아 가며 쌓은 규칙입니다.
15 9개
16

17
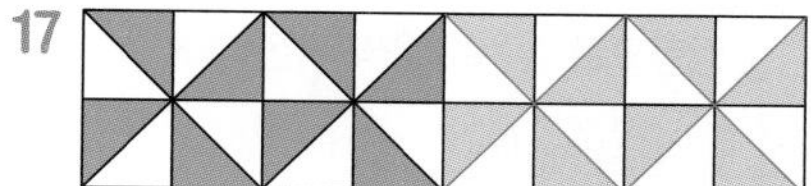

18 ㉢, ㉠, ㉡, ㉣
19

20

1	2	3	4	1	2	3
4	1	2	3	4	1	2
3	4	1	2	3	4	1

21
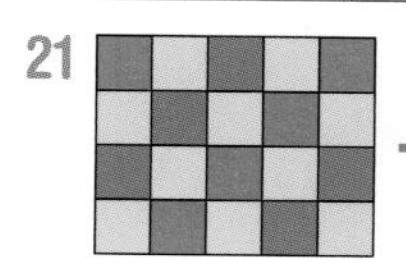

1	2	3	2	1
2	3	2	1	2
3	2	1	2	3
2	1	2	3	2

교과서 개념 다지기 149~153쪽

01

+	1	2	3	4	5
1	2	3	4	5	6
2	3	4	5	6	7
3	4	5	6	7	8
4	5	6	7	8	9
5	6	7	8	9	10

02 1, 1, 1, 1

03 (1) 1 (2) 1

04 (위에서부터) 6, 5, 13

05 1

06 / ㉡

+	0	2	4	6
1	1	3	5	7
3	3	5	7	9
5	5	7	9	11
7	7	9	11	13

07 (위에서부터) 4, 8, 12, 20

08 3, 3, 3, 3

09 같습니다에 ○표

10 4, 4

11 12 **12** 3군데 **13** 7 **14** 6

15 1

교과서 넘어 보기 154~157쪽

22

+	0	1	2	3	4	5	6	7	8	9
0	0	1	2	3	4	5	6	7	8	9
1	1	2	3	4	5	6	7	8	9	10
2	2	3	4	5	6	7	8	9	10	11
3	3	4	5	6	7	8	9	10	11	12
4	4	5	6	7	8	9	10	11	12	13
5	5	6	7	8	9	10	11	12	13	14
6	6	7	8	9	10	11	12	13	14	15
7	7	8	9	10	11	12	13	14	15	16
8	8	9	10	11	12	13	14	15	16	17
9	9	10	11	12	13	14	15	16	17	18

23 1

24 예 ↘ 방향으로 갈수록 2씩 커집니다.

25 9

26

+	0	2	4	6
1	1	3	5	7
3	3	5	7	9
5	5	7	9	11
7	7	9	11	13

27 예 ↗ 방향으로 갈수록 1씩 작아집니다.

28 (1)

14	15		17
15	16	17	18
	17	18	19

(2)

8			11
9	10		12
10	11	12	13
	12		14

29

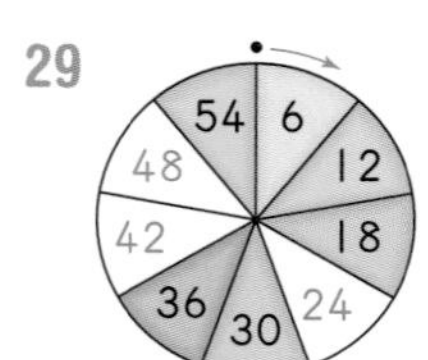

30 14

31 홀수에 ○표, 같습니다에 ○표

32

×	1	2	3	4	5
1	1	2	3	4	5
2	2	4	6	8	10
3	3	6	9	12	15
4	4	8	12	16	20
5	5	10	15	20	25

㉡ ㉠

33 5, 5 **34** 14

35 (1) (2)

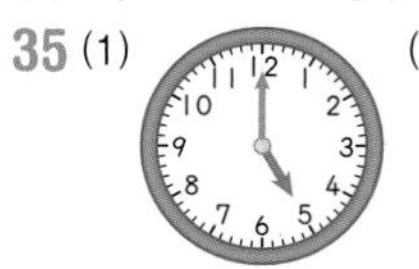

36 예 ↑ 방향으로 갈수록 6씩 커집니다. **37** 24층

38 예 아래쪽으로 내려갈수록 7씩 커집니다. **39** 일요일

40 금요일 **41** 2군데 **42** 3군데

43 13일 **44** 24일 **45** 7일

응용력 높이기 158~161쪽

대표 응용 1 사각형, 빨간색, 빨간색 / 원, 빨간색, ●

1-1 **1-2**

대표 응용 2 ①, ②, ③ / ②, ㉡

2-1

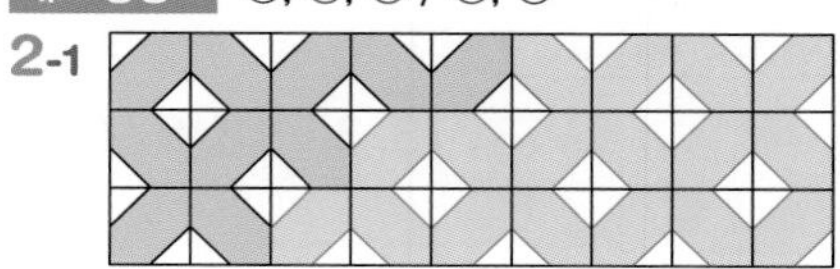

2-2

대표 응용 3 6, 10, 6, 10, 20 / 6, 10, 15, 35

3-1 (1) 25 (2) 25

대표 응용 4 9 / 9, 9, 24

4-1 23번 **4-2** 27번

단원 평가 LEVEL ❶ 162~164쪽

01 참외, 사과

02

1	2	2	1	2	2	1	2
2	1	2	2	1	2	2	1

03

04 규칙 1 예 쌓기나무를 2층, 1층, 1층으로 번갈아 가며 쌓은 규칙입니다.

규칙 2 예 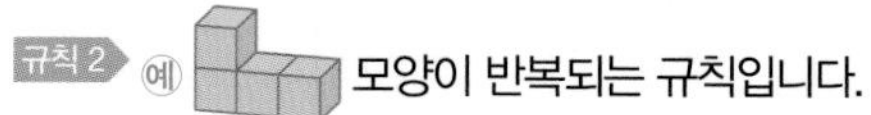 모양이 반복되는 규칙입니다.

05 10

06

		12	14	16	18
	15	18	21		
16	20	24	28	32	
20	25	30	35	40	

07

		12	16	20	24
5	10	15	20	25	
6	12	18	24	30	
7	14	21	28		

08 3, 3　09 10개　10 18개

11 ↑ / 예 ↓, →, ↑이 반복됩니다. / 예 초록색, 주황색이 반복됩니다.

12 (1) ■에 ○표 (2) 시계 (3) ㉠ / ㉠

13
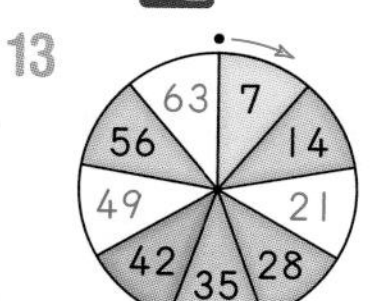

14
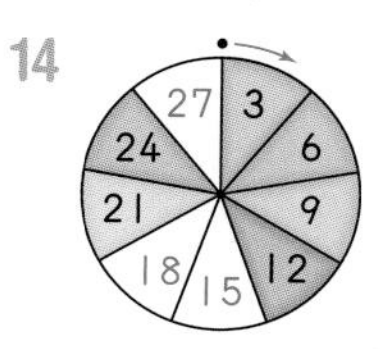

15 예 아기 코끼리의 모험은 1시간 20분 간격으로 상영하고, 겨울 천국은 2시간 간격으로 상영합니다.

16 ㉡　17 예 퍼레이드는 1시간 30분마다 시작됩니다.

18 9개　19 (1) 7 (2) 3, 토, 일 (3) 7, 일 / 일요일

20
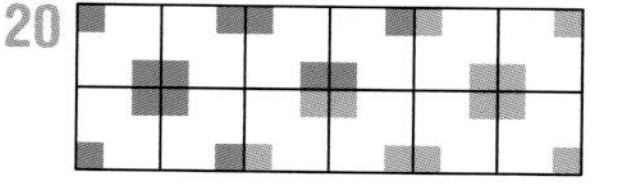

단원 평가 LEVEL ❷　165~167쪽

01 연필

02
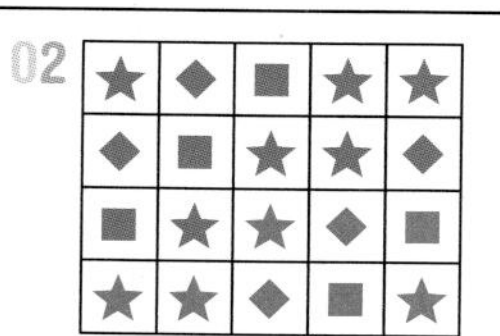

03

1	2	3	1	1
2	3	1	1	2
3	1	1	2	3
1	1	2	3	1

04
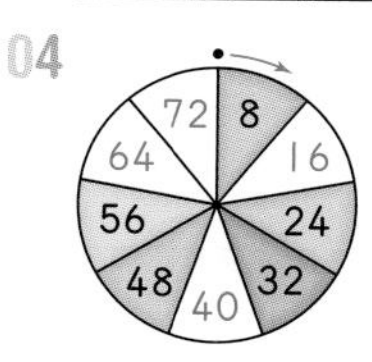

05 ■, ▲, ●　06 채은

07 (삼각형 그림)　08 23

09 6

10 10씩 커집니다.

11 2군데

12

×	1	2	3	4
1	1	2	3	4
2	2	4	6	8
3	3	6	9	12
4	4	8	12	16

13 8개

14 (1) 13 (2) 13, 20 (3) 13, 13, 13, 46 / 46번

15 ㉡　16 22

17 24, 36　18 3, 1

19 (1) 1 (2) 5, 15 (3) 3, 4, 10 (4) 15, 10, 5 / 5개

20 금요일

BOOK 2

1단원 네 자리 수

기본 문제 복습　4~5쪽

01 1000　02 400원

03 예

04 20개　05 4369, 사천삼백육십구

06 (1) 6, 5, 4, 9 (2) 5, 8, 0, 2　07 5018에 ○표

08 8000, 500, 70, 4

09 (1) 5140, 8130 (2) 1000, 10

10 (　)(　)(△)(　)

11 2948　12 8 / 7, 5 / >　13 5962

응용 문제 복습　6~7쪽

01 9장　02 7장　03 8장

04 3507　05 6809　06 2073

07 2450원　08 3650원　09 3320원

10 >　11 >　12 <

단원 평가　8~10쪽

01 1000, 천　02 지한　03 (1) ○ (2) ○ (3) ×

04 (선 잇기 그림)　05 풀이 참조, 3000개　06 왼쪽부터 8, 9, 7

07 (선 잇기 그림)　08 4, 3, 5 / 2801　09 5840원

10 2755　11 606　12 ㉠, ㉣

13 2개　14 4748, 5748　15 9661, 7122

16 풀이 참조, 6562개

17
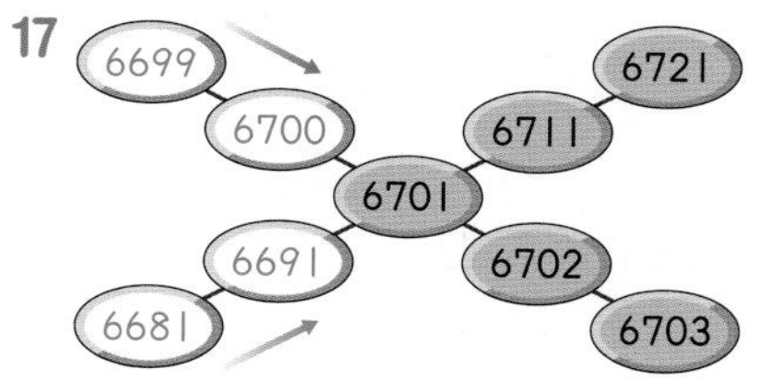

18 ㉢, ㉠, ㉡　19 2093　20 8개

2단원 곱셈구구

기본 문제 복습　11~12쪽

01 8, 16　02 20, 7, 45　03 도준

04 4, 4, 16　05 예 (그림), 18

06 48, 6, 48

07

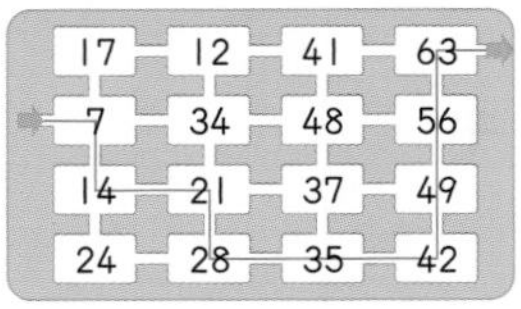

17	12	41	63
7	34	48	56
14	21	37	49
24	28	35	42

08 63개　09 1　10 8점

11

×	1	2	3	4	5	6	7	8	9
3	3	6	9	12	15	18	21	24	27
5	5	10	15	20	25	30	35	40	45
7	7	14	21	28	35	42	49	56	63

12 7×5　13 ㉢, ㉥

응용 문제 복습 13~14쪽

01 15　02 5　03 54
04 28　05 12　06 45
07 선우, 3 cm　08 주호, 1 cm　09 10 cm
10 8개　11 16개　12 56조각

단원 평가 15~17쪽

01 　02 7　03 ④

04 8, 16, 24, 32에 ○표　05 6, 36
06 8, 24 / 6, 24 / 4, 24 / 3, 24　07 53자루
08 수아　09 9　10 7, 8, 9
11 (위에서부터) 35, 3, 9　12 54
13 1　14 0　15 풀이 참조, 5점
16 ㉢　17 15　18 주미, 3명
19 풀이 참조, 82장　20 24

3단원 길이 재기

기본 문제 복습 18~19쪽

01 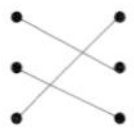　02 ③, ⑤　03 (1) cm (2) m

04 예빈　05 150, 1, 50　06 31 m 78 cm
07 2 m 77 cm　08 (1) 1, 57 (2) 5, 17
09 7 m 12 cm　10 (　)(　)
(○)
11 약 3 m　12

13 (　)(　)(○)

응용 문제 복습 20~21쪽

01 2 m 34 cm　02 3 m 42 cm　03 3 m 15 cm
04 3, 25　05 4, 32　06 1, 21
07 민지, 약 10 cm　08 연우, 약 30 cm
09 ㉮ 막대, 약 4 m 10 cm　10 1, 2, 5 / 2, 24
11 3, 4, 8 / 6, 20　12 1 m 25 cm

단원 평가 22~24쪽

01 60　02 (1) cm (2) m　03 (1) > (2) <
04 은서　05 1 m 37 cm　06 301, 3, 7
07 (1) 6, 95 (2) 6, 52　08 9 m 98 cm
09 2 m 30 cm　10 예 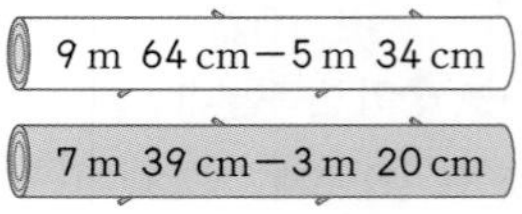 9 m 64 cm−5 m 34 cm
7 m 39 cm−3 m 20 cm
11 3 m 13 cm　12 7 m 80 cm
13 풀이 참조, 4 m 49 cm　14 풀이 참조, 31 cm
15 ㉣　16 약 2 m 40 cm　17 우진
18 약 3 m　19 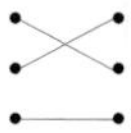　20 약 4 m 30 cm

4단원 시각과 시간

기본 문제 복습 25~26쪽

01

숫자	1	3	4	7	8	11
분	5	15	20	35	40	55

02 6, 2, 5, 10　03 　04 12, 48

05 6, 55 / 7, 5　06 ㉡, ㉢　07

08 (1) 180 (2) 2, 35 (3) 24 (4) 14

09 4시 10분 20분 30분 40분 50분 5시 10분 20분 30분 40분 50분 6시 / 1, 30

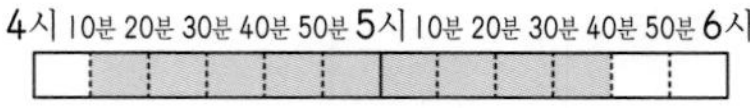

10 흥부와 놀부

11 12 1 2 3 4 5 6 7 8 9 10 11 12(시) 1 2 3 4 5 6 7 8 9 10 11 12(시) / 7시간

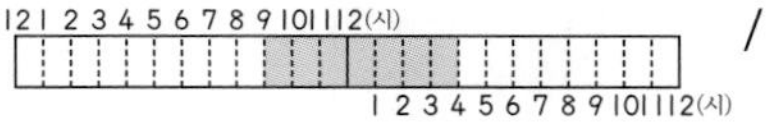

12 수요일　13 화요일

응용 문제 복습 27~28쪽

01 45분　02 1시간 11분　03 마로, 10분
04 11시 40분　05 5시 22분　06 5시 10분
07 6시간　08 4시간　09 4시간
10 화요일　11 일요일　12 금요일

단원 평가 29~31쪽

01 (1) 25 (2) 11　02 7, 8 / 4　03

04 (1) 1, 50 (2) 2, 10

05 10시 10분 20분 30분 40분 50분 11시 10분 20분 30분 40분 50분 12시 / 11시 10분

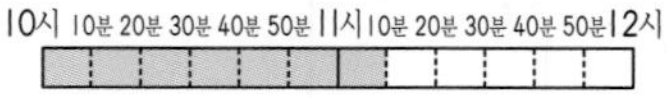

06 2시간 25분　07 11시간　08 8바퀴

09 오후

뉴욕

10 오후 1시 45분

11 풀이 참조, 오후 12시 20분　12 ㉢, ㉣

13 (1) 오전에 ○표, 10, 15　(2) 오후에 ○표, 9, 15

14 오후 2시 48분　15 4번　16 16일, 일요일

17 금요일　18 풀이 참조, 효진　19 6월 8일

20 9월 22일 오전 6시

5단원 표와 그래프

기본 문제 복습　32~33쪽

01 피아노　02 연주, 다영, 규태　03 5, 4, 3, 3, 15

04 15명　05 7명　06 21명

07

7			○	
6	○		○	
5	○		○	○
4	○		○	○
3	○	○	○	○
2	○	○	○	○
1	○	○	○	○
학생 수(명)/계절	봄	여름	가을	겨울

08 6명

09

감자칩	/	/	/	/	/	/		
미니도넛	/	/	/	/				
딸기파이	/	/	/					
새우과자	/	/	/	/	/			
초콜릿과자	/	/	/	/	/	/	/	/
과자/학생 수(명)	1	2	3	4	5	6	7	8

10 학생 수, 과자　11 7명　12 놀이 공원

13 4명

응용 문제 복습　34~35쪽

01 2, 4, 2, 5, 16　02 3, 2, 3, 5, 1, 2, 16

03 8명　04 4명　05 9명

06 예 ○를 학생 수만큼 맨 아래에서 위쪽으로 빈칸 없이 한 칸에 1개씩 채워야 합니다.

07 예 좋아하는 색깔별 학생 수만큼 ○를 왼쪽부터 한 칸에 1개씩 그려야 합니다.

08

8				○
7		○		○
6		○		○
5		○		○
4	○	○	○	○
3	○	○	○	○
2	○	○	○	○
1	○	○	○	○
학생 수(명)/전통 놀이	강강술래	활쏘기	제기차기	팽이치기

09

천마총	×	×	×	×			
첨성대	×	×	×	×	×	×	×
불국사	×	×	×				
석굴암	×	×	×	×	×	×	
장소/학생 수(명)	1	2	3	4	5	6	7

단원 평가　36~38쪽

01 6, 5, 7, 6, 24　02 6명　03 파란색

04 표에 ○표　05 4가지　06 7명

07

7			○	
6			○	○
5	○		○	○
4	○	○	○	○
3	○	○	○	○
2	○	○	○	○
1	○	○	○	○
학생 수(명)/놀이	공기놀이	딱지치기	윷놀이	술래잡기

08 윷놀이　09 6, 3, 4, 2

10

수연	/	/				
송이	/	/	/	/		
다솜	/	/	/			
지은	/	/	/	/	/	/
이름/횟수(회)	1	2	3	4	5	6

11 수연　12 9장　13 3, 5, 4, 2, 14

14 14명　15 그래프　16 경민

17 13, 9, 8, 30 / 4일　18 4반, 3반

19 풀이 참조　20 풀이 참조, 19점

6단원 규칙 찾기

기본 문제 복습 39~40쪽

01 (1)

○		

(2)

1	2	3	1	2	3	1	2
3	1	2	3	1	2	3	1

02 (　　)(　　)(○)

03 ↑

04 3, 6, 9

05 18개

06 소유

07 예 ↘ 방향으로 갈수록 4씩 커집니다.

08 6군데

09

×	1	3	5	7
1	1	3	5	7
3	3	9	15	21
5	5	15	25	35
7	7	21	35	49

10

×	1	3	5	7
1	1	3	5	7
3	3	9	15	21
5	5	15	25	35
7	7	21	35	49

11 ㉢

12 1

13 (1) 7 (2) 20번

응용 문제 복습 41~42쪽

01

1	2	3	2	1	2	3	2	1
2	3	2	1	2	3	2	1	2

02

1	2	2	3	1	2	2	3	1
2	2	3	1	2	2	3	1	2

03

1	2	3	1	1	2	3	1	1	2
3	1	1	2	3	1	1	2	3	1

04 27일

05 금요일

06 5번

07 64개

08 16개

09 24개

10 60

11 8시 30분

12

단원 평가 43~45쪽

01 ㉣, ㉠, ㉢

02

1	2	3	1	4	1	2
3	1	4	1	2	3	1
4	1	2	3	1	4	1
2	3	1	4	1	2	3

03

04 (　　)
(○)
(　　)

05 5개

06 풀이 참조, 36개

07 검은색

08 13

09 8군데

10 79

11 13, 15

12

		12	14
	15	18	
16	20	24	
20	25	30	
	30	36	

13

×	1	3	5	7
1	1	3	5	7
3	3	9	15	21
5	5	15	25	35
7	7	21	35	49

14 ㉡

15 49개

16 3

17 35개

18

♩	♪	♪	♬	♩	♪
♪	♬	♩	♪	♪	♬
♩	♪	♪	♬	♩	♪
♪	♬	♩	♪	♪	♬

19 풀이 참조, 화요일

20

1단원 네 자리 수

교과서 개념 다지기 8~11쪽

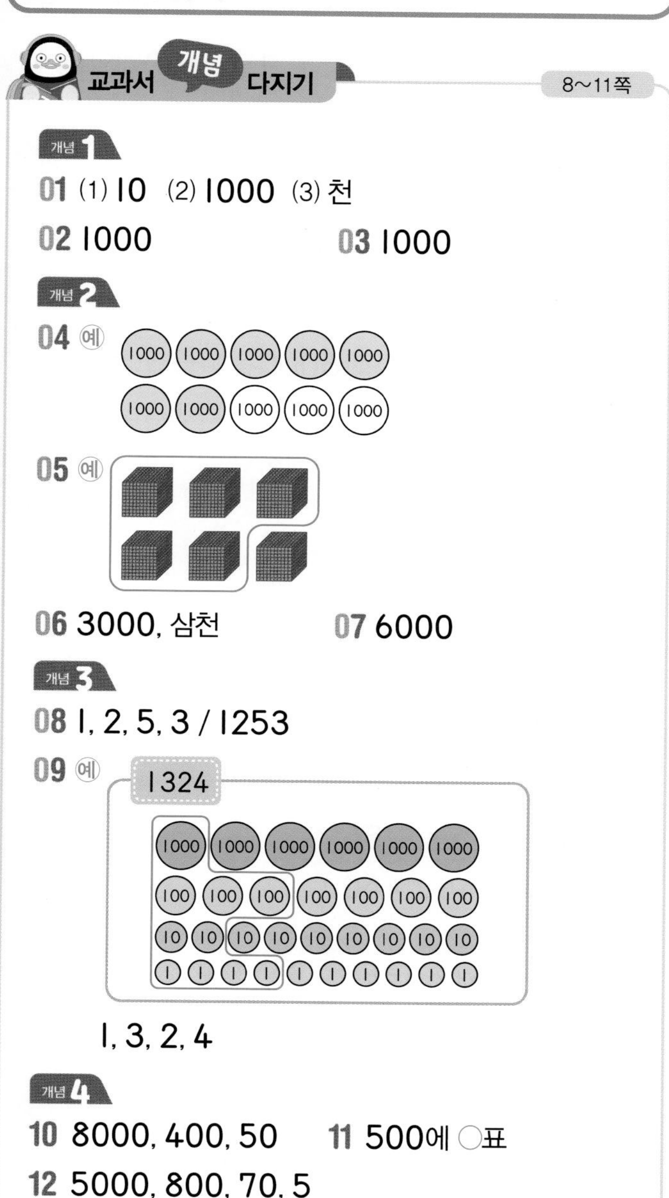

개념 1

01 (1) 10 (2) 1000 (3) 천

02 1000 03 1000

개념 2

04 예

05 예

06 3000, 삼천 07 6000

개념 3

08 1, 2, 5, 3 / 1253

09 예 1324

1, 3, 2, 4

개념 4

10 8000, 400, 50 11 500에 ○표

12 5000, 800, 70, 5

교과서 넘어 보기 12~15쪽

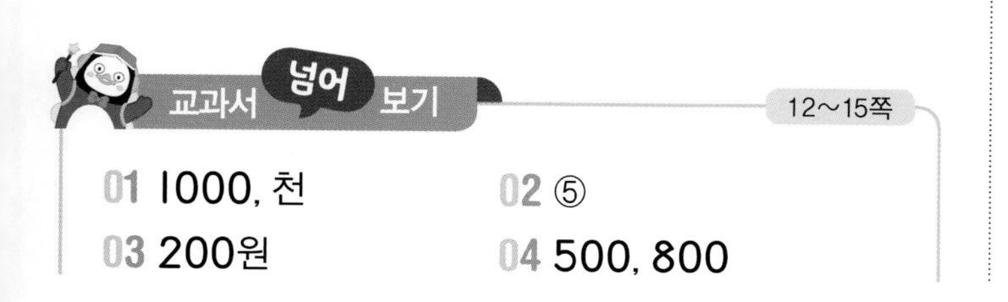

01 1000, 천 02 ⑤

03 200원 04 500, 800

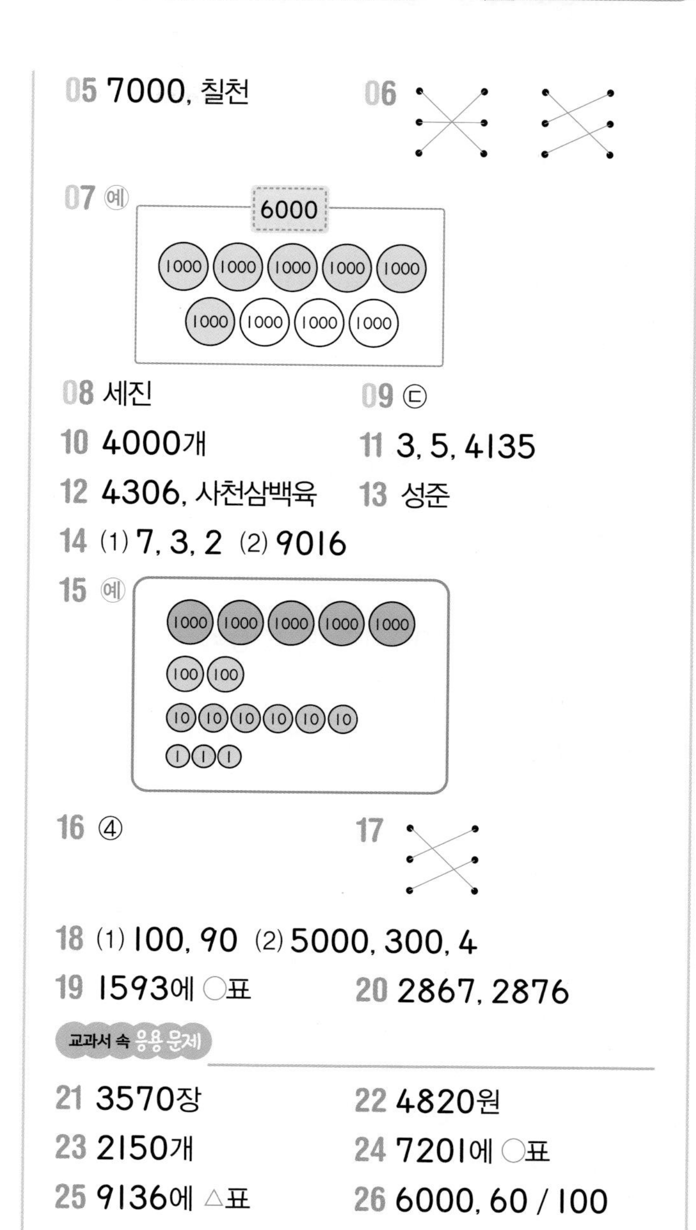

05 7000, 칠천 06

07 예 6000

08 세진 09 ㉢

10 4000개 11 3, 5, 4135

12 4306, 사천삼백육 13 성준

14 (1) 7, 3, 2 (2) 9016

15 예

16 ④ 17

18 (1) 100, 90 (2) 5000, 300, 4

19 1593에 ○표 20 2867, 2876

교과서 속 응용 문제

21 3570장 22 4820원

23 2150개 24 7201에 ○표

25 9136에 △표 26 6000, 60 / 100

02 ① 10이 100개인 수
② 800보다 200만큼 더 큰 수
③ 999보다 1만큼 더 큰 수
④ 990보다 10만큼 더 큰 수
➡ 1000
⑤ 900보다 100만큼 더 작은 수는 800입니다.

03 800원에서 1000원이 되려면 200원이 더 필요합니다.

04 (1) 500과 500을 모으면 1000이 됩니다.
(2) 800과 200을 모으면 1000이 됩니다.

08 성연: 100이 3개이면 300입니다.
준호: 100이 40개이면 4000입니다.

09 ㉠ 10이 700개인 수 ➡ 7000
㉡ 1000이 7개인 수 ➡ 7000
㉢ 70이 10개인 수 ➡ 700

10 100이 40개이면 4000입니다.

12 천 모형이 4개이면 4000, 백 모형이 3개이면 300, 일 모형이 6개이면 6이므로 4306이고, 사천삼백육이라고 읽습니다.

14 (1) 8732는 1000이 8개, 100이 7개, 10이 3개, 1이 2개입니다.
(2) 1000이 9개, 100이 0개, 10이 1개, 1이 6개이면 9016입니다.

15 5263은 (1000)이 5개, (100)이 2개, (10)이 6개, (1)이 3개인 수입니다.

16 ①은 백의 자리, ②는 일의 자리, ③은 백의 자리, ⑤는 천의 자리입니다.

17 5239 ➡ 200, 2186 ➡ 2000,
1027 ➡ 20

19 6251 ➡ 50, 1593 ➡ 500,
5047 ➡ 5000, 4865 ➡ 5

20 천의 자리 숫자가 2, 백의 자리 숫자가 8인 네 자리 수는 28□□이므로 남은 수 카드를 □에 넣어 봅니다. ➡ 2867, 2876

21 1000장씩 3묶음은 3000장, 100장씩 5묶음은 500장, 10장씩 7묶음은 70장이므로 성우가 산 색종이는 모두 3570장입니다.

22 1000원짜리 책 4권의 값은 4000원, 100원짜리 연필 8자루의 값은 800원, 10원짜리 지우개 2개의 값은 20원이므로 경은이가 내야 할 돈은 모두 4820원입니다.

23 100개씩 20봉지이면 2000개, 10개씩 15봉지이면 150개이므로 사탕은 모두 2150개입니다.

24 9075 ➡ 70, 7201 ➡ 7000,
8957 ➡ 7, 6750 ➡ 700

25 1694 ➡ 600, 4065 ➡ 60,
6538 ➡ 6000, 9136 ➡ 6

26 ㉠은 천의 자리 숫자로 6000을 나타냅니다.
㉡은 십의 자리 숫자로 60을 나타냅니다.
➡ 6000은 60이 100개인 수입니다.

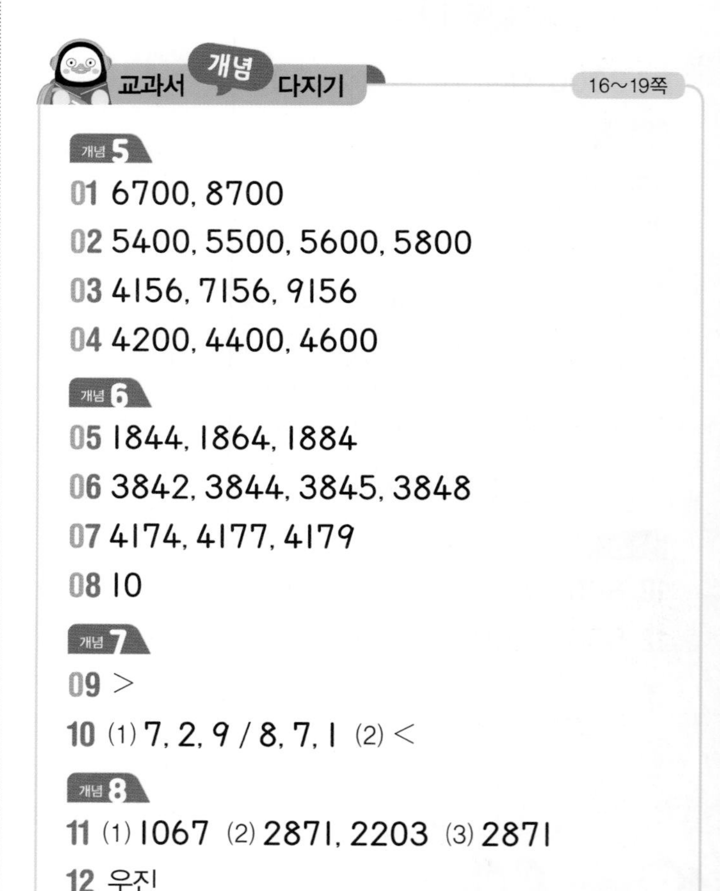
교과서 개념 다지기 16~19쪽

개념 5
01 6700, 8700
02 5400, 5500, 5600, 5800
03 4156, 7156, 9156
04 4200, 4400, 4600

개념 6
05 1844, 1864, 1884
06 3842, 3844, 3845, 3848
07 4174, 4177, 4179
08 10

개념 7
09 >
10 (1) 7, 2, 9 / 8, 7, 1 (2) <

개념 8
11 (1) 1067 (2) 2871, 2203 (3) 2871
12 우진
13 5671 5719 5760

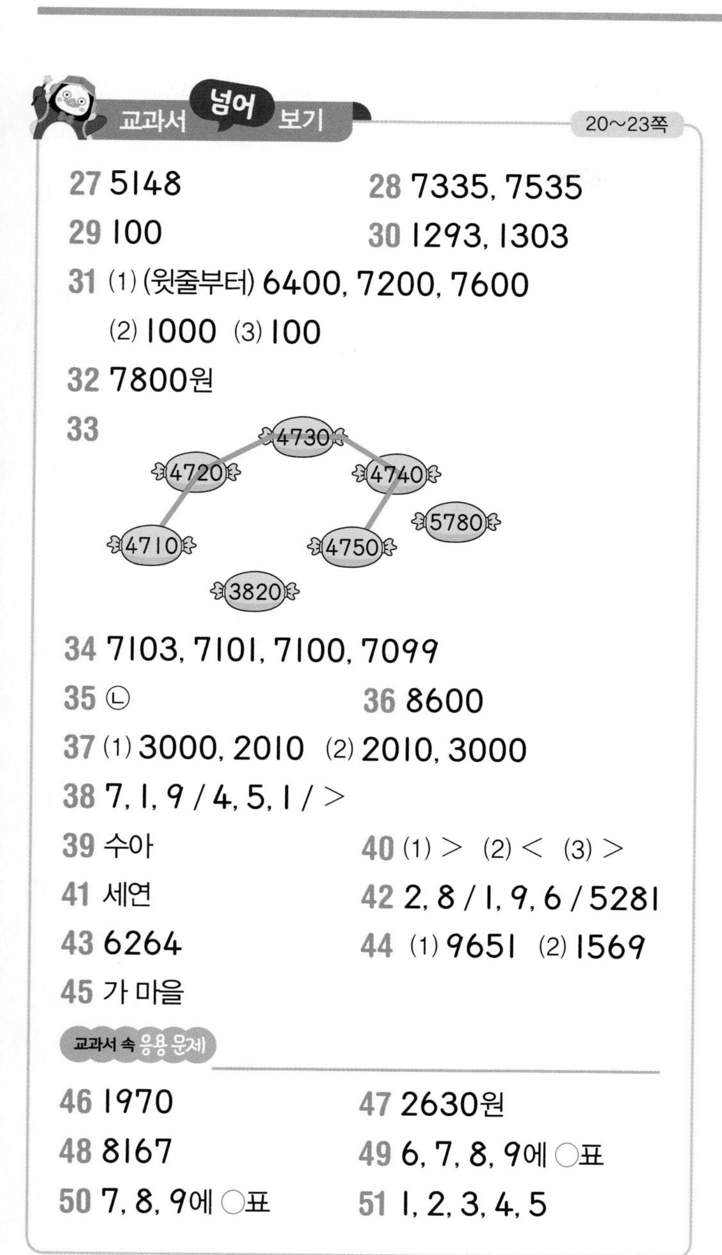
교과서 넘어 보기 20~23쪽

27 5148
28 7335, 7535
29 100
30 1293, 1303
31 (1) (윗줄부터) 6400, 7200, 7600
(2) 1000 (3) 100
32 7800원
33

34 7103, 7101, 7100, 7099
35 ㉡
36 8600
37 (1) 3000, 2010 (2) 2010, 3000
38 7, 1, 9 / 4, 5, 1 / >
39 수아
40 (1) > (2) < (3) >
41 세연
42 2, 8 / 1, 9, 6 / 5281
43 6264
44 (1) 9651 (2) 1569
45 가 마을

교과서 속 응용 문제

46 1970
47 2630원
48 8167
49 6, 7, 8, 9에 ○표
50 7, 8, 9에 ○표
51 1, 2, 3, 4, 5

27 1000씩 뛰어 세면 천의 자리 숫자가 1씩 커집니다.

28 100씩 뛰어 세면 백의 자리 숫자가 1씩 커집니다.
7135−7235−7335−7435−7535−7635

29 백의 자리 숫자가 1씩 커지고 있으므로 100씩 뛰어서 세었습니다.

30 10씩 커지면 십의 자리 숫자가 1씩 커집니다.
1293에서 10이 커지면 백의 자리로 올림이 있으므로 1303이 됩니다.

31 (2) 아래로 한 칸 내려갈수록 천의 자리 숫자가 1씩 커지므로 1000씩 뛰어 센 것입니다.
(3) 오른쪽으로 한 칸 갈수록 백의 자리 숫자가 1씩 커지므로 100씩 뛰어 센 것입니다.

32 5800에서 1000씩 2번 뛰어 세면
5800−6800−7800입니다.

34 1씩 거꾸로 뛰어 세면 일의 자리 숫자가 1씩 작아집니다.

35 보기 1씩 커지는 규칙입니다.
㉠ 10씩 커지는 규칙입니다.
㉡ 1씩 커지는 규칙입니다.
㉢ 100씩 커지는 규칙입니다.

36 8597부터 1씩 뛰어 세는 규칙이므로
8597−8598−8599−8600−8601−8602입니다.

37 3000의 천 모형의 개수가 2010의 천 모형의 개수보다 많으므로 3000은 2010보다 큽니다.
또는 2010은 3000보다 작습니다.

38 2719와 2451의 천의 자리 숫자가 같으므로 백의 자리 숫자를 비교합니다.
➡ 2719 > 2451
7 > 4

39 수아는 8520원, 동윤이는 7940원을 모았습니다. 8520과 7940을 비교하면 8520의 천의 자리 숫자가 더 크므로 수아가 돈을 더 많이 모았습니다.

40 (1) 천의 자리 숫자를 비교하면 5 > 4이므로
5780 > 4970입니다.
(2) 천의 자리 숫자가 같으므로 백의 자리 숫자를 비교하면 7 < 8이므로 3799 < 3851입니다.
(3) 천의 자리, 백의 자리 숫자가 같으므로 십의 자리 숫자를 비교하면 1 > 0이므로
9010 > 9006입니다.

BOOK 1 본책

41 '오천사백일'은 5401이고 5401>5398이므로 더 큰 수를 가지고 있는 사람은 세연입니다.

42 5237, 5281, 4196에서 천의 자리 숫자를 비교하면 4196이 가장 작습니다.
5237과 5281은 천의 자리, 백의 자리 숫자가 각각 같으므로 십의 자리 숫자를 비교하면 3<8이므로 5237<5281입니다. 따라서 세 수 중 가장 큰 수는 5281입니다.

43 천의 자리 숫자를 비교하면 7>6이므로 7151이 가장 큰 번호의 버스입니다. 6264와 6300은 천의 자리 숫자가 같으므로 백의 자리 숫자를 비교하면 2<3이므로 6264<6300입니다. 따라서 가장 작은 수는 6264이므로 윤호는 6264번 버스를 타야 합니다.

44 (1) 가장 큰 네 자리 수를 만들려면 천의 자리부터 큰 수를 순서대로 씁니다. ➡ 9651
(2) 가장 작은 네 자리 수를 만들려면 천의 자리부터 작은 수를 순서대로 씁니다. ➡ 1569

45 천의 자리 숫자를 비교하면 가 마을과 다 마을에 사는 사람 수가 나 마을과 라 마을에 사는 사람 수보다 적습니다. 따라서 가 마을에 사는 사람의 수와 다 마을에 사는 사람의 수를 비교합니다.
3978과 3981은 천의 자리 숫자와 백의 자리 숫자가 같으므로 십의 자리 숫자를 비교하면 3978<3981입니다. 따라서 사람이 가장 적게 사는 마을은 가 마을입니다.

46 어떤 수에서 10씩 5번 뛰어 센 수가 2020이므로 어떤 수는 2020에서 10씩 거꾸로 5번 뛰어 센 수입니다.
2020−2010−2000−1990−1980−1970이므로 어떤 수는 1970입니다.

47 4월부터 7월까지 저금한 돈은 1000원씩 4번이므로 4월에 저금하기 전에 통장에 있던 돈은 6630원에서 1000원씩 거꾸로 4번 뛰어 세어 구합니다.
6630−5630−4630−3630−2630이므로 4월에 저금하기 전에 통장에 있던 돈은 2630원입니다.

48 어떤 수에서 출발하여 100씩 4번 뛰어 센 수가 4567이므로 어떤 수는 4567에서 100씩 거꾸로 4번 뛰어 센 수입니다.
4567−4467−4367−4267−4167이므로 어떤 수는 4167입니다.
따라서 4167에서 1000씩 4번 뛰어 센 수는 4167−5167−6167−7167−8167입니다.

49 두 수의 천의 자리, 백의 자리, 십의 자리 숫자가 같으므로 일의 자리 숫자를 비교하면 □>5입니다. 따라서 □ 안에 들어갈 수 있는 수는 6, 7, 8, 9입니다.

50
- 두 수의 천의 자리 숫자가 6으로 같다면 6528>6384이므로 □ 안에 6이 들어갈 수 없습니다.
- 두 수의 천의 자리 숫자가 다르다면 6<□이므로 □ 안에 7, 8, 9가 들어갈 수 있습니다.

따라서 □ 안에 들어갈 수 있는 수는 7, 8, 9입니다.

51
- 두 수의 십의 자리 숫자가 6으로 같다면 5764<5769이므로 □ 안에 6이 들어갈 수 없습니다.
- 두 수의 십의 자리 숫자가 다르다면 6>□이므로 □ 안에 5, 4, 3, 2, 1이 들어갈 수 있습니다. 따라서 □ 안에 들어갈 수 있는 수는 1, 2, 3, 4, 5입니다.

응용력 높이기

24~27쪽

대표 응용 1 5300 / 3 / 8600

1-1 9600원　　　1-2 6320원

대표 응용 2 큰에 ○표, 9654 / 작은에 ○표, 1456

2-1 9743, 2347

2-2 8641, 1046

대표 응용 3 $<$, 있습니다에 ○표 / 작은에 ○표, 1, 2, 3, 4 / 1, 2, 3, 4, 5

3-1 7, 8, 9　　　3-2 9, 5

대표 응용 4 400, 도 / 30, 강 / 7, 치 / 독도 강치

4-1 하늘다람쥐

1-1 과자를 사면서 낸 돈은 1000원짜리 지폐 4장, 100원짜리 동전 1개이므로 4100원입니다. 1100원짜리 사탕을 5봉지 더 샀다면 과자를 사면서 낸 돈 4100원에서 1100원씩 5번 뛰어 센 것이므로 4100에서 천의 자리 숫자는 4 ➡ 9로, 백의 자리 숫자는 1 ➡ 6으로 커집니다. 따라서 유라가 과자와 사탕을 사면서 낸 돈은 모두 9600원입니다.

1-2 동선이가 저금통에 모은 돈은 모두 9750원입니다. 인형을 사고 남은 돈은 1000씩 거꾸로 3번 뛰어 세어 6750원이고, 연필을 사고 남은 돈은 100씩 거꾸로 4번 뛰어 세어 6350원, 지우개를 사고 남은 돈은 10씩 거꾸로 3번 뛰어 세어 6320원입니다.

2-1 • $9>7>4>3>2$이므로 만들 수 있는 가장 큰 네 자리 수는 큰 수부터 순서대로 천의 자리, 백의 자리, 십의 자리, 일의 자리에 씁니다.
➡ 9743

• $2<3<4<7<9$이므로 만들 수 있는 가장 작은 네 자리 수는 작은 수부터 순서대로 천의 자리, 백의 자리, 십의 자리, 일의 자리에 씁니다.
➡ 2347

2-2 • $8>6>4>1>0$이므로 만들 수 있는 가장 큰 네 자리 수는 큰 수부터 순서대로 천의 자리, 백의 자리, 십의 자리, 일의 자리에 씁니다.
➡ 8641

• $0<1<4<6<8$이므로 만들 수 있는 가장 작은 네 자리 수는 작은 수부터 순서대로 천의 자리, 백의 자리, 십의 자리, 일의 자리에 써야 하는데 0은 천의 자리에 올 수 없으므로 천의 자리에는 두 번째로 작은 수인 1을 씁니다. ➡ 1046

3-1 • 두 수의 십의 자리 숫자가 6으로 같다면 $8465<8466$이므로 □ 안에 6이 들어갈 수 없습니다.

• 두 수의 십의 자리 숫자가 다르다면 □는 6보다 큰 수이므로 □ 안에 7, 8, 9가 들어갈 수 있습니다.

따라서 □ 안에 들어갈 수 있는 수는 7, 8, 9입니다.

3-2 • 두 수의 백의 자리 숫자가 5로 같다면 $4573<4579$이므로 □ 안에 5가 들어갈 수 있습니다.

• 두 수의 백의 자리 숫자가 다르다면 □는 5보다 큰 수이므로 □ 안에 6, 7, 8, 9가 들어갈 수 있습니다.

따라서 □ 안에 들어갈 수 있는 가장 큰 수는 9이고, 가장 작은 수는 5입니다.

4-1 ①은 50 ➡ '하', ②는 8000 ➡ '늘', ③은 2 ➡ '다', ④는 4000 ➡ '람', ⑤는 6 ➡ '쥐'입니다.
따라서 동물 이름은 '하늘다람쥐'입니다.

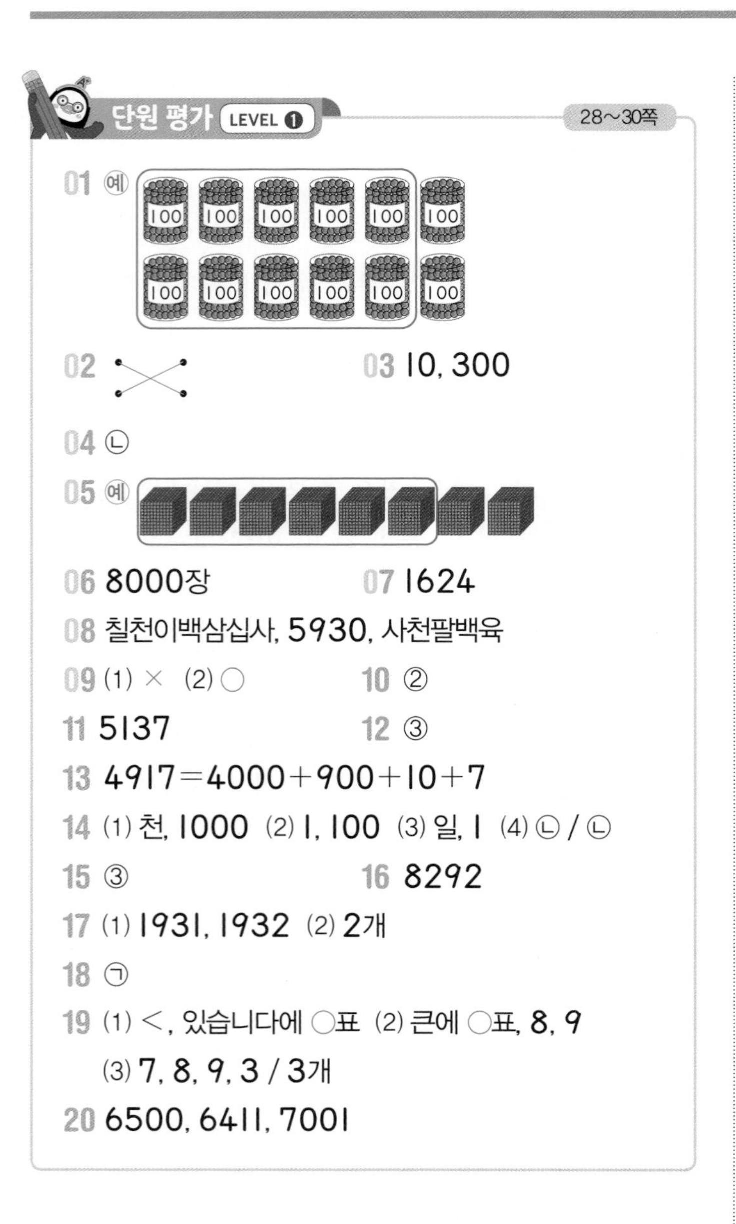

단원 평가 LEVEL ❶

28~30쪽

01 예 (그림)

02 (그림)

03 10, 300

04 ㉡

05 예 (그림)

06 8000장

07 1624

08 칠천이백삼십사, 5930, 사천팔백육

09 (1) × (2) ○

10 ②

11 5137

12 ③

13 4917=4000+900+10+7

14 (1) 천, 1000 (2) 1, 100 (3) 일, 1 (4) ㉡ / ㉡

15 ③

16 8292

17 (1) 1931, 1932 (2) 2개

18 ㉠

19 (1) <, 있습니다에 ○표 (2) 큰에 ○표, 8, 9
(3) 7, 8, 9, 3 / 3개

20 6500, 6411, 7001

01 구슬이 한 통에 100개씩 들어 있으므로 1000개가 되려면 10통을 묶어야 합니다.

02 600과 400, 500과 500을 이으면 각각 100이 10개이므로 1000이 됩니다.

04 ㉠ 100이 40개인 수는 4000,
㉡ 1000이 5개인 수는 5000,
㉢ 사천은 4000입니다.

05 6000은 1000이 6개인 수이므로 천 모형 6개를 묶습니다.

06 1000이 8개이면 8000입니다.

07 천 모형이 1개, 백 모형이 6개, 십 모형이 2개, 일 모형이 4개인 수는 1624입니다.

09 육천오백팔은 1000이 6개, 100이 5개, 10이 0개, 1이 8개인 수이므로 6508입니다.

10 숫자 5가 500을 나타내려면 백의 자리 숫자가 5이어야 합니다. 따라서 백의 자리 숫자가 5인 네 자리 수는 ② 8563입니다.

11 7308 ➡ 7000, 5137 ➡ 7,
4760 ➡ 700, 9571 ➡ 70

12 ① 천의 자리 숫자는 5입니다.
② 십의 자리 숫자는 3입니다.
④ 숫자 8은 8을 나타냅니다.
⑤ 7<8이므로 백의 자리 숫자는 일의 자리 숫자보다 작습니다.

15 6247에서 110씩 4번 뛰어 세면 백의 자리와 십의 자리 숫자가 각각 4만큼 더 커진 6687입니다.

16 8795에서 100씩 5번, 1씩 3번 거꾸로 뛰어 세면 어떤 수를 구할 수 있습니다. 8795에서 100씩 5번 거꾸로 뛰어 세면 8795－8695－8595－8495－8395－8295이고, 8295에서 1씩 3번 거꾸로 뛰어 세면
8295－8294－8293－8292가 됩니다.

17 (1) 일의 자리 숫자가 1씩 커지므로 1씩 뛰어 세면 □ 안에 알맞은 수는 1931, 1932입니다.
(2) 1929보다 크고 1932보다 작은 네 자리 수는 1930, 1931이므로 모두 2개입니다.

18 ㉠은 천의 자리 숫자가 1씩 커지므로 1000씩 뛰어 센 규칙이고 ㉠의 빈칸에 들어갈 수는 6512입니다.
㉡은 십의 자리 숫자가 1씩 커지므로 10씩 뛰어 센 규칙이고 ㉡의 빈칸에 들어갈 수는 6734입니다.

20 천의 자리 숫자를 비교하면 7>6이므로 7001은 6402보다 큽니다. 천의 자리 숫자가 같을 때, 백의 자리 숫자를 비교하면 5>4이므로 6500은 6402보다 큽니다. 천의 자리와 백의 자리 숫자가 같을 때, 십의 자리 숫자를 비교하면 1>0이므로 6411은 6402보다 큽니다.

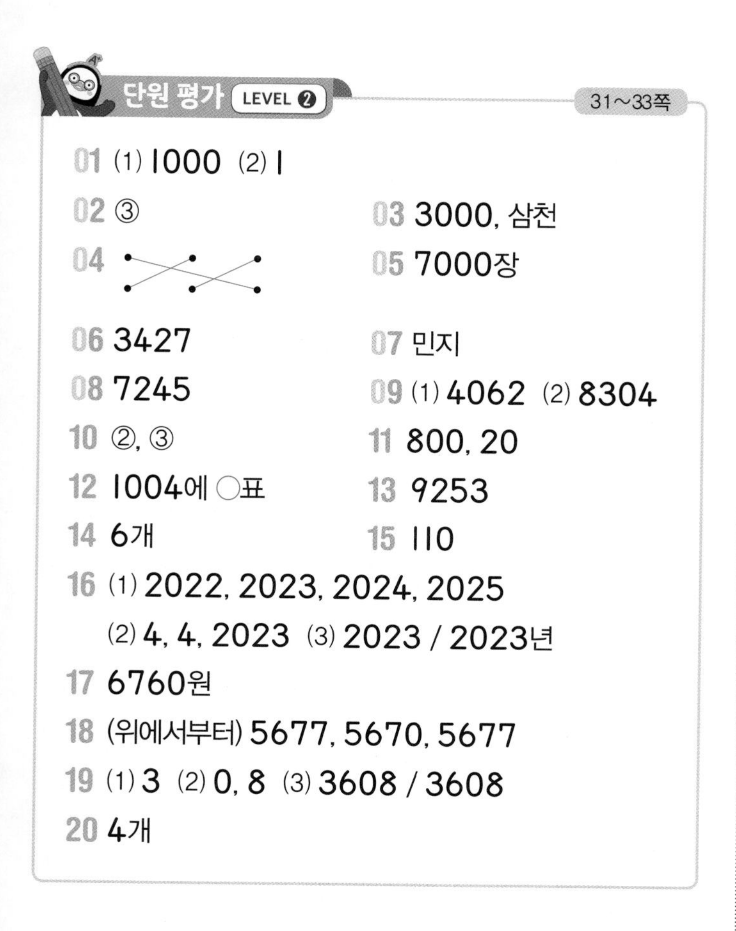

단원 평가 LEVEL ❷ 31~33쪽

01 (1) 1000 (2) 1
02 ③
03 3000, 삼천
04 (선 잇기)
05 7000장
06 3427
07 민지
08 7245
09 (1) 4062 (2) 8304
10 ②, ③
11 800, 20
12 1004에 ○표
13 9253
14 6개
15 110
16 (1) 2022, 2023, 2024, 2025
(2) 4, 4, 2023 (3) 2023 / 2023년
17 6760원
18 (위에서부터) 5677, 5670, 5677
19 (1) 3 (2) 0, 8 (3) 3608 / 3608
20 4개

02 ③ 500보다 50만큼 더 큰 수는 550입니다.

05 1000이 7개이면 7000입니다.

06 1000이 3개, 100이 4개, 10이 2개, 1이 7개이므로 3427입니다.

07 7042는 칠천사십이입니다.

08
1000이 6개 ➡ 6000
100이 12개 ➡ 1200
10이 4개 ➡ 40
1이 5개 ➡ 5
➡ 7245

10 ① 2389 ➡ 300 ② 9230 ➡ 30
③ 3033 ➡ 30 ④ 3134 ➡ 3000
⑤ 5673 ➡ 3

11 5824에서 8은 백의 자리 숫자이므로 800을, 2는 십의 자리 숫자이므로 20을 나타냅니다.

12 4310 ➡ 10, 1004 ➡ 1000,
3199 ➡ 100, 4021 ➡ 1

13 ㉠은 50, ㉡은 200, ㉢은 3, ㉣은 9000을 나타냅니다. 따라서 ㉠, ㉡, ㉢, ㉣이 각각 나타내는 값을 모두 더하면
3+50+200+9000=9253입니다.

14 3000씩 뛰어 세면 3000−6000이므로 우유 2갑의 가격은 6000원입니다. 6000은 1000이 6개인 수이므로 아이스크림을 6개까지 살 수 있습니다.

15 백의 자리 숫자와 십의 자리 숫자가 1씩 커졌으므로 110씩 뛰어 세었습니다.

17 3760에서 1000씩 3번 뛰어 세면
3760−4760−5760−6760이므로 12월에는 6760원이 됩니다.

18 5670>4752이므로 5670을 씁니다.
5450<5677이므로 5677을 씁니다.
5670<5677이므로 5677을 씁니다.

20 6000보다 크고 7000보다 작은 네 자리 수의 천의 자리 숫자는 6입니다. ➡ 6□□□
십의 자리 숫자는 5, 일의 자리 숫자는 2이므로 6□52입니다.
백의 자리 숫자가 5보다 크므로 백의 자리 숫자는 6, 7, 8, 9가 될 수 있습니다.
따라서 조건에 알맞은 네 자리 수는 6652, 6752, 6852, 6952로 모두 4개입니다.

2단원 곱셈구구

교과서 개념 다지기 (36~39쪽)

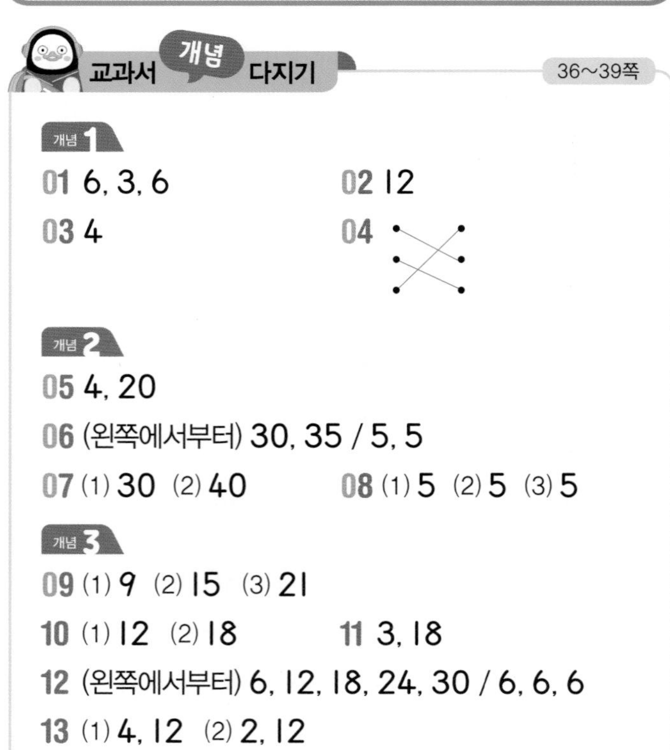

개념 1

01 6, 3, 6
02 12
03 4
04 (그림)

개념 2

05 4, 20
06 (왼쪽에서부터) 30, 35 / 5, 5
07 (1) 30 (2) 40
08 (1) 5 (2) 5 (3) 5

개념 3

09 (1) 9 (2) 15 (3) 21
10 (1) 12 (2) 18
11 3, 18
12 (왼쪽에서부터) 6, 12, 18, 24, 30 / 6, 6, 6
13 (1) 4, 12 (2) 2, 12

교과서 넘어 보기 (40~43쪽)

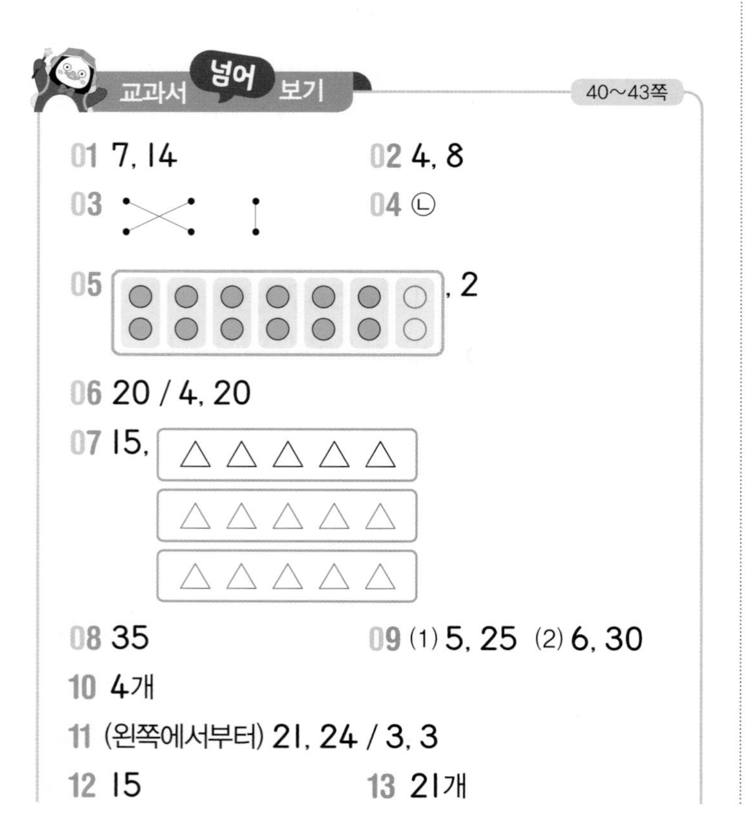

01 7, 14
02 4, 8
03 (그림)
04 ㉡
05 (그림), 2
06 20 / 4, 20
07 15, (그림)
08 35
09 (1) 5, 25 (2) 6, 30
10 4개
11 (왼쪽에서부터) 21, 24 / 3, 3
12 15
13 21개

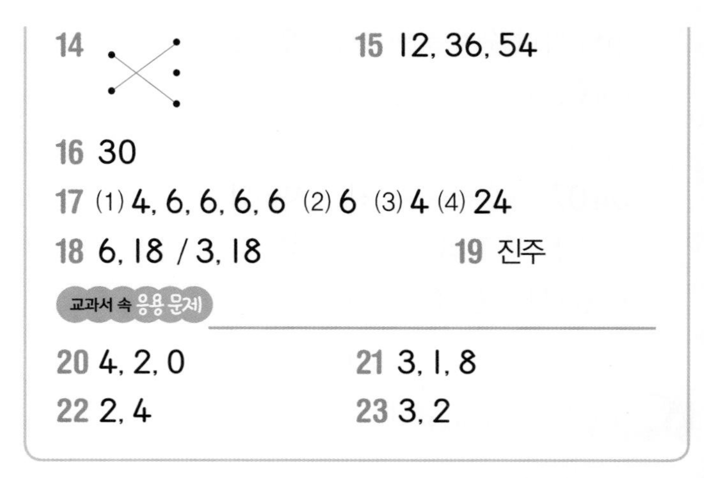

14 (그림)
15 12, 36, 54
16 30
17 (1) 4, 6, 6, 6, 6 (2) 6 (3) 4 (4) 24
18 6, 18 / 3, 18
19 진주

교과서 속 응용 문제

20 4, 2, 0
21 3, 1, 8
22 2, 4
23 3, 2

01 2씩 7묶음은 2의 7배이고, $2 \times 7 = 14$입니다.

02 2개씩 4접시는 2의 4배이고, $2 \times 4 = 8$입니다.

05 2×7은 2×6보다 2개씩 1묶음 더 많으므로 2만큼 더 큽니다. 따라서 ○를 2개 더 그립니다.

07 5×3은 5개씩 3묶음으로 나타냅니다.

08 5 cm 막대가 7개 있으므로 막대 7개의 길이는 $5 \times 7 = 35$(cm)입니다.

09 (1) 눈의 수가 5인 주사위 5개의 눈의 수의 합은 $5 \times 5 = 25$입니다.
(2) 눈의 수가 5인 주사위 6개의 눈의 수의 합은 $5 \times 6 = 30$입니다.

10 5단 곱셈구구의 곱은 5, 10, 25, 30으로 모두 4개입니다.

15 $6 \times 2 = 12$, $6 \times 6 = 36$, $6 \times 9 = 54$

16 주사위 눈의 수는 6과 5이므로 두 수의 곱은 $6 \times 5 = 30$, $5 \times 6 = 30$입니다.

17 <6씩 4묶음인 수를 구하는 방법>
① 6을 4번 더하여 구하기
② 6×3에 6을 더하기
③ 6×4의 곱으로 구하기

18 ♣를 3개씩 묶으면 6묶음이고, 6개씩 묶으면 3묶음입니다. 따라서 ♣의 수는 $3 \times 6 = 18$,

$6 \times 3 = 18$입니다.

19 $6 \times 3 = 18$, $3 \times 6 = 18$, $2 \times 8 = 16$

20 $5 \times \square$이므로 5단 곱셈구구를 이용합니다.

×	1	2	3	4	5	6	7	8	9
5	5	10	15	20	25	30	35	40	45

따라서 곱셈식은 $5 \times 4 = 20$입니다.

21 $6 \times \square$이므로 6단 곱셈구구를 이용합니다.

×	1	2	3	4	5	6	7	8	9
6	6	12	18	24	30	36	42	48	54

따라서 곱셈식은 $6 \times 3 = 18$입니다.

22 2×6은 2개씩 6묶음, 2×2는 2개씩 2묶음이므로 2×6은 2×2보다 2개씩 4묶음 더 많습니다.

23 3×4는 3개씩 4묶음, 3×2는 3개씩 2묶음이므로 3×4는 3×2보다 3개씩 2묶음 더 많습니다.

44~47쪽

개념 4

01 5, 20

02 (1) (왼쪽에서부터) 28, 32 / 4, 4 (2) 4

03 24명

04 40, 48, 56 / 8

05 (위에서부터) 16, 36 / 8, 32, 72

06 6, 24 / 3, 24

개념 5

07 21, 35

08 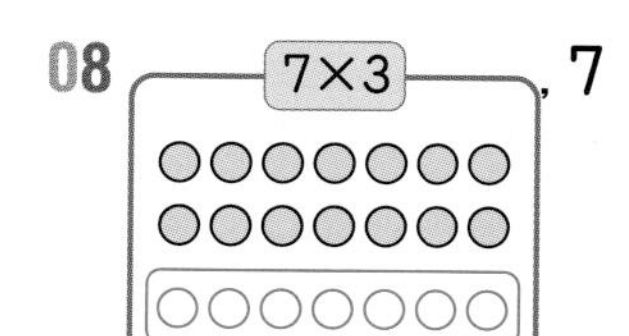

, 7

개념 6

09 5, 45

10 18, 27, 36, 45 / 9, 9, 9 / 9

48~50쪽

24 (1) 4, 16 (2) 5, 20 (3) 7, 28

25 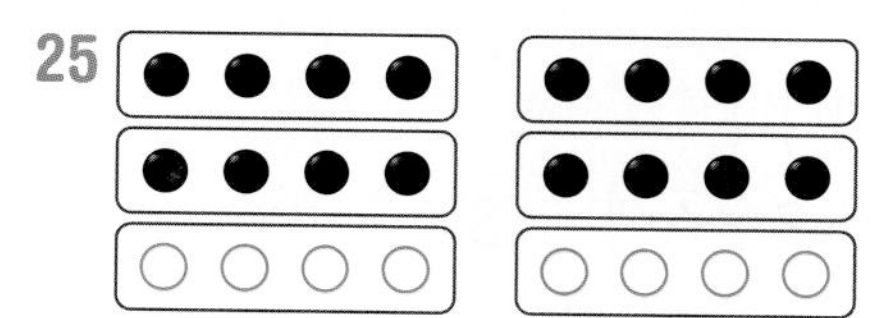

26 32개

27 3, 24

28 3 / 2, 4

29

12	24	64	18
30	26	48	81
36	72	32	27
10	56	20	7
14	40	16	28

30 7, 5, 6

31 6, 24 / 3, 24

32 (1) 21 (2) 63

33 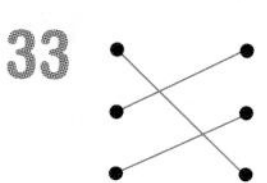

34 하영, 현우

35 (1) 2 (2) 9

36 (1) 2, 18 (2) 4, 36

37 ㉠, ㉡

38 38살

교과서 속 응용 문제

39 8, 24 / 6, 24 / 4, 24 / 3, 24

40 8, 16 / 4, 16 / 2, 16

24 (1) 4개씩 들어 있는 쿠키가 4봉지 있으므로 $4 \times 4 = 16$으로 나타낼 수 있습니다.

(2) 4개씩 들어 있는 쿠키가 5봉지 있으므로 $4 \times 5 = 20$으로 나타낼 수 있습니다.

(3) 4개씩 들어 있는 쿠키가 6봉지 있으므로 $4 \times 6 = 24$로 나타낼 수 있습니다.

25 4×6은 4씩 6묶음이므로 빈 곳에 ○를 각각 4개씩 그립니다.

26 $4 \times 8 = 32$이므로 귤은 모두 32개입니다.

27 수직선에서 8씩 3번 뛰어 세면 $8-16-24$이므로 $8 \times 3 = 24$로 나타낼 수 있습니다.

28 바둑돌의 수를 8단 곱셈구구로 나타내면 $8 \times 6 = 48$입니다.
왼쪽 그림에서 8×6에는 (8×2)가 3번 있으므로 8×2를 3번 더합니다.
오른쪽 그림에서 8×6은 (8×2)와 (8×4)으로 나눌 수 있으므로 8×2와 8×4를 더합니다.

29

×	1	2	3	4	5	6	7	8	9
8	8	16	24	32	40	48	56	64	72

31 4개씩 6묶음으로 생각하면 $4 \times 6 = 24$이고 8개씩 3묶음으로 생각하면 $8 \times 3 = 24$입니다.

34 색종이가 7장씩 5묶음이므로 7을 5번 더하거나 7×5의 곱으로 구할 수 있습니다.

35 ♥의 수를 9단 곱셈구구로 구하면 $9 \times 4 = 36$입니다.
(1) 9×4에는 9×2가 2번 들어 있으므로 9×2를 2번 더합니다.
(2) 9×4는 9×3보다 9만큼 더 크므로 9×3에 9를 더합니다.

36 (1) 9 cm가 2개이면 $9 \times 2 = 18$(cm)입니다.
(2) 9 cm가 4개이면 $9 \times 4 = 36$(cm)입니다.

37 $4 \times 7 = 28$입니다.
㉠ $8 \times 4 = 32$, ㉡ $6 \times 5 = 30$, ㉢ $7 \times 3 = 21$, ㉣ $9 \times 3 = 27$이므로 4×7보다 곱이 더 큰 것 ㉠, ㉡입니다.

38 9살의 4배는 $9 \times 4 = 36$(살)입니다. 혜민이의 어머니의 나이는 36살보다 2살 많으므로 38살입니다.

39 ★을 3개씩 묶으면 8묶음이므로 $3 \times 8 = 24$,
★을 4개씩 묶으면 6묶음이므로 $4 \times 6 = 24$,
★을 6개씩 묶으면 4묶음이므로 $6 \times 4 = 24$,
★을 8개씩 묶으면 3묶음이므로 $8 \times 3 = 24$입니다.

40 ♣을 2개씩 묶으면 8묶음이므로 $2 \times 8 = 16$,
♣을 4개씩 묶으면 4묶음이므로 $4 \times 4 = 16$,
♣을 8개씩 묶으면 2묶음이므로 $8 \times 2 = 16$입니다.

교과서 개념 다지기

51~54쪽

개념 7

01 4, 4
02 (위에서부터) 9, 3
03 1
04 5, 0
05 $1 \times 2 = 2$, $2 \times 1 = 2$, $3 \times 0 = 0$ / 4점
06 ③

개념 8

07 6

08

×	0	1	2	3	4	5	6	7	8	9
0	0	0	0	0	0	0	0	0	0	0
1	0	1	2	3	4	5	6	7	8	9
2	0	2	4	6	8	10	12	14	16	18
3	0	3	6	9	12	15	18	21	24	27
4	0	4	8	12	16	20	24	28	32	36
5	0	5	10	15	20	25	30	35	40	45
6	0	6	12	18	24	30	36	42	48	54
7	0	7	14	21	28	35	42	49	56	63
8	0	8	16	24	32	40	48	56	64	72
9	0	9	18	27	36	45	54	63	72	81

/ 15, 15, 같습니다에 ○표

개념 9

09 (1) 5, 3, 15 (2) 4, 2, 8 또는 2, 4, 8
(3) 7, 8, 56
10 45명
11 35 cm

교과서 넘어 보기 55~57쪽

41 3, 3 / 5, 5

42 1, 6, 6

43 (위에서부터) 4, 1, 8, 3, 1, 7

44 0

45 3, 0 / 5, 0

46 (선 잇기)

47 (1) 0, 2, 0, 6 (2) 8점

48 (위에서부터) 18, 24 / 27, 36

49

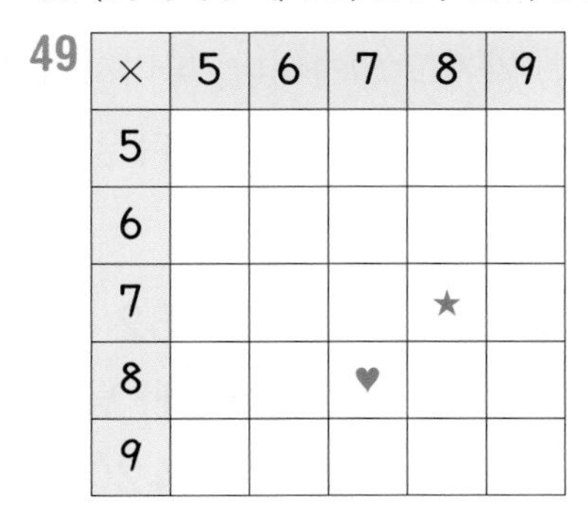

×	5	6	7	8	9
5					
6					
7				★	
8			♥		
9					

50 3×4, 4×3, 6×2

51 ㉡

52 18

53

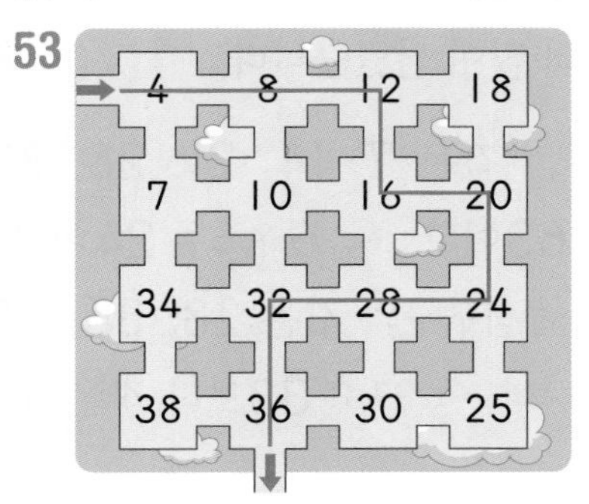

54 20개

55 52개

56 25점

교과서 속 응용 문제

57 27개

58 34개

59 83명

41 한 상자에 야구공이 1개씩 들어 있으므로 3상자의 야구공 수를 구하는 곱셈식은 $1\times3=3$이고, 5상자의 야구공 수를 구하는 곱셈식은 $1\times5=5$입니다.

42 접시 한 개에 사과가 1개씩 놓여 있으므로 사과의 수를 구하는 곱셈식은 $1\times6=6$입니다.

43 1과 어떤 수의 곱은 항상 어떤 수입니다.

45 (1) 0이 적힌 공이 3개이므로 $0+0+0=0\times3=0$입니다.
(2) 0이 적힌 공이 5개이므로 $0+0+0+0+0=0\times5=0$입니다.

46 0과 어떤 수의 곱은 항상 0입니다.

47 (1) 0점짜리에 1개이므로 $0\times1=0$(점),
1점짜리에 2개이므로 $1\times2=2$(점),
2점짜리에 0개이므로 $2\times0=0$(점),
3점짜리에 2개이므로 $3\times2=6$(점)
(2) $0+2+0+6=8$(점)

49

×	5	6	7	8	9
5					
6					
7				★	
8			♥		
9					

곱셈표에서 점선(---)을 따라 접었을 때 만나는 두 수는 곱이 같습니다.
$7\times8=8\times7=56$

50 $2\times6=12$이므로 곱이 12인 곱셈식을 모두 찾으면 $3\times4=12$, $4\times3=12$, $6\times2=12$입니다.

51 ㉡ 5단 곱셈구구의 곱은 홀수도 있고 짝수도 있습니다.

52 3단 곱셈구구에 있는 수는 6, 9, 12, 15, 18이고, 이 중에서 6단 곱셈구구에도 있는 수는 12, 18입니다. 12와 18중에서 $4\times4=16$보다 큰 수는 18입니다.

BOOK 1 본책

53

×	1	2	3	4	5	6	7	8	9
4	4	8	12	16	20	24	28	32	36

54 요구르트가 5개씩 4묶음 있으므로 요구르트는 모두 $5\times4=20$(개)입니다.

55 7개씩 7묶음은 $7\times7=49$(개)이고, 3개를 덤으로 더 주셨으므로 귤은 모두 $49+3=52$(개)입니다.

56 $1\times3=3$(점), $3\times4=12$(점), $5\times2=10$(점)
➡ 얻은 점수: $3+12+10=25$(점)

57 빨간색 구슬은 $5\times3=15$(개), 초록색 구슬은 $3\times4=12$(개)입니다. 따라서 구슬은 모두 $15+12=27$(개)입니다.

58 검은 바둑돌은 $2\times7=14$(개), 흰 바둑돌은 $5\times4=20$(개)입니다. 따라서 바둑돌은 모두 $14+20=34$(개)입니다.

59 • 여학생은 $8\times5=40$(명)입니다.
• 남학생은 6명씩 7줄로 서 있고 1명이 더 있으므로 $6\times7=42$(명), $42+1=43$(명)입니다.
따라서 운동장에 서 있는 학생은 모두 $40+43=83$(명)입니다.

응용력 높이기

58~61쪽

대표 응용 1 8, 8 / 8

1-1 6 1-2 4

대표 응용 2 28 / 25 / 병수, 3

2-1 빨간색, 2장 2-2 노란색, 4개

대표 응용 3 18, 30, 36 / 32, 6, 12, 18, 24, 30 / 30

3-1 28 3-2 48

대표 응용 4 7, 1, 4, 7, 14, 4, 14, 18 / 6, 2, 8, 6, 12, 8, 12, 20 / 6

4-1 4마리 4-2 3마리

1-1 어떤 수에 곱하는 수가 6에서 7로 1 커질 때 곱은 6만큼 더 커졌으므로 6단 곱셈구구입니다. 따라서 어떤 수는 6입니다.

1-2 어떤 수에 곱하는 수가 6에서 9로 3 커질 때 곱은 12만큼 더 커졌다면 $4+4+4=12$, 즉 4씩 3번 커진 것입니다. 따라서 4단 곱셈구구이고 어떤 수는 4입니다.

2-1 빨간색 색종이를 $8\times7=56$(장), 파란색 색종이를 $6\times9=54$(장) 가지고 있습니다. 따라서 수지는 빨간색 색종이를 $56-54=2$(장) 더 많이 가지고 있습니다.

2-2 노란색 주머니에서 공깃돌을 $4\times8=32$(개) 꺼냈으므로 주머니에는 $42-32=10$(개) 남았고, 초록색 주머니에서 공깃돌을 $6\times7=42$(개) 꺼냈으므로 주머니에는 $48-42=6$(개) 남았습니다. 따라서 노란색 주머니에 공깃돌이 $10-6=4$(개) 더 많이 남았습니다.

3-1 ㉠ 7단 곱셈구구의 값은 7, 14, 21, 28, 35, 42, 49, 56, 63이고, ㉡ $6\times4=24$이므로 24보다 큰 7단 곱셈구구의 값은 28, 35, 42, 49, 56, 63입니다. ㉢ 그중 33보다 작은 수는 28입니다.

3-2 ㉠ 8단 곱셈구구의 값은 8, 16, 24, 32, 40, 48, 56, 64, 72입니다. ㉡ $7\times7=49$이므로 49보다 작은 8단 곱셈구구의 값은 8, 16, 24, 32, 40, 48입니다. ㉢ 그중 $5\times9=45$보다 큰 수는 48입니다.

4-1 양이 4마리이면 오리는 4마리이므로 양의 다리 수는 $4\times4=16$(개), 오리의 다리 수는 $2\times4=8$(개)입니다. 이때 양과 오리의 다리 수의 합은 $16+8=24$(개)이므로 농장에 있는 양은 4마리입니다.

4-2 강아지가 5마리이면 병아리는 2마리이므로 강아지의 다리 수는 $4\times5=20$(개), 병아리의 다리 수는 $2\times2=4$(개)입니다. 이때 강아지와 병아리의 다리 수의 합은 $20+4=24$(개)이므로 강아지는 5마리, 병아리는 2마리입니다.
따라서 강아지는 병아리보다 $5-2=3$(마리) 더 많습니다.

단원 평가 LEVEL ❶

62~64쪽

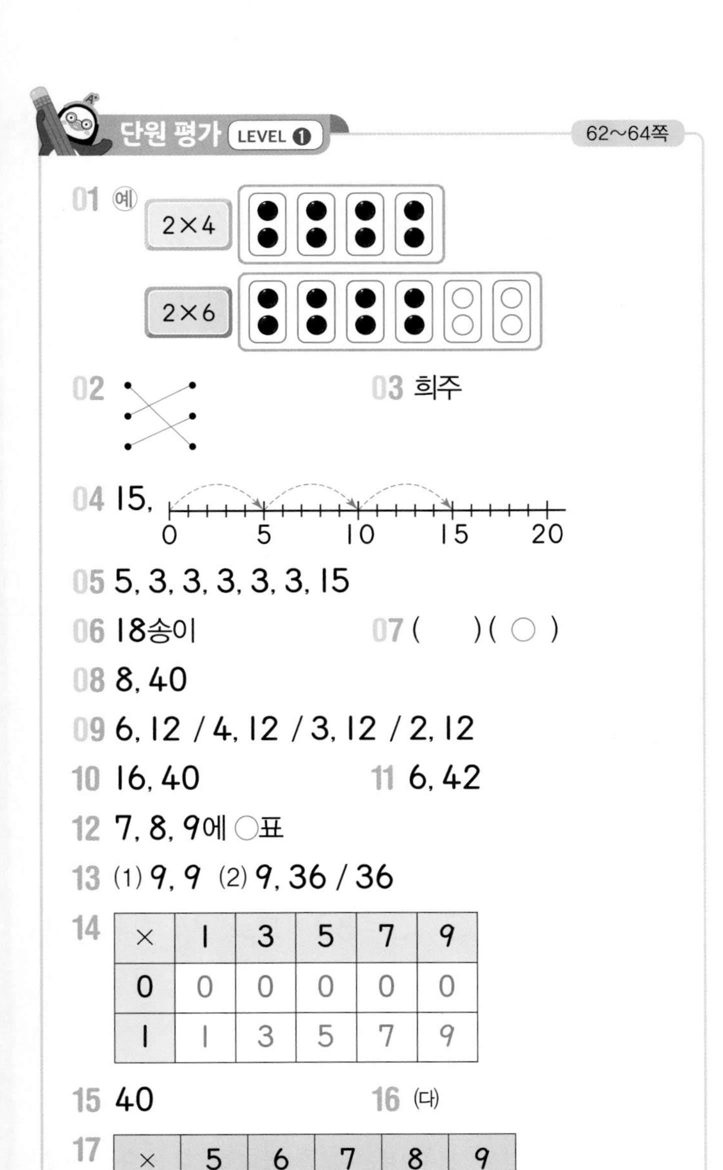

01 예 2×4, 2×6

02

03 희주

04 15,

05 5, 3, 3, 3, 3, 3, 15

06 18송이

07 (   )(○)

08 8, 40

09 6, 12 / 4, 12 / 3, 12 / 2, 12

10 16, 40

11 6, 42

12 7, 8, 9에 ○표

13 (1) 9, 9 (2) 9, 36 / 36

14

×	1	3	5	7	9
0	0	0	0	0	0
1	1	3	5	7	9

15 40

16 (다)

17

×	5	6	7	8	9
5					(가)
6			♥	(나)	
7			(다)		

18 (1) 4, 16 (2) 3, 24 (3) 16, 24, 40 / 40개

19 16

20 35

01 2×6은 2×4보다 2씩 2번만큼 더 큽니다.

03 수민: 5×4에 5를 2번 더해서 구할 수 있어.
재현: 5를 6번 더해서 구할 수 있어.

04 $5\times3=5+5+5=15$

06 꽃병 6개에 꽂혀 있는 장미는 모두 $3\times6=18$(송이)입니다.

07 $6\times2=12$, $3\times5=15$

08 $4\times2=8$, $8\times5=40$

09 2씩 6묶음 ➡ $2\times6=12$
3씩 4묶음 ➡ $3\times4=12$
4씩 3묶음 ➡ $4\times3=12$
6씩 2묶음 ➡ $6\times2=12$

11 7개씩 6접시에 담겨 있는 사탕은 모두 $7\times6=42$(개)입니다.

12 $9\times5=45$, $9\times6=54$, $9\times7=63$, $9\times8=72$, $9\times9=81$이므로 □ 안에 들어갈 수 있는 수는 7, 8, 9입니다.

14 $0\times$(어떤 수)$=0$, $1\times$(어떤 수)$=$(어떤 수)

15 1의 눈은 4번이므로 $1\times4=4$,
2의 눈은 2번이므로 $2\times2=4$,
3의 눈은 0번이므로 $3\times0=0$,
4의 눈은 1번이므로 $4\times1=4$,
5의 눈은 2번이므로 $5\times2=10$,
6의 눈은 3번이므로 $6\times3=18$입니다.
따라서 나온 주사위 눈의 수의 합은
$4+4+0+4+10+18=40$입니다.

16 (가) $5\times9=45$, (나) $6\times8=48$, (다) $7\times7=49$

17 ♥는 $6\times7=42$이므로 곱이 42가 되는 7×6의 칸에 색칠합니다.

19 $5\times■=35$에서 $5\times7=35$이므로 $■=7$입니다. $▲\times3=27$에서 $9\times3=27$이므로 $▲=9$입니다. 따라서 $■+▲=7+9=16$입니다.

20 5단 곱셈구구의 값은 5, 10, 15, 20, 25, 30, 35, 40, 45입니다. $6\times5=30$이므로 30보다 큰 5단 곱셈구구의 값은 35, 40, 45입니다. 그중 39보다 작은 수는 35입니다.

단원 평가 LEVEL ❷

65~67쪽

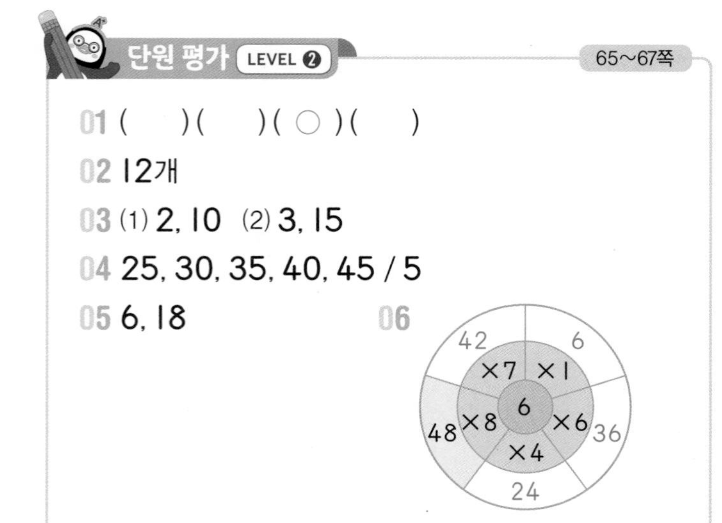

01 ( )( )(○)( )

02 12개

03 (1) 2, 10 (2) 3, 15

04 25, 30, 35, 40, 45 / 5

05 6, 18

06

07 (1) 8, 48 (2) 48, 2, 2 / 2개

08 16, 20, 24

09 56

10 5개

11

21	28	27	12	35
42	51	30	7	15
8	62	63	22	56
49	44	14	34	10

12

13 9, 3, 27 / 3, 9, 27

14 15점

15 ③

16

×	3	4	5	6	7	8	9
3	9	12	15	18	21	24	27
4	12	16	20	24	28	32	36
5	15	20	25	30	35	40	45
6	18	24	30	36	42	48	54
7	21	28	35	42	49	56	63
8	24	32	40	48	56	64	72

17 (1) 8 (2) 6 (3) 6×4, 8×3

18 (1) 8, 8, 24 (2) 7, 7, 14
(3) 24, 14, 38 / 38개

19 20

20 4마리

01 안경 한 개의 유리알은 2개이므로 안경 3개의 유리알 수는 2×3으로 나타낼 수 있습니다.

02 2개씩 6봉지이면 $2\times6=12$이므로 사과는 모두 12개입니다.

03 (1) 사탕이 5개씩 2묶음이므로 $5\times2=10$(개)입니다.
(2) 사탕이 5개씩 3묶음이므로 $5\times3=15$(개)입니다.

05 3씩 6번 뛰어 센 것이므로 $3\times6=18$입니다.

09 길이가 8 cm인 색 테이프를 7개 이어 붙였으므로 이어 붙인 색 테이프의 길이는 모두 $8\times7=56$(cm)입니다.

10 $8\times3=24$, $5\times6=30$이므로 24보다 크고 30보다 작은 수는 25, 26, 27, 28, 29로 모두 5개입니다.

12 $9\times3=27$, $9\times6=54$, $9\times7=63$

13 클립을 9개씩 묶으면 3묶음이므로 $9\times3=27$이고, 3개씩 묶으면 9묶음이므로 $3\times9=27$입니다.

14 $0\times5=0$(점), $1\times3=3$(점), $2\times6=12$(점)이

므로 얻은 점수는 $0+3+12=15$(점)입니다.

15 ① $\boxed{7}\times2=14$　② $5\times\boxed{6}=30$
③ $\boxed{8}\times5=40$　④ $7\times\boxed{6}=42$
⑤ $\boxed{1}\times9=9$

17 (1) 3단에서 곱이 24인 곱셈구구는
$3\times8=24$입니다.
(2) 4단에서 곱이 24인 곱셈구구는
$4\times6=24$입니다.
(3) 곱이 24인 다른 단의 곱셈구구는
$6\times4=24$, $8\times3=24$입니다.

19 어떤 수에 2를 곱한 후 3을 더하였더니 15가 되었으므로 어떤 수에 2를 곱하면 $15-3=12$입니다. 따라서 (어떤 수)$\times2=12$이므로
(어떤 수)$=6$입니다.
바르게 계산하면 (어떤 수)$\times3=6\times3=18$
$18+2=20$입니다.

20 소가 2마리이면 닭은 4마리입니다. 이때 소의 다리 수는 $4\times2=8$(개)이고, 닭의 다리 수는 $2\times4=8$(개)이므로 소와 닭의 다리 수의 합은 $8+8=16$(개)입니다. 따라서 농장에 있는 닭은 4마리입니다.

3단원 길이 재기

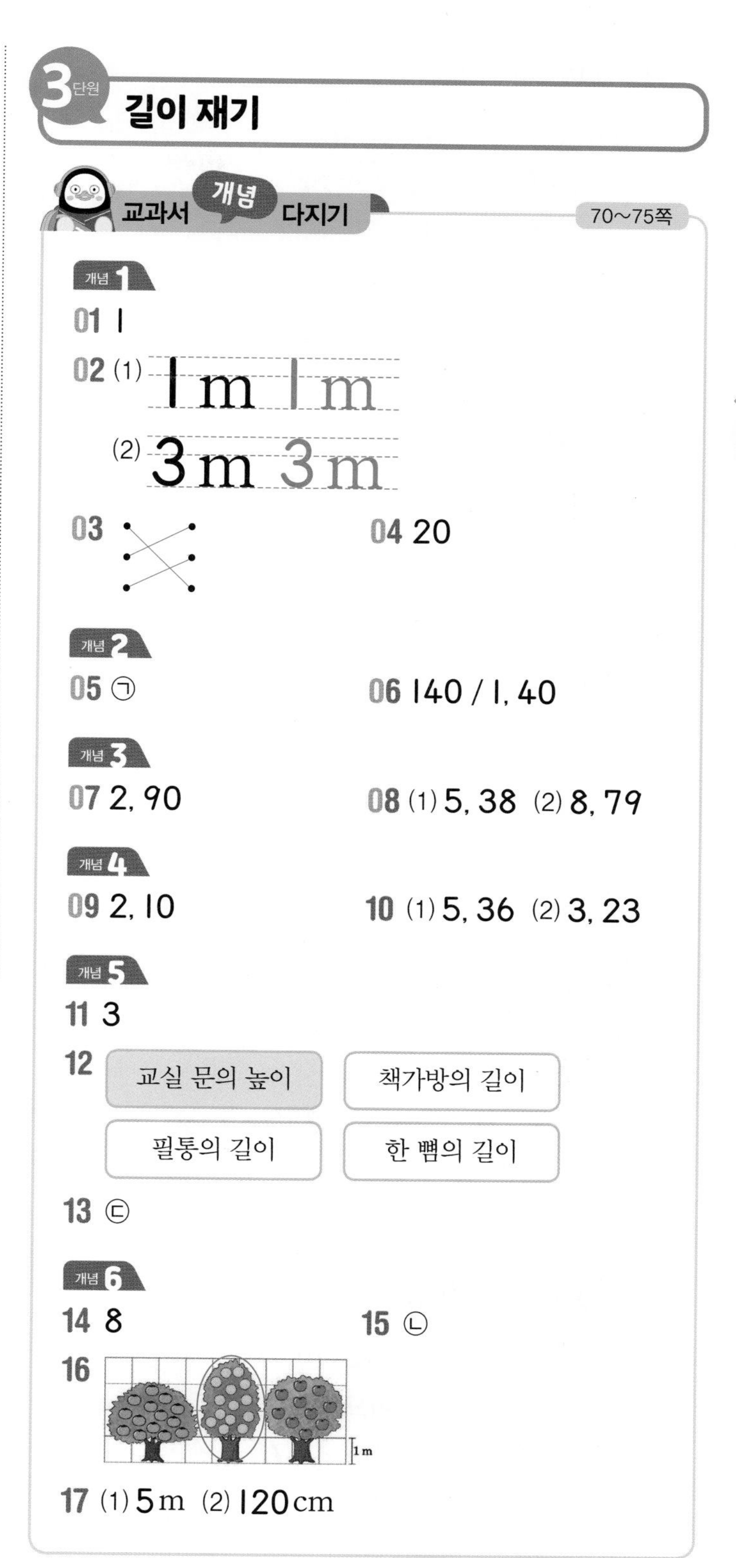

BOOK 1 본책

04 (1) cm (2) m (3) cm

05

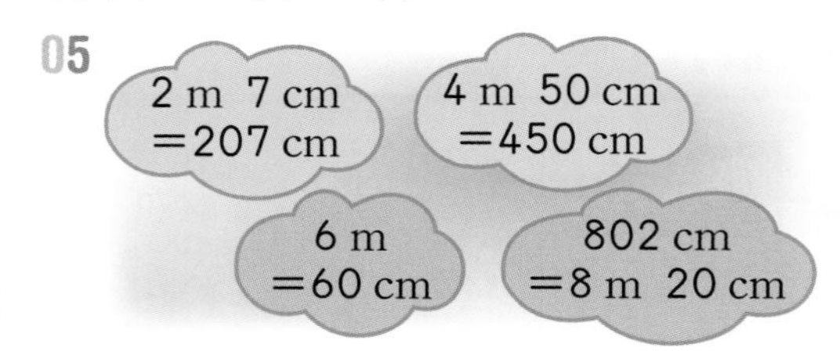

06 1, 46

07 110 / 1, 10

08 윤지

09 4, 77 / 4, 77

10 4 m 75 cm

11 1 m 43 cm, 1 m 7 cm, 2 m 50 cm

12 (1) 2, 52 (2) 4, 14

13 3 m 72 cm

14 혜주

15 3

16 5

17 약 7 m

18 (1) 160 cm (2) 1 m (3) 200 m

19 ( )
(○)
(○)

교과서 속 응용 문제

20 8, 7, 4 / 6, 23

21 6, 3, 1 / 1, 3, 6 / 7, 67 또는 1, 3, 6 / 6, 3, 1 / 7, 67

22 130 / 1, 30

23 230 / 2, 30

03 (2) 282 cm = 200 cm + 82 cm,
200 cm = 2 m이므로
282 cm = 2 m 82 cm입니다.
(3) 4 m = 400 cm이므로
4 m 6 cm = 400 cm + 6 cm
= 406 cm

04 1 m = 100 cm임을 생각하여 m와 cm를 써넣습니다.

05 6 m = 600 cm
802 cm = 8 m 2 cm

06 146 cm = 1 m 46 cm

07 지팡이의 길이는 110 cm이고,
1 m = 100 cm이므로 1 m 10 cm입니다.

08 줄자의 오른쪽 눈금이 135를 가리키지만 줄자의 왼쪽 눈금이 10부터 시작했으므로 책상의 길이는 135 cm − 10 cm = 125 cm입니다.
125 cm는 1 m 25 cm입니다.

09 길이의 합을 구할 때는 m는 m끼리, cm는 cm끼리 더합니다.

10 1 m 70 cm + 3 m 5 cm = 4 m 75 cm

11 112 cm = 1 m 12 cm이므로
1 m 43 cm > 112 cm > 1 m 7 cm입니다.
따라서 가장 긴 길이는 1 m 43 cm이고,
가장 짧은 길이는 1 m 7 cm이므로 두 길이의 합은 2 m 50 cm입니다.

12 길이의 차를 구할 때는 m는 m끼리, cm는 cm끼리 뺍니다.

13 사용한 색 테이프의 길이를 구하려면 처음 길이에서 남은 길이를 빼야 합니다.
따라서 5 m 72 cm − 2 m = 3 m 72 cm입니다.

14 세 사람의 끈의 길이와 4 m 30 cm의 차를 구합니다.
혜주: 4 m 30 cm − 4 m 20 cm = 10 cm
우진: 4 m 45 cm − 4 m 30 cm = 15 cm
영빈: 4 m 60 cm − 4 m 30 cm = 30 cm
4 m 30 cm에 가장 가깝게 어림한 사람은 혜주입니다.

15 기린의 키는 주성이의 키로 3번이므로 약 3 m입니다.

16 깃발 사이의 거리는 진희의 걸음으로 10걸음입니

다. 한 걸음이 50 cm이므로 10걸음은 약 500 cm 즉 약 5 m입니다.

17 양팔을 벌린 길이가 140 cm이므로 5번을 재면 1 m로 5번, 40 cm로 5번입니다.
1 m로 5번은 5 m이고, 40 cm로 5번은 200 cm=2 m입니다.
따라서 벽면의 긴 쪽의 길이는 약 7 m입니다.

20 만들 수 있는 가장 긴 길이는 8 m 74 cm입니다.
8 m 74 cm−2 m 51 cm=6 m 23 cm

21 만들 수 있는 가장 긴 길이는 6 m 31 cm이고, 가장 짧은 길이는 1 m 36 cm입니다.
6 m 31 cm+1 m 36 cm=7 m 67 cm

22 줄자 1칸의 길이가 10 cm이고, 막대의 길이는 눈금 13칸이므로 130 cm=1 m 30 cm입니다.

23 줄자 1칸의 길이가 10 cm이고, 책상 긴 쪽의 길이는 눈금 23칸이므로 230 cm=2 m 30 cm입니다.

응용력 높이기

80~83쪽

대표 응용 1 2, 2, 4 / 215, 2, 15
1-1 2 m 30 cm　　1-2 1 m 20 cm
대표 응용 2 52, 65 / 52, 65, 10, 41
2-1 7 m 41 cm　　2-2 7 m 25 cm
대표 응용 3 2, 84, 1, 42 / 3, 56
3-1 2 m 31 cm, 5 m 64 cm
3-2 4 m 23 cm, 2 m 21 cm
대표 응용 4 1 / 6, 6 / 2, 12
4-1 약 9 m　　4-2 약 4 m

1-1 상자를 묶는 데 필요한 리본의 길이는 45 cm가 2개, 25 cm가 2개, 15 cm가 4개, 매듭을 짓는 데 필요한 30 cm입니다.
따라서 상자를 묶는 데 필요한 리본의 길이는 모두 45 cm+45 cm+25 cm+25 cm+15 cm+15 cm+15 cm+15 cm+30 cm=230 cm =2 m 30 cm입니다.

1-2 상자를 묶는 데 필요한 리본의 길이는 50 cm가 2개, 30 cm가 2개, 10 cm가 4개, 매듭을 짓는 데 필요한 25 cm입니다.
따라서 상자를 묶는 데 필요한 리본의 길이는 모두 50 cm+50 cm+30 cm+30 cm+10 cm+10 cm+10 cm+10 cm+25 cm=225 cm =2 m 25 cm입니다.
따라서 3 m 45 cm의 리본에서 남은 길이는 3 m 45 cm−2 m 25 cm=1 m 20 cm입니다.

2-1 학교에서 슈퍼를 지나 집까지 가는 거리는 16 m 35 cm+21 m 23 cm=37 m 58 cm 입니다. 학교에서 곧장 집으로 가는 거리는 30 m 17 cm이므로 학교에서 슈퍼를 지나 집까지 가는 거리는 학교에서 곧장 집으로 가는 거리보다 37 m 58 cm−30 m 17 cm=7 m 41 cm 더 멉니다.

2-2 놀이터에서 농구대를 지나 화장실까지 가는 거리는 17 m 37 cm+13 m 40 cm=30 m 77 cm 입니다.
놀이터에서 곧장 화장실로 가는 거리는 23 m 52 cm이므로 놀이터에서 농구대를 지나 화장실까지 가는 거리보다 30 m 77 cm−23 m 52 cm=7 m 25 cm 더 가깝습니다.

3-1 ㉯ 막대의 길이는 (㉮ 막대의 길이)+3 m 33 cm 입니다.

BOOK 1 본책

(㉮ 막대의 길이)+(㉯ 막대의 길이)
=7 m 95 cm이므로
(㉮ 막대의 길이)+(㉮ 막대의 길이)+3 m 33 cm
=7 m 95 cm입니다.
(㉮ 막대의 길이)+(㉮ 막대의 길이)
=7 m 95 cm−3 m 33 cm=4 m 62 cm이므로
(㉮ 막대의 길이)=2 m 31 cm입니다.
따라서 (㉯ 막대의 길이)
=7 m 95 cm−2 m 31 cm=5 m 64 cm입니다.

3-2 (㉯ 막대의 길이)=(㉮ 막대의 길이)−2 m 2 cm
(㉮ 막대의 길이)+(㉯ 막대의 길이)
=6 m 44 cm이므로
(㉮ 막대의 길이)+(㉮ 막대의 길이)
−2 m 2 cm=6 m 44 cm입니다.
(㉮ 막대의 길이)+(㉮ 막대의 길이)
=6 m 44 cm+2 m 2 cm=8 m 46 cm이므로
(㉮ 막대의 길이)=4 m 23 cm입니다.
따라서 (㉯ 막대의 길이)
=4 m 23 cm−2 m 2 cm=2 m 21 cm입니다.

4-1 윤주의 두 걸음은 1 m이고, 줄넘기의 길이는 윤주의 걸음으로 6걸음이므로 약 3 m입니다. 가로등 사이의 거리는 줄넘기 길이의 약 3배이므로 약 3×3=9(m)입니다.

4-2 아름이의 발 길이는 20 cm이고 첫 번째 꽃부터 두 번째 꽃 사이의 길이는 아름이의 발 길이로 5번이므로 20 cm씩 5번은
20 cm+20 cm+20 cm+20 cm+20 cm
=100 cm=1 m입니다. 첫 번째 꽃과 다섯 번째 꽃 사이의 거리는 아름이가 잰 길이의 약 4배이므로 약 1×4=4(m)입니다.

단원 평가 LEVEL ❶ 84~86쪽

01 100
02 미터에 ○표, 센티미터에 ○표
03 ⑤
04 9, 5, 1
05 ㉡
06 ㉢
07 ( )( )(○)
08 180 / 1, 80
09 (1) 6, 57 (2) 3, 79
10 7 m 78 cm 또는 778 cm
11 19 m 85 cm
12 (1) 3, 43 (2) 3, 42 (3) >, ㉠ / ㉠
13 (위에서부터) 7, 44
14 224 cm
15 (1) 8, 63 (2) 8, 63, 3, 21
(3) 3, 21 / 3 m 21 cm
16 4 m 14 cm
17 약 1 m 40 cm
18 ②, ③, ⑤
19 ㉢
20 슬기

01 100 cm=1 m이므로 1 m는 1 cm를 100번 이은 것과 같습니다.

03 ① 320 cm ② 342 cm ③ 306 cm
④ 330 cm ⑤ 345 cm
따라서 길이가 가장 긴 것은 ⑤입니다.

04 9>5>1이므로 가장 큰 수인 9를 m로, 51을 cm로 하면 길이가 가장 깁니다.

05 ㉡ 2085 cm=2000 cm+85 cm
=20 m+85 cm=20 m 85 cm

06 ㉢ 연필의 길이에 알맞은 단위는 cm입니다.

07 테이프의 한끝을 줄자의 눈금 0에 맞추고, 테이프의 다른 쪽 끝에 있는 줄자의 눈금을 읽습니다.

09 m는 m끼리, cm는 cm끼리 더합니다.

10 4 m 57 cm+3 m 21 cm=7 m 78 cm

11 8m 40cm+11m 45cm=19m 85cm

13 cm끼리 계산하면 86−□=42이므로
□=86−42=44입니다.
또, m끼리 계산하면 □−2=5이므로
□=5+2=7입니다.

14 다른 한 도막의 길이는
4m 68cm−3m 46cm=1m 22cm입니다.
따라서 자른 두 도막의 길이의 차는
3m 46cm−1m 22cm=2m 24cm이고
2m 24cm=224cm입니다.

16 (㉡~㉢)=(㉠~㉢)+(㉡~㉣)−(㉠~㉣)
=6m 23cm+8m 55cm−10m 64cm
=14m 78cm−10m 64cm=4m 14cm

17 

수족관의 긴 쪽의 길이는 영진이의 7뼘의 길이와 같습니다. 따라서 20cm를 7번 더하면 140cm이므로 수족관의 긴 쪽의 길이는 약 1m 40cm입니다.

18 책가방의 긴 쪽의 길이, 수학책 긴 쪽의 길이, 연필 2자루를 더한 길이는 모두 1m=100cm보다 짧습니다.

19 ㉠ 7살 서준이의 키는 약 110cm입니다.
㉡ 서준이 어머니의 키는 약 160cm입니다.
㉢ 서준이 아버지의 키는 약 170cm입니다.

20 슬기: 5m−4m 96cm=4cm
연우: 512cm−5m=12cm
세미: 5m 5cm−5cm=5cm
따라서 자른 끈의 길이가 5m에 가장 가까운 사람의 이름은 슬기입니다.

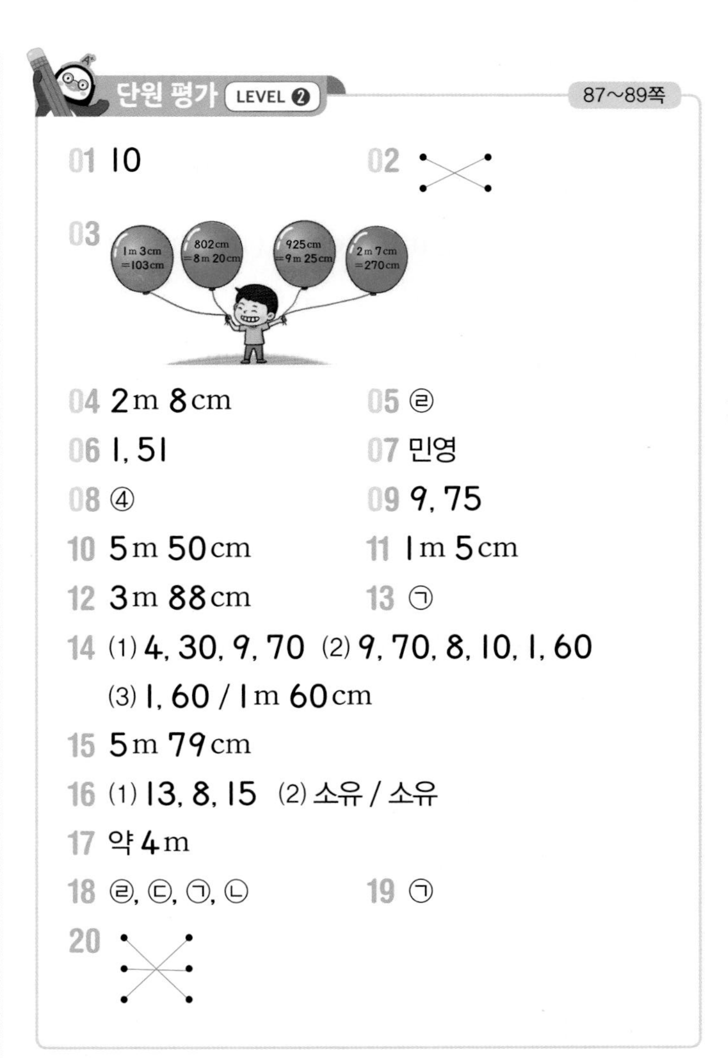

단원 평가 LEVEL ❷ 87~89쪽

01 10
02
03

04 2m 8cm
05 ㉣
06 1, 51
07 민영
08 ④
09 9, 75
10 5m 50cm
11 1m 5cm
12 3m 88cm
13 ㉠
14 (1) 4, 30, 9, 70 (2) 9, 70, 8, 10, 1, 60
(3) 1, 60 / 1m 60cm
15 5m 79cm
16 (1) 13, 8, 15 (2) 소유 / 소유
17 약 4m
18 ㉣, ㉢, ㉠, ㉡
19 ㉠
20

01 1m는 100cm이므로 10cm를 10번 이은 것과 같습니다.

03 802cm=8m 2cm, 2m 7cm=207cm

04 자에서 화살표가 가리키는 눈금은
208cm=2m 8cm입니다.

05 ㉠, ㉡, ㉢은 2m 42cm를 설명하고,
㉣은 24m 2cm를 설명하고 있습니다.

06 100cm=1m이므로 151cm=1m 51cm입니다.

07 1m 31cm=131cm이고, 131>128이므로 키가 더 큰 사람은 민영입니다.

09 4m 53cm+5m 22cm=9m 75cm

10 2 m 15 cm+2 m 30 cm=4 m 45 cm이고,
4 m 45 cm+1 m 5 cm=5 m 50 cm입니다.
따라서 ♥=5 m 50 cm입니다.

11 3 m 48 cm−2 m 43 cm=1 m 5 cm

12 176 cm=1 m 76 cm이고
1 m 76 cm+2 m 12 cm=3 m 88 cm입니다.

13 ㉠ 2 m 34 cm+3 m 21 cm=5 m 55 cm
㉡ 9 m 85 cm−4 m 32 cm=5 m 53 cm

15 (2번 자른 리본의 길이)
=2 m 34 cm+2 m 34 cm=4 m 68 cm
(남은 리본의 길이)=111 cm=1 m 11 cm
(처음에 있던 리본의 길이)
=4 m 68 cm+1 m 11 cm=5 m 79 cm

17 책장의 길이는 준호의 걸음으로 8걸음입니다. 준호의 두 걸음이 1 m이고, 책장의 길이는 두 걸음씩 4번이므로 약 4 m입니다.

18 길이가 짧을수록 여러 번 재어야 합니다. 따라서 길이가 짧은 것부터 순서대로 기호를 쓰면 ㉣, ㉢, ㉠, ㉡입니다.

19 ㉠ 자전거의 길이는 약 193 cm입니다.
㉡ 지팡이의 길이는 약 1 m입니다.
㉢ 트럭의 길이는 약 8 m입니다.
㉣ 건물의 높이는 약 35 m입니다.

4단원 시각과 시간

교과서 개념 다지기

92~95쪽

개념 1

01 (1) 8, 9 (2) 2 (3) 8, 10
02 (1) 2, 20 (2) 6, 45

개념 2

03 (1) 2, 3 (2) 1, 28
04 (1) 11, 19 (2) 5, 42

개념 3

05 (1) 6, 55 (2) 5, 7, 5
06 2, 55, 3, 5
07

08 (1) 2, 50 (2) 10, 3, 10
09 12, 50, 1, 10
10 (1) 10, 15 (2) 3, 50

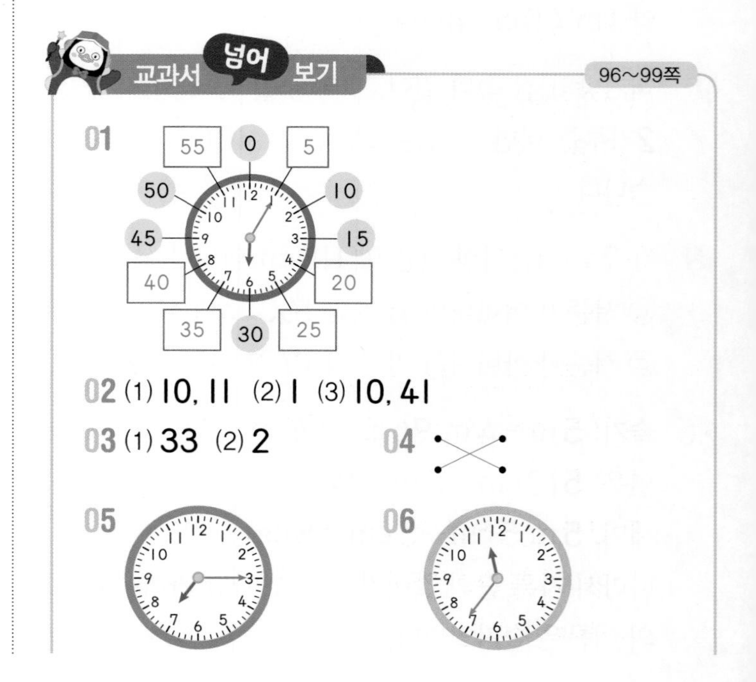

교과서 넘어 보기

96~99쪽

01

02 (1) 10, 11 (2) 1 (3) 10, 41
03 (1) 33 (2) 2
04
05
06

07 (1) 10, 30 (2) 11, 15

08

09 8시 33분

10 11시 18분

11 4 / 

12 (1) 8, 50 (2) 10 (3) 9, 10

13 (1) 5, 45 (2) 12, 10

14

15

16 서진

17 10, 50 / 10, 55

교과서 속 응용 문제

18 4시 35분

19 7시 25분

20 1시 23분

21 지민

22 승수, 경민, 영웅

01 시계의 긴바늘이 가리키는 숫자가 1씩 커지면 나타내는 시간은 5분씩 늘어납니다.

02 짧은바늘이 10과 11 사이에 있으므로 10시, 긴바늘이 8에서 작은 눈금 1칸 더 간 곳을 가리키고 있으므로 41분입니다. 따라서 시계가 나타내는 시각은 10시 41분입니다.

03 (1) 긴바늘이 6을 가리키면 30분입니다. 시계에서 작은 눈금 1칸은 1분이므로 긴바늘이 6에서 작은 눈금 3칸 더 간 곳을 가리키면 33분입니다.

(2) 긴바늘이 9를 가리키면 45분입니다. 긴바늘이 47분을 나타내면 9에서 작은 눈금 2칸 더 가야 합니다.

04 첫 번째 시계는 짧은바늘이 6과 7 사이에 있으므로 6시, 긴바늘이 9에서 작은 눈금 3칸 더 간 곳을 가리키므로 48분입니다. 따라서 시계가 나타내는 시각은 6시 48분입니다.
두 번째 시계는 짧은바늘이 7과 8 사이에 있으므로 7시, 긴바늘이 2에서 작은 눈금 2칸 더 간 곳을 가리키므로 12분입니다. 따라서 시계가 나타내는 시각은 7시 12분입니다.

07 (1) 피아노 연습을 시작했을 때의 시계는 짧은바늘이 10과 11 사이에 있으므로 10시, 긴바늘이 6을 가리키므로 30분입니다. ➡ 10시 30분

(2) 피아노 연습을 끝냈을 때의 시계는 짧은바늘이 11과 12 사이에 있으므로 11시, 긴바늘이 3을 가리키므로 15분입니다. ➡ 11시 15분

08 • 2시 36분은 짧은바늘이 2와 3 사이에 있고 긴바늘이 7에서 작은 눈금 1칸 더 간 곳을 가리킵니다.
• 10시 11분은 짧은바늘이 10과 11 사이에 있고 긴바늘이 2에서 작은 눈금 1칸 더 간 곳을 가리킵니다.
• 9시 48분은 짧은바늘이 9와 10 사이에 있고 긴바늘이 9에서 작은 눈금 3칸 더 간 곳을 가리킵니다.

09 짧은바늘이 8과 9 사이에 있고,
긴바늘이 6(30분)에서 작은 눈금 3칸 더 간 곳을 가리키므로 시윤이가 학교에 가기 위해 집에서 출발한 시각은 8시 33분입니다.

10 짧은바늘이 11과 12 사이에 있고,
긴바늘이 3(15분)에서 작은 눈금 3칸 더 간 곳을 가리키므로 지호와 세희가 본 시각은 11시 18분입니다.

11 두 시계가 같은 시각을 나타내므로 왼쪽 시계로 분을 알 수 있고, 오른쪽 시계로 시를 알 수 있습니

다. 오른쪽 시계에서 짧은바늘이 4와 5 사이를 가리키므로 4시입니다. 따라서 두 시계가 나타내는 시각은 4시 14분입니다. 14분은 긴바늘이 2에서 작은 눈금 4칸 더 간 곳을 가리킵니다.

12 시계가 나타내는 시각은 8시 50분입니다. 9시가 되려면 10분이 더 지나야 하므로 이 시각은 9시 10분 전입니다.

14 2시 5분 전은 2시가 되려면 5분이 더 지나야 하므로 1시 55분입니다. 7시 15분 전은 7시가 되려면 15분이 더 지나야 하므로 6시 45분입니다.

15 1시 15분 전은 1시가 되려면 15분이 더 지나야 하므로 12시 45분입니다. 45분은 긴바늘이 9를 가리키도록 그립니다.

16 서진이가 학교에 도착한 시각은 8시 45분이므로 현우가 도착한 8시 40분보다 늦게 도착했습니다.

17 서점에 준수는 11시 10분 전에 도착했으므로 10시 50분에, 윤아는 11시 5분 전에 도착했으므로 10시 55분에 도착했습니다.

18 짧은바늘이 4와 5 사이에 있고, 긴바늘이 7을 가리킵니다. 따라서 4시 35분입니다.

19 짧은바늘이 7과 8 사이에 있고, 긴바늘이 5를 가리킵니다. 따라서 7시 25분입니다.

20 짧은바늘이 1과 2 사이에 있고, 긴바늘이 4에서 작은 눈금 3칸 더 간 곳을 가리킵니다. 따라서 1시 23분입니다.

21 연수는 1시 51분, 준서는 2시 5분, 지민이는 1시 43분에 체육관에 도착했습니다. 따라서 가장 일찍 도착한 사람은 지민입니다.

22 경민이는 3시 55분, 영웅이는 4시 7분, 승수는 3시 46분에 놀이터에 도착했으므로 먼저 도착한 순서대로 이름을 쓰면 승수, 경민, 영웅입니다.

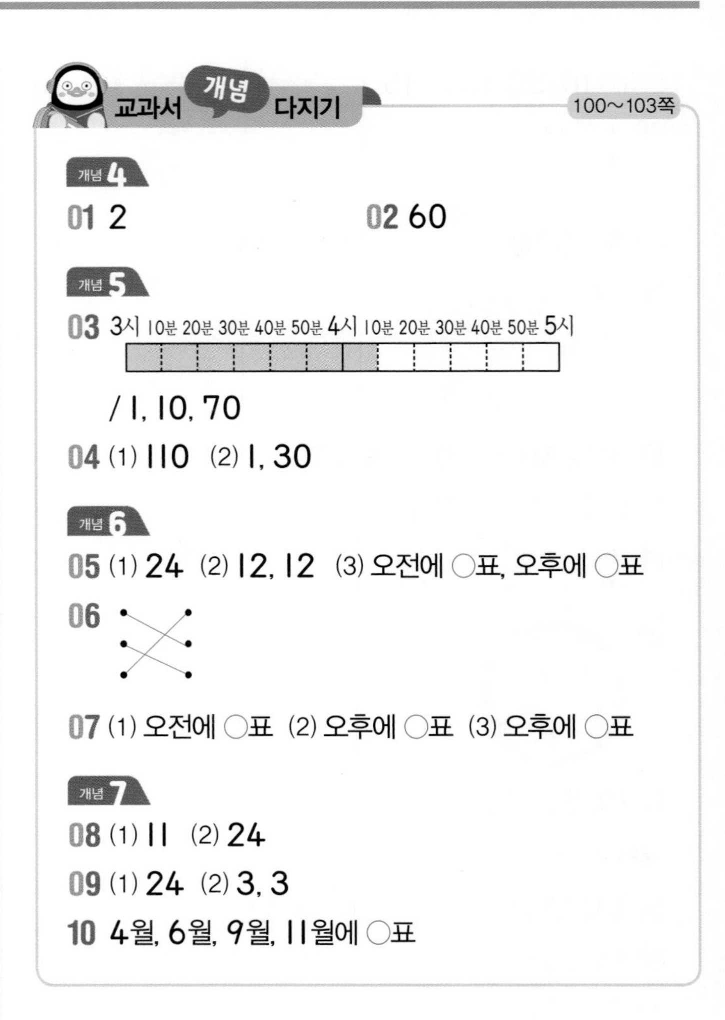

교과서 개념 다지기 100~103쪽

개념 4

01 2 **02** 60

개념 5

03 3시 10분 20분 30분 40분 50분 4시 10분 20분 30분 40분 50분 5시 / 1, 10, 70

04 (1) 110 (2) 1, 30

개념 6

05 (1) 24 (2) 12, 12 (3) 오전에 ○표, 오후에 ○표

06

07 (1) 오전에 ○표 (2) 오후에 ○표 (3) 오후에 ○표

개념 7

08 (1) 11 (2) 24

09 (1) 24 (2) 3, 3

10 4월, 6월, 9월, 11월에 ○표

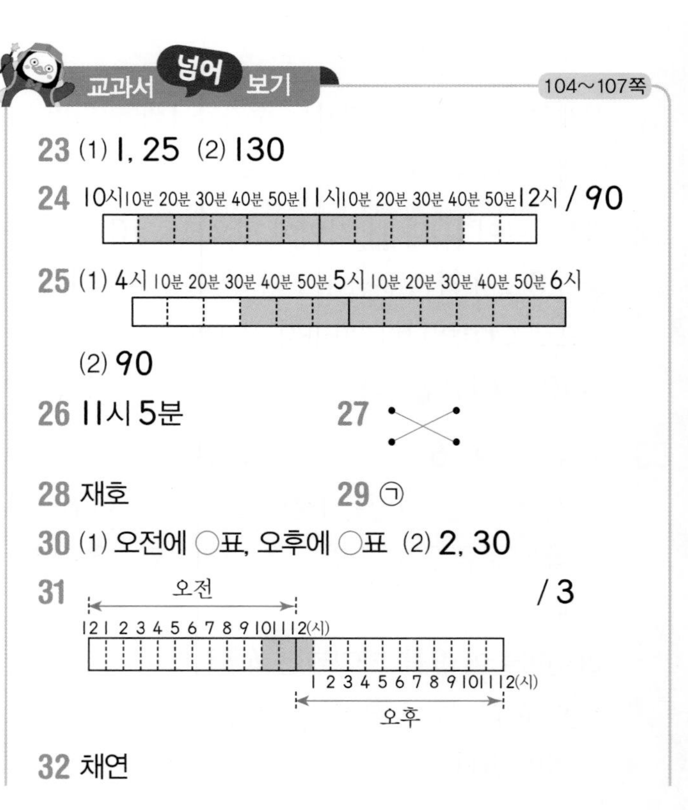

교과서 넘어 보기 104~107쪽

23 (1) 1, 25 (2) 130

24 10시 10분 20분 30분 40분 50분 11시 10분 20분 30분 40분 50분 12시 / 90

25 (1) 4시 10분 20분 30분 40분 50분 5시 10분 20분 30분 40분 50분 6시 (2) 90

26 11시 5분 **27**

28 재호 **29** ㉠

30 (1) 오전에 ○표, 오후에 ○표 (2) 2, 30

31 / 3

32 채연

33 1시 10분 20분 30분 40분 50분 2시 10분 20분 30분 40분 50분 3시 / 80

34 5시간 20분 35 (1) 18 (2) 2

36

8월						
일	월	화	수	목	금	토
				1	2	3
4	5	6	7	8	9	10
11	12	13	14	15	16	17
18	19	20	21	22	23	24
25	26	27	28	29	30	31

37 8월 29일, 8월 26일

38 4월, 7월에 ○표

39 4일, 11일, 18일, 25일

40 5월 16일 41 9일

42 9일

교과서 속 응용 문제

43 4시간 44 4, 30

45 7시간

46 1일, 8일, 15일, 22일, 29일

47 8월 27일

23 (1) 85분=60분+25분=1시간 25분
(2) 2시간 10분=60분+60분+10분=130분

24 10시 10분에 출발하여 11시 40분에 도착하였으므로 1시간 30분=60분+30분=90분이 걸렸습니다.

25 (1) 영화가 시작한 시각은 4시 30분이고 끝난 시각은 6시입니다.
(2) 영화를 보는 데 걸린 시간은 90분입니다.

26 축구를 끝낸 시각은 11시 55분입니다.
11시 55분 —(50분 전)→ 11시 5분
따라서 축구를 시작한 시각은 11시 5분입니다.

27 • 인형극은 10시 30분에 시작하여 11시 50분에 끝났으므로 1시간 20분=80분이 걸렸습니다.
• 마술은 9시 40분에 시작하여 10시 30분에 끝났으므로 50분이 걸렸습니다.
• 탈춤은 2시 20분에 시작하여 3시 10분에 끝났으므로 50분이 걸렸습니다.
• 어린이 연극은 1시 50분에 시작하여 3시 10분에 끝났으므로 1시간 20분이 걸렸습니다.
따라서 걸린 시간이 같은 공연은 각각 인형극과 어린이 연극, 마술과 탈춤입니다.

28 • 재호가 숙제를 한 시간: 1시간 20분
5시 30분 —(1시간)→ 6시 30분 —(20분)→ 6시 50분
• 나경이가 숙제를 한 시간: 1시간 10분
5시 50분 —(1시간)→ 6시 50분 —(10분)→ 7시

29 ㉠ 52시간
㉡ 1일 20시간=24시간+20시간=44시간
㉢ 2일 3시간=24시간+24시간+3시간
=51시간

30 (1) 아침 7시와 아침 9시 30분은 오전이고, 낮 12시 30분과 저녁 5시 40분은 오후입니다.
(2) 집에서 출발하여 과수원에 도착하는 데 걸린 시간: 2시간 30분
오전 7시 —(2시간)→ 오전 9시 —(30분)→ 9시 30분

31 오전 10시 —(2시간)→ 낮 12시 —(1시간)→ 오후 1시
➡ 2시간+1시간=3시간

32 시훈: 점심시간은 12시부터 1시까지이므로 오후입니다.
나래: 비사치기는 12시 전에 했으므로 오전에 했습니다.
채현: 오전에는 투호, 제기차기, 비사치기를 하였습니다.

33 시간 띠의 한 칸이 10분이고 모두 8칸이므로 연날리기 체험을 하는 데 걸린 시간은 80분입니다.

34 오전 9시 —(3시간)→ 낮 12시 —(2시간 20분)→ 오후 2시 20분

따라서 전통 놀이 체험을 하는 데 걸린 시간은 모두 5시간 20분입니다.

35 (1) 1년 6개월=12개월+6개월=18개월
(2) 14일=7일+7일=1주일+1주일=2주일

37 • 찬우의 생일은 8월 15일에서 2주일 후이므로 8월 29일입니다.
• 혜진이의 생일은 8월 29일에서 3일 전이므로 8월 26일입니다.

38 • 날수가 30일인 월: 4월, 6월, 9월, 11월
• 날수가 31일인 월: 1월, 3월, 5월, 7월, 8월, 10월, 12월

39 첫째 토요일이 4일이므로 둘째 토요일은 4+7=11(일), 셋째 토요일은 11+7=18(일), 넷째 토요일은 18+7=25(일)입니다.

40 첫째 목요일이 2일이므로
셋째 목요일은 2+7+7=16(일)입니다.

41 5월 27일부터 5월 31일까지: 5일
6월 1일부터 6월 4일까지: 4일
➡ 5+4=9(일)

42 1월 15일부터 1월 23일까지는 9일입니다.

43 오전 11시 —(1시간)→ 낮 12시 —(3시간)→ 오후 3시
기차를 탄 시각은 1시간+3시간=4시간입니다.

44 오전 9시 30분 —(2시간 30분)→ 낮 12시 —(2시간)→ 오후 2시
➡ 현장 체험학습에 참여한 시간은
2시간 30분+2시간=4시간 30분입니다.

45 오후 10시 —(2시간)→ 밤 12시 —(5시간)→ 새벽 5시
나윤이가 싱가포르 공항에서 인천 공항까지 오는 데 걸린 시간은 2시간+5시간=7시간입니다.

46 7월은 31일까지 있고 첫째 월요일이 1일이므로 수영장을 가는 날짜는 1일, 8일, 15일, 22일, 29일입니다.

47 1주일은 7일이므로 6일부터 3주일 후는
6+7+7+7=27(일)입니다.
따라서 8월 27일입니다.

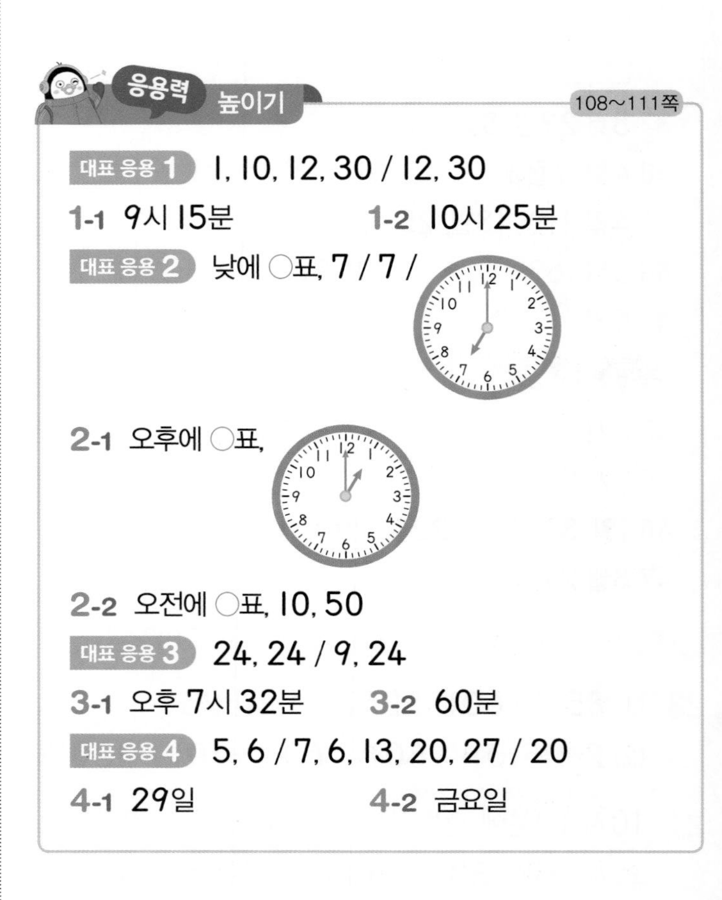

응용력 높이기 (108~111쪽)

대표 응용 1 1, 10, 12, 30 / 12, 30
1-1 9시 15분　　1-2 10시 25분
대표 응용 2 낮에 ○표, 7 / 7 /
2-1 오후에 ○표,
2-2 오전에 ○표, 10, 50
대표 응용 3 24, 24 / 9, 24
3-1 오후 7시 32분　　3-2 60분
대표 응용 4 5, 6 / 7, 6, 13, 20, 27 / 20
4-1 29일　　4-2 금요일

1-1 11시 —(1시간 전)→ 10시 —(45분 전)→ 9시 15분
따라서 영화가 시작된 시각은 9시 15분입니다.

1-2 110분=60분+50분=1시간 50분
12시 15분 —(1시간 전)→ 11시 15분 —(50분 전)→ 10시 25분
따라서 책을 읽기 시작한 시각은 10시 25분입니다.

2-1 오전 9시 —(3시간 후)→ 낮 12시 —(1시간 후)→ 오후 1시

2-2 오전 7시 10분에서 5시간 40분 후는
오전 7시 10분 —(5시간)→ 오후 12시 10분
—(40분)→ 오후 12시 50분

방콕 시각은 우리나라보다 2시간 늦으므로

오후 12시 50분 $\xrightarrow{\text{2시간 전}}$ 오전 10시 50분

따라서 방콕에 도착했을 때 방콕의 시각은 오전 10시 50분입니다.

3-1 오늘 오전 11시에서 내일 오전 11시까지: 24시간
내일 오전 11시에서 내일 오후 7시까지: 8시간
오늘 오전 11시에서 내일 오후 7시까지는 24+8=32(시간)이므로 시계는 32분 빨라집니다. 따라서 다음날 오후 7시에 이 시계가 가리키는 시각은 오후 7시 32분입니다.

3-2 한 시간에 ㉮ 시계는 5분 느리게 가고, ㉯ 시계는 5분 빠르게 가므로 두 시계는 1시간에 10분 차이가 납니다.

오전 10시 $\xrightarrow{\text{2시간}}$ 낮 12시 $\xrightarrow{\text{4시간}}$ 오후 4시

오전 10시부터 오후 4시까지는 6시간이므로 오후 4시에 두 시계는 60분 차이가 납니다.

4-1 4일이 목요일이므로 첫째 월요일은 3일 전인 1일입니다. 1주일은 7일이므로 7월의 월요일인 날짜는 1일, 8일, 15일, 22일, 29일입니다. 따라서 다섯째 월요일은 29일입니다.

4-2 8월은 31일까지 있습니다. 8월 5일이 일요일이므로 12일, 19일, 26일도 일요일입니다. 따라서 8월의 마지막 날인 31일은 26일에서 5일 후인 금요일입니다.

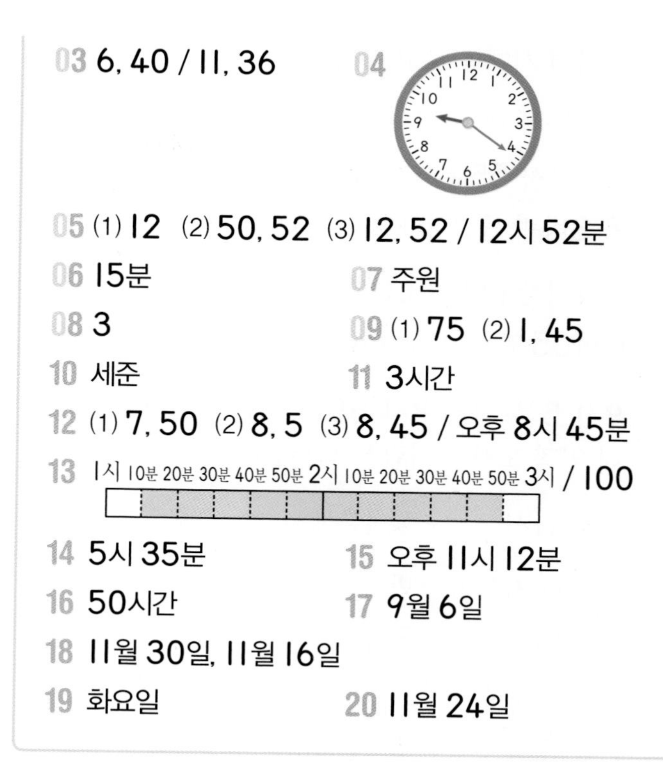

03 • 짧은바늘이 6과 7 사이에 있으므로 6시, 긴바늘이 8을 가리키고 있으므로 40분을 나타냅니다. 따라서 시계가 나타내는 시각은 6시 40분입니다.
• 짧은바늘이 11과 12 사이에 있으므로 11시, 긴바늘이 7에서 작은 눈금 1칸 더 간 곳을 가리키고 있으므로 36분을 나타냅니다. 따라서 시계가 나타내는 시각은 11시 36분입니다.

04 긴바늘이 4에서 작은 눈금 1칸 더 간 곳을 가리키도록 그립니다.

06 예강이가 공원에 도착한 시각은 2시 45분입니다. 약속한 시각이 3시이므로 15분이 남았습니다.

07 • 세희: 15분이 더 지나면 3시가 되므로 3시 15분 전을 나타냅니다.
• 주원: 5분이 더 지나면 12시가 되므로 12시 5분 전을 나타냅니다.
• 준익: 10분이 더 지나면 9시가 되므로 9시 10분 전을 나타냅니다.

따라서 시계를 보고 옳게 말한 사람은 주원입니다.

08 긴바늘이 한 바퀴 돌면 1시간입니다. 10시 55분에서 1시 55분까지 3시간 차이가 나므로 긴바늘을 3바퀴 돌립니다.

09 (1) 1시간 15분=60분+15분=75분
(2) 105분=60분+45분=1시간 45분

10 9시 5분 전은 8시 55분입니다. 따라서 학교에 더 일찍 도착한 사람은 세준입니다.

11 오전 11시 →(1시간) 낮 12시 →(2시간) 오후 2시
따라서 지선이가 박물관에 있었던 시간은 1시간+2시간=3시간입니다.

12 (1) [1부 시작] 7시 →(50분) [1부 끝] 7시 50분
(2) [휴식 시간 시작] 7시 50분 →(15분) [휴식 시간 끝] 8시 5분
(3) [2부 시작] 8시 5분 →(40분) [2부 끝] 8시 45분
따라서 뮤지컬 공연이 끝난 시각은 오후 8시 45분입니다.

13 자전거를 1시 10분부터 2시 50분까지 탔으므로 100분 동안 탔습니다.

14 긴바늘을 시계 반대 방향으로 2바퀴 돌렸으므로 2시간 전입니다.
7시 35분 →(2시간 전) 5시 35분

15 오늘 오전 11시에서 오늘 오후 11시까지는 12시간입니다. 1시간에 1분씩 빨라지므로 12시간에는 12분 빨라집니다.

16 10월 11일 오후 4시 →(2일) 10월 13일 오후 4시 →(2시간) 10월 13일 오후 6시
➡ 2일 2시간=24시간+24시간+2시간
=50시간

17 1주일=7일이므로 8월 23일에서 1주일 후는 23+7=30(일)입니다. 8월은 31일까지 있으므로 8월 30일에서 1주일 후는 9월 6일입니다.

18 11월은 30일까지 있으므로 영우의 생일은 11월 30일입니다. 동미의 생일은 영우의 생일보다 2주일 빠르므로 30−7−7=16(일)입니다. 따라서 동미의 생일은 11월 16일입니다.

19 9월의 토요일인 날짜는 7일, 14일, 21일, 28일이므로 29일은 일요일, 30일은 월요일입니다. 따라서 10월 1일은 화요일입니다.

20 12월 1일에서 28일까지는 28일입니다. 35−28=7(일)인데 11월은 30일까지 있으므로 11월 24일부터 11월 30일까지가 7일입니다. 따라서 공연을 시작한 날은 11월 24일입니다.

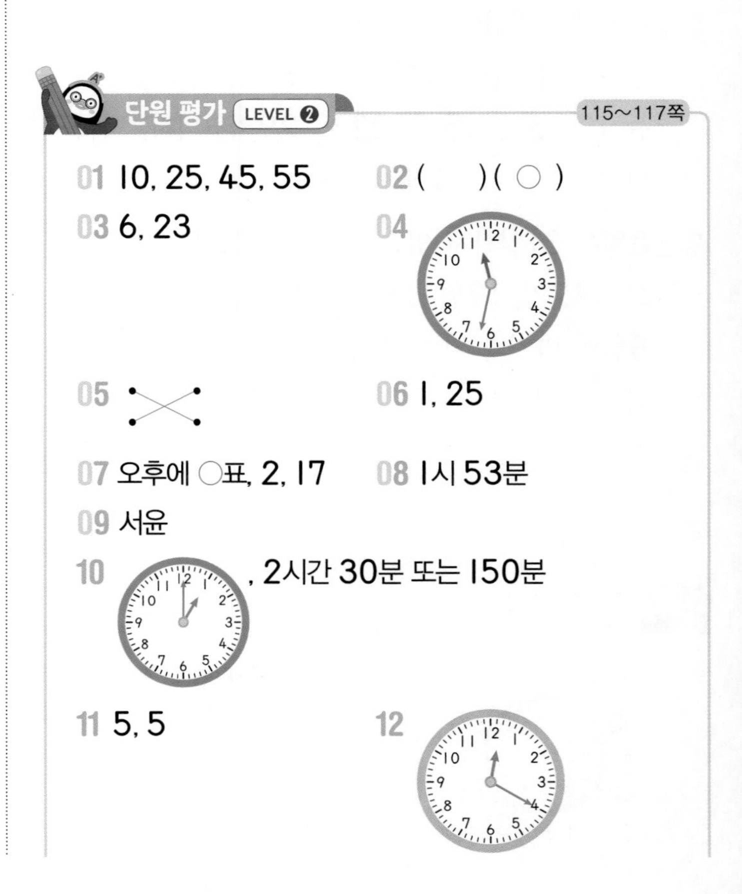

13 (1) 3 (2) 7 (3) 10 / 10시간

14 3시 10분 20분 30분 40분 50분 4시 10분 20분 30분 40분 50분 5시 / 90

15 1시간 20분 또는 80분, 1시간 25분 또는 85분 / 아율

16 1, 45

17

18 (1) 수, 목 (2) 토, 일 (3) 일, 화 / 화요일

19 28일, 일요일

20 8월 29일, 26일

01 시계의 긴바늘이 가리키는 숫자가 나타내는 시간을 표로 나타내면 다음과 같습니다.

숫자	1	2	3	4	5	6	7	8	9	10	11	12
분	5	10	15	20	25	30	35	40	45	50	55	0 (60)

02 40분이므로 긴바늘이 8을 가리킵니다.

03 시계의 짧은바늘이 6과 7 사이에 있으므로 6시, 긴바늘이 4에서 작은 눈금 3칸 더 간 곳을 가리키고 있으므로 23분입니다. 따라서 시계가 나타내는 시각은 6시 23분입니다.

04 긴바늘이 6에서 작은 눈금 2칸 더 간 곳을 가리키도록 그립니다.

06 시계가 나타내는 시각은 1시 40분입니다. 1시 40분에서 15분 전의 시각은 1시 25분입니다.

07 시계의 긴바늘이 한 바퀴 도는 데 걸리는 시간은 1시간입니다. 긴바늘이 3바퀴 돌았을 때의 시각은 오전 11시 17분에서 3시간 후의 시각인 오후 2시 17분입니다.

08 시계가 나타내는 시각은 1시 30분입니다. 1시 30분에서 23분 후의 시각은 1시 53분입니다.

09 서윤이가 도착한 시각은 2시 50분이므로 서윤이가 민경이보다 더 일찍 도착했습니다.

10 30분씩 5가지 보드게임을 체험 하는 데 걸린 시간은 2시간 30분입니다.

오전 10시 30분 →(2시간 후) 낮 12시 30분 →(30분 후) 오후 1시

따라서 보드게임 체험이 끝난 시각은 오후 1시입니다.

11 책을 읽기 시작한 시각은 4시 10분 전인 3시 50분입니다. 75분=60분+15분=1시간 15분이므로 1시간 15분 동안 책을 읽었습니다.

3시 50분 →(1시간 후) 4시 50분 →(15분 후) 5시 5분

따라서 현주가 책 읽기를 마친 시각은 5시 5분입니다.

12 145분=60분+60분+25분
=1시간+1시간+25분
=2시간 25분

왼쪽 시계가 나타내는 시각은 9시 55분이므로

9시 55분 →(2시간 후) 11시 55분 →(25분 후) 12시 20분

따라서 9시 55분에서 145분이 지난 시각은 12시20분입니다.

13 오전 9시 →(3시간) 낮 12시 →(7시간) 오후 7시

14 발레 연습을 시작한 시각은 3시 20분이고, 끝낸 시각은 4시 50분이므로 발레 연습을 한 시간은 40분+50분=90분입니다.

15 도훈: 1시간 20분

오전 11시 40분 →(1시간 후) 낮 12시 40분 →(20분 후) 오후 1시

아율: 1시간 25분

오전 11시 30분 →(1시간 후) 낮 12시 30분 →(25분 후) 오후 12시 55분

종이접기를 하는 데 도훈이가 걸린 시간은 1시간

20분, 아율이가 걸린 시간은 1시간 25분이므로 아율이가 종기접기를 더 오래 했습니다.

16 5시 10분 전은 4시 50분이므로 3시 5분에서 4시 50분까지 걸린 시간은 1시간 45분입니다.
3시 5분 —(1시간 후)→ 4시 5분 —(45분 후)→ 4시 50분

17 주원이는 영훈이가 도착한 2시 20분에서 25분 전에 공원에 도착했고, 공원에 도착한 시각에서 15분 전에 집에서 출발했습니다.
2시 20분 —(25분 전)→ 1시 55분 —(15분 후)→ 1시 40분
따라서 주원이는 1시 40분에 집에서 출발했으므로 짧은바늘은 1과 2 사이를 가리키고, 긴바늘은 8을 가리키도록 그립니다.

18 (1) 7월 3일이 수요일이므로 10일, 17일, 24일, 31일도 수요일입니다. 7월 31일이 수요일이므로 8월 1일은 목요일입니다.
(2) 8월 1일이 목요일이므로 8월 3일은 토요일입니다. 3일, 10일, 17일, 24일, 31일도 모두 토요일입니다. 8월 31일이 토요일이므로 9월 1일은 일요일입니다.
(3) 9월 1일의 2주일 후인 15일도 일요일이므로 17일은 화요일입니다.

19 2월 4일, 11일, 18일, 25일은 목요일입니다. 2월의 마지막 날이 28일인 경우 3월 4일은 목요일이 됩니다. 따라서 2월의 마지막 날은 28일이고, 2월 25일에서 3일 후인 일요일입니다.

20 1주일은 7일이므로 5주일 3일 후는 38일 후입니다.
7월 22일 —(9일)→ 7월 31일 —(29일)→ 8월 29일
따라서 개학식은 8월 29일입니다.
오늘이 8월 3일이므로 개학식인 8월 29일까지는 26일 남았습니다.

5단원 표와 그래프

120~125쪽

개념 1

01 4, 2, 4, 1, 11　　**02** 3, 1, 2, 6

개념 2

03 20명

04

앵무새	강아지	고양이	거북
솔이, 준우, 민수	현호, 상미, 종오, 유정, 민지, 혜미, 호진, 주영	수정, 민서, 선희, 진주, 경욱	지혜, 경진, 예지, 준희

05 3, 8, 5, 4, 20

개념 3

06 색깔　　**07** 4

08

4		○		○
3		○	○	○
2	○	○	○	○
1	○	○	○	○
학생 수(명) / 색깔	빨강	노랑	연두	파랑

개념 4

09 (1) 22 (2) 6 (3) 줄넘기 (4) 1

개념 5

10 4, 8, 7, 6, 25

11

8		○		
7		○	○	
6		○	○	○
5		○	○	○
4	○	○	○	○
3	○	○	○	○
2	○	○	○	○
1	○	○	○	○
학생 수(명) / 종류	위인전	과학책	동화책	역사책

126~129쪽

01 미국
02 15명
03 4, 2, 3, 6, 15
04 9, 9, 3, 10, 3, 34
05 (   )
(   )
(○)
06 3, 5, 10, 18
07 2, 3, 3, 4, 12
08 태영
09 7, 4, 4, 5, 20

10

7	/			
6	/			
5	/			/
4	/	/	/	/
3	/	/	/	/
2	/	/	/	/
1	/	/	/	/
학생 수(명) / 선물	게임기	블록	동화책	인형

11 22명

12

7	○			
6	○	○		
5	○	○	○	
4	○	○	○	○
3	○	○	○	○
2	○	○	○	○
1	○	○	○	○
학생 수(명) / 혈액형	A형	B형	AB형	O형

13

O형	○	○	○	○			
AB형	○	○	○	○	○		
B형	○	○	○	○	○	○	
A형	○	○	○	○	○	○	○
혈액형 / 학생 수(명)	1	2	3	4	5	6	7

14

장미	/	/	/	/	/	/	/	/
백합	/	/	/	/				
개나리	/	/	/					
진달래	/	/	/	/	/	/	/	
꽃 / 학생 수(명)	1	2	3	4	5	6	7	8

15 학생 수, 꽃
16 4명
17 ㉡

교과서 속 응용 문제

18 3명
19 (1) 14일 (2) 7, 7
20 9
21 7

01 자료에서 시현이가 가 보고 싶은 나라는 미국입니다.

02 시현이네 반 학생은 모두 15명입니다.

03 자료를 빠뜨리거나 중복하여 세지 않도록 합니다.

04 ▲ 조각 9개, ■ 조각 9개, ▰ 조각 3개, ⏢ 조각 10개, ⬡ 조각 3개를 사용하였으므로 모양을 만드는 데 사용한 조각은 모두 34개입니다.

05 좋아하는 악기를 조사하여 표로 나타낼 때 가장 먼저 해야 할 일은 학생들에게 좋아하는 악기를 물어보는 것입니다.

06 리듬에서 사용된 음표는 𝅗𝅥 3개, ♩ 5개, ♪ 10개이므로 사용한 음표는 모두 18개입니다.

07 고리를 5회씩 던져서 걸린 고리는 수진이가 2개, 주형이가 3개, 유진이가 3개, 태영이가 4개이므로 걸린 고리는 모두 12개입니다.

08 걸린 고리의 수가 가장 많은 학생은 4개를 건 태영입니다.

09 게임기를 받고 싶은 학생은 7명, 블록을 받고 싶은 학생은 4명, 동화책을 받고 싶은 학생은 4명, 인형을 받고 싶은 학생은 5명입니다. 조사한 학생은 모두 20명입니다.

10 표를 보고 받고 싶은 생일 선물별 학생 수만큼 /를 아래쪽에서 위쪽으로 한 칸에 하나씩 빈칸 없이 표시합니다.

11 $7+6+5+4=22$(명)

12 표를 보고 혈액형별 학생 수만큼 ○를 아래쪽에서 위쪽으로 한 칸에 하나씩 빈칸 없이 표시합니다.

13 표를 보고 혈액형별 학생 수만큼 /를 왼쪽에서 오른쪽으로 한 칸에 하나씩 빈칸 없이 표시합니다.

14 학생 수 만큼 /를 표시합니다. 이때 왼쪽부터 빠뜨리는 칸이 없도록 합니다.

(틀린 예)

장미	/	/	/	/	/	/	/	/
백합	/	/	/		/			
개나리		/	/	/				
진달래	/	/	/	/	/	/	/	
꽃 / 학생 수(명)	1	2	3	4	5	6	7	8

15 그래프의 가로에는 학생 수, 세로에는 꽃을 나타냈습니다.

16 개나리를 좋아하는 학생 수는 3명, 진달래를 좋아하는 학생 수는 7명입니다. 따라서 개나리를 좋아하는 학생과 진달래를 좋아하는 학생 수의 차는 $7-3=4$(명)입니다.

17 그래프의 내용에서 알 수 있는 것은 현주네 반에서 가장 많은 학생들이 좋아하는 꽃의 이름과 현주네 반 학생들이 좋아하는 꽃의 종류입니다.

18 소현이네 반 학생이 25명이므로 배를 좋아하는 학생은 $25-11-5-4-2=3$(명)입니다.

19 (1) (흐림)+(눈)$=31-15-2=14$(일)입니다.
(2) (흐림)=(눈)이므로 (흐림)$=7$일, (눈)$=7$일입니다.

20 전체 학생 수가 30명이므로 위인전을 읽고 싶은 학생은 $30-9-7-8=6$(명)입니다. 가장 많은 학생이 읽고 싶은 책은 역사책으로 9권이므로 가로에 학생 수를 나타낼 때 적어도 9까지 있어야 합니다.

21 겨울을 좋아하는 학생은 여름을 좋아하는 학생보다 2명 더 많으므로 겨울을 좋아하는 학생은 $4+2=6$(명), 가을을 좋아하는 학생은 $22-5-4-6=7$(명)입니다.
가장 많은 학생이 좋아하는 계절은 가을이고 7명이므로 세로는 적어도 7까지 있어야 합니다.

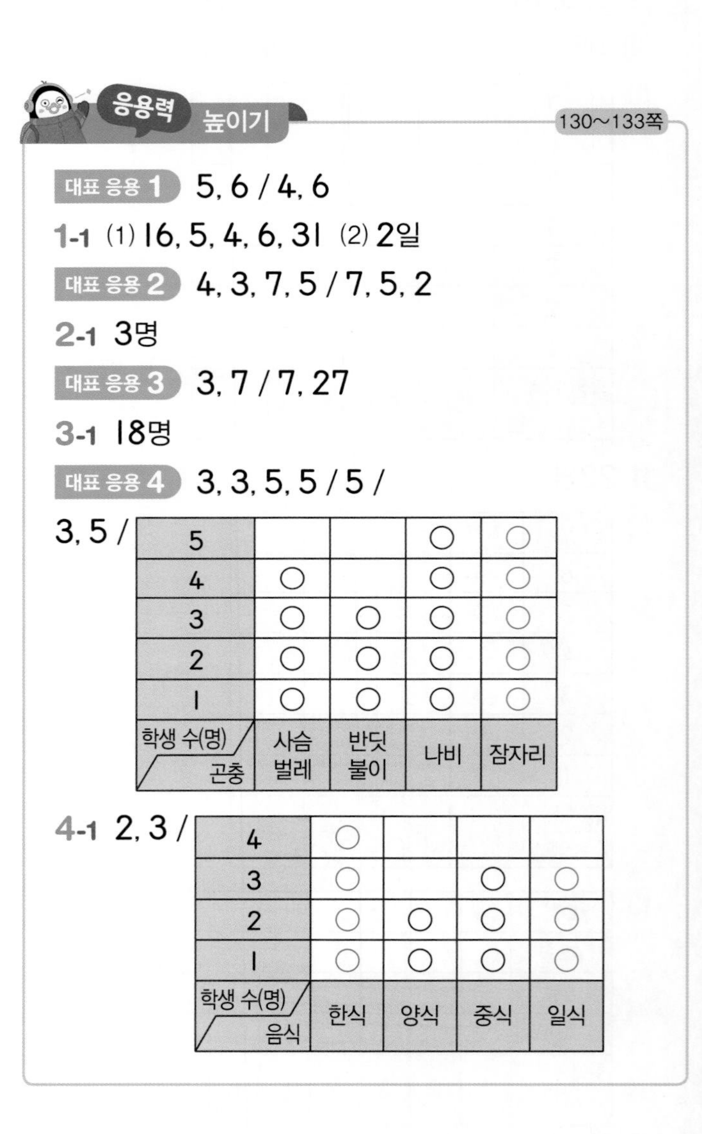

응용력 높이기

130~133쪽

대표 응용 1 5, 6 / 4, 6

1-1 (1) 16, 5, 4, 6, 31 (2) 2일

대표 응용 2 4, 3, 7, 5 / 7, 5, 2

2-1 3명

대표 응용 3 3, 7 / 7, 27

3-1 18명

대표 응용 4 3, 3, 5, 5 / 5 / 3, 5 /

5			○	○
4	○		○	○
3	○	○	○	○
2	○	○	○	○
1	○	○	○	○
학생 수(명) / 곤충	사슴벌레	반딧불이	나비	잠자리

4-1 2, 3 /

4	○			
3	○		○	○
2	○	○	○	○
1	○	○	○	○
학생 수(명) / 음식	한식	양식	중식	일식

1-1 (2) 눈이 온 날은 6일이고, 비가 온 날은 4일이므로 눈이 온 날은 비가 온 날보다 $6-4=2$(일) 더 많았습니다.

2-1 (소백산을 가 보고 싶은 학생 수)
$=21-6-5-3-4=3$(명)

따라서 한라산을 가 보고 싶은 학생은 소백산을 가 보고 싶은 학생보다 $6-3=3$(명) 더 많습니다.

3-1 운동하기를 좋아하는 학생은 6명이므로 그림 그리기를 좋아하는 학생은 $6-2=4$(명)입니다.
따라서 재훈이네 반 학생은 모두
$6+4+3+5=18$(명)입니다.

4-1 그래프에서 양식을 좋아하는 학생은 2명이므로
(일식을 좋아하는 학생 수)$=12-4-2-3$
$=3$(명)입니다.

단원 평가 LEVEL ❶

134~136쪽

01 미끄럼틀

02 현진, 종민, 아람

03 4, 3, 3, 2, 12

04 표에 ○표

05

6			/		
5			/	/	
4	/		/	/	
3	/	/	/	/	/
2	/	/	/	/	/
1	/	/	/	/	/
학생 수(명) / 음식	비빔밥	갈비탕	불고기	김치	잡채

06 불고기

07 잡채

08 그래프

09 7명

10 (1) 5 (2) 2 (3) 3 / 3명

11 운동화

12

25	○				
20	○	○		○	
15	○	○		○	○
10	○	○	○	○	○
5	○	○	○	○	○
붕어빵 수(명) / 종류	팥	슈크림	크림 치즈	고구마	피자

13 팥, 크림치즈

14 슈크림, 고구마

15 6명

16 (1) 6, 4 (2) 김밥, 6 / 6칸

17

샌드위치	○	○	○	○			
돈가스	○	○	○	○	○		
볶음밥	○	○	○				
김밥	○	○	○	○	○	○	
도시락 / 학생 수(명)	1	2	3	4	5	6	7

18 예 ○를 책의 종류에 해당하는 학생 수만큼 왼쪽에서부터 오른쪽으로 한 칸에 하나씩 빈칸 없이 그려야 합니다.

19 5명

20 3, 4, 5 /

5				○
4		○	○	○
3	○	○	○	○
2	○	○	○	○
1	○	○	○	○
학생 수(명) / 요일	수요일	금요일	토요일	일요일

02 구름다리를 좋아하는 학생은 현진, 종민, 아람입니다.

03 미끄럼틀은 4명, 정글짐은 3명, 구름다리는 3명, 시소는 2명이 좋아하고, 조사한 학생 수는 모두 12명입니다.

04 좋아하는 놀이 기구별 학생 수를 알아보기 편리한 것은 표입니다.

05 표를 보고 외국인에게 소개하고 싶은 음식별 학생 수만큼 /로 아래쪽에서 위쪽으로 빈칸 없이 그립니다.

06 가장 많은 학생이 외국인에게 소개하고 싶은 음식은 6명이 선택한 불고기입니다.

07 갈비탕과 잡채를 선택한 학생 수는 각각 3명으로 같습니다.

08 학생 수가 많고 적음을 한눈에 알아보기 편리한 것은 그래프입니다.

09 (운동화를 자주 신는 학생 수)
$=19-3-2-2-5=7$(명)

10 축구화를 자주 신는 학생은 5명이고 구두를 자주 신는 학생은 2명입니다.
따라서 축구화를 자주 신는 학생은 구두를 자주 신는 학생보다 $5-2=3$(명) 더 많습니다.

11 운동화가 7명으로 가장 많습니다. 따라서 가장 많은 학생이 자주 신는 신발은 운동화입니다.

12 크림치즈 붕어빵이 10개 팔렸으므로 슈크림 붕어빵은 10개의 2배인 20개가 팔렸습니다.

13 팥 붕어빵이 25개로 가장 많이 팔렸고, 크림치즈 붕어빵이 10개로 가장 적게 팔렸습니다.

14 슈크림 붕어빵과 고구마 붕어빵이 20개로 같습니다.

15 돈가스 도시락을 좋아하는 학생이 5명이므로 김밥 도시락을 좋아하는 학생은 $11-5=6$(명)입니다.

16 (1) 샌드위치 도시락을 좋아하는 학생은
$18-6-3-5=4$(명)입니다.
(2) 학생 수가 가장 많은 도시락은 김밥 도시락이므로 가로에 학생 수를 나타낼 때 적어도 6까지 있어야 합니다.

17 표를 보고 좋아하는 도시락별 학생 수만큼 ○를 왼쪽에서 오른쪽으로 한 칸에 하나씩 표시합니다.

18 학생 수를 가로로 나타낸 그래프에서 기호는 왼쪽에서 오른쪽으로 한 칸에 하나씩 표시합니다.

19 그래프에서 수요일을 좋아하는 학생은 3명, 토요일을 좋아하는 학생은 4명이므로 일요일을 좋아하는 학생은 $16-3-4-4=5$(명)입니다.

137~139쪽

01 5, 4, 2, 1, 12
02 5명
03 하원
04 ㉡, ㉢, ㉠
05 3명
06 8월, 9월
07 5월

08

4					○					
3			○		○		○	○		
2	○		○		○	○	○	○		
1	○	○	○	○	○	○	○	○	○	○
학생 수(명) / 월	1	2	3	4	5	7	8	9	10	12

09 2월, 4월, 10월, 12월
10 6명
11 상추
12 2배
13 ㉡

14 6명,

6				○
5				○
4		○		○
3		○	○	○
2	○	○	○	○
1	○	○	○	○
학생 수(명) / 전통 놀이	투호	비사치기	굴렁쇠 굴리기	쥐불놀이

15 2, 4, 3, 6, 15
16 ㉡, ㉢
17 (1) 3, 3 (2) 3, 6 / 6명

18

5			○	
4		○	○	
3	○	○	○	
2	○	○	○	○
1	○	○	○	○
맞힌 화살 수(개) / 순서	1회	2회	3회	4회

19 포도
20 (1) 4, 4, 16 (2) 16, 3, 13 (3) 13, 4 / 4장

02 고등어를 자주 먹는 학생은 5명입니다.

04 조사할 내용을 정하고 조사할 내용에 맞는 조사 방법을 선택합니다. 그 다음 조사한 자료를 표로 나

타냅니다.

05 9월을 제외한 나머지 달에 태어난 학생 수를 모두 더하면 18명이므로 9월에 태어난 학생은 $21-18=3$(명)입니다.

06 3월에 태어난 학생은 3명이므로 태어난 학생 수가 3명인 달은 3월, 8월, 9월입니다.

07 5월에 태어난 학생이 4명으로 가장 많습니다.

08 표를 보고 태어난 달별 학생 수만큼 ○를 아래쪽에서 위쪽으로 한 칸에 하나씩 표시합니다.

09 태어난 학생이 1명인 달은 2월, 4월, 10월, 12월입니다.

10 방울토마토와 상추를 기르는 학생 수의 합은 $28-7-4-3=14$(명)입니다. 방울토마토를 기르는 학생은 상추를 기르는 학생보다 2명 더 적으므로 (방울토마토)$=$6명, (상추)$=$8명입니다.

11 상추를 기르는 학생이 8명으로 가장 많습니다.

12 (상추)$=$8명, (오이)$=$4명이므로 상추를 기르는 학생 수는 오이를 기르는 학생 수의 2배입니다.

13 ㉠ 감자를 기르는 학생은 7명, 방울토마토를 기르는 학생은 6명이므로 감자를 기르는 학생이 1명 더 많습니다.
㉡ 방울토마토를 기르는 학생은 6명, 가지를 기르는 학생은 3명이므로 방울토마토를 기르는 학생 수는 가지를 기르는 학생 수의 2배입니다.
㉢ 상추를 기르는 학생은 8명, 감자를 기르는 학생은 7명이므로 상추를 기르는 학생은 감자를 기르는 학생보다 1명 더 많습니다.

14 (쥐불놀이를 좋아하는 학생 수)
$=15-2-4-3=6$(명)

15 투호는 2명, 비사치기는 4명, 굴렁쇠 굴리기는 3명, 쥐불놀이는 6명입니다.
합계는 $2+4+3+6=15$(명)입니다.

16 ㉠ 가장 많은 학생이 좋아하는 전통 놀이는 6명이 좋아하는 쥐불놀이이고, 그 다음은 4명이 좋아하는 비사치기입니다. 따라서 학생들이 두 번째로 좋아하는 전통 놀이는 비사치기입니다.

18 3회에는 1회보다 2개 더 많이 맞혔으므로 1회에는 3회보다 2개 더 적게 맞혔습니다.
➡ $5-2=3$(개)

19 사과와 키위를 좋아하는 학생 수의 합은 $24-5-7=12$(명)입니다. 사과와 키위를 좋아하는 학생 수가 같으므로 사과와 키위를 좋아하는 학생은 각각 6명입니다. 따라서 가장 많은 학생이 좋아하는 과일은 7명이 좋아하는 포도입니다.

BOOK 1 본책

6단원 규칙 찾기

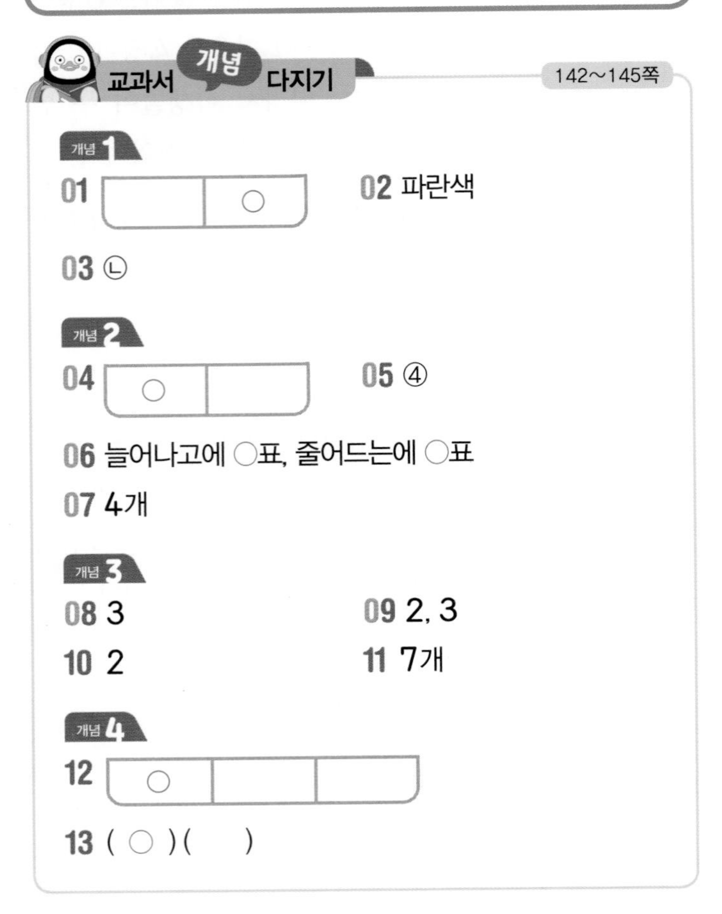

교과서 개념 다지기

142~145쪽

개념 1

01 (　　)(○)

02 파란색

03 ㉡

개념 2

04 (○)(　　)

05 ④

06 늘어나고에 ○표, 줄어드는에 ○표

07 4개

개념 3

08 3

09 2, 3

10 2

11 7개

개념 4

12 (○)(　　)(　　)

13 (○)(　　)

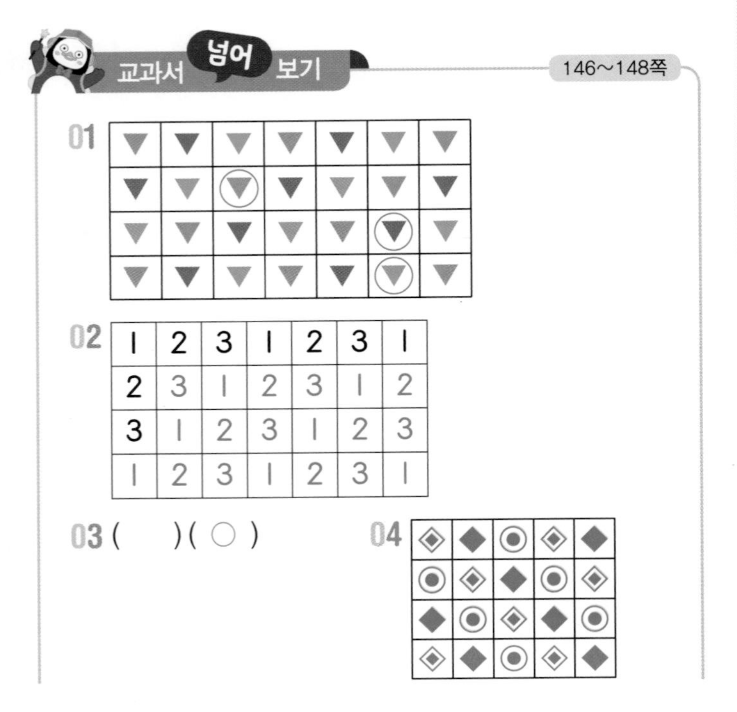

교과서 넘어 보기

146~148쪽

01

02

1	2	3	1	2	3	1
2	3	1	2	3	1	2
3	1	2	3	1	2	3
1	2	3	1	2	3	1

03 (　　)(○)

04

05

06 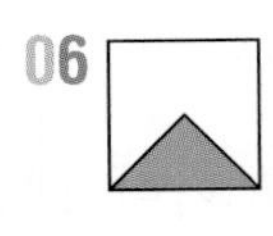

07 (1) 예 ●, ▲, ■, ★ 모양이 반복되는 규칙입니다.

(2) 예 무늬의 개수가 1개씩 늘어나는 규칙입니다.

(3) 예 초록색, 빨간색, 파란색이 반복되는 규칙입니다.

08 ▶, ■, ◆

규칙 예 ■, ◆, ▶이 반복되는 규칙입니다.

09 ☆에 ○표, 1

10 1, 1

11 3개

12 14개

13 (　　)(○)(　　)

14 규칙 1 예 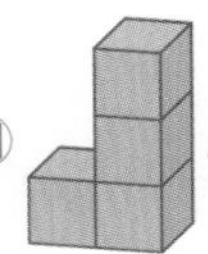 모양이 반복되는 규칙입니다.

규칙 2 예 쌓기나무를 1층, 3층, 1층, 3층으로 번갈아 가며 쌓은 규칙입니다.

15 9개

교과서 속 응용 문제

16

17 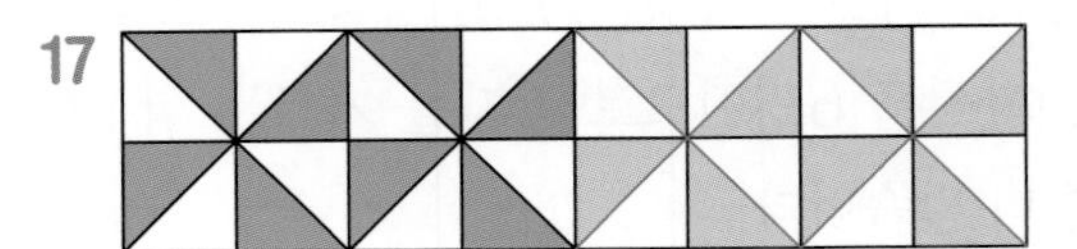

18 ㉢, ㉠, ㉡, ㉣

19 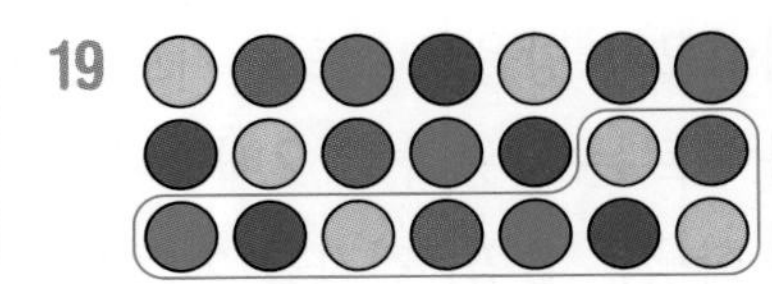

20

1	2	3	4	1	2	3
4	1	2	3	4	1	2
3	4	1	2	3	4	1

21 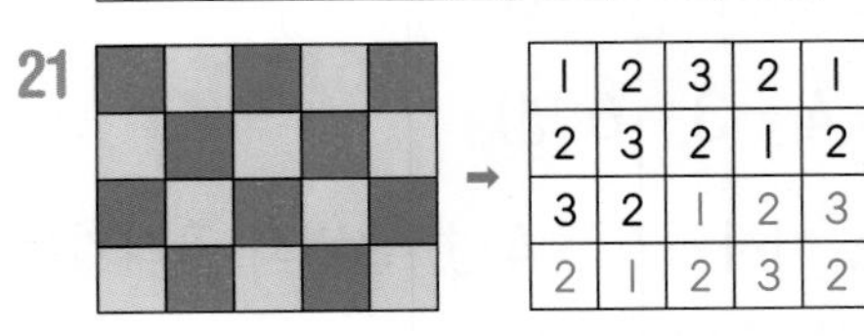

1	2	3	2	1
2	3	2	1	2
3	2	1	2	3
2	1	2	3	2

01 주황색, 보라색, 하늘색이 반복되는 규칙입니다

02 주황색, 보라색, 하늘색이 반복되는 규칙에 따라 1, 2, 3을 써넣습니다.

03 ◈, ◆, ◉ 모양이 반복되는 규칙입니다.

04 ◈, ◆, ◉ 모양이 반복되는 규칙이므로 ◉ 다음에는 ◈, ◆, ◉, ◈, ◆이 옵니다.

05 ◆가 2개씩 늘어나는 규칙이므로 빈칸에는 6개에서 2개 더 늘어나도록 ◆를 8개 그립니다.

06 가 시계 방향으로 돌아가며 반복되는 규칙입니다. 따라서 다음에는 이 옵니다.

11 쌓기나무는 5개 → 8개 → 11개로 3개씩 늘어나고 있습니다.

12 쌓기나무가 3개씩 늘어나므로 네 번째 모양에 쌓을 쌓기나무는 모두 $11+3=14$(개)입니다.

13 과 는 위쪽으로 올라갈수록 쌓기나무의 수가 1개씩 줄어듭니다. 연우가 설명하는 쌓기나무는 입니다.

15 쌓기나무가 2개씩 늘어나고 있으므로 4층으로 쌓은 쌓기나무는 $5+2=7$(개)이고, 5층으로 쌓은 쌓기나무는 $7+2=9$(개)입니다.

16 색칠된 부분이 시계 방향으로 돌아가며 반복되는 규칙이므로, 다음에 올 모양은 입니다.

18 모양이 시계 반대 방향으로 돌아가는 규칙이므로 다음에 올 모양은 순서대로 , , , 입니다.

19 ○, ●, ●, ●이 반복되는 규칙입니다.

20 ○는 1, ●는 2, ●는 3, ●는 4로 바꾸어 나타내면 1, 2, 3, 4가 반복되는 규칙입니다.

21 빨간색, 노란색, 파란색, 노란색을 반복하여 색칠하는 규칙입니다. 빨간색은 1, 노란색은 2, 파란색은 3으로 바꾸어 나타내면 1, 2, 3, 2가 반복되는 규칙입니다.

교과서 개념 다지기

149~153쪽

개념 5

01

+	1	2	3	4	5
1	2	3	4	5	6
2	3	4	5	6	7
3	4	5	6	7	8
4	5	6	7	8	9
5	6	7	8	9	10

02 1, 1, 1, 1

03 (1) 1 (2) 1

04 (위에서부터) 6, 5, 13

05 1

06

+	0	2	4	6
1	1	3	5	7
3	3	5	7	9
5	5	7	9	11
7	7	9	11	13

/ ㉡

개념 6

07 (위에서부터) 4, 8, 12, 20

08 3, 3, 3, 3

09 같습니다에 ○표

10 4, 4

11 12

12 3군데

개념 7

13 7

14 6

15 1

22

+	0	1	2	3	4	5	6	7	8	9
0	0	1	2	3	4	5	6	7	8	9
1	1	2	3	4	5	6	7	8	9	10
2	2	3	4	5	6	7	8	9	10	11
3	3	4	5	6	7	8	9	10	11	12
4	4	5	6	7	8	9	10	11	12	13
5	5	6	7	8	9	10	11	12	13	14
6	6	7	8	9	10	11	12	13	14	15
7	7	8	9	10	11	12	13	14	15	16
8	8	9	10	11	12	13	14	15	16	17
9	9	10	11	12	13	14	15	16	17	18

23 1

24 예 ↘ 방향으로 갈수록 2씩 커집니다.

25 9

26

+	0	2	4	6
1	1	3	5	7
3	3	5	7	9
5	5	7	9	11
7	7	9	11	13

27 예 ↗ 방향으로 갈수록 1씩 작아집니다.

28 (1)

14	15		17
15	16	17	18
	17	18	19

(2)

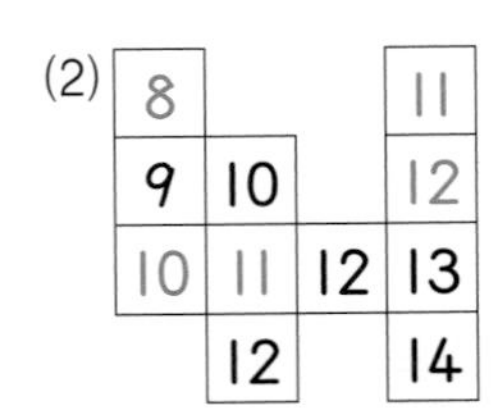

8			11
9	10		12
10	11	12	13
	12		14

29

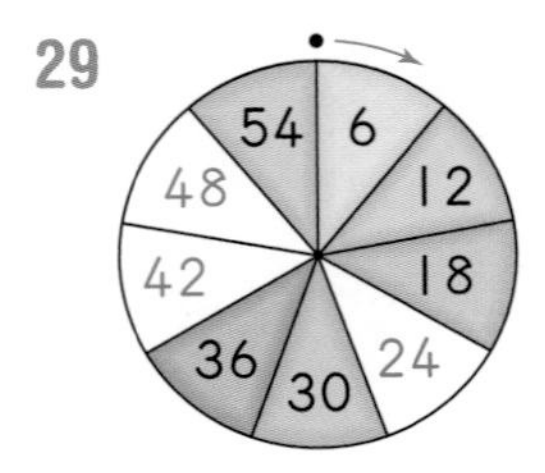

30 14

31 홀수에 ○표, 같습니다에 ○표

32

×	1	2	3	4	5
1	1	2	3	4	5
2	2	4	6	8	10
3	3	6	9	12	15
4	4	8	12	16	20
5	5	10	15	20	25

㉡ ㉠

33 5, 5

34 14

35 (1) (2)

36 예 ↑ 방향으로 갈수록 6씩 커집니다.

37 24층

38 예 아래쪽으로 내려갈수록 7씩 커집니다.

39 일요일

40 금요일

교과서 속 응용 문제

41 2군데

42 3군데

43 13일

44 24일

45 7일

23 ■으로 칠해진 수는 4, 5, 6, 7, 8, 9, 10, 11, 12, 13이므로 오른쪽으로 갈수록 1씩 커지는 규칙이 있습니다.

24 ---을 따라 ↘ 방향으로 내려간 수는 0, 2, 4, 6, 8, 10, 12, 14, 16, 18이므로 2씩 커지는 규칙이 있습니다.

25 ↙ 방향으로 같은 수가 있는 규칙이 있으므로 ↙ 방향에 반복되는 수를 세어 보면 9가 10개로 가장 많습니다.

26 가로와 세로에 있는 두 수가 만나는 칸에 두 수의 합을 써넣습니다.

27 ↗ 방향으로 갈수록 1씩 작아지는 규칙이 있습니다.

28 덧셈표의 수들은 오른쪽으로 갈수록, 아래쪽으로 내려갈수록 1씩 커지는 규칙입니다.

29 6단 곱셈구구입니다.

30 ▭으로 칠해진 수는 7, 21, 35, 49, 63이므로 아래쪽으로 갈수록 14씩 커지는 규칙입니다.

31 규칙 1 곱셈표에서 모든 곱은 일의 자리 수가 1, 3, 5, 7, 9인 홀수입니다.
규칙 2 점선(---)을 따라 접었을 때 만나는 수는 서로 같습니다.

32 ㉠은 4씩 커지고 있으므로 가로줄에서 4씩 커지는 곳을 찾아 색칠합니다.

33 ㉡의 규칙은 오른쪽으로 갈수록 5씩 커지므로 5단 곱셈구구와 같습니다.

34 20에서 아래쪽으로 내려갈수록 5씩 커지므로 5단 곱셈구구입니다.
➡ ●에 알맞은 수는 $5\times6=30$입니다.
24에서 위쪽으로 올라갈수록 4씩 작아지므로 4단 곱셈구구입니다.
➡ ▲에 알맞은 수는 $4\times4=16$입니다.
따라서 ●과 ▲의 차는 $30-16=14$입니다.

35 (1) 1시－3시－□－7시－9시－11시이므로 2시간씩 지난 시각을 나타낸 것입니다.
3시에서 2시간이 지나면 5시이므로 5시를 세 번째 시계에 나타냅니다.
(2) 1시－1시 30분－□－2시 30분－3시－3시 30분이므로 30분씩 지난 시각을 나타낸 것입니다.
1시에서 30분이 지나면 1시 30분이므로 1시 30분을 세 번째 시계에 나타냅니다.

36 승강기의 버튼이 한 줄에 6개 있으므로 승강기 버튼의 수는 ↑ 방향으로 갈수록 6씩 커집니다.

37 ↑ 방향으로 갈수록 6씩 커지므로 종근이네 집은 $18+6=24$(층)에 있습니다.

38 달력에 있는 수는 각 요일별로 아래쪽으로 내려갈수록 7씩 커지는 규칙이 있습니다.

39 7단 곱셈구구의 수는 7, 14, 21, 28이므로 달력에서 일요일의 날짜입니다.

40 달력에 있는 수는 각 요일별로 아래쪽으로 내려갈수록 7씩 커지는 규칙이 있습니다. 수연이의 생일에서 7일이 지난 21일은 목요일이고 14일이 지난 28일도 목요일입니다. 지환이의 생일은 수연이의 생일에서 15일이 지난 날이므로 28일(목요일)에서 하루가 지난 29일로 금요일입니다.

41 ●에 알맞은 수는 $7\times6=42$입니다. 곱셈표에서 $7\times6=42$, $6\times7=42$이므로 42는 모두 2군데입니다.

42 ◆에 알맞은 수는 $8+4=12$입니다. 곱셈표에서 $3\times4=12$, $4\times3=12$, $6\times2=12$이므로 12는 모두 3군데입니다.

43 달력에서 같은 요일의 날짜는 7씩 커집니다.
첫째 화요일이 6일이므로 둘째 화요일은 $6+7=13$(일)입니다.

44 달력에서 같은 요일의 날짜는 7씩 커집니다.
둘째 일요일이 10일이므로
셋째 일요일은 $10+7=17$(일),
넷째 일요일은 $17+7=24$(일)입니다.

45 달력에서 같은 요일의 날짜는 ↑방향으로 갈수록 7씩 줄어듭니다.
8월 28일이 수요일이므로 $28-7=21$(일), $21-7=14$(일), $14-7=7$(일)도 수요일입니다.
따라서 8월 첫째 수요일은 7일입니다.

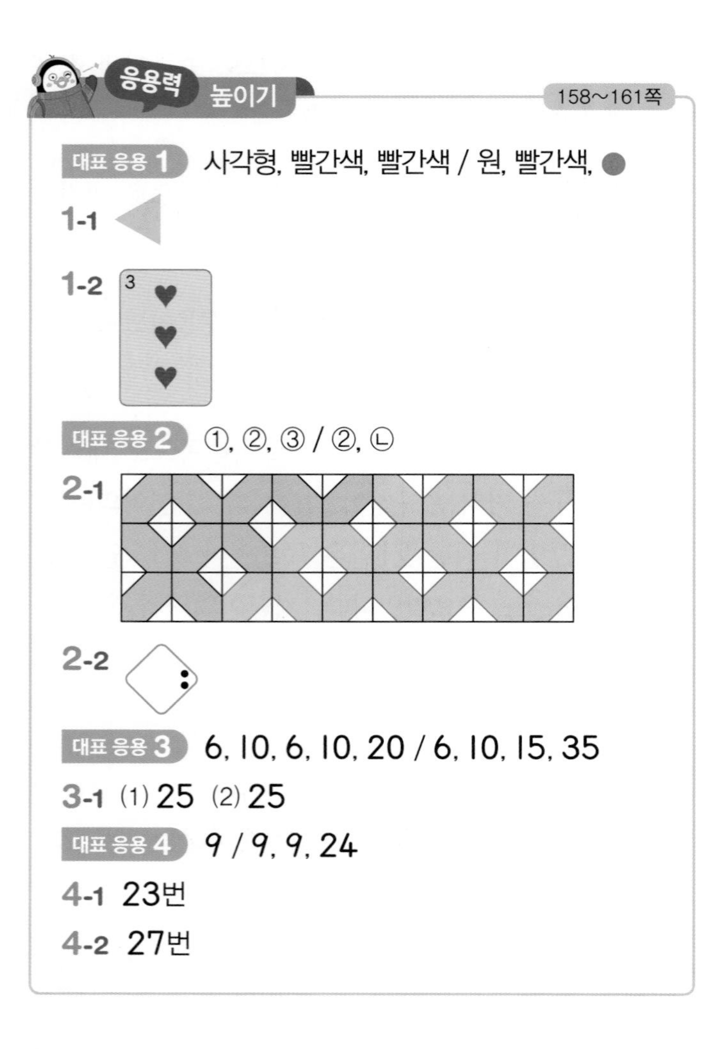

응용력 높이기 158~161쪽

대표 응용 1 사각형, 빨간색, 빨간색 / 원, 빨간색, ●

1-1 ◀

1-2 (카드 그림)

대표 응용 2 ①, ②, ③ / ②, ㉡

2-1 (그림)

2-2 (그림)

대표 응용 3 6, 10, 6, 10, 20 / 6, 10, 15, 35

3-1 (1) 25 (2) 25

대표 응용 4 9 / 9, 9, 24

4-1 23번

4-2 27번

1-1 모양은 ○, ▷, □, ◁이 반복되고 색깔은 빨간색, 파란색, 노란색이 반복되는 규칙입니다. 따라서 빈칸에 알맞은 모양은 노란색 ◁이므로 ◀입니다.

1-2 카드의 모양은 ♤, ♡, ◇가 반복되는 규칙이므로 빈칸에 들어갈 모양은 ♡입니다.
숫자와 모양의 개수는 2, 3, 4, 5가 반복되는 규칙이므로 빈칸에 들어갈 숫자는 3입니다.
색깔은 검은색, 빨간색, 빨간색이 반복되는 규칙이므로 빈칸에 알맞은 색깔은 빨간색입니다.

따라서 빈칸에 알맞은 카드 그림은  입니다.

2-1 ◪와 ◩가 반복되는 규칙입니다.

2-2 ◇ 안에 ● 의 위치는 왼쪽, 위쪽, 오른쪽, 아래쪽으로, ● 의 수는 1개, 2개, 3개가 반복되는 규칙입니다.
열한 번째 ◇ 안에 ● 은 오른쪽에 2개이므로 알맞은 모양은 ◇입니다.

3-1 (1) (쌓기나무 모양) 모양이 옆으로 반복해서 늘어나는 규칙으로 쌓았습니다.
첫 번째: 5개
두 번째: $5\times2=10$(개)
세 번째: $5\times3=15$(개)
네 번째: $5\times4=20$(개)
따라서 다섯 번째 모양에 쌓을 쌓기나무는 $5\times5=25$(개)입니다.

(2) 첫 번째: 1개
두 번째: $1+3=4$(개)
세 번째: $1+3+5=9$(개)
네 번째: $1+3+5+7=16$(개)
따라서 다섯 번째 모양에 쌓을 쌓기나무는 $1+3+5+7+9=25$(개) 입니다.

4-1

첫째 칸 둘째 칸 셋째 칸 …

첫째 줄	1	2	3	4	5	6	7	8	9
둘째 줄	10	11	12						
셋째 줄					○				
넷째 줄									

오른쪽으로 1씩, 아래쪽으로 9씩 커지는 규칙입니다. 따라서 셋째 줄 다섯째 칸은 첫째 줄 다섯째 칸인 5에서 9씩 2번 커진 수이므로 $5+9+9=23$(번)입니다.

4-2

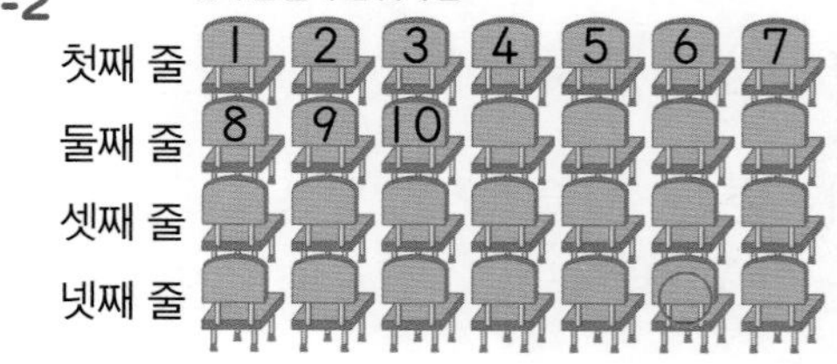

오른쪽으로 1씩, 아래쪽으로 7씩 커지는 규칙입니다. 따라서 넷째 줄 여섯째 칸은 첫째 줄 여섯째 칸인 6에서 7씩 3번 커진 수이므로
$6+7+7+7=27$(번)입니다.

162~164쪽

01 참외, 사과

02

1	2	2	1	2	2	1	2
2	1	2	2	1	2	2	1

03

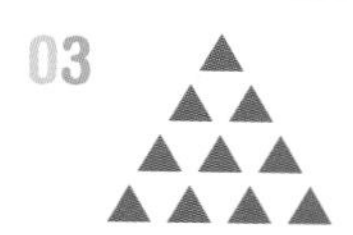

04 규칙 1 예 쌓기나무를 2층, 1층, 1층으로 번갈아 가며 쌓은 규칙입니다.

규칙 2 예 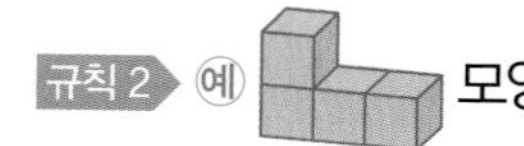 모양이 반복되는 규칙입니다.

05 10

06

		12	14	16	18
	15	18	21		
16	20	24	28	32	
20	25	30	35	40	

07

		12	16	20	24
5	10	15	20	25	
6	12	18	24	30	
7	14	21	28		

08 3, 3

09 10개

10 18개

11 ↑ / 예 ↓, →, ↑이 반복됩니다. / 예 초록색, 주황색이 반복됩니다.

12 (1) ■에 ○표 (2) 시계 (3) ㉠ / ㉠

13

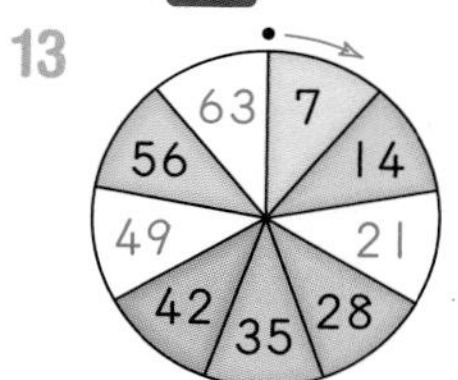

14

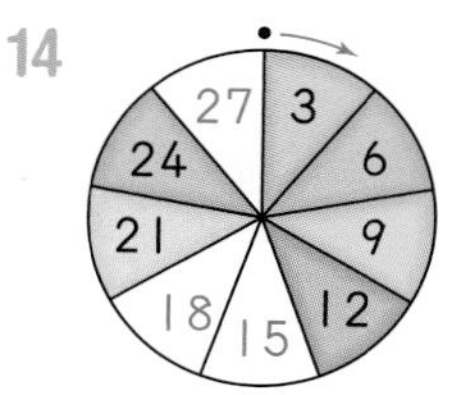

15 예 아기 코끼리의 모험은 1시간 20분 간격으로 상영하고, 겨울 천국은 2시간 간격으로 상영합니다.

16 ㉡

17 예 퍼레이드는 1시간 30분마다 시작됩니다.

18 9개

19 (1) 7 (2) 3, 토, 일 (3) 7, 일 / 일요일

20

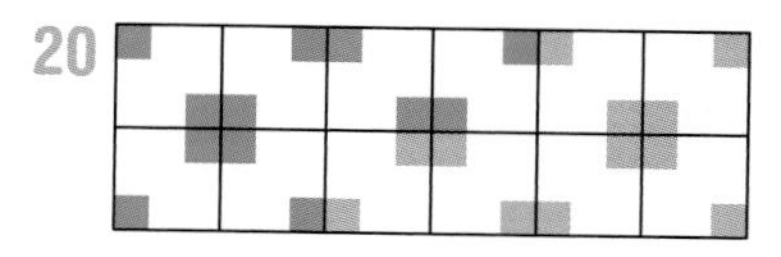

01 사과, 참외, 참외가 반복되는 규칙이므로 ㉠에는 참외, ㉡에는 사과가 놓입니다.

02 사과, 참외, 참외가 반복되는 규칙에 따라 1, 2, 2를 반복해서 써넣습니다.

03 ▲의 개수를 세어 보면
첫 번째: 1개, 두 번째: $1+2=3$(개),
세 번째: $1+2+3=6$(개)입니다.
따라서 빈칸에는 ▲이 $1+2+3+4=10$(개)입니다.

05 빈칸에 들어갈 수는 위에서부터 순서대로
$0+3=3$, $2+5=7$입니다.
따라서 두 수의 합은 $3+7=10$입니다.

06

		12	14	16	18	← 2단
	15	18	21			← 3단
16	20	24	28	32		← 4단
20	25	30	35	40		← 5단

07

		12	16	20	24	← 4단
5	10	15	20	25		← 5단
6	12	18	24	30		← 6단
7	14	21	28			← 7단

08 ▬으로 색칠한 수는 3, 6, 9, 12, 15로 3씩 커집니다. 따라서 3단 곱셈구구와 같습니다.

09 ★에 알맞은 수는 $3\times3=9$입니다. 곱셈표에서 9

보다 큰 수는 10, 10, 12, 12, 15, 15, 16, 20, 20, 25로 모두 10개입니다.

×	1	2	3	4	5
1	1	2	3	4	5
2	2	4	6	8	10
3	3	6	★	12	15
4	4	8	12	16	20
5	5	10	15	20	25

10 첫 번째: 3개
두 번째: $3+4=7$(개)
세 번째: $3+4+5=12$(개)
네 번째: $3+4+5+6=18$(개)

11 모양은 ↓, →, ↑이 반복되고, 색깔은 초록색, 주황색이 반복되는 규칙입니다. 빈칸에 알맞은 모양은 ↑입니다.

12 ■의 위치는 ■와 ■가 반복되고, •의 위치는 ■, ■, ■, ■와 같이 시계 방향으로 돌아가는 규칙입니다. 따라서 4개의 무늬 (■, ■, ■, ■)가 반복되므로 다음에 올 알맞은 모양은 ㉠ ■입니다.

13 시계 방향으로 7씩 커지는 7단 곱셈구구입니다.

14 시계 방향으로 3씩 커지는 3단 곱셈구구입니다.

16 오른쪽으로 1씩, 아래쪽으로 8씩 커지고, 왼쪽으로 1씩, 위쪽으로 8씩 작아지는 규칙이 있습니다. 범진이의 사물함 번호에서 8씩 2번을 빼면 $21-8-8=5$(번)이므로 범진이의 사물함은 5번과 세로로 같은 줄에 있습니다. 범진이의 사물함은 ㉡입니다.

17 3시−4시 30분 − 6시−7시 30분이므로 퍼레이드는 1시간 30분마다 시작되는 규칙이 있습니다.

18 아래쪽으로 내려갈수록 쌓기나무는 1개, 3개, 5개, 7개로 2개씩 늘어나는 규칙을 가지고 있습니다. 따라서 5층을 쌓기 위해서는 $7+2=9$(개)가 더 필요합니다.

19 10월은 31일까지 있습니다. 달력에서 7일마다 같은 요일이 반복되므로 31일은 $31-7=24$(일), $24-7=17$(일), $17-7=10$(일), $10-7=3$(일)과 같은 토요일입니다.
따라서 11월 1일은 일요일이고, 1주일 후인 11월 8일도 일요일이므로 승헌이의 생일은 일요일입니다.

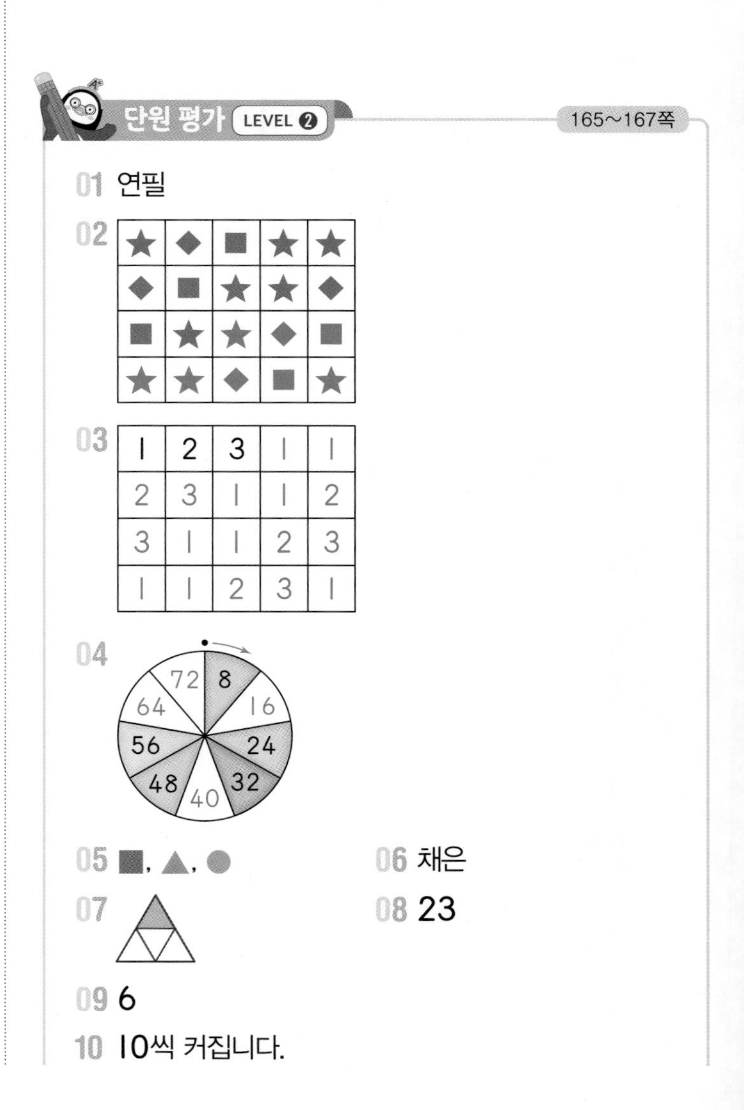

11 2군데

12

×	1	2	3	4
1	1	2	3	4
2	2	4	6	8
3	3	6	9	12
4	4	8	12	16

13 8개

14 (1) 13 (2) 13, 20

(3) 13, 13, 13, 46 / 46번

15 ㉡

16 22

17 24, 36

18 3, 1

19 (1) 1 (2) 5, 15 (3) 3, 4, 10 (4) 15, 10, 5 / 5개

20 금요일

01 연필, 연필, 지우개, 가위가 반복되는 규칙입니다. 연필 다음에 다시 한번 연필이 놓입니다.

02 ★, ◆, ■, ★이 반복되는 규칙입니다.

03 ★는 1, ◆는 2, ■는 3으로 나타내면 1, 2, 3, 1이 반복되는 규칙입니다.

04 시계 방향으로 8씩 커지는 8단 곱셈구구입니다.

05 ●, ■, ▲이 반복되는 규칙입니다.

06 모양은 ◢, ◣, ◤, ◥이 반복되고, 색깔은 빨간색, 초록색, 노란색이 반복되고 있으므로 빈칸에 들어갈 모양은 ◢입니다.

07 ▲, ▲, ▲, ▲이 반복되는 규칙이 있습니다. ▲ 다음에 올 모양은 ▲입니다.

08 ㉠은 $3+7=10$, ㉡은 $9+4=13$이므로 $10+13=23$입니다.

09 규칙 19 ➡ 13 ➡ 7 ➡ 1과 같이 ↖ 방향으로 갈수록 6씩 작아지는 규칙이 있습니다.

10 ▬으로 칠해진 수는 15, 25, 35, 45이므로 아래쪽으로 내려갈수록 10씩 커지는 규칙이 있습니다.

11 ㉠에 알맞은 수는 27이므로 곱셈표에서 27과 같은 수는 $3\times9=27$, $9\times3=27$로 2군데가 있습니다.

13

×	1	2	3	4
1	1	2	3	4
2	2	4	6	8
3	3	◆	9	12
4	4	8	12	16

◆에 알맞은 수는 $3\times2=6$입니다. 곱셈표에서 곱이 6보다 작은 수는 1, 2, 2, 3, 3, 4, 4, 4로 모두 8개입니다.

14 한 줄의 의자가 ★개이면 좌석 번호는 아래쪽으로 갈수록 ★씩 커지고 위쪽으로 갈수록 ★씩 작아지는 규칙이 있습니다. 해나의 자리와 뒷자리의 번호 차이가 13이므로 한 줄의 의자는 13개입니다.
첫째 줄 일곱 번째 의자의 번호가 7이므로 넷째 줄 일곱째 의자는 13씩 3번을 더한
$7+13+13+13=46$(번)입니다.

15 왼쪽부터 오른쪽으로 4층, 2층, 4층, 2층, ...으로 쌓은 모양은 ㉡입니다.

16 4층, 2층, 4층, 2층, 4층, 2층, 4층의 순서로 쌓게 되므로 7번째까지 쌓는 데 필요한 쌓기나무는 모두 $4+2+4+2+4+2+4=22$(개)입니다.

17

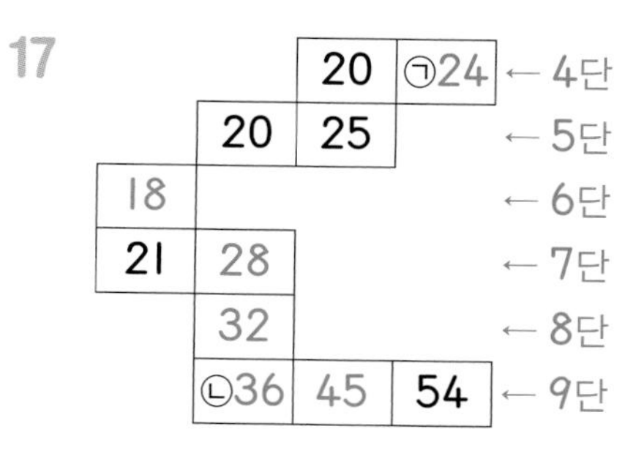

㉠에 알맞은 수는 $4\times6=24$이고, ㉡에 알맞은 수는 $9\times4=36$입니다.

19 고깔모자는 5칸으로 나누어져 있고 한 칸씩 내려갈수록 ★과 ☆의 개수는 1개씩 늘어나는 규칙이 있습니다.
★의 개수는 첫 번째 칸은 1개이고, 두 번째 칸은 $1+1=2$(개)이므로 다섯 번째 칸까지 완성했을 때 ★의 개수는 $1+2+3+4+5=15$(개)입니다.
☆의 개수는 첫 번째 칸은 0개이고, 두 번째 칸은 $0+1=1$(개)이므로 다섯 번째 칸까지 완성했을 때 ☆의 개수는 $0+1+2+3+4=10$(개)입니다.
따라서 ★의 개수와 ☆의 개수의 차는 $15-10=5$(개)입니다.

20 11월에는 30일까지 있고 달력에는 7일마다 같은 요일이 반복됩니다.
12월 27일에서 7일 전인 12월 20일은 겨울방학식과 같은 요일입니다. 27일에서 7일씩 3번을 뺀 $27-7-7-7=6$(일)도 겨울방학식과 같은 요일입니다.
12월 1일이 일요일이므로 5일 뒤인 12월 6일은 금요일이고, 12월 6일과 12월 27일은 같은 요일이므로 소연이네 학교의 겨울방학식은 금요일입니다.

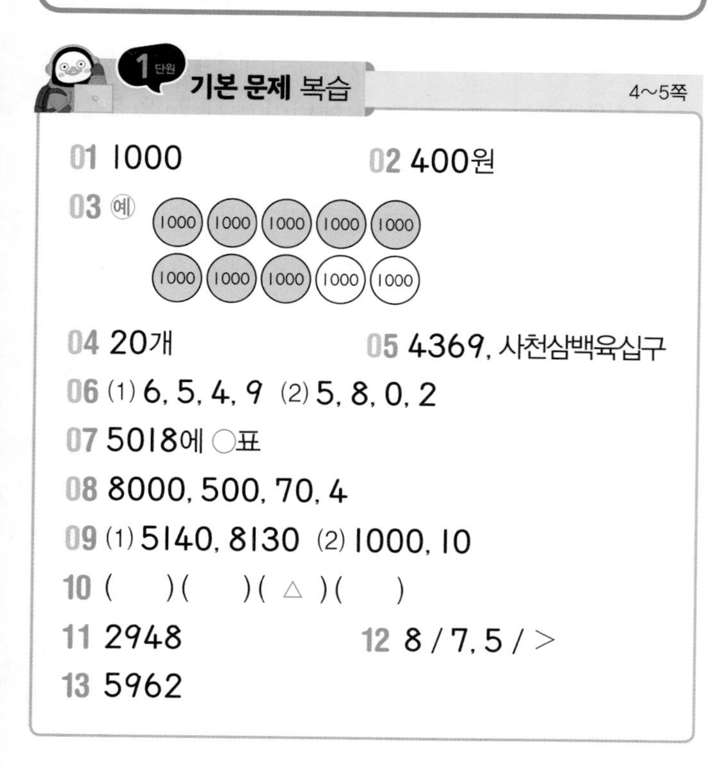

1단원 네 자리 수

1단원 기본 문제 복습 4~5쪽

01 1000　　02 400원

03 예 (1000)(1000)(1000)(1000)(1000)(1000)(1000)(1000)(1000)(1000)

04 20개　　05 4369, 사천삼백육십구

06 (1) 6, 5, 4, 9　(2) 5, 8, 0, 2

07 5018에 ○표

08 8000, 500, 70, 4

09 (1) 5140, 8130　(2) 1000, 10

10 (　)(　)(△)(　)

11 2948　　12 8 / 7, 5 / >

13 5962

01 백 모형이 10개이므로 1000입니다.

02 1000은 600보다 400만큼 더 큰 수입니다.

04 1000원짜리 지폐 2장은 2000원입니다.
2000원은 100원짜리 동전 20개와 같습니다.

05 1000이 4개이면 4000, 100이 3개이면 300, 10이 6개이면 60, 1이 9개이면 9입니다.
따라서 그림이 나타내는 수는 4369입니다.

06 (1) 6549는 1000이 6개, 100이 5개, 10이 4개, 1이 9개입니다.
(2) 오천팔백이를 수로 쓰면 5802입니다.
5802는 1000이 5개, 100이 8개, 10이 0개, 1이 2개인 수입니다.

07 5885는 '오천팔백팔십오', 5482는 '오천사백팔십이', 8558은 '팔천오백오십팔', 5018은 '오천십팔'입니다.

09 (2) ↓은 천의 자리 숫자가 1씩 커지고, →은 10의 자리 숫자가 1씩 커집니다.

10 3689 ➡ 3000, 2431 ➡ 30,
9153 ➡ 3, 6340 ➡ 300

11 십의 자리 숫자가 1씩 커지고 있으므로 10씩 뛰어 센 것입니다. 2958에서 거꾸로 10 뛰어 센 수는 2948입니다.

12 6824에서 백의 자리 숫자는 8입니다. 6759에서 백의 자리 숫자는 7, 십의 자리 숫자는 5입니다.
6824와 6759의 천의 자리 수는 같고, 백의 자리 수를 비교하면 8>7이므로 6824>6759입니다.

13 천의 자리 숫자가 5인 네 자리 수를 나타내면 5□□□입니다. 따라서 남은 수 2, 6, 9를 큰 수부터 순서대로 백의 자리, 십의 자리, 일의 자리에 쓰면 되므로 가장 큰 네 자리 수는 5962입니다.

1단원 응용 문제 복습 6~7쪽

01 9장	02 7장
03 8장	04 3507
05 6809	06 2073
07 2450원	08 3650원
09 3320원	10 >
11 >	12 <

01 김밥 2줄은 1000이 2번, 500이 2번이므로 3000원입니다. 또, 순대 2인분은 1000이 6번

이므로 6000원입니다. 따라서 예원이네 가족이 내야 하는 돈은 1000원짜리 지폐로 9장입니다.

02 김밥 2줄은 1000이 4번, 500이 2번이므로 5000원입니다. 또, 튀김 2개는 1000이 2번이므로 2000원입니다. 따라서 성준이가 내야 하는 돈은 1000원짜리 지폐로 7장입니다.

03 아이스크림 2개는 500이 2번이므로 1000원, 사탕 2봉지는 1000이 2번, 500이 2번이므로 3000원입니다. 또, 과자 2봉지는 2000이 2번이므로 4000원입니다. 따라서 향미가 내야 하는 돈은 1000원짜리 지폐로 8장입니다.

04 백의 자리 숫자는 5로 주어졌고, $0<3<7$이므로 가장 작은 네 자리 수는 천의 자리, 십의 자리, 일의 자리에 작은 수부터 순서대로 놓으면 됩니다. 천의 자리에 0이 올 수 없으므로 천의 자리에는 두 번째 작은 수인 3을 놓아야 합니다. ➡ 3507

05 백의 자리 숫자는 8로 주어졌고, $0<6<9$이므로 가장 작은 네 자리 수는 천의 자리, 십의 자리, 일의 자리에 작은 수부터 순서대로 놓으면 됩니다. 천의 자리에 0이 올 수 없으므로 천의 자리에는 두 번째 작은 수인 6을 놓아야 합니다. ➡ 6809

06 십의 자리 숫자는 7로 주어졌고, $0<2<3$이므로 가장 작은 네 자리 수는 천의 자리, 백의 자리, 일의 자리에 작은 수부터 순서대로 놓으면 됩니다. 천의 자리에 0이 올 수 없으므로 천의 자리에는 두 번째 작은 수인 2를 놓아야 합니다. ➡ 2073

07 1000원짜리가 3장 있으므로 3000원이고, 100원짜리가 11개 있으므로 1100원입니다. 따라서 상일이가 낸 돈은 4100원입니다.
1650에서 10씩 5번 뛰어 세면 1700이고, 1700에서 100씩 4번 뛰어 세면 2100이며, 2100에서 1000씩 2번 뛰면 4100이 되므로 빵 1개의 가격은 10씩 5번(50), 100씩 4번(400), 1000씩 2번(2000)이므로 2450원입니다.

08 5000원짜리가 1장, 1000원짜리가 1장 있으므로 6000원이고, 100원짜리가 14개 있으므로 1400원입니다. 따라서 예빈이가 낸 돈은 7400원입니다.
3750에서 10씩 5번 뛰어 세면 3800이고, 3800에서 100씩 6번 뛰어 세면 4400이며, 4400에서 1000씩 3번 뛰면 7400이 되므로 줄넘기 1개의 가격은 10씩 5번(50), 100씩 6번(600), 1000씩 3번(3000)이므로 3650원입니다.

09 5880에서 10씩 2번 뛰어 세면 5900이고, 5900에서 100씩 3번 뛰어 세면 6200이며, 6200에서 1000씩 3번 뛰면 9200이 되므로 필통 1개의 가격은 10씩 2번(20), 100씩 3번(300), 1000씩 3번(3000)이므로 3320원입니다.

10 6■80과 607▲의 천의 자리 숫자는 서로 같습니다. 6■80에서 ■ 안에 가장 작은 0을 넣고 십의 자리 숫자를 비교하여도 $8>7$이므로 6■80>607▲입니다.

11 591■와 5▲03의 천의 자리 숫자는 서로 같습니다. 5▲03에서 ▲ 안에 가장 큰 숫자인 9를 넣고 십의 자리 숫자를 비교하여도 $1>0$이므로 591■>5▲03입니다.

12 20■7과 2▲98의 천의 자리 숫자는 서로 같으므로 백의 자리 숫자를 비교합니다. 2▲98의 ▲ 안에 가장 작은 숫자인 0을 넣고, 20■7의 ■ 안에 가장 큰 숫자인 9를 넣어도 $2097<2098$이므로 20■7<2▲98입니다.

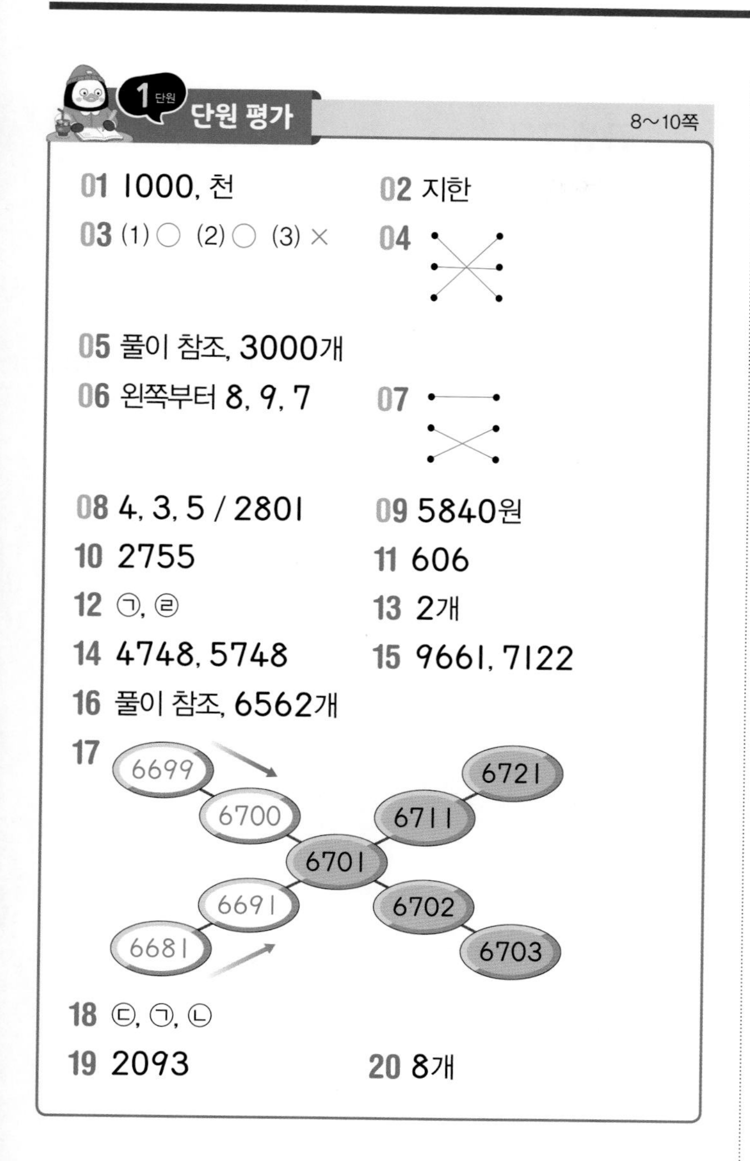

1 단원 **단원 평가** 8~10쪽

01 1000, 천
02 지한
03 (1) ○ (2) ○ (3) ×
04
05 풀이 참조, 3000개
06 왼쪽부터 8, 9, 7
07
08 4, 3, 5 / 2801
09 5840원
10 2755
11 606
12 ㉠, ㉣
13 2개
14 4748, 5748
15 9661, 7122
16 풀이 참조, 6562개
17

18 ㉢, ㉠, ㉡
19 2093
20 8개

02 지한: 1000은 100이 10개인 수입니다.

05 예 100이 10개이면 1000이므로 100이 30개이면 3000입니다. … 50 %
따라서 비누는 모두 3000개입니다. … 50 %

06

1000이	□개	➡	□000
100이	17개	➡	1700
10이	14개	➡	100
1이	9개	➡	9
	□849	=	8□4□

천의 자리 숫자가 8이고, □+1=8이므로 1000이 7개입니다.
백의 자리 숫자는 8이고 일의 자리 숫자는 9입니다.

07 2503은 이천오백삼, 2530은 이천오백삼십, 2305는 이천삼백오라고 읽습니다.

08 • 4352에서 천의 자리 숫자는 4, 백의 자리 숫자는 3, 십의 자리 숫자는 5, 일의 자리 숫자는 2입니다.
• 천의 자리 숫자가 2, 백의 자리 숫자가 8, 십의 자리 숫자가 0, 일의 자리 숫자가 1인 수는 2801입니다.

09 1000원짜리 지폐가 4장이면 4000원, 100원짜리 동전이 15개면 1500원, 10원짜리 동전이 34개이면 340원입니다. 따라서 은지가 가지고 있는 돈은 모두 5840원입니다.

10 2000과 3000 사이에 있는 수는 2□□□입니다.
백의 자리 숫자는 7, 일의 자리 숫자는 5이므로 27□5입니다.
십의 자리 숫자는 천의 자리 숫자보다 3만큼 더 큰 수이므로 5입니다. 따라서 구하는 수는 2755입니다.

11 ㉠은 백의 자리 숫자이므로 600을 나타내고 ㉡은 일의 자리 숫자이므로 6을 나타냅니다.
따라서 두 수의 합은 600+6=606입니다.

12 ㉠ 5860 ➡ 800, ㉡ 8067 ➡ 8000,
㉢ 3128 ➡ 8, ㉣ 4809 ➡ 800

13 천의 자리 숫자가 4인 수는 4012, 4107로 모두 2개입니다.

15 경희가 말한 수는 4631이고 1000씩 5번, 10씩 3번 뛰어 센 수는 9661입니다.
수미가 말한 수는 2092이고 1000씩 5번, 10씩 3번 뛰어 센 수는 7122입니다.

16 ㉠ 하루에 1000개씩 3일간 수확하여 넣으므로 3562부터 1000씩 3번 뛰어 세면 3562－4562－5562－6562입니다. … 50 %

따라서 3일 후에 창고에 있는 사과는 모두 6562개가 됩니다. … 50 %

17 초록색 화살표 방향은 1씩 뛰어 센 규칙이고, 빨간색 화살표 방향은 10씩 뛰어 센 규칙입니다.

18 ㉠ 오천칠백팔 ➡ 5708

㉡ 사천구백구십구 ➡ 4999

㉢ 오천칠백이십 ➡ 5720

5720＞5708＞4999이므로 ㉢, ㉠, ㉡입니다.

19 일의 자리 숫자는 3으로 주어졌고, 0＜2＜9이므로 가장 작은 네 자리 수는 천의 자리, 백의 자리, 십의 자리에 작은 수부터 순서대로 놓으면 됩니다. 천의 자리에 0이 올 수 없으므로 천의 자리에는 두 번째 작은 수인 2가 와야 합니다.

➡ 2093

20
- 두 수의 백의 자리 숫자가 8로 같다면 6824＜6830이므로 □ 안에 8이 들어갈 수 있습니다.
- 두 수의 백의 자리 숫자가 다르다면 □＜8이어야 하므로 □ 안에는 8보다 작은 7, 6, 5, 4, 3, 2, 1이 들어갈 수 있습니다.

따라서 □ 안에 들어갈 수 있는 수는 1부터 8까지 모두 8개입니다.

2단원 곱셈구구

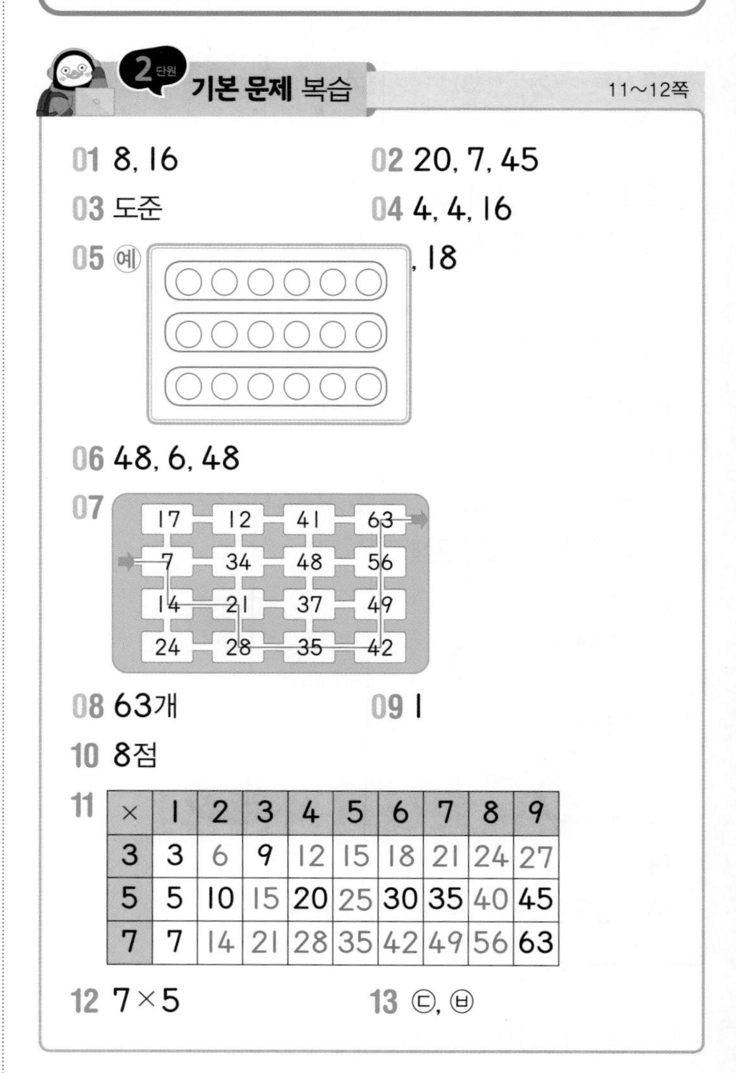

2단원 기본 문제 복습 11~12쪽

01 8, 16

02 20, 7, 45

03 도준

04 4, 4, 16

05 ㉠ , 18

06 48, 6, 48

07

08 63개

09 1

10 8점

11

×	1	2	3	4	5	6	7	8	9
3	3	6	9	12	15	18	21	24	27
5	5	10	15	20	25	30	35	40	45
7	7	14	21	28	35	42	49	56	63

12 7×5

13 ㉢, ㉥

01 2개씩 8묶음이므로 2×8＝16입니다.

03 바나나 한 송이에는 바나나가 3개 있고, 바나나는 모두 5송이입니다. 바나나 5송이의 수는 다음과 같이 여러 가지 방법으로 구할 수 있습니다.
- 3을 5번 더합니다.
- 3×5로 구할 수 있습니다.
- 3×4에 3을 더해서 구할 수 있습니다.

04 수직선에서 4씩 4번 뛰어 세면 4×4＝16입니다.

05 6×3＝18

07 7×1＝7, 7×2＝14, 7×3＝21,

$7 \times 4 = 28$, $7 \times 5 = 35$, $7 \times 6 = 42$,
$7 \times 7 = 49$, $7 \times 8 = 56$, $7 \times 9 = 63$

08 9개의 7배이면 $9 \times 7 = 63$(개)입니다.

09 1과 어떤 수의 곱, 어떤 수와 1의 곱은 항상 어떤 수가 됩니다. 따라서 ■에 공통으로 들어갈 수는 1입니다.

10 맞힌 횟수가 4번, 틀린 횟수가 3번이므로 $2 \times 4 = 8$, $0 \times 3 = 0$입니다. 따라서 태정이가 얻은 점수는 $8 + 0 = 8$(점)입니다.

12 5×7과 7×5의 곱은 35로 서로 같습니다.

13 ㉠ $8 \times 3 = 24$ ㉡ $4 \times 9 = 36$ ㉢ $2 \times 9 = 18$
㉣ $7 \times 6 = 42$ ㉤ $5 \times 5 = 25$ ㉥ $1 \times 9 = 9$

2단원 응용 문제 복습 13~14쪽

01 15	02 5
03 54	04 28
05 12	06 45
07 선우, 3 cm	08 주호, 1 cm
09 10 cm	10 8개
11 16개	12 56조각

01 $6 \times ■ = 48$에서 $6 \times 8 = 48$이므로 $■ = 8$입니다.
$▲ \times 4 = 28$에서 $7 \times 4 = 28$이므로 $▲ = 7$입니다.
➡ $■ + ▲ = 8 + 7 = 15$입니다.

02 $5 \times ■ = 40$에서 $5 \times 8 = 40$이므로 $■ = 8$입니다.
$▲ \times 9 = 27$에서 $3 \times 9 = 27$이므로 $▲ = 3$입니다.
➡ $■ - ▲ = 8 - 3 = 5$입니다.

03 $6 \times ■ = 36$에서 $6 \times 6 = 36$이므로 $■ = 6$입니다.
$▲ \times 7 = 63$에서 $9 \times 7 = 63$이므로 $▲ = 9$입니다.
$■ \times ▲ = 6 \times 9 = 54$입니다.

04 곱하는 두 수가 클수록 곱의 크기도 큽니다. 따라서 $7 > 4 > 3$이므로 7과 4를 곱한 곱이 28로 가장 큽니다.

05 곱하는 두 수가 작을수록 곱의 크기도 작습니다. 따라서 $2 < 6 < 9$이므로 2와 6을 곱한 곱이 12로 가장 작습니다.

06 $1 < 5 < 8$이므로 5와 8을 곱한 곱이 40으로 가장 크고 1과 5를 곱한 곱이 5로 가장 작습니다. 따라서 $40 + 5 = 45$입니다.

07 보미가 만든 끈의 길이는 $7 \times 6 = 42$(cm)이고, 선우가 만든 끈의 길이는 $9 \times 5 = 45$(cm)입니다. 따라서 선우가 만든 끈의 길이가 $45 - 42 = 3$(cm) 더 깁니다.

08 동욱이가 만든 색 테이프의 길이는 $5 \times 7 = 35$(cm)이고, 주호가 만든 색 테이프의 길이는 $6 \times 6 = 36$(cm)입니다. 따라서 주호가 만든 색 테이프의 길이가 $36 - 35 = 1$(cm) 더 깁니다.

09 빨간 로봇은 5초 동안 $5 \times 5 = 25$(cm)만큼 움직였고, 파란 로봇은 5초 동안 $7 \times 5 = 35$(cm)만큼 움직였습니다. 동시에 같은 방향으로 출발했으므로 두 로봇의 거리는 10 cm입니다.

10 색종이 한 장을 3번 접으면 8겹이 되고 구멍을 1개 뚫으면 $1 \times 8 = 8$(개)가 됩니다.

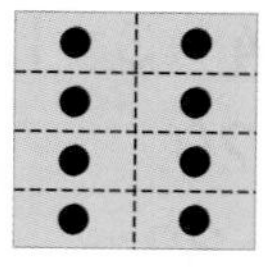

11 색종이 한 장을 3번 접으면 8겹이 되고 구멍을 2개 뚫으면 $2 \times 8 = 16$(개)가 됩니다.

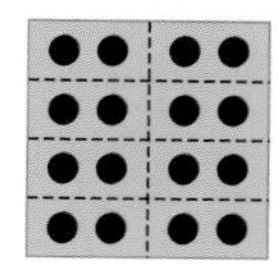

BOOK 2 복습책

12 색종이 한 장은 8조각이 됩니다. 따라서 8조각씩 7장이므로 $8 \times 7 = 56$(조각)입니다.

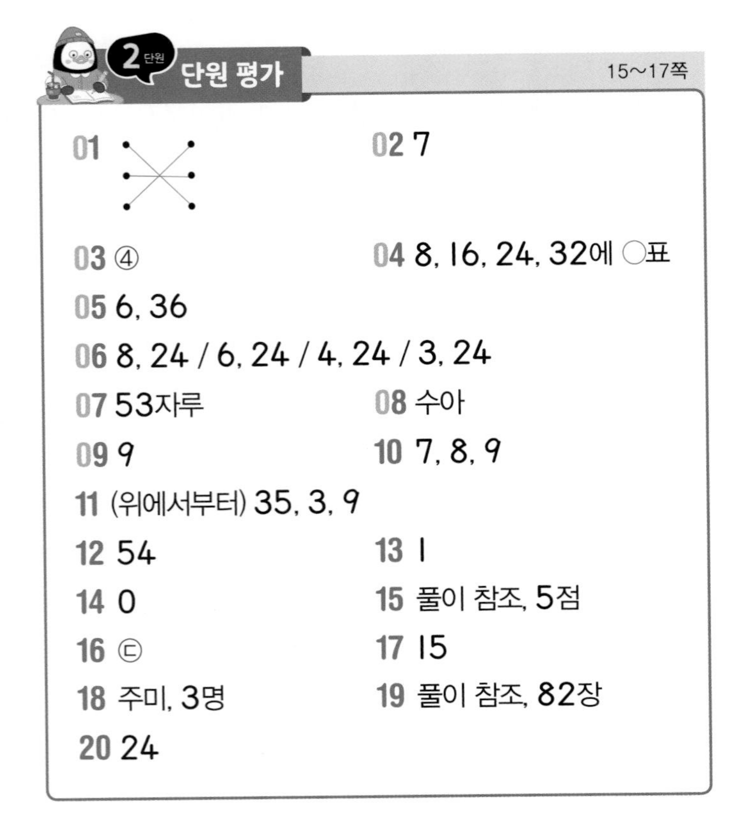

2단원 단원 평가 15~17쪽

01 (선 잇기 그림)
02 7
03 ④
04 8, 16, 24, 32에 ○표
05 6, 36
06 8, 24 / 6, 24 / 4, 24 / 3, 24
07 53자루
08 수아
09 9
10 7, 8, 9
11 (위에서부터) 35, 3, 9
12 54
13 1
14 0
15 풀이 참조, 5점
16 ㉢
17 15
18 주미, 3명
19 풀이 참조, 82장
20 24

01 $2 \times 6 = 12$, $2 \times 8 = 16$, $2 \times 9 = 18$

02 $5 \times 7 = 35$

03 ① $2 \times 7 = 14$ ② $5 \times 4 = 20$ ③ $3 \times 6 = 18$
④ $6 \times 8 = 48$ ⑤ $4 \times 9 = 36$

04 $4 \times 1 = 4$, $8 \times 1 = 8$/$4 \times 2 = 8$, $4 \times 3 = 12$, $8 \times 2 = 16$/$4 \times 4 = 16$, $4 \times 5 = 20$, $8 \times 3 = 24$/$4 \times 6 = 24$, $4 \times 8 = 32$

05 $4 \times 9 = 36$, $6 \times 6 = 36$

06 $3 \times 8 = 24$, $4 \times 6 = 24$, $6 \times 4 = 24$, $8 \times 3 = 24$

07 4자루씩 8묶음이면 $4 \times 8 = 32$(자루), 7자루씩 3묶음이면 $7 \times 3 = 21$(자루)입니다. 따라서 색연필은 모두 $32 + 21 = 53$(자루)입니다.

08 4×6은 다음과 같이 여러 가지 방법으로 구할 수 있습니다.
- 4×2를 3번 더합니다.
- 4×4와 4×2를 더합니다.
- 4×5에 4를 더합니다.

09 ♥씩 6묶음과 ♥씩 7묶음의 차이는 ♥씩 1묶음인데 9만큼 작으므로 어떤 수는 9입니다. 즉, $9 \times 6 = 54$, $9 \times 7 = 63$, $63 - 54 = 9$입니다.

10 $9 \times 6 = 54$이므로 54보다 큰 곱이 되려면 □ 안에 7, 8, 9가 들어가야 합니다.

11 $7 \times 5 = 35$이므로 빈칸에 알맞은 수는 35입니다. $7 \times \square = 21$에서 $7 \times 3 = 21$이므로 빈칸에 알맞은 수는 3입니다.
$7 \times \square = 63$에서 $7 \times 9 = 63$이므로 빈칸에 알맞은 수는 9입니다.

12 길이가 9 cm인 블록을 6개 연결했으므로 이어 붙인 블록의 길이는 $9 \times 6 = 54$(cm)입니다.

13 어떤 수와 1의 곱은 항상 어떤 수가 됩니다.
$7 \times \boxed{1} = 7$, $8 \times \boxed{1} = 8$, $9 \times \boxed{1} = 9$

14 $2 \times 4 = 8$이고, 어떤 수와 0의 곱은 항상 0입니다. 따라서 $8 \times$ ♥ $= 0$이므로 ♥ $= 0$입니다.

15 예 진석이는 2번 이겼으므로 $2 \times 2 = 4$(점), 1번 비겼으므로 $1 \times 1 = 1$(점), 2번 졌으므로 $0 \times 2 = 0$(점)을 얻었습니다. … 50 %
따라서 진석이는 모두 $4 + 1 + 0 = 5$(점)을 얻었습니다. … 50 %

16 ♣ $= 6 \times 5 = 30$이고, 30을 나타낼 수 있는 곱셈구구는 5×6과 6×5가 있습니다. ㉢ $= 5 \times 6$이므로 ♣과 곱이 같습니다.

17 ㉠은 $5\times4=20$, ㉣은 $5\times7=35$이므로 ㉣은 ㉠보다 $35-20=15$만큼 더 큽니다.

18 성주네 반의 학생 수는 $4\times6=24$(명)이고 주미네 반의 학생 수는 $3\times9=27$(명)입니다. 따라서 주미네 반 학생 수가 $27-24=3$(명) 더 많습니다.

19 예 우유식빵은 한 봉지에 8장씩 5봉지 있으므로 $8\times5=40$(장), 옥수수식빵은 한 봉지에 7장씩 6봉지 있으므로 $7\times6=42$(장)입니다. … 50 %
따라서 식빵은 모두 $40+42=82$(장) 있습니다.
… 50 %

20
- 6단 곱셈구구의 값은 6, 12, 18, 24, 30, 36, 42, 48, 54입니다.
- 6단 곱셈구구의 값 중에 8단 곱셈구구에도 나오는 수는 24, 48입니다.
- 그중 20보다 크고 30보다 작은 수는 24입니다.

3 단원 길이 재기

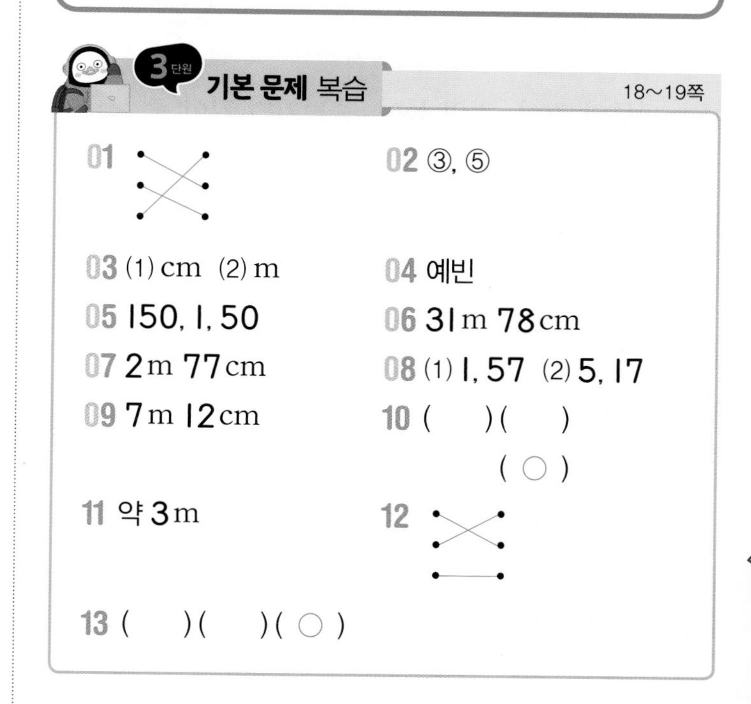

3 단원 기본 문제 복습 18~19쪽

01 (선 잇기)
02 ③, ⑤
03 (1) cm (2) m
04 예빈
05 150, 1, 50
06 31 m 78 cm
07 2 m 77 cm
08 (1) 1, 57 (2) 5, 17
09 7 m 12 cm
10 (   )(   )
(○)
11 약 3 m
12 (선 잇기)
13 (   )(   )(○)

01 100 cm=1 m이므로 400 cm=4 m입니다.
따라서 476 cm=4 m 76 cm,
406 cm=4 m 6 cm
460 cm=4 m 60 cm입니다.

02 135 cm는 1 m 35 cm입니다.
135 cm는 1 m보다 35 cm 더 긴 길이입니다.

03 (1) 책상 긴 쪽의 길이는 100 cm에 가깝습니다.
(2) 건물의 높이는 10 m에 가깝습니다.

04 6 m 98 cm=698 cm, 7 m 9 cm=709 cm
따라서 $698<709<710$이므로 가장 짧은 길이를 말한 사람의 이름은 예빈입니다.

06 15 m 30 cm+16 m 48 cm=31 m 78 cm

07 145 cm=1 m 45 cm이므로
1 m 32 cm+1 m 45 cm=2 m 77 cm입니다.

08 (1) 3 m 69 cm−2 m 12 cm=1 m 57 cm

BOOK 2 복습책

(2) 8 m 45 cm−3 m 28 cm=5 m 17 cm

09 창고 긴 쪽의 길이에서 짧은 쪽의 길이를 뺍니다.
17 m 64 cm−10 m 52 cm=7 m 12 cm

10 필통의 길이, 컵의 높이, 줄넘기의 길이 중 1 m보다 긴 것은 줄넘기의 길이입니다.

11 윤지가 양팔을 벌린 길이로 3번 잰 길이와 같으므로 약 3 m입니다.

12 지팡이의 길이는 약 1 m, 수학책 긴 쪽의 길이는 약 30 cm, 자동차 긴 쪽의 길이는 약 4 m입니다.

13 약 2 m 길이의 막대로 3번이므로 약 6 m입니다.

3단원 응용 문제 복습 20~21쪽

01 2 m 34 cm	02 3 m 42 cm
03 3 m 15 cm	04 3, 25
05 4, 32	06 1, 21
07 민지, 약 10 cm	08 연우, 약 30 cm
09 ㉮ 막대, 약 4 m 10 cm	
10 1, 2, 5 / 2, 24	11 3, 4, 8 / 6, 20
12 1 m 25 cm	

01 5 m 49 cm−3 m 15 cm=2 m 34 cm

02 11 m 67 cm−8 m 25 cm=3 m 42 cm

03 정류장에서 음식점을 지나 집까지의 거리는
8 m 10 cm+11 m 58 cm=19 m 68 cm입니다.
정류장에서 음식점을 지나 집까지 가는 거리에서 정류장에서 학교까지의 거리를 빼면
19 m 68 cm−16 m 53 cm=3 m 15 cm입니다.

04 ㉠ m 41 cm+3 m 22 cm+3 m ㉡ cm
=(㉠+3+3) m (41+22+㉡) cm
=(㉠+6) m (63+㉡) cm
세 길이의 합은 9 m 88 cm이므로
(㉠+6) m (63+㉡) cm=9 m 88 cm에서
㉠+6=9, ㉠=3이고 63+㉡=88, ㉡=25입니다.

05 ㉠ m 23 cm+1 m 15 cm+1 m ㉡ cm
=(㉠+1+1) m (23+15+㉡) cm
=(㉠+2) m (38+㉡) cm
세 길이의 합은 6 m 70 cm이므로
(㉠+2) m (38+㉡) cm=6 m 70 cm에서
㉠+2=6, ㉠=4이고 38+㉡=70, ㉡=32입니다.

06 세 길이의 합은
8 m 99 cm−1 m 33 cm=7 m 66 cm입니다.
2 m 11 cm+㉠ m 34 cm+4 m ㉡ cm
=(2+㉠+4) m (11+34+㉡) cm
=(㉠+6) m (45+㉡) cm이므로
(㉠+6) m (45+㉡) cm=7 m 66 cm에서
㉠+6=7, ㉠=1이고 45+㉡=66, ㉡=21입니다.

07 민지의 2걸음은 약 1 m이고, 준호의 2걸음은 약 1 m 20 cm입니다.
민지의 11걸음은 1 m로 5번과 50 cm로 1번이므로 민지가 걸은 거리는 약 5 m 50 cm입니다.
준호의 9걸음은 1 m 20 cm로 4번과 60 cm로 1번이므로 준호가 걸은 거리는 약
4 m+80 cm+60 cm=5 m 40 cm입니다.
따라서 5 m 50 cm−5 m 40 cm=10 cm이므로 민지가 약 10 cm만큼 더 걸었습니다.

08 유나의 2걸음은 약 1 m이고, 연우의 2걸음은 약 1 m 20 cm입니다.

유나의 21걸음은 1m로 10번과 50cm로 1번이므로 유나가 걸은 거리는 약 10m 50cm입니다.
연우의 18걸음은 1m 20cm로 9번이므로 연우가 걸은 거리는 약 9m+180cm=10m 80cm입니다.
따라서 10m 80cm−10m 50cm=30cm이므로 연우가 약 30cm만큼 더 걸었습니다.

09 ㉮ 막대를 겹치지 않게 연결한 길이는
약 1m로 13번(약 13m), 약 50cm로 10번(약 5m), 약 50cm로 3번(약 1m 50cm)이므로 약 19m 50cm입니다.
㉯ 막대를 겹치지 않게 연결한 길이는
약 2m로 7번(약 14m), 약 20cm로 7번(약 1m 40cm)이므로 약 15m 40cm입니다.
따라서 19cm 50cm−15cm 40cm
=4m 10cm이므로 ㉮ 막대를 겹치지 않게 연결한 길이가 약 4m 10cm만큼 더 깁니다.

10 계산 결과가 가장 크려면 수 카드로 가장 짧은 길이를 만들어서 빼야 합니다. 주어진 수 카드로 만들 수 있는 가장 짧은 길이는 1m 25cm이므로 계산 결과가 가장 클 때의 값은
3m 49cm−1m 25cm=2m 24cm입니다.

11 계산 결과가 가장 크려면 수 카드로 가장 짧은 길이를 만들어서 빼야 합니다. 주어진 수 카드로 만들 수 있는 가장 짧은 길이는 3m 48cm이므로 계산 결과가 가장 클 때의 값은
9m 68cm−3m 48cm=6m 20cm입니다.

12 계산 결과가 가장 작으려면 수 카드로 가장 긴 길이를 만들어서 빼야 합니다. 주어진 수 카드로 만들 수 있는 가장 긴 길이는 8m 43cm이므로 계산 결과가 가장 작을 때의 값은
9m 68cm−8m 43cm=1m 25cm입니다.

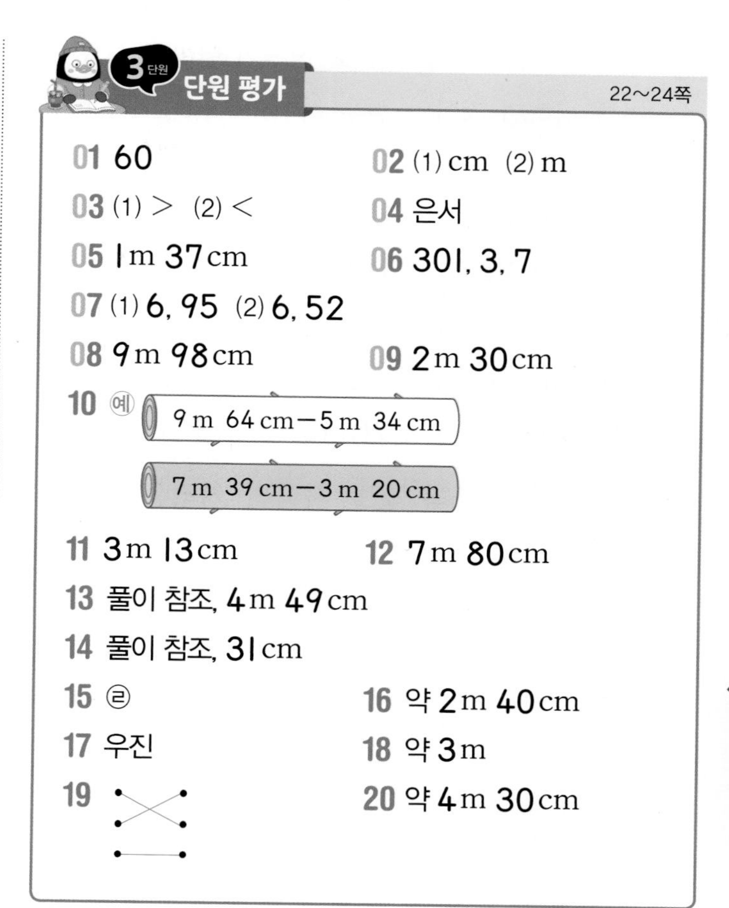

3단원 단원 평가

22~24쪽

01 60
02 (1) cm (2) m
03 (1) > (2) <
04 은서
05 1m 37cm
06 301, 3, 7
07 (1) 6, 95 (2) 6, 52
08 9m 98cm
09 2m 30cm
10 예 9m 64cm−5m 34cm / 7m 39cm−3m 20cm
11 3m 13cm
12 7m 80cm
13 풀이 참조, 4m 49cm
14 풀이 참조, 31cm
15 ㉣
16 약 2m 40cm
17 우진
18 약 3m
19
20 약 4m 30cm

03 (1) 5m 40cm
=500cm+40cm=540cm
(2) 602cm=600cm+2cm=6m 2cm

04 민수의 키는 129cm=1m 29cm입니다.
현지의 줄의 길이가 2m 5cm이면 205cm로 나타낼 수 있습니다.
은서네 감나무의 높이가 172cm이므로 1m 72cm로 나타낼 수 있습니다.
따라서 길이를 바르게 설명한 사람은 은서입니다.

05 137cm=1m 37cm

06 307cm=3m 7cm

07 (1) 4m 24cm+2m 71cm=6m 95cm
(2) 1m 38cm+5m 14cm=6m 52cm

08 6m 53cm+3m 45cm=9m 98cm입니다.

BOOK 2 복습책

09 정아가 멀리뛰기 한 거리와 현우가 멀리뛰기 한 거리를 더하면 정아와 현우 사이의 거리를 구할 수 있습니다.
정아는 1m 25cm, 현우는 1m 5cm를 뛰었으므로 1m 25cm+1m 5cm=2m 30cm입니다.

10 9m 64cm−5m 34cm=4m 30cm
7m 39cm−3m 20cm=4m 19cm

11 노란색과 파란색 깃발 사이의 거리는 15 m 58cm이고, 노란색과 초록색 깃발 사이의 거리는 12m 45cm입니다.
15m 58cm−12m 45cm=3m 13cm이므로 노란색과 파란색 깃발 사이의 거리는 노란색과 초록색 깃발 사이의 거리보다 3m 13cm 더 멉니다.

12 노란색 리본의 길이는
4m 50cm−1m 20cm=3m 30cm입니다.
따라서 두 리본의 길이의 합은
4m 50cm+3m 30cm=7m 80cm

13 ㉠ 계산 결과가 가장 크려면 수 카드로 가장 짧은 길이를 만들어서 빼야 하므로 주어진 수 카드로 만들 수 있는 가장 짧은 길이는 2m 37cm입니다.
··· 50 %
따라서 계산 결과가 가장 클 때의 값은
6m 86cm−2m 37cm=4m 49cm입니다. ··· 50 %

14 ㉠ 파란색 테이프 2개를 이어 붙인 길이는
1m 23cm+1m 23cm=2m 46cm입니다. ··· 50 %
따라서 파란색 테이프 2개를 이어 붙인 길이는 초록색 테이프의 길이보다
2m 46cm−2m 15cm=31cm 더 깁니다.
··· 50 %

15 어린이가 양팔을 벌린 길이가 1m에 가장 가깝습니다.

16 화단의 긴 쪽의 길이는 진우의 걸음으로 약 6걸음입니다. 따라서 약 40cm로 6걸음이면 약 240cm=2m 40cm입니다.

17 3m 40cm와의 길이의 차를 구하면
민경이는 3m 40cm−3m 24cm=16cm,
한서는 3m 52cm−3m 40cm=12cm,
우진이는 3m 40cm−3m 32cm=8cm입니다.
따라서 3m 40cm에 가장 가깝게 날린 사람은 차가 가장 작은 우진입니다.

18 15뼘은 5뼘의 3배이므로 약 1m의 3배는 약 3m입니다.

19 운동장 긴 쪽의 길이는 약 60m, 붓의 길이는 약 25cm, 농구 골대의 높이는 약 3m에 가깝습니다.

20 연두색 벽의 긴 쪽의 길이는 침대의 짧은 부분과 책꽂이로 어림한 나머지 길이를 더하여 구할 수 있습니다. 침대의 짧은 부분은 1m 30cm이고, 나머지 부분은 1m 책꽂이로 3번 정도이므로 어림하면 약 3m입니다. 따라서 연두색 벽의 긴 쪽의 길이는 약 4m 30cm입니다.

시각과 시간

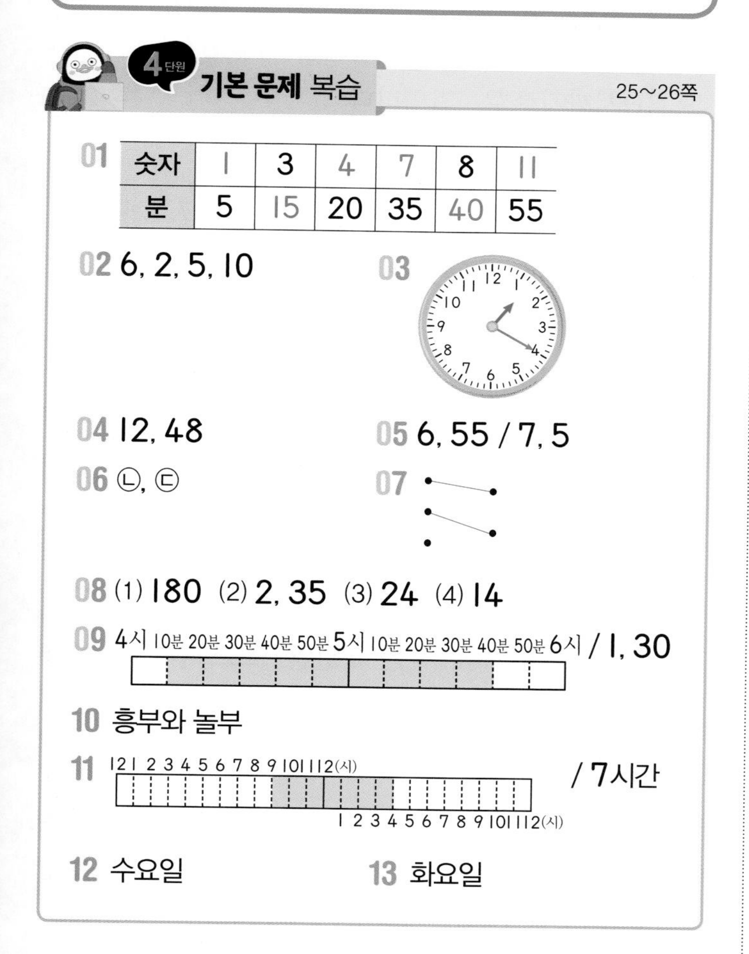

기본 문제 복습

25~26쪽

01

숫자	1	3	4	7	8	11
분	5	15	20	35	40	55

02 6, 2, 5, 10

03

04 12, 48

05 6, 55 / 7, 5

06 ㉡, ㉢

07

08 (1) 180 (2) 2, 35 (3) 24 (4) 14

09 4시 10분 20분 30분 40분 50분 5시 10분 20분 30분 40분 50분 6시 / 1, 30

10 흥부와 놀부

11 12 1 2 3 4 5 6 7 8 9 10 11 12(시) 1 2 3 4 5 6 7 8 9 10 11 12(시) / 7시간

12 수요일

13 화요일

03 20분은 긴바늘이 4를 가리키도록 그립니다.

04 시계의 짧은바늘이 12와 1 사이에 있으므로 12시, 긴바늘이 9에서 작은 눈금 3칸 더 간 곳을 가리키고 있으므로 48분입니다. 따라서 시계가 나타내는 시각은 12시 48분입니다.

05 6시 55분은 7시가 되기 5분 전이므로 7시 5분 전이라고도 읽습니다.

06 시계가 가리키는 시각은 10시 50분입니다.
10시 50분은 11시가 되기 10분 전의 시각이므로 11시 10분 전이라고도 읽습니다.

07 • 시계의 짧은바늘이 11과 12 사이에 있고, 긴바늘이 8(40분)에서 작은 눈금 2칸 더 간 곳을 가리키므로 11시 42분입니다.
• 시계의 짧은바늘이 12와 1 사이에 있고, 긴바늘이 10(50분)에서 작은 눈금 1칸 더 간 곳을 가리키므로 12시 51분입니다.

08 (1) 3시간=1시간+1시간+1시간
=60분+60분+60분=180분
(2) 155분=60분+60분+35분
=1시간+1시간+35분=2시간 35분
(3) 1일=24시간
(4) 2주일=1주일+1주일=7일+7일=14일

09 4시 10분 →(1시간) 5시 10분 →(30분) 5시 40분
따라서 4시 10분부터 5시 40분까지 1시간 30분이 지났습니다.

10 • 흥부와 놀부 공연 시간
9시 30분 →(1시간) 10시 30분 →(20분) 10시 50분
➡ 1시간 20분
• 콩쥐팥쥐 공연 시간
2시 40분 →(1시간) 3시 40분 →(10분) 3시 50분
➡ 1시간 10분
따라서 흥부와 놀부의 공연 시간이 더 깁니다.

11 오전 9시부터 오후 4시까지이므로 시간 띠에 색칠하면 7칸입니다. 따라서 현장 체험학습을 다녀온 시간은 7시간입니다.

12 4월 5일, 12일, 19일, 26일은 금요일입니다. 4월은 30일까지 있으므로 26일의 4일 후인 30일은 화요일입니다. 따라서 5월 1일은 수요일입니다.

13 9월은 30일까지 있으므로 2일, 9일, 16일, 23일, 30일이고 10월 1일은 일요일입니다. 10월은 31일까지 있고 10월 1일, 8일, 15일, 22일, 29일은 일요일이므로 10월 31일이므로 화요일입니다.

4 단원 응용 문제 복습

27~28쪽

01 45분	02 1시간 11분
03 마로, 10분	04 11시 40분
05 5시 22분	06 5시 10분
07 6시간	08 4시간
09 4시간	10 화요일
11 일요일	12 금요일

01 11시 40분에서 12시 25분이 되었으므로 45분이 지났습니다.

02 9시 30분 $\xrightarrow{\text{1시간}}$ 10시 30분 $\xrightarrow{\text{11분}}$ 10시 41분

➡ 1시간 11분

03 단비:

3시 30분 $\xrightarrow{\text{1시간}}$ 4시 30분 $\xrightarrow{\text{10분}}$ 4시 40분

➡ 1시간 10분=70분

마로:

3시 40분 $\xrightarrow{\text{1시간}}$ 4시 40분 $\xrightarrow{\text{20분}}$ 5시

➡ 1시간 20분=80분

따라서 마로가 단비보다 80−70=10(분) 더 오래 책을 읽었습니다.

04 시계의 긴바늘이 3바퀴 도는 데 걸리는 시간은 3시간입니다. 시계가 나타내는 시각이 8시 40분이므로 3시간 후의 시각은 11시 40분입니다.

05 시계의 긴바늘이 2바퀴 도는 데 걸리는 시간은 2시간입니다. 시계가 나타내는 시각이 3시 22분이므로 2시간 후의 시각은 5시 22분입니다.

06 시계의 긴바늘이 3바퀴를 돌면 3시간이 지난 것이므로 동우가 식물원에서 나온 시각은 2시 10분에서 3시간 후의 시각인 5시 10분입니다.

07 오전 8시 $\xrightarrow{\text{4시간}}$ 낮 12시 $\xrightarrow{\text{2시간}}$ 오후 2시

따라서 민수는 6시간 동안 학교에 있습니다.

08 운동을 한 시간은 오전 10시부터 낮 12시까지로 2시간이고, 독서를 한 시간은 오후 8시부터 오후 10시까지로 2시간입니다.

➡ 2+2=4(시간)

09 잠을 자는 시간은 오후 9시부터 오전 7시까지 10시간입니다. 하루는 24시간이므로 잠을 자지 않는 시간은 24−10=14(시간)입니다.

➡ 14−10=4(시간)

10 11월은 30일까지 있고 30일은 30−7−7−7−7=2(일)과 같은 요일인 일요일입니다. 따라서 12월 1일은 월요일, 12월 2일은 화요일입니다.

11 7월은 31일까지 있고, 31일은 31−7−7−7−7=3(일)과 같은 요일인 토요일입니다. 8월 1일은 일요일이고 8월 1일, 8일, 15일은 일요일이므로 광복절은 일요일입니다.

12 10월의 마지막 날은 31일입니다. 10월 31일은 31−7−7−7−7=3(일)과 같은 요일인 금요일입니다. 진서의 생일이 금요일이고, 인우의 생일도 1주일 후인 금요일입니다.

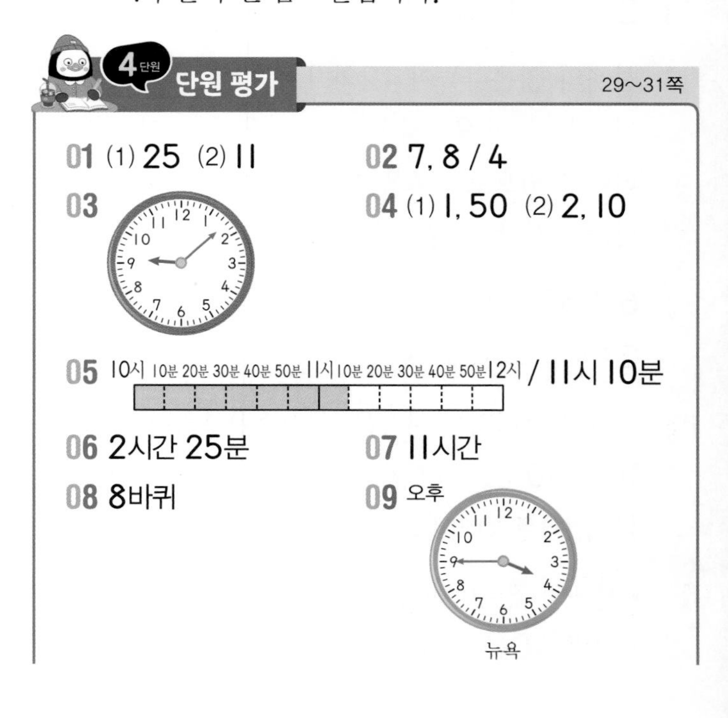

10 오후 1시 45분
11 풀이 참조, 오후 12시 20분
12 ㉢, ㉣
13 (1) 오전에 ○표, 10, 15 (2) 오후에 ○표, 9, 15
14 오후 2시 48분
15 4번
16 16일, 일요일
17 금요일
18 풀이 참조, 효진
19 6월 8일
20 9월 22일 오전 6시

03 등교 시각은 9시이고 재희가 8분 지각했으므로 재희가 학교에 도착한 시각은 9시 8분입니다. 8분은 긴바늘이 1(5분)에서 작은 눈금 3칸 더 간 곳을 가리키도록 그립니다.

04 (1) 짧은바늘은 1과 2 사이에 있고, 긴바늘은 10을 가리키므로 1시 50분입니다.
(2) 2시가 되려면 10분이 더 지나야 하므로 2시 10분 전입니다.

05 70분=60분+10분=1시간 10분이므로 요리를 끝낸 시각은 11시 10분입니다.

06 오전 11시 20분 —(1시간)→ 낮 12시 20분 —(1시간)→ 오후 1시 20분 —(25분)→ 오후 1시 45분
따라서 태연이네 가족이 고구마를 캐는 데 걸린 시간은 2시간 25분입니다.

07 오후 9시 —(3시간)→ 밤 12시 —(8시간)→ 오전 8시
오후 9시에서 다음 날 오전 8시까지는 3시간+8시간=11시간입니다.

08 시계의 긴바늘이 한 바퀴 도는 데 걸리는 시간은 1시간입니다. 시계의 짧은바늘이 3에서 11까지 가는 동안 8시간이 지난 것이므로 긴바늘은 8바퀴 돌았습니다.

09 오전 5시 45분의 14시간 전 시각을 구합니다.
오전 5시 45분 —(12시간 전)→ 오후 5시 45분 —(2시간 전)→ 오후 3시 45분
따라서 서울이 오전 5시 45분일 때 뉴욕의 시각은 오후 3시 45분입니다.

10 피아노 치기를 끝낸 시각이 오후 3시이므로 1시간 15분 전의 시각을 구합니다.
오후 3시 —(1시간 전)→ 오후 2시 —(15분 전)→ 오후 1시 45분
따라서 피아노를 치기 시작한 시각은 오후 1시 45분입니다.

11 예 수업 시간표를 만들면 다음과 같습니다.

	시작되는 시각	끝나는 시각	
1부	9시	10시 20분	… 30 %
놀이	10시 20분	10시 40분	… 30 %
2부	10시 40분	12시	… 30 %
놀이	12시	12시 20분	
3부	12시 20분		

따라서 3부 수업을 시작하는 시각은 오후 12시 20분입니다. … 10 %

12 ㉠ 2일=24시간+24시간=48시간
㉡ 37시간=24시간+13시간=1일 13시간
㉢ 1일 8시간=24시간+8시간=32시간
㉣ 49시간=24시간+24시간+1시간
=2일 1시간

13 시계의 긴바늘이 한 바퀴 돌면 1시간이 지난 것이므로 오전 10시 15분입니다. 시계의 짧은바늘이 한 바퀴를 돌면 12시간이 지난 것이므로 오후 9시 15분입니다.

14 오전 10시 20분부터 다음 날 오후 2시 20분까지는 24+4=28(시간)입니다. 시계가 한 시간에 1분씩 빨라지므로 모두 28분 빨라집니다.
따라서 도훈이의 시계가 가리키는 시각은 오후 2시 20분에서 28분 후의 시각인 오후 2시 48분

BOOK 2 복습책

입니다.

15 6월은 30일까지 있습니다. 6월 5일, 12일, 19일, 26일이 수요일이므로 6월에 체육 놀이 활동이 있는 날은 4번입니다.

16 6월의 마지막 날은 30일입니다. 6월 30일은 30−7−7−7−7=2(일)과 같은 요일인 일요일입니다. 6월 30일의 2주일 전은 30−7−7=16(일)이므로 현호의 생일은 6월 16일 일요일입니다.

17 6월 30일이 일요일이므로 7월 1일은 월요일입니다. 7월 1일, 8일, 15일, 22일도 월요일이므로 22일에서 4일 후인 26일은 금요일입니다. 따라서 현호 동생의 생일은 금요일입니다.

18 예 7월은 31일, 8월은 31일까지 있으므로
효진이가 달리기를 한 날수는
31+31=62(일)입니다. … 40 %
9월은 30일, 10월은 31일까지 있으므로
세영이가 달리기를 한 날수는
30+31=61(일)입니다. … 40 %
따라서 두 사람 중 달리기를 한 날수가 더 많은 사람은 효진입니다. … 20 %

19 3월은 31일, 4월은 30일, 5월은 31일까지 있습니다. 3월 1일부터 5월 31일까지는 92일이므로 100일이 되는 날은 6월 8일입니다. 따라서 3월 1일부터 시작하여 줄넘기를 하는 계획이 끝나는 날은 6월 8일입니다.

20 짧은바늘은 하루에 2바퀴 돌므로 짧은바늘이 3바퀴 돌면 1일 12시간이 지난 것입니다.

9월 20일 오후 6시 $\xrightarrow[\text{1일}]{\text{2바퀴}}$ 9월 21일 오후 6시 $\xrightarrow[\text{12시간}]{\text{1바퀴}}$ 9월 22일 오전 6시

5단원 표와 그래프

5단원 기본 문제 복습 32~33쪽

01 피아노　　02 연주, 다영, 규태
03 5, 4, 3, 3, 15　　04 15명
05 7명　　06 21명
07

7			○	
6	○		○	
5	○		○	○
4	○		○	○
3	○	○	○	○
2	○	○	○	○
1	○	○	○	○
학생 수(명) / 계절	봄	여름	가을	겨울

08 6명
09

감자칩	/	/	/	/	/	/		
미니도넛	/	/	/	/				
딸기파이	/	/	/					
새우과자	/	/	/	/	/			
초콜릿과자	/	/	/	/	/	/	/	/
과자 / 학생 수(명)	1	2	3	4	5	6	7	8

10 학생 수, 과자　　11 7명
12 놀이 공원　　13 4명

01 조사한 자료에서 주연이가 다룰 줄 아는 악기는 피아노입니다.

02 오카리나를 다룰 줄 아는 학생은 연주, 다영, 규태입니다.

03 중복하여 세거나 빠뜨리지 않도록 /, ×, ∨ 등의 표시를 하며 세어 봅니다.

04 5+4+3+3=15(명)

05 가을에 태어난 학생은 7명입니다.

06 유진이네 반 학생은 모두 $6+3+7+5=21$(명) 입니다.

08 (감자칩을 좋아하는 학생 수)
$=26-8-5-3-4=6$(명)

10 그래프에서 가로는 학생 수, 세로는 과자입니다.

11 (놀이 공원에 가고 싶은 학생 수)
$=24-3-6-4-4=7$(명)

12 가장 많은 학생이 체험 학습으로 가고 싶은 장소는 놀이 공원입니다.

13 가고 싶은 학생이 가장 많은 장소인 놀이 공원은 7명, 가고 싶은 학생이 가장 적은 장소인 박물관은 3명이므로 학생 수의 차는 $7-3=4$(명)입니다.

5단원 응용 문제 복습

34~35쪽

01 2, 4, 2, 5, 16
02 3, 2, 3, 5, 1, 2, 16
03 8명
04 4명
05 9명
06 예 ○를 학생 수만큼 맨 아래에서 위쪽으로 빈칸 없이 한 칸에 1개씩 채워야 합니다.
07 예 좋아하는 색깔별 학생 수만큼 ○를 왼쪽부터 한 칸에 1개씩 그려야 합니다.
08

8				○
7		○		○
6		○		○
5		○		○
4	○	○	○	○
3	○	○	○	○
2	○	○	○	○
1	○	○	○	○
학생 수(명) / 전통 놀이	강강술래	활쏘기	제기차기	팽이치기

09

천마총	×	×	×	×			
첨성대	×	×	×	×	×	×	×
불국사	×	×	×				
석굴암	×	×	×	×	×	×	
장소 / 학생 수(명)	1	2	3	4	5	6	7

01 각 색깔별 색종이 수를 빠뜨리거나 중복하여 세지 않도록 /, ×, ∨ 등의 표시를 하여 세어 봅니다.

02 합계와 조사한 자료의 수가 같은지 확인하면 실수를 줄일 수 있습니다.

03 해바라기를 좋아하는 학생은
$27-8-6-5=8$(명)입니다.

04 포도를 좋아하는 학생은
$25-9-5-7=4$(명)입니다.

05 100점을 얻은 학생은
$27-4-8-6-5=4$(명)입니다.
따라서 50점보다 많은 점수를 얻은 학생은 모두 $5+4=9$(명)입니다.

06 학생 수를 세로로 나타낸 그래프에서는 좋아하는 운동에 해당하는 학생 수만큼 ○를 아래쪽부터 한 칸에 1개씩 빈칸 없이 그려야 합니다.

08 (강강술래)+(팽이치기)$=23-7-4=12$(명)
팽이치기를 하고 싶은 학생이 강강술래를 하고 싶은 학생보다 4명 더 많으므로 팽이치기는 8명, 강강술래는 4명입니다.

09 (석굴암)+(불국사)$=20-7-4=9$(명)
불국사에 가고 싶은 학생이 석굴암에 가고 싶은 학생보다 3명 더 적으므로 석굴암은 6명, 불국사는 3명입니다.

5단원 단원 평가

36~38쪽

01 6, 5, 7, 6, 24　　02 6명

03 파란색　　04 표에 ○표

05 4가지　　06 7명

07

7			○	
6			○	○
5	○		○	○
4	○	○	○	○
3	○	○	○	○
2	○	○	○	○
1	○	○	○	○
학생 수(명) / 놀이	공기놀이	딱지치기	윷놀이	술래잡기

08 윷놀이　　09 6, 3, 4, 2

10

수연	/	/				
송이	/	/	/	/		
다솜	/	/	/			
지은	/	/	/	/	/	/
이름 / 횟수(회)	1	2	3	4	5	6

11 수연　　12 9장

13 3, 5, 4, 2, 14　　14 14명

15 그래프　　16 경민

17 13, 9, 8, 30 / 4일

18 4반, 3반　　19 풀이 참조

20 풀이 참조, 19점

02 초록색 윗옷을 입고 있는 학생은 6명입니다.

03 가장 많이 입고 있는 윗옷은 파란색(7명)입니다.

04 자료 수의 합을 한눈에 알아보기 쉬운 것은 표입니다.

05 학생들이 하고 싶은 놀이의 종류는 공기놀이, 딱지치기, 윷놀이, 술래잡기의 4가지입니다.

06 (윷놀이를 하고 싶은 학생 수)
$=22-5-4-6=7$(명)

08 그래프에서 ○가 가장 많은 놀이를 찾아보면 윷놀이입니다.

09 표에서 ○의 수만큼 세어 표를 완성합니다.

11 카드를 가장 적게 받은 학생은 2회를 받은 수연입니다.

12 한 번에 3장씩 받으므로 다솜이가 받은 카드는 $3 \times 3=9$(장)이고, 지은이가 받은 카드는 $6 \times 3=18$(장)입니다. 따라서 두 사람이 받은 카드 수의 차는 $18-9=9$(장)입니다.

13 그래프에서 각 운동별 /의 수를 세어 표의 빈칸에 써넣습니다.

14 민서네 반 학생은 모두 $3+5+4+2=14$(명)입니다.

15 그래프는 자료의 많고 적음을 한눈에 알아보기 편리합니다.

16 가장 많은 학생이 좋아하는 운동은 피구입니다. 줄넘기를 좋아하는 학생은 4명, 달리기를 좋아하는 학생은 2명이므로 줄넘기를 좋아하는 학생 수는 달리기를 좋아하는 학생 수의 2배입니다.

17 맑은 날이 13일이고 흐린 날이 9일이므로 맑은 날이 흐린 날보다 $13-9=4$(일) 더 많습니다.

18 1반 여학생 수: $27-15=12$(명)
2반 남학생 수: $26-13=13$(명)
3반 여학생 수: $52-12-13-13=14$(명)
3반 남학생 수: $28-14=14$(명)
4반 남학생 수: $58-15-13-14=16$(명)
4반 전체 학생 수: $16+13=29$(명)
따라서 남학생은 4반, 여학생은 3반이 가장 많습니다.

19 ㉠ 윷놀이 대회에서 이긴 횟수가 가장 많은 학생은 정민입니다. ··· 50 %
동우는 나래보다 이긴 횟수가 1회 더 많습니다.
··· 50 %

20 ㉠ 태희가 게임에서 얻은 점수의 합계는
10+6+15=31(점)입니다. ··· 40 %
현호는 태희보다 점수의 합계가 5점 더 높으므로 현호가 게임에서 얻은 점수의 합계는
31+5=36(점)입니다. ··· 30 %
현호가 3회에서 얻은 점수는
36−13−4=19(점)입니다. ··· 30 %

6단원 규칙 찾기

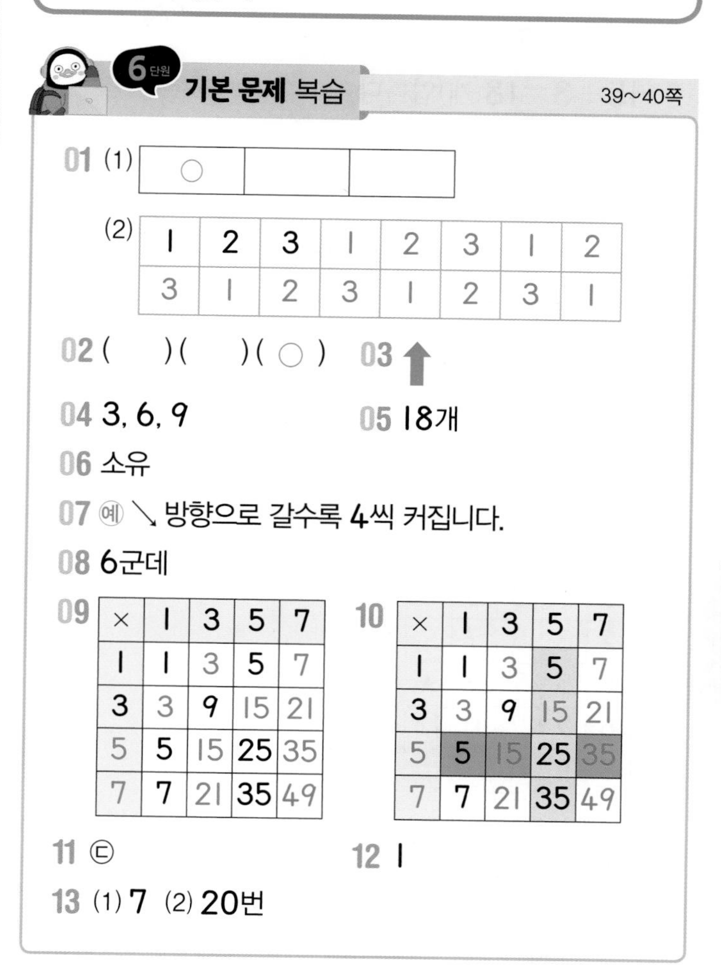

6단원 기본 문제 복습 39~40쪽

01 (1)

○		

(2)

1	2	3	1	2	3	1	2
3	1	2	3	1	2	3	1

02 ( )( )(○) 03 ↑

04 3, 6, 9 05 18개

06 소유

07 ㉠ ↘ 방향으로 갈수록 4씩 커집니다.

08 6군데

09

×	1	3	5	7
1	1	3	5	7
3	3	9	15	21
5	5	15	25	35
7	7	21	35	49

10

×	1	3	5	7
1	1	3	5	7
3	3	9	15	21
5	5	15	25	35
7	7	21	35	49

11 ㉢ 12 1

13 (1) 7 (2) 20번

01 (1) ◤, ◣, ◤ 이 반복되는 규칙입니다. 빈칸에 들어갈 모양은 ◤ 입니다.
(2) ◤ 은 1, ◣ 은 2, ◤ 은 3이므로 1, 2, 3이 반복됩니다.

02 , , , 순서대로 반복되는 규칙이 있습니다. 따라서 다음에 올 모양은 입니다.

03 ⇧, ⇧, ⇩ 모양이 반복되고 색깔은 빨간색, 파란색이 반복되는 규칙이므로 빈칸에 알맞은 모양은 ↑ 입니다.

BOOK 2 복습책

05 3개, 6개, 9개와 같이 쌓기나무가 3개씩 늘어나고 있으므로 넷째 모양은 $9+3=12$(개), 다섯째 모양은 $12+3=15$(개), 여섯째 모양은 $15+3=18$(개)입니다.

06 가운데 쌓기나무를 기준으로 네 방향으로 각각 1개씩 쌓기나무를 더 놓았으므로 쌓기나무는 4개씩 늘어납니다. 다음에 이어질 모양의 쌓기나무의 개수는 $1+4+4+4=13$(개)입니다. 따라서 바르게 설명한 사람은 소유입니다.

07 1, 5, 9, 13, 17과 같이 ↘ 방향으로 갈수록 4씩 커지는 규칙이 있습니다.

08

+	1	3	5	7	9
0	1	3	5	7	9
2	3	5	7	9	11
4	5	7	9	★	13
6	7	9	11	13	15
8	9	11	13	15	17

★에 알맞은 수는 $4+7=11$입니다. 덧셈표에서 11보다 큰 수는 13, 13, 13, 15, 15, 17로 모두 6군데입니다.

11 ♥에 알맞은 수는 $7\times3=21$이므로 21이 들어갈 곳은 ㉢ $3\times7=21$입니다.

13 (1) 한 줄에 좌석이 일곱 자리이므로 뒤로 갈 때마다 7씩 커지는 규칙이 있습니다.
(2) 첫째 줄 여섯째 좌석의 번호가 6이므로 셋째 줄 여섯째 좌석은 6에 7씩 2번을 더한 $6+7+7=20$(번)입니다.

6단원 응용 문제 복습 41~42쪽

01

1	2	3	2	1	2	3	2	1
2	3	2	1	2	3	2	1	2

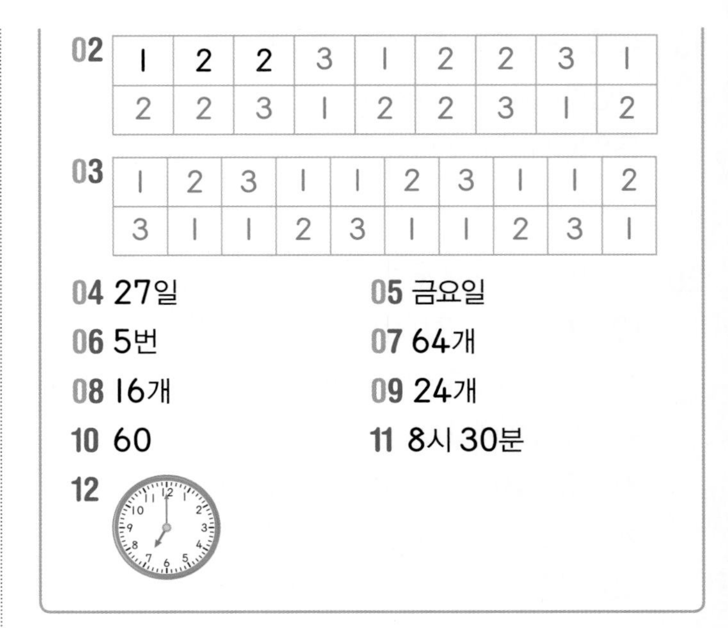

02

1	2	2	3	1	2	2	3	1
2	2	3	1	2	2	3	1	2

03

1	2	3	1	1	2	3	1	1	2
3	1	1	2	3	1	1	2	3	1

04 27일 **05** 금요일
06 5번 **07** 64개
08 16개 **09** 24개
10 60 **11** 8시 30분
12

01 ●, ■, ▼, ■가 반복되는 규칙입니다.
따라서 ●은 1, ■은 2, ▼은 3이므로 1, 2, 3, 2가 반복되게 나타냅니다.

02 포도, 사과, 사과, 배가 반복되는 규칙입니다.
따라서 포도는 1, 사과는 2, 배는 3이므로 1, 2, 2, 3이 반복되게 나타냅니다.

03 축구공, 농구공, 야구공, 축구공이 반복되는 규칙입니다.
따라서 축구공은 1, 농구공은 2, 야구공은 3이므로 1, 2, 3, 1이 반복되게 나타냅니다.

04 달력에서 같은 요일은 7일마다 반복되므로
둘째 화요일은 $6+7=13$(일),
셋째 화요일은 $13+7=20$(일)이고,
넷째 화요일은 $20+7=27$(일)입니다.

05 $5+7=12$(일), $12+7=19$(일)은 목요일이므로 20일은 목요일의 다음 날인 금요일입니다.

06 10월은 31일까지 있고, 3일, $3+7=10$(일), $10+7=17$(일), $17+7=24$(일), $24+7=31$(일)이 토요일입니다.
보라는 매주 토요일에 태권도 학원을 다니므로 10

월에는 태권도 학원을 5번 갑니다.

07 첫 번째는 1개씩 1층이므로 $1\times1=1$(개), 두 번째는 2개씩 2층이므로 $2\times2=4$(개), 세 번째는 3개씩 3층이므로 $3\times3=9$(개)입니다. ■개씩 ■층인 규칙이므로 8층으로 쌓으려면 8개씩 8층으로 $8\times8=64$(개)가 필요합니다.

08 쌓기나무의 개수가 4개, 6개, 8개, ...로 2개씩 늘어나는 규칙이므로 일곱 번째에 올 쌓기나무의 개수는 $8+2+2+2+2=16$(개)입니다.

09 쌓기나무의 개수가 4개, 8개, 12개, ...로 4개씩 늘어나는 규칙이므로 네 번째에 올 쌓기나무의 개수는 $4\times4=16$(개), 다섯 번째에 올 쌓기나무의 개수는 $4\times5=20$(개), 여섯 번째에 올 쌓기나무의 개수는 $4\times6=24$(개)입니다.

10 시계의 긴바늘은 시계를 한 바퀴 도는 한 시간마다 숫자 12를 가리킵니다. 1시간은 60분입니다.

11 4시 30분, 5시 30분, 6시 30분, 7시 30분이므로 1시간씩 움직이는 규칙입니다. 따라서 다음에 올 시각은 8시 30분입니다.

12 시계를 보면 5시, □, 9시, 11시이므로 2시간씩 움직이는 규칙입니다. 따라서 두 번째 시계에 알맞은 시각은 7시입니다.

03

04 ( ) (○) ( )

05 5개

06 풀이 참조, 36개

07 검은색

08 13

09 8군데

10 79

11 13, 15

12

		12	14
	15	18	
16	20	24	
20	25	30	
	30	36	

13

×	1	3	5	7
1	1	3	5	7
3	3	9	15	21
5	5	15	25	35
7	7	21	35	49

14 ㉡

15 49개

16 3

17 35개

18

♩	♪	♪	♬	♩	♪
♪	♬	♩	♪	♪	♬
♩	♪	♪	♬	♩	♪
♪	♬	♩	♪	♪	♬

19 풀이 참조, 화요일

20

6단원 단원 평가 43~45쪽

01 ㉣, ㉠, ㉢

02

1	2	3	1	4	1	2
3	1	4	1	2	3	1
4	1	2	3	1	4	1
2	3	1	4	1	2	3

01 비행기, 버스, 자동차, 비행기, 배가 반복되는 규칙입니다.

02 비행기는 1, 버스는 2, 자동차는 3, 배는 4이므로 1, 2, 3, 1, 4가 반복되는 규칙입니다.

03 ▲이 2개, 3개, ...로 1개씩 더 늘어나는 규칙입니다. 따라서 빈칸에 알맞은 모양은 ▲이 4개 늘어

난  입니다.

04 ○, □, △, ▽ 모양이 반복되는 규칙입니다.

05

●	■	▲	▼	●	■	▲
▼	●	■	▲	▼	●	■
▲	▼	●	■	▲	▼	●
■	▲	▼	●	■	▲	▼
●	■	▲	▼	●	■	▲

색깔은 파란색과 초록색 사이에 빨간색이 1개씩 늘어가며 반복되는 규칙입니다. 빈칸에 빨간색 모양은 5개입니다.

06 ㉮ 보석 수는 1개, 3개, 5개, 7개씩 늘어나고 있습니다. … 50 %
따라서 여섯째 모양에 놓일 보석은 모두
$1+3+5+7+9+11=36$(개)입니다.… 50 %

07 흰색, 검은색, 검은색, 흰색이 반복되는 규칙입니다. $15-4-4-4=3$에서 15째에는 셋째와 같은 검은색 바둑돌이 놓입니다.

08 ↓ 방향으로 갈수록 3씩 커지므로 ㉠에 알맞은 수는 6입니다. ㉡에 알맞은 수는 $3+4=7$입니다. ㉠과 ㉡에 알맞은 수의 합은 $6+7=13$입니다.

09

+	1	2	3	4	5
0	1	2	3	4	5
3	4	5	6	7	8
6	7	8	9	10	11
9	10	♥	12	13	14
12	13	14	15	16	17

♥에 알맞은 수가 $9+2=11$이므로 덧셈표에서 11보다 큰 수는 12, 13, 13, 14, 14, 15, 16, 17로 모두 8군데입니다.

10 ●$=6\times5=30$, ◆$=7\times7=49$이므로
●+◆$=30+49=79$입니다.

11 $5\times5=25$, $6\times6=36$, $7\times7=49$, $8\times8=64$이므로 25부터 ↘ 방향으로 갈수록 11, 13, 15씩 커지는 규칙이 있습니다.

12

	4단	5단	6단	7단
2단			12	14
3단		15	18	
4단	16	20	24	
5단	20	25	30	
6단		30	36	

13 색칠한 곳의 수는 3, 9, 15, 21로 6씩 커지는 규칙이 있습니다.

14

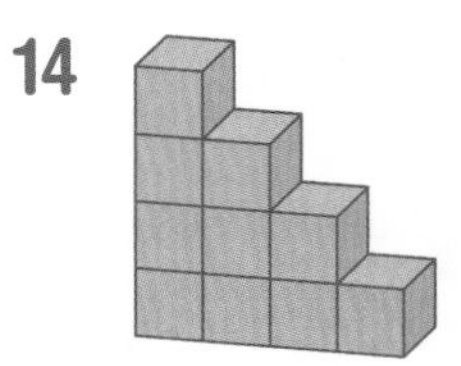

아래쪽으로 내려갈수록 쌓기나무가 1개씩 늘어납니다.

15 가는 쌓기나무 4개로 쌓은 모양이므로 6개를 만들려면 $4\times6=24$(개)가 필요하고, 나는 쌓기나무 5개로 쌓은 모양이므로 5개를 만들려면 $5\times5=25$(개)가 필요합니다. 따라서 수연이가 사용한 쌓기나무는 모두 $24+25=49$(개)입니다.

16 앞, 옆, 위에서 각각 1개씩 줄어들어 쌓기나무가 3개씩 줄어드는 규칙입니다.

17 첫째 모양은 13개,
둘째 모양은 $13-3=10$(개),
셋째 모양은 $10-3=7$(개),
넷째 모양은 $7-3=4$(개),
다섯째 모양은 $4-3=1$(개)이므로 사용한 쌓기나무는 모두 $13+10+7+4+1=35$(개)입니다.

18 ♩, ♪, ♪, ♬가 반복되는 규칙입니다.

19 ㉠ 개학식은 여름방학이 끝난 다음 날입니다. 여름방학이 27일이므로 개학식은 여름방학식의 28일 뒤입니다. … 50 %
달력에서 같은 요일은 7일마다 반복되므로 7일, 14일, 21일, 28일 뒤는 모두 화요일입니다.
… 30 %
따라서 개학식은 여름방학식과 같은 화요일입니다. … 20 %

20 시계를 보면 1시 → 2시 → 4시 → 7시이므로 시간이 1시간, 2시간, 3시간으로 1시간씩 더 늘어나는 규칙이 있습니다. 따라서 마지막 시계에 알맞은 시각은 7시에서 4시간이 지난 11시입니다.

memo

memo

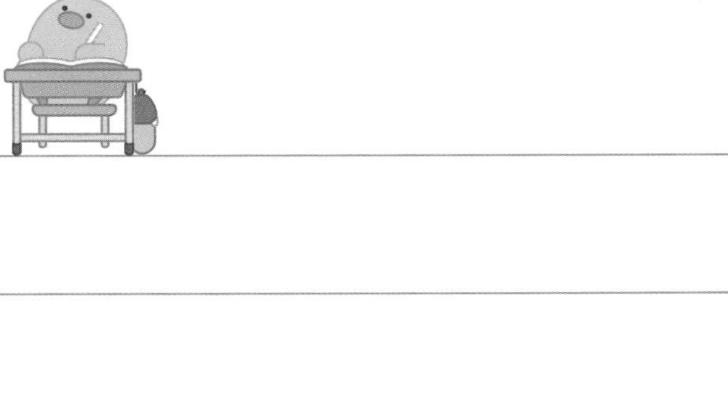

memo